Comprehensive Utilization of Scrap Metal Resources

# 废旧金属资源综合利用

## 第二版

黄建辉　刘明华　邢睿智　主编



化学工业出版社

·北京·

## 内容简介

本书共6章，系统介绍了废旧金属资源循环利用的实用技术。第1章是绪论，开宗明义，从金属材料的特性与应用切入，为后续技术讨论奠定理论基础；第2章～第5章采用“共性规律+ 个性技术”的思路，汇总了废钢铁、废铜、废铝及其他废旧金属的再生利用技术；第6章作为升华章节，对超级冶炼厂、生命周期分析和工业生态园区等概念进行介绍，为行业可持续发展提供了宏观视角。全书内容丰富、图文并茂、实用性强。

本书可供从事废旧金属循环利用研究、生产和经营等领域的科研人员、工程技术人员和管理人员参考，也可供高等学校环境科学与工程、资源循环科学与工程及相关专业师生参阅。

**图书在版编目（CIP）数据**

废旧金属资源综合利用 / 黄建辉，刘明华，邢睿智主编. -- 2版. -- 北京：化学工业出版社，2026. 3.
ISBN 978-7-122-49844-1

Ⅰ. X756.05

中国国家版本馆CIP数据核字第2026L1V282号

责任编辑：左晨燕　　装帧设计：刘丽华
责任校对：杜杏然

出版发行：化学工业出版社
(北京市东城区青年湖南街13号　邮政编码100011)
印　　装：北京天宇星印刷厂
787mm×1092mm　1/16　印张17　字数399千字
2026年3月北京第2版第1次印刷

购书咨询：010-64518888　　售后服务：010-64518899
网　　址：http://www.cip.com.cn
凡购买本书，如有缺损质量问题，本社销售中心负责调换。

定　　价：128.00元

# 前言

金属，作为支撑现代工业文明的“骨骼”，从钢铁构筑的城市基建到铜铝维系的电子通信，从贵金属赋能的高端制造到稀散金属驱动的新能源技术，早已深度融入人类生产生活的每一个角落。然而，在“开采—冶炼—使用—废弃”的传统线性模式下，金属资源的稀缺性与废弃物的环境压力正形成尖锐矛盾：一方面，铁矿、铜矿等原生资源的开采成本持续攀升，部分关键金属的储采比已进入警戒线；另一方面，每年有数以亿吨计的废旧金属因回收体系不完善、技术瓶颈等问题被闲置或粗放处理，不仅造成资源浪费，还可能因重金属污染威胁生态安全。在此背景下，废旧金属资源的综合利用已不再是“选择题”，而是关乎资源安全、环境保护和实现绿色低碳发展的“必答题”。

本书初版自发行以来，得到了再生金属行业从业者、科研人员及高校师生的广泛认可，为行业信息交流与技术推广提供了基础支撑。但近年来，全球废旧金属回收领域发生了深刻变革：“双碳”目标推动行业向低碳化转型，新型再生技术不断突破，国家层面相继出台最新政策，导致原有内容已难以覆盖行业新政策、新技术、新需求。为适配行业发展需求，帮助读者掌握最新政策导向与技术趋势，我们启动了本次修订工作，以期促进再生金属行业的信息交流和技术合作，加速再生金属资源的循环利用。我们通过查阅历年来的相关研究成果，立足于资源循环利用的科学原理和循环经济的核心理念，以“理论—技术—实践—展望”为逻辑主线，系统梳理了废旧金属回收利用的全链条体系，并在原书的技术维度上，拓宽宏观产业协同视角，纳入最新政策文件及相关数据，补充诸多工业化案例，完善行业覆盖广度。我们诚挚地希望本书的出版能够给相关从事废旧金属加工、物资回收和环境保护等工作的科研人员及技术人员提供一定的指导作用，给科研、生产、教育等领域的人员提供一些帮助。

全书共 6 章，第 1 章是绪论，开宗明义，从金属材料的特性与应用切入，为后续技术讨论奠定理论基础；第 2 章～第 5 章采用“共性规律+ 个性技术”的思路，汇总了废钢铁、废铜、废铝及其他废旧金属的再生利用技术；第 6 章作为升华章节，对超级冶炼厂、生命周期分析和工业生态园区等概念进行介绍，为行业可持续发展提供了宏观视角。全书内容丰富、图文并茂、实用性强。

本书由莆田学院黄建辉、刘明华、邢睿智编写，全书由黄建辉进行统稿。

本书在编写过程中参考了大量资料和许多学者的研究成果，在此表示真诚的谢意。

由于编者的专业水平和知识范围有限，虽已尽力，但疏漏和不足之处仍在所难免，恳请广大读者和同仁不吝指正。

编者

2025 年 7 月

# 第一版前言

随着科学技术的发展和生活水平的提高，人类对金属的消费量日趋增加，而原生金属资源的不可再生性，使人类将要面临严重的资源危机。“十二五”以来，我国再生资源产业规模不断扩大，“十三五”期间，根据《战略性新兴产业重点产品和服务指导目录》(2016版征求意见稿)，再生金属、报废汽车拆解和再生利用以及废橡胶、废塑料、废旧机电产品的无害化再生利用被列入了再生资源领域专项整治方案，标志着废物资源化已经上升到战略性高度。再生金属行业是资源再生产业中最具代表性的行业之一，再生金属与生产同量的金属相比，具有节水、节煤、少排放固体废弃物和废气的环保优势。废旧金属资源的再生作为资源综合利用的重要组成部分，对于保证资源永续、减少环境污染、节省能源、提高经济效益具有重要的意义。鉴于此种情况，近年来废旧金属资源的回收利用产业得到了多方重视，并且以投资少、消耗低、成本低等特点在国内外得到了迅速发展。

为响应“十三五”提出的生态环境质量总体改善目标，促进再生金属行业的信息交流和技术合作，推广再生金属资源的应用技术，加速再生金属资源的循环利用，我们通过查阅历年来的相关研究成果，编著了这本《废旧金属资源综合利用》，以供读者参考。

本书共6章，第1章是绪论；第2章～第5章主要介绍了废钢铁、铜、铝及其他金属的再生利用；第6章对超级冶炼厂及生态工业园等概念进行介绍。全书内容丰富、图文并茂、实用性强，可供从事废旧金属加工、物资回收及环境保护等领域的工程技术人员、科研人员和管理人员参考，也可供高等学校、再生资源科学、环境科学与工程及相关专业师生参阅。

本书主要由黄建辉、刘明华等编著，陈晓梅、郭佳、李莎等参与了本书部分章节内容的编著工作。全书最后由黄建辉和刘明华统稿、定稿。

本书在编著过程中参考了大量资料和许多学者的研究成果，在此表示真诚的谢意。

限于编著者的专业水平和知识范围，虽已尽力，但疏漏和不足之处仍在所难免，恳请广大读者和同仁不吝指正。

编著者

2017年5月

# 目录

## 第 3 章
## 铜的再生利用技术 / 101



## 第 4 章
## 铝的再生利用技术 / 140

# 第1章

# 绪论

## 1.1 金属材料概述

### 1.1.1 金属材料的含义及分类

金属是指具有良好的导电性和导热性、有一定的强度和塑性并具有光泽的物质，如铁、铝和铜等[1]。

金属材料是指金属元素或以金属元素为主构成的具有金属特性的材料的统称，包括纯金属、合金、金属间化合物和特种金属材料等[2]。合金是由一种金属与另一种（或几种）金属或非金属所组成的具有金属通性的材料。根据组成元素的数目，可分为二元合金、三元合金和多元合金。钢、生铁、铸铁、黄铜、青铜、白铜、硬铅等本质上都是合金。金属材料，尤其是钢铁材料（约占金属材料的90%），是现代化工业的基础，各种机器、设备、交通运输工具、火箭、卫星及人类的日常生活都离不开金属材料。

金属材料通常分为黑色金属、有色金属和特种金属材料[3]。

（1）黑色金属

黑色金属又称钢铁材料，包括含铁90%以上的工业纯铁、含碳2%～4%的铸铁、含碳小于2%的碳钢，以及各种用途的结构钢、不锈钢、耐热钢、高温合金、精密合金等。广义的黑色金属还包括铬、锰及其合金。

（2）有色金属

有色金属是指除铁、铬、锰外的所有金属及其合金，通常分为轻金属、重金属、贵金属、半金属、稀有金属和稀土金属等。有色合金的强度和硬度一般比纯金属的高，并且电阻大、电阻温度系数小。

（3）特种金属材料

特种金属材料包括不同用途的结构金属材料和功能金属材料。其中有通过快速冷凝工艺获得的非晶态金属材料，以及准晶、微晶、纳米晶金属材料等；还有隐身、抗氢、超导、形状记忆、耐磨、减振阻尼等特殊功能合金以及金属基复合材料等。

按组成成分的不同，金属材料可分为纯金属材料和合金两大类。纯金属就是由一种金属元素组成的物质，合金则是以一种金属元素为基础，与其他元素（一种或几种金属或非金属元素）组成的具有金属性质的物质[4]。

按照加工程度的不同，金属材料可分为冶炼产品和加工产品两大类。冶炼产品是指经冶炼、浇铸而成的金属产品，如生铁、铁合金和各种有色纯金属锭块等，它们大多不能直接使用，而是用于配制合金或作为进一步加工的原料。加工产品是金属冶炼产品经压力加工制成的金属成材，如各种型材、棒材、板材、管材等，它可直接用于各种产品的制造。在金属材料的管理工作中，冶炼产品通常指有色纯金属锭块，而加工产品是指有色成材。

金属材料的特征主要如下：

① 具有金属光泽和颜色、良好的反射能力和不透明性；

② 具有很高的强度和良好的延展性（塑性变形能力）；

③ 具有比一般非金属材料大得多的导电能力；

④ 具有磁、热、光等物理特性，作为电、磁、热、光等方面的功能材料，金属可以在很多领域里发挥作用；

⑤ 表面工艺性能优良，在金属表面可进行各种装饰工艺以获得理想的质感。

### 1.1.2 金属材料与资源环境

金属材料对环境的作用有利也有弊，有利的一面是金属材料推动着人类社会的物质文明；不利的一面是金属材料的生产和使用消耗大量资源和能源，并可能给环境带来严重的污染和破坏[5]。

金属材料的生产和使用过程中，会向环境排放大量的烟雾废气、废液、粉尘、矿渣等污染物，还会产生噪声污染、振动污染、化学污染、放射性物质污染、光污染等，这些污染会给生物和环境造成危害，甚至构成毁灭性的灾难（如动植物绝种）。以黑色冶金生产为例，目前，我国钢铁生产排放的废水占工业废水总排放量的 14.1%，废气占工业总排放量的 30.0%，废水、废气污染排放量仅次于化工，居第二位。有色金属工业是以品位很低的矿产资源为对象进行提取、加工的产业，年产 500 万吨的有色金属产品，所造成的以尾矿和废渣为主的工业固体废弃物每年超过 6000 万吨，尾矿总库容达 10 亿立方米。另外，有色金属生产过程中排放的二氧化硫、氟化氢等废气，是有毒废气的源头之一。

我国自然资源相对匮乏，人均资源占有量仅排在世界第 80 位。资源短缺、浪费严重和生态恶化的状况，使得资源节约与综合利用，尤其是再生资源的开发利用显得越来越重要和紧迫[6]。废旧金属是指冶金工业、金属加工工业或其他大量使用金属的工业丢弃的金属碎片、碎屑和锈蚀、报废的各种金属器物等。美国环保局确认，从废家电中回收的废钢代替通过采矿、运输、冶炼得到的新钢材，可减少 97%的矿废物、86%的空气污染、76%的水污染；减少 40%的用水量，节约 90%原材料和 74%的能源[7]。又如，1t 随意搜集的电子板卡中，可分离出 130kg 铜、0.45kg 黄金、19kg 锡；1t 旧手机废电池，可以从中提炼 100g 黄金，而普通的含金矿石，每吨只能提取 6g，多者不过几十克，可以说，旧手机是一种品位相当高的金矿石；在印刷电路板中，最多的金属是铜，此外还有金、铝、镍、铅等，其中不乏稀有金属。

可见，通过废旧金属的回收利用，将大量社会生产和消费后废弃的资源再利用，既减少了对原生资源的开采，又节约了大量能源，更有助于实现资源的永续利用。对此，发达国家相继出台了必要的法规政策，刺激废弃物循环利用。我国政府历来十分重视再生资源的回收利用，在我国制定的《中国 21 世纪议程》白皮书中，将“固体废弃物的无害化管理”列为第 19 章，这标志着我国再生资源开发利用事业有了明显的起步。“十四五”期间，在生态文明战略、“双碳”目标指引下，我国持续出台支持绿色低碳循环发展的政策，推进资源节约集约利用，为再生资源回收利用行业的发展营造了良好的政策环境。2024 年 2 月，国务院办公厅印发《关于加快构建废弃物循环利用体系的意见》；3 月，国务院印发《推动大规模设备更新和消费品以旧换新行动方案》（以下简称“两新”行动），提出实施回收循环利用行动，完善废旧产品设备回收网络，推动资源高水平再生利用，上述政策的出台为再生资源回收利用行业发展提供了新一轮政策契机，为行业进一步提质增效创造了广阔空间。因此，大力开展再生资源的回收和利用，是提高资源利用率、保护环境、建立资源节约型经济和社会的重要途径之一，同时也是实施可持续发展战略和转变经济增长方式的必然要求。

### 1.1.3 金属材料在现代工业中的应用

金属材料作为工业文明的物质基石，其性能迭代与技术创新始终与工业革命进程深度耦合。金属材料凭借着其物理性能、化学性能、可持续性及与其他材料的复合能力，始终作为工业发展的核心驱动力，深度嵌入现代工业体系的每一个环节。根据中国工程院发布的《面向 2035 的新材料强国战略研究》，全球工业用金属材料年消耗量已突破 20 亿吨，其中黑色金属占比 68%、有色金属 29%、特种金属 3%，构成现代工业体系的“金属骨骼系统”。

黑色金属在建筑领域，凭借其高强度、良好韧性及可焊性，成为高层建筑、桥梁等大型工程的关键材料。例如：在建筑行业，630MPa 级高强钢使上海中心大厦实现 15%的减重效益，而港珠澳大桥采用的 S355J2W 耐候钢，则将设计寿命延长至 120 年，成功抵御海洋盐雾侵蚀。此外，在能源领域，黑色金属合金因具备优异的耐高温、耐腐蚀性能，成为石油化工管道、核电设备等的首选材料，例如：9%Ni 钢在−196℃低温下仍保持 100J 以上的冲击韧性，成为液化天然气（LNG）储罐的核心材料；X80 管线钢以 555MPa 的屈服强度支撑着数千千米的油气输送网络。当前，黑色金属正通过智能化升级开辟新赛道——嵌入光纤传感器的自监测钢材已实现建筑结构健康状态的实时反馈，形状记忆合金增强的汽车防撞梁使碰撞吸能效率提升 40%，标志着传统材料向功能化方向的跨越。

有色金属与特种金属则在高精尖领域展现独特价值。航空航天工业中，钛合金和铝合金因密度低、强度高、耐高温和抗腐蚀性强，成为制造飞机机身、发动机部件的关键材料。例如：钛合金（Ti-6Al-4V）可使波音 787 客机结构减重 20%，而 2219 铝合金贮箱保障着长征五号火箭液氢燃料的安全存储。在电子信息产业，铜及铜合金因优良的导电性和导热性，是印刷电路板、集成电路互连导线的首选材料。例如：厚度 6$\mu$m 的超细铜箔承载着 5G 信号的高速传输，纳米孪晶铜以 800MPa 抗拉强度维系芯片三维封装的可靠性。特种金属的创新性突破更是推动着技术边界的拓展，成为驱使现代工业向高端化、精细化发展的重要力量。如：钛基形状记忆合金因凭借其独特的记忆效应和超弹性特性在航空航天、医疗器械、机械电子等领域显示出巨大的应用价值；铌钛超导线广泛应用于能源、信息、交通、科学仪器、医疗技术、大科学工程等领域，可在卫星天线中实现毫米级精度调控；高熵合金因其高温力学性能、耐磨性、耐腐蚀性、抗高温氧化性以及耐辐照性能在石油化工和航天航空领域被广泛应用。这些材料正在重新定义极端环境装备的设计边界。此外，贵金属的创新应用同样耀眼，例如：铂/铑催化网使硝酸生产效率突破 96%，金锡共晶焊料为高可靠芯片封装提供原子级结合界面。

从黑色金属构筑工业根基，到有色金属拓展应用边界，再到特种金属材料突破性能极限，金属材料的发展始终与现代工业的进步同频共振。随着材料科学与制造技术的深度融合，新型金属材料正朝着更高性能、更智能化、更绿色化的方向演进。面向未来，金属材料的发展轨迹正与绿色革命、数字技术深度融合。据国际材料联合会预测，至 2030 年，超导量子器件用铌钛合金、仿生减阻金属涂层、金属有机框架储氢材料等前沿领域将催生巨大潜力的应用市场。从深空探测器的超高温防护到量子计算机的极低温运行，金属材料持续突破物理极限，其进化历程不仅映射着人类对物质世界的认知深度，更塑造着新一轮工业革命的技术范式。

## 1.2 废旧金属的来源与分类

### 1.2.1 废旧金属的来源

废旧金属的来源非常广泛，具体如下。

① 回收各种废旧钢材、废旧电线及废铝、铜、不锈钢等金属。

② 建筑工程方面处理报废的各种金属器械、机械设备、零件、电线等。

③ 八成新的工程机械：推土机、压路机、装载机、叉车、汽车吊、履带吊、轮胎吊。

④ 回收工艺设备：电缆、电瓶、电动机、机床及各种闲置积压物资。

⑤ 厨房设备：排烟机、不锈钢、工作台、蒸笼、电冰箱、冰柜、灶台等。

⑥ 制冷设备：各种废旧冷库、中央空调、窗机等。

⑦ 临时回收废旧锅炉、钢筋、管件、配电柜、电动工具等。

### 1.2.2 废旧金属的分类与标准

#### 1.2.2.1 废旧金属的品种

（1）有色金属类

① 铜　铜棒、铜条、铜阀门、铝塑管铜接头、PEX 铜接头、各种型号铜管件、铜线、铜丝、铜管、铜水箱、铜磨、铜削、各种紫黄铜。

② 铝　铝锭、铝棒、各种型号的铝型材、铝线、铝板、铝丝、铝盒、火塞铝、废旧

铝杂料。

③ 铅　铅锭、电瓶铅、电缆铅、废旧软硬铅、铅灰。

④ 锌　锌锭、锌片、件锌、锌渣、镀锌头。

（2）黑色金属类

① 锰铁　碳锰铁、高碳锰铁。

② 硅铁　铁和硅组成的铁合金作为合金元素。

③ 铬铁　各种型号的高铬、中铬、低铬、微铬。

④ 稀土　稀土镁及稀土硅。

（3）各种稀有、稀贵金属类

钛铁、磷铁、钒铁、钼铁、镍板、锡、铋、锑等。

（4）各类金属

铝基轴承合金、锡基轴承合金、硅锰合金及硅钙合金。

#### 1.2.2.2　废旧金属的分类标准

（1）主要依据

①《废钢铁》（GB/T 4223—2017）；

②《回收铝》（GB/T 13586—2021）；

③《铜及铜合金废料》（GB/T 13587—2020）；

④《铅及铅合金废料》（GB/T 13588—2006）；

⑤《锌及锌合金废料》（GB/T 13589—2007）。

（2）有色金属细分规范

①《再生资源　废铜回收分类及拆解规范》（DB44/T 714—2010）；

②《清洁生产标准　废铅酸蓄电池回收业》（HJ 510—2009）。

（3）国际分类体系

① 日本 JISG 2401—1979 标准；

② 美国 ISRI 分类体系。

## 1.3　废旧金属回收利用现状

### 1.3.1　全球废旧金属回收利用现状

在资源日益紧张的当下，废旧金属回收已成为全球绿色经济的关键构成部分，其中不仅蕴含着巨大的经济价值，更是推动循环经济、实现可持续发展的核心环节。近年来，全球废旧金属回收市场呈现出迅猛增长态势。据市场研究机构预测，全球废旧金属回收市场规模在未来几年内有望突破数千亿美元，年复合增长率超过 10%。这一增长主要得益于全球经济持续发展、环保政策推动以及技术进步。

从地区层面来看，北美地区废旧金属回收市场发展成熟，政策法规完善，回收技术先进，市场竞争激烈。随着制造业和建筑业持续发展，该地区废旧金属回收市场将稳步增长。欧洲地区则凭借较高的环保意识和技术水平，以及政府的大力支持，市场发展前景广阔，未来将更注重技术创新和产业升级，以推动废旧金属回收市场可持续发展。亚太地区作为全球废旧金属回收市场的重要增长极，增长十分迅速。其中，日本虽为发达国家，但其国土面积狭小、资源禀赋匮乏，加之劳工成本高昂、环保标准严格，导致其工业生产中产生的废旧金属材料的回收利用模式与欧美等地区存在一定差异。首先，日本工业加工产生的边角料具有“碎小化”特征，且品种区分不规范，常混杂堆放、未经分拣，导致废料品质普遍较低，大部分属于低品质废料。同时，日常消耗性工业产品产生的废旧金属占比较大，整体市场价格较低。其次，日本部分地区在政策层面对工业垃圾处理采取特殊措施：不仅不收取处理费用，政府还对废旧金属出口给予政策性补贴，鼓励将大量废弃金属运至境外。在此背景下，一些出口商常以“工业垃圾”的形式，通过小型千吨散装船将此类废料运往中国等地[8]。

全球废旧金属回收市场竞争激烈，参与者众多，包括跨国金属回收公司、地方政府回收机构以及小型回收企业等。跨国金属回收公司如美国废品管理公司、欧洲金属回收公司等，具备先进回收技术和全球化回收网络，市场份额大且技术创新能力强，有力推动了废旧金属回收市场发展。地方政府回收机构，例如中国的“城市矿产”示范基地、德国的“双元回收系统”等，依靠政府支持，借助政策引导和市场机制，促进了废旧金属回收与再利用。

在技术创新方面，废旧金属回收技术不断突破，提高了回收效率和金属纯度，降低了生产成本。例如，新型的物理分离技术能够更精准地将不同种类金属从混合废料中分离出来；先进的冶炼技术可有效去除杂质，提升再生金属质量。同时，数字化技术也逐渐应用于废旧金属回收领域，通过大数据分析优化回收网络布局，利用物联网技术实现对回收过程的实时监控与管理。

### 1.3.2 我国废旧金属回收利用现状

近年来我国需要报废和回收处理的家用电器、废旧电脑、废旧汽车数量大幅度上升，但上述大多数废弃物资源被随意堆置和低级利用，这使得资源浪费和环境污染问题相当严重。目前，我国单位国民生产总值所消耗的矿物原料比发达国家高 2～4 倍；能源利用效率只有 32%左右，比国际先进水平低 10 个百分点，单位国民生产总值能耗是发达国家的 3～4 倍。据中国物资再生协会发布的《中国再生资源回收行业发展报告》，2023 年我国主要再生有色金属品种产量达 1788 万吨，同比增长 8%。其中，再生铜产量 410 万吨，同比增长 9.3%；再生铝产量 950 万吨，同比增长 9.8%；再生铅产量 298 万吨，同比增长 4.6%；再生锌产量 130 万吨，同比持平。然而，我国再生资源的回收利用率仅相当于世界先进水平的 30%左右。因此，我国亟需建立健全再生物资回收利用方面的法规体系、有效的激励政策、完善的回收体系和合理的费用机制，开发和推广应用，建立循环经济技术支撑体，促进资源的高效及循环利用。

在政策推动方面，随着我国“碳达峰”“碳中和”战略提出，再生资源产业迎来新发展机遇。《“十四五”循环经济发展规划》明确提出，到 2025 年再生有色金属产量要达到 2000 万吨，其中再生铜、再生铝和再生铅产量分别达到 400 万吨、1150 万吨、290 万吨。

这一系列政策为废旧金属回收利用产业发展提供了有力支撑。

在技术应用上，部分企业已引入先进的废旧金属回收技术与设备，如智能化的金属分选设备，可快速准确识别并分离不同金属；高效的熔炼设备能够降低能源消耗，提高金属回收率。一些企业还积极探索产学研合作模式，与高校、科研机构联合开展技术研发，提升自身技术创新能力。

### 1.3.3 目前存在的问题与挑战

尽管全球在废旧金属回收利用方面取得了一定成绩，但仍面临诸多问题与挑战，主要包括以下几点。

① 在技术层面，部分回收技术仍有待创新与优化。一些复杂的废旧金属制品，如电子废弃物中的金属回收，现有技术难以高效分离和提纯其中的多种金属，导致回收效率低、金属纯度不高。而且，部分回收技术能耗较高，在当前倡导节能减排的大背景下，不利于产业可持续发展。同时，新技术研发投入大、周期长，且存在一定风险，部分企业因资金和技术实力限制，难以开展相关研发工作。

② 在市场竞争方面，行业内存在无序竞争现象。部分小型回收企业为降低成本，采用不规范回收方式，甚至违规操作，不仅影响回收金属质量，还对环境造成污染。此外，部分企业为争夺市场份额，进行低价倾销，扰乱市场秩序，影响整个行业健康发展。行业集中度较低，缺乏具有强大市场影响力和整合能力的大型龙头企业，难以形成规模效应，不利于资源优化配置和技术创新推广。

③ 在政策环境上，虽然各国政府纷纷出台环保政策鼓励废旧金属回收利用，但政策体系仍需进一步完善。部分政策在实际执行过程中存在落实不到位等情况，缺乏有效的监督和考核机制。不同地区政策存在差异，导致跨区域废旧金属回收利用存在障碍。而且，政策对新兴技术研发和应用的支持力度还需加强，以推动行业技术升级。在国际合作方面，随着全球经济一体化，废旧金属跨国流动频繁，但目前国际间缺乏统一的标准和规范，在废旧金属进出口管理、质量检测等方面存在诸多矛盾和问题，影响全球废旧金属回收利用产业协同发展。

## 1.4 循环经济

### 1.4.1 循环经济概念及其内涵

在社会生产活动中，从资源流程和经济增长对资源和环境影响的角度来看，增长方式存在着两种不同的模式。一种是传统增长模式，它以越来越高的强度把地球上的物质和能源开发出来，在生产加工和消费过程中又把产生的污染和废物大量排放到环境中去，对资源的利用常常是粗放的和一次性的，通过把资源转换成一定产品和相当数量的废物来获得经济的数量型增长。这种由“资源—产品—污染排放”所构成的物质单线流动的传统经济，导致了各类自然资源的短缺与枯竭，并酿成日益加剧的灾难性环境污染后果，危害经济和社会的持续发展。另一种被称为循环经济的模式与此不同，它以生态学规律来指导人类社会的经济活动，要求把经济活动按照自然生态系统的结构，构建成一个“资源—产品—再生资源”的物质反复循环流动的过程，倡导一种建立在物质不断循环利用基础上的经济发展新模式，即循环经济。所谓循环经济，是指在经济发展中，遵循生态学规律，将清洁生产、资源综合利用、生态设计和可持续消费等融为一体，将物质、能量进行梯次和闭路循环使用，实现废物减量化、资源化和无害化，使经济系统和生态系统的物质生态化循环利用，在环境方面表现为低污染排放甚至零污染排放的一种经济运行模式[9]。循环经济认为，只有放错了地方的资源，没有真正的废物，它使整个经济系统以及生产和消费过程基本上不产生或产生很少废物，表现为“两低两高”，即低消耗、低污染、高利用、高循环产出，使物质资源得到充分、合理利用，把经济活动对自然环境的影响降低到尽可能小的程度，从而在根本上消除长期以来环境与发展之间的尖锐冲突。

循环经济是按照自然生态系统物质循环方式运转的经济运行模式，它要求用生态学规律来指导人类社会的经济活动，在生产和消费过程中形成一个“资源—产品—再生资源”的物质反复循环过程，在物质不断循环利用的基础上发展经济，使整个生产、经济和消费过程不产生或少产生废物。循环经济的内涵在于以下几点。

(1) 循环经济本质上是一种生态经济

循环经济是对物质闭环流动型经济的简称，以物质、能量梯次利用和闭路循环使用为特征，在环境方面表现为污染物低排放甚至零排放，是一种促进人与自然和谐的经济发展模式。它运用生态学规律把经济活动组织成一个反馈式循环流程，实现低开采、低消耗、低排放、高循环、高利用、高产出，以最大限度地利用进入系统的物质和能量，提高资源利用率；最大限度地减少污染物排放，提升经济运行质量和效率，并保护生态环境。循环经济与传统经济的不同之处在于：传统经济是由“资源—产品—污染排放”所构成的物质单行道流动经济。在这种经济运行中，人们以越来越高的强度把地球上的物质和能源开采出来，在生产加工和消费过程中又把污染物大量排放到环境中去，对资源的利用是粗放的和一次性的。而循环经济则是把经济活动按照自然生态系统的模式，组织成一个“资源—产品—再生资源”的物质反复循环流动经济。在这种建立在物质不断循环利用基础上的经济运行中，不但物质资源得到循环利用、综合利用、充分利用，节能降耗，增加财富，而且整个经济系统在生产和消费过程中不产生或者只产生很少废弃物，维护和发展生态平衡，减少资源耗竭，使社会经济可持续发展。

(2) 循环经济的根源在于自然资源已成为制约人类社会发展的因素

经济学认为，资源存在着某种稀缺性，所以有“物以稀为贵”之说；同时，经济学还认为，人类社会发展需要最有效地配置资源，特别是稀缺资源，如何最有效、最合理地配置资源始终是人类面临的重大社会经济问题。人类社会生产资源包括自然资源、人力资源和工具技术资源。18 世纪工业革命刚开始的时候，世界上的稀缺资源主要是人及其工具技术，而不是自然资源，因此工业化的兴起就是要以机器武装人甚至替代人，从而提高劳动生产率。如何更有效地节省人力资源和提高机器工具技术水平，以便更大规模地利用自然资源，成为当时的主要矛盾。但是在工业革命两百多年后的今天，随着人口的迅速增长和生产力水平的极大提高，稀缺资源发生了变化。人力已不再是稀缺资源，工具技术也不再是稀缺资源，而过去曾经被认为大量存在、取之不竭的自然资源却变成了稀缺资源，并且这种变化的反差还有不断增大的趋势，即一方面随着人口增长和技术进步，人类经济系统日益扩大；另一方面由于大量开采、消耗资源和污染环境，自然资源系统日趋减小，自然资源更显稀缺。经济学的原理仍然是正确的，但是配置稀缺资源的主要矛盾变了。当今社会，一方面如何解决过剩劳动力的就业问题已成为全球主要矛盾，另一方面日趋衰减的自然资源则成为制约经济发展的要素，人类社会面临着因自然资源耗竭而终止发展的严重危机。因此，如何减少自然资源耗费和防治自然环境污染成为当今社会热议的话题，循环经济作为综合、循环利用自然资源与保护自然环境的经济模式和人类社会可持续发展的策略，非常必要和合理地突现在当今世界和未来社会的面前。

(3) 循环经济的核心是提高自然资源生产效率

从物质流动的形式看，传统经济的本质是一种不考虑自然资源生产效率的线性经济。在线性经济中，资源输入经济系统，经过生产过程转换成产品并排放出废弃物，产品被消费后也变成废弃物排放于自然环境中，因而导致了环境污染问题。这一过程是单通道的，表现为线性。在线性经济模式下，经济增长是以消耗自然资源为代价的，追求的是不断提高劳动生产率，即单位劳动耗费能推动多大的经济增长，这种增长主要是数量上的攀升，其结果是经济规模越大，资源消耗越多，生态环境越恶化。而循环经济作为一种资源闭路循环利用和梯次利用的经济活动模式，资源输入经济系统，经过生产过程中间转换，不但输出主产品，而且梯次输出副产品，而产品被消费后又变成再生资源，再生资源经过又一轮生产过程变为再生产品，如此循环反复的转换过程，使资源的各种成分得到综合利用、回收利用和充分利用，最终很少甚至没有废物排放于自然环境中。在循环经济中，不但讲究劳动生产率，而且更加注重追求提高自然资源生产效率，即单位自然资源带来的经济发展。这种发展不只是数量增加，更重要的是质量提高，包括经济效益、生态效益和社会效益的全面提高，保障社会经济和生态环境的可持续发展。

### 1.4.2 循环经济原则

循环经济要求以“3R”原则为经济活动的行为准则。所谓“3R”原则，即减量化原则、再利用原则和再循环原则。

(1) 减量化原则 (reducing)

减量化是循环经济的第一法则。它要求以尽可能少的原料和能源投入来达到既定的生产目的或消费目的，从经济活动的源头就开始注重节约资源和减少污染，也被称为减物质化。换句话说，减量化原则要求经济增长具有持续性及与环境的相容性。人们必须在生产源头就充分考虑资源的替代与节约、提高资源的综合利用率、预防废弃物的产生，而不是将重点放在生产过程的末端治理上。减量化原则在生产过程中表现为产品生产的小型化和轻型化，产品包装的简单适用而不是豪华浪费，如制造轻型汽车替代重型汽车、采用可再生资源替代石油、煤炭等作为燃料等。在满足消费者需求的同时，又可以节约资源、能源，减少甚至消除汽车尾气的排放量，降低尾气的治理费用，控制或缓解“温室效应”。减量化原则在消费中主要体现为适度消费、层次消费而不是过度消费。如改革产品的过度包装、淘汰一次性物品不仅可以减少对资源的浪费，同时也达到了减少废物产生和排放的目的。

(2) 再利用原则（reusing）

再利用原则要求产品和包装物能够以初始形式被多次和反复利用，而不是一次性消费，从而避免产品过早成为垃圾。同时，要求系列产品和相关产品的零部件及包装物兼容配套，当产品更新换代时，零部件及包装物并不淘汰，可用于新一代产品及其他相关产品。如某些电脑制造商按照模块化方式把电脑零部件设计成易于拆卸和再使用的模块，以积木方式组合其产品。再利用原则还要求制造商和消费者应尽量延长产品的使用期，而不是频繁地更新换代。

(3) 再循环原则（recycling）

再循环原则要求生产出来的产品在完成其使用功能后重新变成可以利用的资源，而不是不可恢复的垃圾。按照循环经济的思想，生产者的责任应包括产品废弃后的回收和处理，因此，产品生产出来、销售出去对生产者来说仅仅是完成了1/2的使命。再循环有原级再循环和次级再循环两种情况：原级再循环即废弃物被用来生产同类新产品，例如，用废纸再生纸张、易拉罐再生易拉罐等；次级再循环即将废弃物转化为其他产品的原料。原级再循环在减少原材料消耗方面所达到的效率比次级再循环要高得多，是循环经济追求的理想境界。从循环经济三个原则被人类利用的顺序上看，“减量化原则”出现的时间最晚，而从循环经济三个原则的作用来看，以预防为主的减量化原则是最重要的法则。这是因为循环经济的根本目标是在经济流程中系统地避免和减少废物，而废物的再生利用只是减少废物最终处理量的方式之一，废物的再生利用在本质上仍是末端治理而不是源头预防，它虽然可以减少废物的最终处理量，但不一定能够减小经济过程中的物质流动速度及物质使用规模。

### 1.4.3 循环经济特征

循环经济是一种科学的发展观，也是一种全新的经济发展模式，其特征主要体现在以下几个方面。

(1) 新的系统观

循环经济的系统是由人、自然资源和科学技术等要素构成的大系统，它要求人将自己作为这个系统的一部分来研究，符合客观规律的经济原则。

(2) 新的经济观

循环经济观要求运用生态学规律来指导经济活动，经济增长要与生态环境的承载能力相适应。在生态系统中，经济活动超过生态环境承载能力的循环是恶性循环，而在生态环境承载能力之内的是良性循环，这样才能使经济与生态友好相处，协调发展。

(3) 新的价值观

循环经济观视自然为可利用的资源的同时，还认识到自然资源环境是人类赖以生存和发展的基础，也是维持良性循环的生态条件。因此，在考虑科学技术对自然的开发能力的同时，还要充分考虑它对生态系统的修复能力；在考虑人对自然的征服能力的同时，更要重视人与自然和谐相处的能力。

(4) 新的生产观

经济循环的生产观念一方面要充分考虑自然生态的承载能力，维持生态平衡；另一方面要做到充分利用自然资源，通过综合利用、回收利用等措施循环利用自然资源，使单位资源创造出更多的社会财富而又不污染或最低程度污染自然环境。

（5）新的消费观

循环经济观提倡物质的适度消费、层次消费，在消费的同时应考虑废弃物的资源化，建立循环生产和消费的观念。同时要求国家通过税收和行政管理等手段，限制以不可再生资源为原料的一次性产品的生产与消费，以保护地球的稀缺资源，减少自然资源的浪费，保障社会经济可持续发展。

### 1.4.4 生命周期评价

生命周期评价（LCA），又被称为“从摇篮到坟墓”分析（cradle to grave analysis）或资源和环境轮廓分析（resource and environmental profile analysis），是对某种产品或某项生产活动从原料开采、加工到最终处置的一种评价方法，并力图在源头预防和减少环境问题，而不是等问题出现后再去解决。

目前，生命周期评价的定义有多种说法，其中国际标准化组织（ISO）和国际环境毒理学和化学学会（SETAC）的定义最具权威性[10]。

① ISO 的定义　汇总和评估一个产品（或服务）体系在其整个生命周期内的所有投入及产出对环境造成的和潜在的影响的方法。

② SETAC 的定义　生命周期评价是一种对产品生产工艺以及活动对环境的压力进行评价的客观过程，它是通过对能量和物质的利用以及由此造成的环境废物排放进行识别和量化的过程。其目的在于评估能量和物质利用，以及废物排放对环境的影响，寻求改善环境影响的机会以及如何利用这种机会。评价贯穿于产品、工艺和活动的整个生命周期，包括原材料提取与加工，产品制造、运输以及销售，产品的使用、再利用和维护，废物循环和最终废物处理与处置。

生命周期评价有以下几个特点。

（1）全过程评价

生命周期评价是与整个产品系统原材料的采集、加工、生产、包装、运输、消费和回收利用以及最终处置有关的环境负荷的分析过程。

（2）系统性与量化

生命周期评价以系统的思维方式去研究产品或行为在整个生命周期中每一个环节中的所有资源消耗、废物产生及其环境影响，定量评价这些能量和物质的利用以及废物的排放对环境的影响，辨识和评价改善环境影响的机会。

（3）注重产品的环境影响

生命周期评价强调分析产品或行为在生命周期各阶段对环境的影响，包括能源利用、土地占用及污染物排放等，最后以总量形式反映产品或行为的环境影响程度。生命周期评价注重研究系统在生态健康、人类健康和资源消耗领域内的环境影响。

## 参考文献


[1] 李冠甲，史鸿威，陈延辉，等．铜铝搅拌摩擦焊接研究［J］．黑龙江科技信息，2014，27：114-115.

[2] 杨绍桦．关于金属材料在服饰设计中的应用研究［D］．大连：大连工业大学，2012.

[3] 魏士昆．金属材料在旧建筑改造中的应用研究［D］．成都：西南交通大学，2014.

[4] 陈鑫．金属材料的应用与发展综述［J］．山西科技，2015，01：75-76.

[5] Jiang Chenghong，Liu Yan，Xu Xuping，Chen Zuliang. Effect of metallic nanoparticles on denitrification by Paracoccus sp. under anaerobic conditions［J］. Chinese Journal of Environmental Engineering，2012，6（8）：2645-2650.

[6] 张政法，李娜，刁博文，等．我国再生资源回收利用现状研究［J］．现代商贸工业，2016，（32）：66-67.

[7] 李福刚，齐丽媛，卢秉天．建立电子垃圾产业化体系是加速循环经济的必要措施［A］．中国环境科学学会．中国环境科学学会2006年学术年会优秀论文集（上卷）［C］．中国环境科学学会：2006：3.

[8] 废金属进口前景分析与预测［J］．有色金属工业，2005，11：73-74.

[9] 刘旌．循环经济发展研究［D］．天津：天津大学，2012.

[10] 徐学军，张炜全，查靓．基于生命周期视角的绿色产品开发过程研究［J］．科技进步与对策，2010，13：17-20.

第 2 章

# 废钢铁的再生利用技术

## 2.1 废钢铁再生利用概况

### 2.1.1 废钢铁再生利用的意义

钢铁，是铁与碳、硅、锰、磷、硫以及少量其他元素所组成的合金。其中除铁外，碳的含量对钢铁的力学性能起着主要作用，故统称为铁碳合金或黑金属[1]。

钢铁材料是人类经济建设和日常生活中所使用的最重要的结构材料和产量最大的功能材料，是人类社会进步所依赖的重要物质基础。钢铁工业及其产品是国民经济发展的重要基础，是全面建设小康社会，发展国家现代化和加强国防现代化的保障性原材料。据产量统计，在全世界生产的所有金属材料中，钢铁占 94.9%，铝占 2.5%，铜占 1%～3%，锌占 0.7%，铅占 0.5%，其他合计为 0.1%，其中，居第 2 位的铝产量不过是钢铁产量的 3%左右。因此，从金属材料的角度讲，可以说现代社会仍处于“钢铁时代”。我国钢铁的年产量大，消耗量多，每年产生的废钢铁多，对于废钢铁的处理、处置及其资源化利用应引起社会的重视。

废钢铁就是使用钢铁材料制成的各种生活用品、工业设备、交通工具、农用机械、军用武器等经过一定使用年限的报废品，或者由于技术进步而更新替代下来的淘汰品，以及这些产品在生产过程中的切边切角及其废弃物。换句话说，失去原有使用价值的钢铁制品就是废钢铁。这些失去原有使用价值的废弃物并非绝对无用，仍然存在着价值和使用价值。通过回收和加工整理，除部分用于手工业、维修业之外，绝大部分成为炼钢原料。而且这种原料具有循环利用功能，成为发展钢铁生产的基础资源。废钢铁的再生利用，对于节约资源、能源和解决废钢铁的处理、处置问题有巨大的意义。

#### 2.1.1.1 节约资源与环境保护优势

（1）有利于减少资源和能源的消耗

目前炼钢以铁矿石或废钢铁为原料，由于生产工艺和技术差异、废钢积蓄量以及政策鼓励等因素，各国利用两者原料的比例各不相同。美国生产的钢材，其使用的原料有60%来自废钢铁，欧洲是40%，日本是25%。而我国钢的生产对铁矿石的依赖偏高，生产的钢材，其使用的原料90%来自铁矿石，仅10%来自废钢铁。现今，我国钢铁产量位居世界第一，2024年我国生产粗钢10.05亿吨，我国每年铁矿石的消耗量极大。随着地球表壳资源的日益贫化，金属矿产资源已迅速枯竭。据专家估计，地球上金属矿产的开采只能维持100～300年，其中，铁矿石只能开采100～160年，而钛、铜、银的开采将不足50年。我国是矿产资源相对不足的国家，已探明的铁矿总储量为530亿吨左右，按目前的生产规模只可稳定供应约20年。而废钢铁是可再生资源，可无限循环使用，炼钢→轧钢→钢材→制品→使用→报废→回炉炼钢→轧钢，每8～30年一个循环。用1t废钢铁炼钢，可节省2～3t铁矿石、500kg焦炭、300kg石灰石，可减少4～5t原生矿的开采量。

再者，钢铁工业是消耗能源的大户，钢铁工业的能源消耗约占全国能源消耗总量的15%。我国的水、电、油等能源很紧张，节能是我国的国策。废钢铁由于已经实现了氧化物向金属的转化过程，其本身已经是一种化学能的载能体。钢铁生产从选矿、采矿、烧结、炼铁到炼钢、轧钢，70%以上的能源消耗主要集中在炼钢工序以前。用废钢铁炼钢，对废钢铁的处理主要是完成熔化过程所需的物理热增值，因此其过程能耗在理论上要比以铁矿石为原料低得多。利用废钢铁炼钢比用铁矿石炼钢可节省2/3的能源，节水2/5。用1t废钢铁就可以节约1t标准煤，节能11.7GJ。

由此可见，对废钢铁进行再生利用不仅能减少矿产资源的开采，延长地球表壳矿产资源的使用寿命，还可以降低能耗，节约成本，提高经济效益。因此，废钢铁的利用引起了全社会的普遍重视，废钢铁也被形象地称为“第二矿业”。

（2）有利于减少“三废”的排放

钢铁工业是重工业生产，从采矿到轧钢整个生产环节中会产生大量废气、废水、废渣及其他废弃物，其中“三废”排放约占工业排放总量的14%～16%（“三废”排放数据）。废钢铁是一种载能的再生资源，用废钢铁炼钢比用铁矿石炼铁后再炼钢可减少排放废气86%，废水76%，废渣97%，有利于清洁生产和排废减量化。

同时，废钢铁如果不进行有效回收利用，将会成为巨大的潜在环境污染源。大量锈蚀的钢铁废料任意堆置，不仅占用大面积土地，还会对土壤、水体、大气及生态环境造成严重的威胁。对废钢铁加以回收利用，可解决废钢铁处理处置的问题，达到变废为宝，减少土地占用，减少污染物排放，改善环境，增加社会效益的目的。

因此，不管从节约资源、能源，还是从保护人类生存环境来说，废钢铁的回收利用都是非常必要的，这是建设环境友好型、资源节约型社会的必由之路。

#### 2.1.1.2 工程经济分析

在钢铁生产过程中，从炼钢工艺的角度分为“长流程”和“短流程”，见图2-1。

目前，长流程一般是指转炉炼钢，原料以铁矿石为主，废钢铁为辅。短流程一般指电炉炼钢，原料以废钢铁为主，生铁为辅[2]。

从原料来看，在可以预见的未来若干年内，世界上的废钢铁资源可以稳定供给，价格也基本不变。根据国际回收局年度报告，2023年中国、欧盟、美国、日本、土耳其等国，废钢

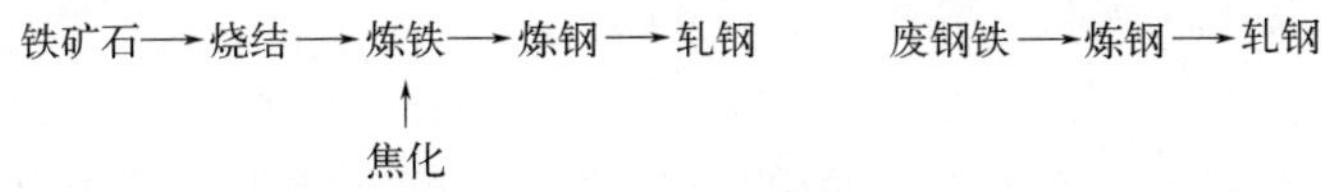

(a) 长流程　(b) 短流程

图 2-1　炼钢工艺流程

利用量合计为 4.61 亿吨，平均废钢比为 29.7%，其中我国废钢比仅为 21.0%。按“十四五”初期预测，2025 年废钢铁资源量约为 3.26 亿吨，到 2030 年，我国粗钢产量将下降到（9～9.5）亿吨，相应的废钢铁资源量预计为（3.3～3.6）亿吨；到 2035 年，我国粗钢产量将下降至（8～8.5）亿吨，相应的废钢铁资源量预计为（3.8～4.1）亿吨。按照近几年的实际回收利用水平，预计 2030 年废钢铁回收利用量约为 2.8 亿吨，2035 年废钢铁回收利用量约为 3.2 亿吨[3]。在国内废钢资源一时不能自给自足的情况下，废钢铁的远洋运输也比铁矿石有优势，因为铁矿石运输往往需要大型或超大型远洋矿船和深水港的配合，在我国有时还要求有庞大的铁路运输能力与之配合，不仅基础设施投资巨大，而且由于铁矿石中的大量无价值脉石一起进入运输过程，增加了运输费用，以致炼钢成本很高，而废钢铁运输则不存在上述问题。预计我国在 10 年之后能逐步进入废钢铁高产期，走上自给自足的道路。

从能源消耗、成本分析来看，电炉流程比常规转炉流程的能耗要低 1/2 左右，在能源日益短缺的今天，废钢铁电炉流程的炼钢成本显然要比转炉流程低得多。对操作成本进行比较，1986 年美国巴尼特（Barnett）等曾有过计算，以线材为例，典型的美国钢铁联合企业每吨线材成本为 399 美元，而废钢铁电炉短流程钢厂则仅需 244 美元。另外，短流程钢厂普遍与其产品的最终用户市场相邻，而大型钢铁联合企业则为解决大批量的原料问题不得不依赖于重要的原料港口或原料供应地，因此从生产成本来看，废钢铁电炉短流程同样存在明显的优势。

从劳动生产率的角度看，一流现代化转炉流程的钢铁联合企业的生产率为 600～800t/（人·a），而以大型电炉为主体的现代化短流程企业的生产率已达到 1000～3000t/（人·a）[4]。

从投资角度看，建设高炉-转炉联合企业每吨钢需要投资大约 1000～1500 美元，而电炉流程仅需 500～800 美元。另外建设电炉钢厂占地面积小，速度快，资金回收期短。与转炉炼钢厂相比，电炉炼钢厂仅投资就可节省 1/4～1/3，占地面积减少 1/2～3/5，建设周期可由 4 年缩短到 1～1.5 年。相比之下，电炉流程的社会、经济环境要比转炉常规流程宽松一些，这也是世界上电炉流程迅速发展的重要原因。

### 2.1.2　废钢铁的来源

废钢铁按其产生的来源可以划分为两大类：一类是社会上各行各业因报废折旧产生的废钢铁，即折旧性废钢铁；另一类是在各种生产过程中产生的废钢铁，即生产性废钢铁。

#### 2.1.2.1　折旧性废钢铁

折旧，是各种钢铁制品（如机械设备、车辆、船只、容器、家用电器、铁路、公路运输系统以及武器等）在使用过程中，由于损耗形成的那部分逐渐折减的价值。当折减为零时，就需报废，而报废后就成为废钢铁。

其报废分为 3 种情况：

① 对超过设计寿命，已无使用价值的设备进行报废，此为正常报废；

② 由于设备机器的技术经济指标落后，在其设计寿命未达到，但其技术寿命已到尽头，需采取报废；

③ 如果使用新设备，其耗用的成本费低于使用原设备，应当更新设备，此为经济寿命，经济寿命是从成本观点上研究设备更新的最佳周期。

折旧性废钢铁按产生的社会行业划分，可分为工业、农业、建筑、汽车、铁路、船业、矿山、军用、民用等。其来源与特点如表 2-1 所列。

**表 2-1 折旧性废钢铁的来源与特点**

| 种类 | 来源与特点 |
| --- | --- |
| 工业废钢铁 | 绝大部分是报废的机械设备和下脚料，质量好，来源清楚，化学成分易检测；但需对设备上的原料进行清理，密闭容器进行破碎处理 |
| 农业废钢铁 | 来源于损坏的各种农业设施，报废的农业机械、农具、工器具等，这部分的钢铁数量较少，其中废铸铁、工具钢较多 |
| 基本建筑业废钢铁 | 此类废钢铁数量较大，且质量较好，绝大部分为普通碳素钢，来源于铁路建设、公路建设、市政建设、工业与民用建设，主要包括各种型号的钢筋、角、槽、板及其下脚料，淘汰报废的建筑设备与工器具等 |
| 铁路废钢铁 | 主要包括淘汰的铁路设施，如机车、车厢、道轨等，这部分钢铁质量优越，绝大部分是重型料，化学成分清楚，钢水回收率高，有碳素钢和合金钢 |
| 矿山废钢铁 | 煤矿开发是高风险行业，设备淘汰更新快，废钢铁的产生量较大，包括各种液压支架、巷道支架、运输车辆、采掘机械工具等。其重型料、合金钢多 |
| 民用废钢铁 | 这类钢铁占相当大的比重，但质量参差不齐，如家电、水管道、钢制门窗、健身器材、饮料容器等，此类废钢铁为轻薄料，易氧化生锈，钢水回收率低 |
| 军用废钢铁 | 此类废钢铁产量少，需到指定的钢铁企业销毁 |

一般而言，钢制品的折旧期都较长，如机械设备 12～15 年，汽车 10～15 年，建筑、桥梁 50～100 年，火车、轮船 10 年，一般制品 15 年，因此折旧废钢又称“长期废钢”。而折旧废钢一般占总废钢产生量的 25%～35%。在数量上，折旧废钢量远大于加工废钢量。所以，在研究废钢资源问题时，要特别重视折旧废钢。

#### 2.1.2.2 生产性废钢铁

生产性废钢铁分为以下两个部分。

(1) 自产废钢

这是各钢铁企业自产的返回废钢铁，是钢铁企业内部各个生产单元，诸如车间、分厂在炼铁、炼钢、轧钢和铸造等工序产生的残铁、废坯、切头、切尾、切边、残次材、废品、下脚料等废料，故也称“返回废钢”或“内部废钢”。不同工序产生的废钢见表 2-2。

表 2-2　不同工序产生的废钢

| 工序 | 产生形式 | 产生量 |
| --- | --- | --- |
| 高炉炼铁 | 沟铁、铁水罐底、边沿残铁、铸铁机的散碎废铁 | 每炼 1t 生铁约可回收 10～12kg 废铁 |
| 炼钢过程 | 铸余、中注管、汤道、凝钢、跑钢、钢水罐底、边沿残钢、短锭、车间内判废钢 | 每炼 1t 钢约可回收 30～40kg 废钢 |
| 轧钢过程 | 氧化铁皮、切头、切尾、切边和废次材 | 每轧 1t 钢材可回收 70～100kg 废钢 |

这部分废钢铁占废钢产生量的 30%～40%左右。生产性废钢铁质量好，杂质含量少，化学成分清楚，是理想的炼钢原料。另外，有些特殊钢厂的返回废钢中含有有价值的合金元素，如不锈钢中含有 Cr、Ni，高速钢中含有 Cr、Mo、W、V 等。使用这种返回废钢，可节省昂贵的铁合金。此类废钢通常只是在本企业内部循环利用，几乎不进入市场流通。近 20 年来，由于炼钢厂普遍采用转炉（电炉）和连铸工艺，加上各个行业的技术进步和对节能降耗、降低成本的追求，冶炼工艺大有改进，冶金企业中的金属收得率与轧钢成材率不断提高，自产返回废钢铁减少，致使自产废钢量有不断下降的趋势。

（2）生产性废钢铁

其来源于机械加工生产，也称为“工业废钢”，是各个使用钢材制造终端使用商品的边角余料，这部分废钢铁通过市场交易回到钢铁企业进行再次冶铁，约占废钢铁回收总量的 20%～25%。机械加工生产下来的“五要”是钢铁屑末、切头、切尾、边角余料、加工废件。这类废钢机械加工生产，钢材消耗量大，由于生产工艺不同，钢材的利用率也不一样，普通碳素钢材的利用率较高，而合金钢材的利用率较低。例如，用于制造军用器械、常规武器的钢材一般利用率在 50%左右；用于生产轴承的钢材利用率在 38%～45%之间；高速工具钢利用率在 40%～55%之间；航空用高温合金钢材利用率约为 23%。我国机械加工行业钢材平均利用率在 70%～75%。

### 2.1.3　废钢铁的分类及用途

废钢铁回收来源不同，品种繁多，包括碳素废钢、合金废钢、轻薄料、钢渣、钢屑以及各种废铸铁。不同成分与规格的废钢铁对电炉炼钢的作用不同，因此要对废钢铁进行合理分类。按照其使用方式可分为熔炼用废钢铁和非熔炼用废钢铁。熔炼用废钢铁指的是不能按原用途使用且必须作为熔炼回收使用的钢铁碎料及钢铁制品；非熔炼用废钢铁是指不能按原用途，又不作为熔炼回收和轧制钢材使用而改作它用的钢铁制品，下文所述的为熔炼用废钢铁。按照废钢铁的化学成分，在检验过程中把废钢铁分为废铁和废钢两大类。

#### 2.1.3.1　废铁

现行国家标准《废钢铁》（GB/T 4223—2017）规定，废铁的碳含量一般大于 2.0%，熔炼用废铁分为Ⅰ类废铁、Ⅱ类废铁、合金废铁、高炉添加料和铁渣 5 个品种。铁屑冷压块的密度不小于 3000kg/$m^3$。在运输和卸货时，散落的铁屑量不大于批重的 5%，压块应满足脱落试验。各种熔炼用废铁的成分和尺寸类别要求如表 2-3 所列。

表 2-3 熔炼用废铁的化学成分和尺寸类别

<table>
<tr><th rowspan="2">品种</th><th colspan="3">类别</th><th rowspan="2">典型实例</th></tr>
<tr><th>A</th><th>B</th><th>C</th></tr>
<tr><td>Ⅰ类废铁</td><td rowspan="3">长度≤1000mm<br>宽度≤500mm<br>高度≤300mm</td><td rowspan="3">经破碎、熔断容易成为一类形状的废铁</td><td rowspan="3">生铁粉（车削下来的生铁屑末混入异物的生铁）及其冷压块</td><td>生铁机械零部件、输电工程各种铸件、铸铁轧辊、汽车缸体、发动机壳、钢锭模等</td></tr>
<tr><td>Ⅱ类废铁</td><td>铸铁管道、高磷铁、高硫铁、火烧铁等</td></tr>
<tr><td>合金废铁</td><td>合金轧辊、球墨轧辊等</td></tr>
<tr><td>高炉添加料</td><td colspan="3">10mm×10mm×10mm≤外形尺寸≤200mm×200mm×200mm，单件质量≤5kg</td><td>加工压块等</td></tr>
<tr><td>渣铁</td><td colspan="3">500mm×400mm 以下或单重≤800kg，块状</td><td>大沟铁、铁水包、鱼雷罐等加工而成（含渣≤10%）</td></tr>
</table>

此外，一些含碳量较高的废铁（铁碳合金）也被称为铸铁，根据碳在废铁中存在的形式及处理的方法不同，铸铁又可分为灰口铸铁、白口铸铁、球墨铸铁、可锻铸铁、蠕墨铸铁、合金铸铁等。不同类型的废铁，在回收利用上应有所区别，在冶炼配料时应当区别配入。因此，在废铁的回收利用上需掌握不同类型铸铁的性质和用途。

（1）灰口铸铁

灰口铸铁是目前使用最多的一种铸铁，碳大部分或全部以片状石墨形式存在，其端口呈暗灰色。其铸造性能好，不仅流动性高，而且冷却时收缩量比钢小。因此，凡是无法锻造的零件，如壳体零件、变速箱外壳、离合器外壳、进排气支管等都可采用铸铁制造。有些灰口铸铁的基体是珠光体，加上铸铁中有石墨存在，有利于润滑及储油，此类灰口铸铁具有较好的耐磨性，常用来制造活塞环、汽缸套、曲轴、轴瓦等。另外，铸铁中的石墨能迅速将机械的振动吸收，能避免机械因长期振动而损坏，可用于制造各种仪器座、机床床身等。

（2）白口铸铁

白口铸铁的碳全部以渗碳体的形式存在，其端口呈亮白色。白口铸铁中由于存在着大量渗碳体，因而其性能硬而脆，很难进行各种加工。白口铸铁除少量用于耐磨铸件，如轧辊表面、车轮轮缘外，其他方面很少使用。

（3）球墨铸铁

球墨铸铁的碳大部分或全部以球状石墨存在。为了促进生铁中的碳呈球状石墨结晶，在球墨铸铁生产时会加入 0.2%～0.8%的球化剂，如纯镁、镍镁、铜镁等合金和 0.3%～1%的球化剂硅铁或硅钙合金。球墨铸铁保留了灰口铸铁的优点，同时兼具钢的优点，除延伸率和韧性稍低外，基本上与钢差不多，而球墨铸铁的耐磨性、刚性、防震性均比锻钢好，且成本相当于锻钢的 1/4。此类铸铁主要用来制备各种轴、曲轴和齿轮。

（4）可锻铸铁

可锻铸铁是由白口铸铁经长时间石墨化退火而获得的一种具有团絮状石墨的铸铁（可锻铸铁实际上并不能锻造），分为黑心可锻铸铁（铁素体基体）、白心可锻铸铁（珠光体基体）。可锻铸铁通常用于汽车和各种机械中形状复杂、冲击强度较高的小铸件。这些铸件如果采用钢，因其铸造性不好，困难较大，而灰口铸件又满足不了要求。在这种情况下，用可锻铸铁是最经济的。

(5) 蠕墨铸铁

蠕墨铸铁是近些年来发展起来的一种新型铸铁，是在高碳、低硫、低磷的铁水中加入蠕化剂（镁钛合金、稀土镁钛合金、稀土镁钙合金）经处理后，获得的石墨形态介于片状和球状之间，似蠕虫状石墨的铸铁。它的性能介于灰口铸铁和球墨铸铁之间。

(6) 合金铸铁

在铸铁中加入一定合金元素使其具有某些特殊性能。如加入铜、钼、锰、磷等元素可生产耐磨铸铁；加入硅、铝、铬等合金元素生产耐热铸铁；加入硅、铝、铬、镍、铜等合金元素生产耐蚀铸铁。

各类废铁的常见用途见表 2-4。

**表 2-4 各类废铁的常见用途**

| 类别 | 常见用途举例 |
|---|---|
| 灰口铸铁 | 盖、外罩、油盘、手轮、手把、支架、座板、重锤等形状简单、不重要的零件 |
| | (1) 一般机械制造中的铸件，如支柱底座、罩壳、齿轮箱、刀架、刀架座、普通机床床身及其他形状复杂、不容许其很大变形又不能进行时效处理的零件；<br>(2) 滑板、工作台等较高强度铸件，有相对摩擦的零件；<br>(3) 薄壁（重量不大）零件，工作压力不大的管子配件及壁厚≤30mm 的耐磨轴套等；<br>(4) 圆周速度 6～10m/s 的皮带轮以及其他类似的零件 |
| | (1) 一般机械制造中较为重要的铸件，如汽缸、齿轮、机座、金属切削机床床身、飞轮等；<br>(2) 汽车、拖拉机的汽缸体、汽缸盖、活塞、刹车轮、联轴器盘等；<br>(3) 具有测量平面的零件，如划线平板、V 形铁；<br>(4) 承受 $80kgf/cm^2$（1kgf=98.0665kPa，下同）——下中等压力的油缸、泵体、阀体等；<br>(5) 汽油机和柴油机的活塞环；<br>(6) 圆周速度为 12～20m/s 的皮带轮 |
| | (1) 机械制造中重要的铸件，如剪床、压力机、自动车床和其他中型机床的床身、机座、机架和大而厚的衬套、齿轮、凸轮，大型发动机的曲轴、汽缸体、缸套、汽缸盖等；<br>(2) 高压油缸、水缸、泵体，阀体等；<br>(3) 镦锻模和热锻模、冷压模等；<br>(4) 圆周速度为 20～25m/s 的皮带轮 |
| 黑心可锻铸铁 | 具有高冲击韧性和适当的强度，用于承受冲击、振动及扭转负荷下的工作零件，通常多用以制造农具、汽车零件、运输机、升降机和机床零件、纺织机零件以及管道配件、中低压阀门、机床用扳手、车轮壳、钢丝绳接头、差速器壳、前后轮壳、转向节壳、制动器等 |
| 白心可锻铸铁 | 韧性较低，但强度大，硬度高，耐磨性好，且加工性良好，可用来代替低碳、中碳、低合金钢及有色合金制造要求较高强度和耐磨性的重要零件，如曲轴、连杆、齿轮、摇臂、凸轮轴、活塞环等以及农具、军工用零件，是近代机械工业中得到广泛应用及具有发展前途的结构材料 |
| 球墨铸铁 | 汽车轮毂、驱动桥壳体、差速器壳体、离合器壳体、拨叉、阀体、阀盖；内燃机机油泵齿轮，火车轴瓦、飞轮、柴油机曲轴、轻型柴油机凸轮轴、连杆、汽缸进排气门座；磨床、铣床、车床主轴、矿车车轮；汽车锥齿轮、转向节、传动轴、内燃机曲轴、凸轮轴 |

续表

| 类别 | 常见用途举例 |
| --- | --- |
| 蠕墨铸铁 | 汽车底盘零件，增压器、废气进气壳体、排气管、汽缸盖、液压件、钢锭模、飞轮、制动鼓、玻璃模具、活塞、制动盘 |
| 合金铸铁 | 耐磨铸铁：犁铧、轧辊、球磨机磨球、机床导轨、汽缸套、活塞环、轴承等<br>耐热铸铁：工业加热炉附件，如炉底板、烟道挡板、传递链构件、渗碳坩埚等<br>耐蚀铸铁：主要用于化工机械，如管件、阀门、耐酸泵等 |

### 2.1.3.2 废钢

按照国家标准《废钢铁》（GB/T 4223—2017）划分，废钢的碳含量一般小于2.0%，硫含量、磷含量均不大于0.050%。非合金废钢中残余元素应符合以下要求：镍、铬、铜的质量分数均不大于0.30%，除锰、硅元素外，其他残余元素的质量分数总和不大于0.60%。废钢按其用途分为熔炼用废钢和非熔炼用废钢。其中，熔炼用废钢按其外形尺寸和单位质量分为10个型号，见表2-5。非合金废钢和低合金废钢的分类参照《钢分类》（GB/T 13304—2008）的规定执行[5]。

表2-5　熔炼用废钢分类

| 型号 | 类别 | 外形尺寸重量要求 | 供应形状 | 典型举例 |
| --- | --- | --- | --- | --- |
| 重型废钢 | Ⅰ类 | 1200mm×600mm以下，厚度≥12mm，单重10～2000kg | 块、条、板、型 | 钢锭和钢坯、切头、切尾、中包铸余、冷包、重机解体类、圆钢、板材、型钢、钢轨头、铸钢件、扁状废钢等 |
| | Ⅱ类 | 800mm×400mm以下，厚度≥6mm，单重≥3kg | 块、条、板、型 | 圆钢、型钢、角钢、槽钢、板材等工业用料、螺纹钢余料、纯工业用料边角料、满足厚度单重要求的批量废钢 |
| 中型废钢 | — | 600mm×400mm以下，厚度≥4mm，单重≥1kg | 块、条、板、型 | 角钢、槽钢、圆钢、板型钢等单一的工业余料，各种机器零部件、铆焊件、大车轮胎、拆船废、管切头、螺纹钢头/各种工业加工料边角料废钢 |
| 小型废钢 | — | 400mm×400mm以下，厚度≥2mm | 块、条、板、型 | 螺栓、螺母、船板、型钢边角余料、机械零部件、农家具废钢等各种工业废钢、无严重锈蚀氧化废钢及其他符合尺寸要求的工业余料 |
| 轻薄料废钢 | — | 300mm×300mm以下，厚度<2mm | 块、条、板、型 | 薄板、机动车废钢板、冲压件边角余料、各种工业废钢、社会废钢边角料、但无严重锈蚀氧化 |
| 打包块 | — | 700mm×700mm×700mm以下，密度≥1000kg/m$^3$ | 块 | 各类汽车外壳、工业薄料、工业扁丝、社会废钢薄料、扁丝、镀锡板、镀锌板冷轧边料等加工（无锈蚀、无包芯、夹什）成型 |
| 破碎废钢 | Ⅰ类 | 150mm×150mm以下，堆比重≥1000kg/m$^3$ | — | 各种汽车外壳、箱板，摩托车架，电动车架、大桶，电器柜壳等经破碎机加工而成 |
| | Ⅱ类 | 200mm×200mm以下，堆比重≥800kg/m$^3$ | — | 各种龙骨，各种小家电外壳，自行车架，白铁皮等经破碎机加工而成 |
| 渣钢 | — | 500mm×400mm以下或单重≤800kg | 块 | 炼钢厂钢包、翻包、渣罐内含铁料等加工而成（含渣≤10%） |
| 钢屑 | — | — | — | 团状、碎切屑及粉状 |

钢除了具有强度高、韧性好外，还具有许多优良的加工性能和特殊性能，如不易生锈、耐酸、耐腐蚀、耐高温等。根据废钢的化学成分和用途进行简单的分类，可分为废铸钢、废碳素钢、废合金钢。其中废碳素钢又分为废碳素结构钢和废碳素工具钢；废合金钢分为废合金结构钢、废合金工具钢、废特殊钢和废低合金钢。其用途分类见表 2-6。

**表 2-6　废钢常见用途分类表**

| 类别 | 名称 | | 常见用途 |
|---|---|---|---|
| 废铸钢 | 废铸钢件 | | 机座、电器吸盘、变速箱、轴承盖、底板、阀体、侧架、轧钢机架、箱体、砧座、飞轮、车钩、水压机坐缸、蒸汽锤汽缸、轴承座、连杆、曲拐、联轴器、大齿轮、缸体、机架、制动轮、车轮、阀轮、叉头等 |
| 废碳素钢 | 废碳素结构钢 | | 各类基建工程、机械零件、管、板、角、槽、螺钉、螺母、轴类、钢丝、垫圈、冲压件、拉杆、焊接件、角钢、圆钢、槽钢、工字钢、齿轮、渗碳件、连杆、各种弹簧、凸轮、摩擦片、活塞销、摇臂、油箱、仪表板、机器罩、汽缸盖衬垫、曲轴止推片等 |
| | 废碳素工具钢 | | 刀具、量具、模具、锯片、风动工具、钻头、刮刀、木工工具、冲模、冲头、车刀、刨刀、铣刀、锯条、锉刀、锻锤、民用道具和工具等 |
| 废合金钢 | 废合金结构钢 | 废渗碳钢 | 部分齿轮、轴、蜗杆、摩擦轮、变速箱、飞机齿轮、顶杆、耐热垫圈、锅炉、高压容器管道、凸轮、摩擦片、活塞销和其他表面硬度高、耐磨、中心塑性、韧性好的机械零件等 |
| | | 废调质钢 | 机床、内燃机来源最多。发电机的叶轮、主轴、转子、轴类、连杆螺栓、进气阀、齿轮、柱塞、高压阀门、轴套、缸套、力学性能要求高的大断面零件等 |
| | | 废弹簧钢 | 外形有丝、卷、板（如汽车弹簧） |
| | | 废滚珠轴承钢 | 专用钢、滚珠、滚柱、滚轴、套圈等 |
| | 废合金工具钢 | 废刃具钢 | 各种农业刀具，如：车刀、铣刀、刨刀、冲头风动工具、板牙、丝锥、钻头、冲模、冷轧辊等 |
| | | 废高速工具钢 | 中速车刀、刨刀、铣刀、钻头、拉刀等，冷剪刀、高速锯切工具等 |
| | | 废量具钢 | 各种特殊用途的量具、衡具 |
| | | 废模具钢 | 各种压铸模、锻模、挤压模、热剪切刀、冲头等 |
| | 废特殊钢 | 废不锈钢 | 食品行业、医疗器械、建筑装饰、家电零件、车辆装饰、汽轮机零件、化工、仪表工业、部分容器、管道等 |
| | | 废耐热钢 | 锅炉、各种热气阀、散热器、油喷嘴、热排气阀、燃烧室等 |
| | | 废耐磨钢 | 各类粉碎机械机件、挖掘机机件、履带、轨道等 |
| | | 废磁钢 | 电机、变压器等电力、电器设施等 |
| | | 电热合金 | 加热元件及电阻元件，如电热合金丝、带等 |
| | | 高温合金 | 产生高温的轮叶片、导向叶片、燃烧室等 |
| | 废低合金钢 | | 高中低压化工容器、高中低压锅炉汽包、车辆冲压件、建筑金属构件、输油管、储油罐、船舶、火车、桥梁、管道、锅炉、压力容器、起重和矿山机械、电站设备、厂房钢架、焊接结构件、液氨罐车、挖掘机、起重运输机、钻井平台、水轮机蜗壳等 |

### 2.1.4 废钢铁再生利用流程

废钢铁的来源甚广，其性质各不相同，在废钢铁回收利用时，对于大型设备，如废汽车、报废船舶等需进行拆解；对于不需再拆解的废钢铁，通过品质检验和鉴别进行人工分选；分类后的废钢铁性质较均一，方可利用不同的再生利用技术进行再生，成为各类钢制品；钢制品报废后又成为废钢铁，再度进行循环再生，其流程见图 2-2。

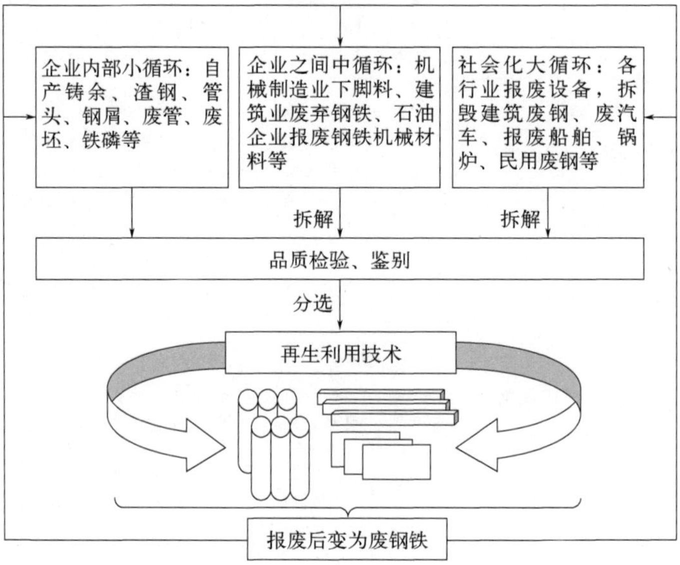


图 2-2 废钢铁的再生利用流程

## 2.2 废钢铁的品质检验

无论是国家标准还是企业标准都是以废钢铁的外形尺寸、单重、厚度为主要检验对象，然而废钢铁来源渠道广而杂，形状各异，单纯依据外形尺寸、单重、厚度检验废钢铁，难免有些挂一漏万，这里对废钢铁品质检验进行几点解释，以供参考。

（1）品质

品质是指能够以优化的价格买到满足买方使用需求的商品，主要由满足炼钢之用途、能连续供应、能以优化价格购得和钢水收得率与购买价格比优化四个要素组成。

（2）分类

废钢铁品质按化学性能和物理性能可区分为：

① 物理性质，如污秽、外观、尺寸、重量、密度等；

② 化学性能，如成分，是否含有“五害”元素、有色金属，是否混有含碳高的铸铁等，即废钢铁中的杂质及危害，详见表 2-7。

表 2-7 废钢铁含的杂质及危害

| 类别 | | 来源 | 危害 |
|---|---|---|---|
| 非金属杂质 | 氢 | 废钢铁带入炉内的铁锈、水分、沥青、油脂、焦油等 | 在高温（600℃）高压时，氢会和碳发生甲烷作用，使晶界脱碳，刚性变脆，强度、韧性和塑性都会降低，称为“氢脆”。在低温（260℃）下，钢中的氢原子结合成氢分子，形成“白点”，聚集到疏松和夹杂处，会产生巨大的应力，降低钢材的延伸率和断面收缩率，致使钢材内部产生裂纹，称为“氢病” |
| | 氧 | 废钢铁中的铁锈、氧化铁皮、附加原料等 | 高温下，氧会与铁、锰、硅等生成氧化物夹杂在钢中，降低了钢的冲击韧性、塑性、强度、断面收缩率和延伸率，破坏钢的力学性能。氧还可以使钢中的硫的危害加剧；与碳生成炉气，污染环境。过多的氧在钢中容易生成针状气孔，使钢在热加工时出现裂纹 |
| | 氮 | 含氮防锈膜的废钢铁 | 氮会引起钢组织疏松，含氮量过高会引起钢的“蓝脆”现象，使钢的冲击韧性和塑性降低 |
| | 磷 | 混杂在废钢铁中的高磷钢铁废料 | 磷含量超过限度可使钢铁的强度和硬度显著提高，但韧性和塑性降低，使钢在低温时变脆，故称“冷脆”，在钢冷加工时会出现裂纹。磷还会增加钢的焊接敏感性，不利于焊接加工。且废钢铁含磷高，会增加炼钢辅助材料和电耗，延长冶炼时间，增加成本 |
| | 硫 | 高硫土铁、火烧铁、火炉、炉条等 | 钢中含硫大于0.06%时，在热轧、锻打或热处理时，会产生开裂，故称“热脆”。硫在钢铁中还会形成硫化物夹杂在钢铁中，使钢的塑性和韧性降低。还会降低其焊接性能，同时在焊接中易产生二氧化硫气体，使焊缝中出现大量气孔，造成焊缝疏松，影响焊接质量 |
| 有色金属杂质 | 铜、锡 | 其混入的形式不同，有被误认为废钢铁抛弃的；有附着在废钢铁器件上夹杂在废钢铁之中的；有的在废钢铁表面附有有色金属镀层 | 铜、锡的密度与铁相近，熔点都比铁低，和氧的亲和力比铁差，当金属结晶时，铜、锡往往在铁的晶界上形成偏析，会导致钢锭和铸件开裂，且在热加工时容易产生裂纹 |
| | 铅 | | 铅的密度比铁的大，而熔点又低，在炼钢过程中很快就被熔化了，并沉至炉底，渗入裂缝中，严重的会穿过炉底，造成漏钢事故 |
| | 锌 | | 锌在炼钢温度下被蒸发并生成氧化锌，使炉衬遭到损坏，降低炉子的寿命 |
| 危险品 | 含毒物品 | 化工原料的包装容器 | 残留的有毒物质，在高温下挥发得更快，危险性大 |

（3）原则

进行品质检验要遵守的四项原则：依据标准、满足炼钢、优化成本、鼓励送料。

## 2.2.1 废钢铁检验的要求

废钢铁检验，是钢铁企业炼钢生产前第一个控制质量的关卡，废钢铁的品质好坏直接影响炼钢最终产品的质量及企业生产成本。

### 2.2.1.1 一般要求

为满足电炉的冶炼工艺、钢水质量要求、技术经济指标和安全操作等对废钢铁一般做如下要求。

① 废钢铁应清洁，保证少锈少油污，尽量干燥不潮湿。含锈、油污过多及处于潮湿状态会增加钢中的含氢量，严重时会降低钢和合金的收得率。

② 废钢铁中不应有土渣、泥砂、炉渣、耐火材料、水泥、石头、砖块、橡胶等不导电物。因为它会降低炉料的导电性能，延长熔化时间，严重时会折断电极；并会降低炉渣

的碱度，影响氧化期的去磷效果以及侵蚀炉衬。同时还会增加造渣灰石的消耗，增加电耗，降低收得率及生产率。

③ 废钢铁的化学成分应基本明确，如把废铁、废钢分开，把合金钢、废合金钢分开，要限制硫、磷含量。

④ 废钢铁中不得混有铝（Al）、锡（Sn）、砷（As）、锌（Zn）、铜（Cu）、铅（Pb）等有色金属元素。这些元素在冶炼过程中难以去除，不但会影响钢的纯度和质量，甚至使钢变成废品，恶化技术经济指标，而且会造成电炉炉体的损坏。

⑤ 钢铁中不得混有密封容器、易燃物、爆炸物、有毒物和放射性物质，密封容器、易燃物、爆炸物在冶炼中会造成安全事故，有毒物和放射性物质除了会造成安全事故外，严重时还会对社会产生危害。

⑥ 废钢铁要有适宜的块度和外形尺寸。块度太大装料时易砸坏炉体，同时熔化时在炉内易塌料，砸坏电极。尺寸过大，还会给配料造成困难。另外，大块废钢铁在炉内熔化缓慢，会增加电耗，延长生产周期。

#### 2.2.1.2 国家废钢铁标准的技术要求、检验项目、方法及运输要求

（1）国家废钢铁标准的技术要求

① 废钢铁必须分类。

② 废钢铁的单件外形尺寸不大于 1500mm，单件质量不大于 1500kg。

③ 对于单件表面有锈蚀的废钢铁，其每面附着的铁锈厚度不大于单件厚度的 10%。

④ 废钢铁内不能混有铁合金、有害物；非合金废钢、低合金废钢不应混有合金废钢和废铁；合金废钢内不应混有非合金钢、低合金钢和废铁。废铁内不应混有废钢。

⑤ 废钢铁表面和器件、打包件内部不应混有泥块、水泥、黏砂、油污以及珐琅等。

⑥ 废钢铁中禁止混有炸弹、炮弹等爆炸性武器弹药及其他易燃易爆物品。禁止混有两端封闭的管状物、封闭器皿等物品。禁止混有橡胶和塑料制品。

⑦ 废钢铁中不应有成套的机械设备及结构件，成套的机械设备及结构件必须拆解且压碎或压扁成不可复原状。各种形状的容器（罐筒等）应全部从轴向割开。机械部件容器（发动机、齿轮箱等）应清除易燃品和润滑剂的残余物。

⑧ 废钢铁中禁止混有其浸出液中有害物质浓度超过 GB 5085.3 中鉴别标准值的有害废物。

⑨ 废钢铁中禁止混有浸出液中超过 GB 5085.1 中鉴别标准值即 pH 值不小于 12.5 或不大于 2.0 的夹杂物。

⑩ 废钢铁中禁止混有多氯联苯含量超过 GB 13015 控制标准值的有害物。

⑪ 钢铁中曾经盛装液体和半固体化学物质的容器、管道及其碎片，必须清洗干净。

⑫ 废钢铁中不应混有下列有害物：a. 医药废物、废药品、医疗临床废物；b. 农药和除草剂废物、含木材防腐剂废物；c. 废乳化剂、有机溶剂废物；d. 精（蒸）馏残渣、焚烧处置残渣；e. 感光材料废物；f. 铍、六价铬、砷、硒、镉、碲、锑、汞、铊、铅及其化合物的废物，含氟、氰、酚化合物的废物；g. 石棉废物；h. 厨房废物、卫生间废物等。

⑬ 废钢铁中禁止夹杂放射性废物。废钢铁的放射性污染按以下要求控制：a. 废钢铁的外照射贯穿辐射剂量率不能高于 0.46$\mu$Sv/h；b. 废钢铁的 $\alpha$ 表面放射性污染水平检测

值，不能超过 0.04Bq/cm$^2$，β 表面放射性污染水平检测值，不能超过 0.4Bq/cm$^2$；c. 废钢铁中放射性核素比活度禁止超过《再生钢铁原料》（GB/T 39733—2024）的规定。

⑭ 废钢铁各检验批中非金属夹杂物（不含非金属有害废物）的总质量，不应超过该检验批质量的 0.5%。

⑮ 废旧武器由供方做技术性的安全检查后按有关规定处理。

⑯ 非熔炼用废钢铁使用后，其制品的性能指标满足有关标准的规定，且不应对公众人身安全、财产、环保等造成隐患或危害。

（2）检验项目与检验方法

1）检验项目

① 单件的外形尺寸、质量和厚度的抽样检验；

② 夹杂物及清洁性的检验；

③ 有害物及放射性物质的检验；

④ 硫、磷、铬、镍、钼、钨、锰、铜等化学元素的抽查检验；

⑤ 打包件的脱落试验；

⑥ 废钢铁中其他项目的检验，根据到货批的实际情况，进行抽查。

2）检验方法

① 检验所需样品的取样方法由供需双方协商确定；

② 前文技术要求⑧的检验按《危险废物鉴别标准　浸出毒性鉴别》（GB 5085.3）的规定进行；

③ 前文技术要求⑨的检验按《危险废物鉴别标准　浸出毒性鉴别》（GB 5085.3）的规定进行；

④ 前文技术要求⑩的检验按《含多氯联苯废物污染控制标准》（GB 13015）的规定进行；

⑤ 前文技术要求⑬的检验按《进口再生原料放射性污染检验规程》（SN/T 0570）的规定进行；

⑥ 废钢样品的制样按 GB/T 222 规定进行，废铁样品的制样按 GB/T 20066 规定进行，化学分析按 GB/T 20066 规定的或通用方法进行，仲裁分析时应按 GB/T 20066 的有关规定进行；

⑦ 对废钢铁的种类、清洁性、夹杂物、外形尺寸、单件质量等项目，使用衡器、卷尺等检测手段或其他检测手段进行测定；

⑧ 打包件（压块）的脱落试验：在一个验收批中随机抽取 5 块打包件（压块），打包件（压块）从高于金属板或水泥板 1.5m 处落下 3 次（自由落体），此时打包件（压块）不应有大于其质量 10%的脱落物。

（3）验收规则

① 需对每批废钢铁进行抽查验收，可将一个交货批分成多个检验批进行验收。

② 每个检验批应由同一型号、类别以及同一钢组或牌号（合金钢）废钢铁组成。

③ 各交货批废钢铁验收后，应扣除夹杂物、铁锈等杂质的质量。

（4）运输和质量证明书

① 发运装车（船）时，每车厢（船舱、集装箱）一般只允许装载同一型号（类别）、同一钢组（合金钢）的废钢铁。为补足车厢（船舱、集装箱）载重，也可装两个以上型号

（类别）钢组的废钢铁，但应隔离，作出明确标识，不应混放。

② 废钢铁交货时，每个交货批必须附有质量证明书，进口废钢铁需同时附有放射性检验证明书。质量证明书中应注明：供方名称、废钢铁的型号类别、每批质量，合金废钢还需注明钢组以及相应的化学成分等。

## 2.2.2 废钢铁的检验方法

目前，废钢铁的检验手段主要有理化和仪器检验、感官和经验鉴别、比较检验鉴别和火花检验鉴别。理化和仪器检验主要是应用化学分析法和光谱分析法，借助仪器及设备等进行检验；这种方法比较准确，可用于检验和区分各种钢铁材料和产品的化学成分，但由于该法需要专用设备、仪器以及熟练的操作人员，其使用较为有限。目前，全国的废钢铁经营者和钢铁企业在对废钢铁进行质量检验时大多数还是凭工作经验采用简单的感官和经验鉴别、火花鉴别法。

### 2.2.2.1 感官和经验鉴别

感官和经验鉴别法是通过人的手、眼、耳等感觉器官，对废钢铁的形态、色泽、声响、软硬程度等进行察看和感觉，从而达到正确区分废钢铁种类的目的。

由于鉴别与评价较多依赖于检验人员的经验、个性状态、情感因素、管理教育及责任心等，感官鉴别法存在较大的波动性。但由于目前理化检验技术发展的局限性及废钢铁质量检验的多样性，感官鉴别仍是废钢铁质量检验的主要方式。感官鉴别主要有如下几种。

（1）外形鉴别

从外形上来看，废钢和废铁有明显的区别，主要在于其生产方法和制品的品种各有不同，钢有塑性、延展性，大多数是经过轧制、锻造和冲压成各种形状的制品，如各种板材、管材、型材、线材（钢丝）等。钢具有良好的机械加工性能，组织细密。因此，一般钢制品的表面光洁、平滑、无砂眼、无气孔。钢还具有良好的焊接性能，从这一点上可以判别出凡是用焊接方法加工的零部件、结构件等都是废钢。

铸钢和铸铁的外形也有较大差异，铸钢件绝大部分是经过机械加工的设备零部件，未加工的表面粗糙不平。新铸钢件表面带有黄色大粒毛砂，浇冒口处留有气割或凿铲的痕迹，表面比铸铁件粗糙。铸铁件表面虽粗糙，但较平滑，多带砂眼，新铸铁件表面带有黑砂，浇帽口处留有敲断碴。铸铁件又分灰口铸铁、白口铸铁以及可锻铸铁等。从外形和铸件的品种上看，灰口铸铁件多数是经过车、铣、钻等机械加工的。许多品种的零部件，如机床床身、变速箱壳、电机壳、汽车、拖拉机缸体、柴油机体、轴承座、皮带轮、槽轮、暖气片、阀体等都是灰口铸铁件。白口铸铁件由于硬而脆，多数都是不经机械加工，直接铸成使用的，如犁铧、铁锅、炉具、铸铁管、球磨机钢球等。可锻铸铁件是由白口铸铁经长时间退火而得到的。名为可锻铸铁实际是不可锻的，一些形状复杂，要求一定强度和韧性的零部件，如汽车、拖拉机后桥壳、轮毂、刹车脚踏板、管板、台虎钳、弯头、三通、管箍、活节等都是可锻铸铁件。

根据上述外形特征，可以初步把废钢和废铁分开，鉴别出来灰口铸铁、白口铸铁和可锻铸铁，但有些制品，既有钢制的也有铸铁制的，如齿轮、轧辊等，单从外形很难分辨出来，这就需要与其他鉴别方法互补使用来鉴别。

（2）色泽、声响鉴别

各种钢铁的化学成分，力学性能不同，其色泽和声响也不同。钢的表面一般呈黑灰色，略带浮锈即变成黑棕色，断口质地细密，呈灰白色，有光泽，敲击时声音清脆，尾音较长。工业纯铁的断口呈青灰色，光泽较暗，敲击时声音似钢，但较闷，尾音较短。灰口铸铁表面饱满，气孔很少，断口较粗糙，呈颗粒状，颜色灰黑，敲击时声音低哑、发闷，无尾声。白口铸铁表面有凹形收缩，较粗糙，多气孔，断口呈白色，敲击时有“叮叮”的尖声，尾音短。

（3）硬度鉴别

由于含碳量不同，各种钢铁的硬度也不同。例如，高速工具钢比高碳钢硬，所以利用高速工具钢制成的锯条、锯片、刀具可以切割其他钢材；又如，高碳钢比中碳钢硬，而中碳钢比低碳钢硬；钢与铁之间，低碳钢又比工业纯铁硬，灰口铁比低碳钢硬，白口铁比一般钢都硬，但性脆易断。白口铁比灰口铁硬。所以在鉴别时可选用一些标准件，用敲击对比的方法，从硬度来区分所要鉴别的废钢铁的性质。例如，对一块废铸件，不能确定其是白口铸铁还是灰口铸铁，可拿一块白口铸铁的标准件来敲打这块铸件，如果铸件较软，被敲击处有凹痕，并有屑末掉下，说明是灰口铸铁件；如果两块相击，敲击处不相上下，说明这块废铸件也是白口铸铁。其他钢铁的硬度鉴别以此类推，但铸钢件敲击时不会掉下屑末。

废铁丝和废钢丝，也可以从硬度上比较容易区别开来，钢丝硬，有弹性；铁丝软，没弹性。

（4）断口检验鉴别法

根据废钢铁破断形成的断口或用物理和机械的方法将其破断，观察其断口进行鉴别。

常见废钢铁断口的特点如下：a. 低碳钢不易断，断口边缘有明显的塑性变形特征，有微量颗粒；b. 中碳钢的断口边缘的塑性变形特征没有低碳钢的明显，断口颗粒较细、较多；c. 高碳钢的断口边缘无明显的塑性变形特征，断口颗粒很细密；d. 铸铁极易敲断，断口无塑性变形，颗粒粗大，灰口铸铁断口呈灰黑色，白口铸铁断口呈白色。

（5）磁性检验

废旧钢铁无论在哪个行业产生的都是这个行业的废品，难免混杂一些非金属物质，有的还混杂一些有色金属。特别是进口的废钢铁混杂的有色金属更多。还有一些废钢铁制品的外表镀有锌、镍、铜，如果分别不清往往会被误认为是有色金属。遇到这三种情况用磁石检验鉴别最好，凡事能被磁石吸引的就是废钢铁，不能被磁石吸引的就不是废钢铁。但要注意某些含镍不锈钢也能被磁石吸引，这里应区分。

废钢铁中往往混有不锈钢，这时可以采用色泽、硬度、锈蚀和磁性相结合的方法相互比较，加以区别，见表 2-8。

**表 2-8　普通废钢和不锈废钢的区别**

| 鉴别方法 | 普通废钢 | 铬不锈废钢 | 镍铬不锈废钢 |
|---|---|---|---|
| 韧性和硬度 | 软而韧，易弯不易断 | 性坚硬，砸击能弯不能断 | 性坚韧，能弯不能断 |
| 抗氧化性 | 易氧化生锈，呈黄褐色 | 不易生锈 | 不易生锈 |

续表

| 鉴别方法 | 普通废钢 | 铬不锈废钢 | 镍铬不锈废钢 |
| --- | --- | --- | --- |
| 磁性 | 在任何情况下都能被磁石吸引 | 有磁性，能被磁石吸引 | 在退火状态下一般无磁性；在冷加工后，有时会稍有磁性；含锰较高的高锰钢、铬锰氮钢没有磁性 |
| 颜色 | 黑褐色 | 酸洗后呈白色；未酸洗呈中褐色 | 酸洗后呈银白色、有光泽；未经酸洗的呈棕白色（铬锰氮钢呈黑色）；冷轧未经退火的呈银白色，有反光 |
| 光泽 | 未经氧化有光泽 | 无光泽 | 有光泽 |
| 硫酸铜擦拭 | 呈紫红色 | 不变色 | 刮掉氧化层，滴一点水，硫酸铜擦拭不变色 |

#### 2.2.2.2 火花鉴别

火花鉴别是根据试样在砂轮上磨削时发射出来的火花束的形态来鉴别废钢铁种类的一种方法。这种方法是目前被广泛应用的、简便易行的废钢铁鉴别法。火花鉴别可对废钢铁做定性鉴别。

（1）火花产生的原理

钢铁材料在砂轮上研磨时，由于砂轮的转速很快，产生高热量，使材料研磨出的颗粒达到熔融状态，这些高温、熔融的细颗粒被砂轮的离心作用抛射在空气中发出亮光，其表面与空气中的氧气发生氧化作用，形成一层氧化铁薄膜。此外，钢铁中的碳化物（$Fe_3C$）在高温下分解析出碳原子，反应方程式为：

$$Fe_3C \longrightarrow 3Fe+C$$

碳原子和表面氧化亚铁产生还原作用，形成一氧化碳，反应方程式为：

$$FeO+C \longrightarrow Fe+CO$$

氧化亚铁被还原后，与空气中的氧气再发生氧化作用，在瞬时氧化还原的循环作用下颗粒的温度越来越高，内部的一氧化碳积聚也越来越多，由于内部膨胀产生爆裂，就形成了火花。钢铁材料中的碳元素是产生火花的基本元素，而当钢中含有锰、硅、钨、钼、铬等元素时，它们的氧化物将影响火花的统一线条、颜色和形态，由此可以判别钢的化学成分。

（2）火花鉴别的具体方法

在火花鉴别试验前应先准备好所需的工具，主要有砂轮机和标准试样（标准试样对初学者是必备的）。砂轮的直径为 150mm，原料为氧化铝，粒度要求 36～60 号，砂轮转数要求 2800r/min。试验过程中不要更换砂轮和标准样块，即已知成分的钢种样块，便于鉴别与对照观察，应尽量备齐所有具有代表性的钢种。

试验时应将试样放在砂轮的圆周面磨削，试样与砂轮圆周面的接触点应在砂轮的上方，因为火花束是向水平射出的，通过砂轮圆心的垂线，易于观察。试样与砂轮的接触压力应适当，压力过大，火花密集，不便观察；压力过小，火花的形态不能充分地表现出来。试验环境的光线要适宜，以便于观察火花的色泽，在试验过程中不要改变环境内的光线的强弱程度。

（3）火花的特征

火花束是试样在砂轮上磨削时所发射出来的全部火花。火花束分为根端、中端和尾端

3 个部分，见图 2-3。

在火花束中，每一条火花是由流线、节点、芒线、爆花等组成的，见图 2-4。

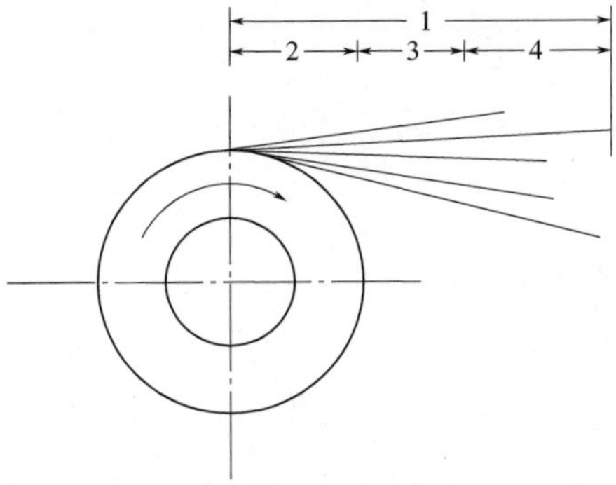


图 2-3　火花束

1—火花束；2—根端；3—中端；4—尾端

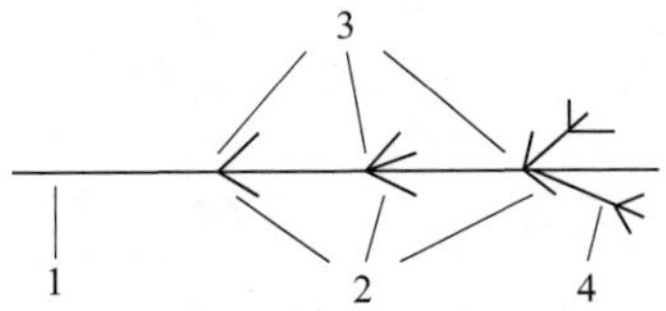


图 2-4　单条火线

1—流线；2—爆花；3—节点；4—芒线

1）流线

流线是火花中的亮线，它是高温微粒快速运动的轨迹。流线大体有三种形态：直线流线、断续流线和波状流线，见图 2-5。

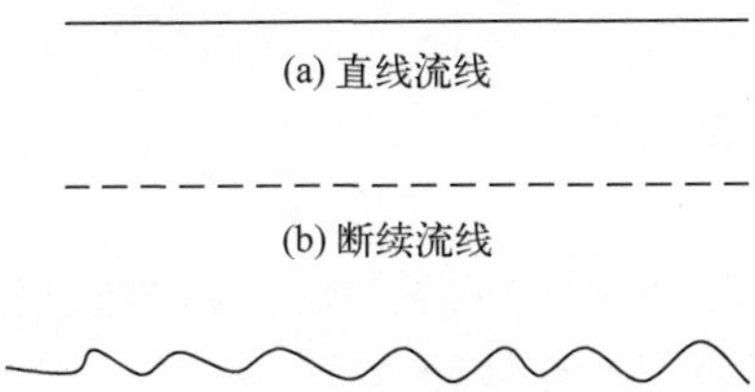

(a) 直线流线

(b) 断续流线

(c) 波状流线

图 2-5　流线的三种形态

含碳量越多，流线越短。碳钢的流线多是亮白色，合金钢和铸钢是橙色和红色，而高速钢流线接近于暗红色。一般碳素钢多属直线流线；钨钢、高合金钢、灰口铁等火花中有断续流线现象，波状流线极为少见；在铬镍钢、高速钢的火花中有时会夹杂一两条波状流线。

2）节点

节点是由流线爆裂形成的亮点，节点部位的温度较高，形成明亮的圆点，比较容易观察到。

3）芒线

芒线又称分叉，即节点爆裂射出的发光线条。随钢中含碳量增高，分叉增多，有两根分叉、三根分叉、四根分叉和多根分叉，见图 2-6。

(a) 两根分叉　(b) 三根分叉　(c) 四根分叉　(d) 多根分叉

图 2-6　芒线

4）爆花

爆花是由铁末的颗粒爆裂形成的，是节点与芒线组成的花形。爆花的形态随试样所含的元素、温度及钢的组织等因素而变化，其在鉴别钢种的火花中占有很重要的地位。爆花分为一次爆花、二次爆花、三次爆花和多次爆花；根据爆花在流线上发生的次数，又分为单花和复花。见图 2-7。

一次爆花是指流线上的爆花，只有一次爆裂的芒线。一次爆花是含碳量 0.25%以下

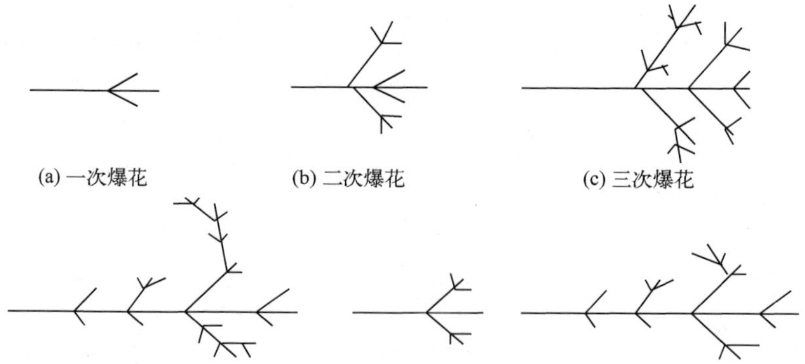

(a) 一次爆花　(b) 二次爆花　(c) 三次爆花

(d) 多次爆花　(e) 单花　(f) 复花

图 2-7　爆花

的碳素钢的火花特征。二次爆花是指在一次爆花的芒线上又一次发生爆花的爆花形式。二次爆花是含碳量 0.30%～0.50%的碳素钢的火花特征。三次爆花是指在二次爆花的芒线上再次发生爆花的爆花形式。在三次爆花的芒线上又发生爆花的称为多次爆花。

在整条流线上只发生一次爆花的称为单花，在一条流线上发生两次或两次以上爆花的称为复花。

出现在流线尾部末端的爆花称为尾花。根据尾花的形态不同可以区分出钢中所含的各种元素。尾花有直线尾花、狐尾花、枪尖尾花和钩状尾花等。

① 与流线相同的尾花称为直线尾花。

② 狐尾花是指流线尾端逐渐膨胀，呈狐狸尾巴状的火花，见图 2-8。狐尾花是钢中含有钨元素的火花的特征，狐尾花的长度随钢中钨含量的增加而变短。

图 2-8　狐尾花

③ 枪尖尾花是指尾花形状如枪尖，有的与流线脱离，好像射出的箭头，故也称矢尾花或箭头尾花，见图 2-9。枪尖尾花是钢中含有钼元素的火花的特征。有时在碳钢、锰钢、镍钢、铬钢和硅钢的火花中也会出现枪尖尾花。枪尖尾花常随钢的物理性能，即随碳元素含量的变化而变化或消失。含碳量较低的含钼钢的火花中，枪尖尾花较明显。

④ 钩状尾花是流线尾端有如枪尖细小的钩状与流线脱离的尾花，见图 2-10。这种火花是含硅量为 3%～5%的钢的火花特征。

图 2-9　枪尖尾花

图 2-10　钩状尾花

花粉是分散在爆花芒线间的点状火花。碳素钢火花中的花粉随钢中含碳量的增高而增多。有花粉出现也是钢中含铬的火花特征。

爆花产生在流线尾端，爆花稍有间隔，是略逊于节点的明亮点。它是钢中含有镍元素的特征，随钢中镍元素的含量不同，爆花有粗划爆花和鼓肚爆花两种（见图 2-11）。粗划爆花是指在流线上一段呈长方形的、比较粗的明亮点，而尚未爆裂的。鼓肚爆花是指在流线上有一段如腰鼓状，两端小，中间膨胀的，而尚未爆裂的发光点。

掌握火花的构成及特征，可对各种钢火花特征进行分析。

(4) 碳素钢的火花特征

普通碳素钢的火花中，爆花的多少和强弱与钢中的含碳量有关。含碳量越高，爆花越多，表现的形式越强烈，但含碳量超过 0.6%后，爆裂就逐渐减弱。

下面是几种不同含碳量的普通碳素钢的火花形态：

① 含碳量为 0.05%左右的碳素钢的火花形态（图 2-12） 含碳量为 0.05%左右的碳素钢的火花，火花束较长，流线多而细，几乎无爆花，无花粉，光亮较弱，呈暗红带黄色。

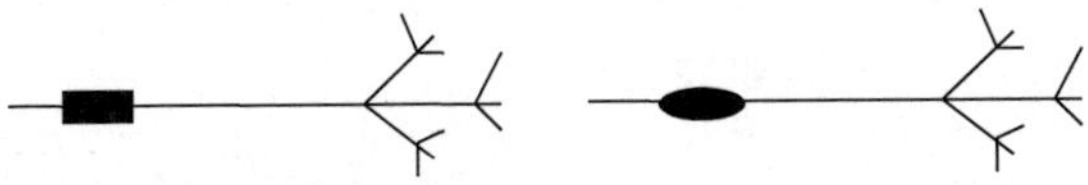

(a) 粗划爆花 (b) 鼓肚爆花

图 2-11 爆花

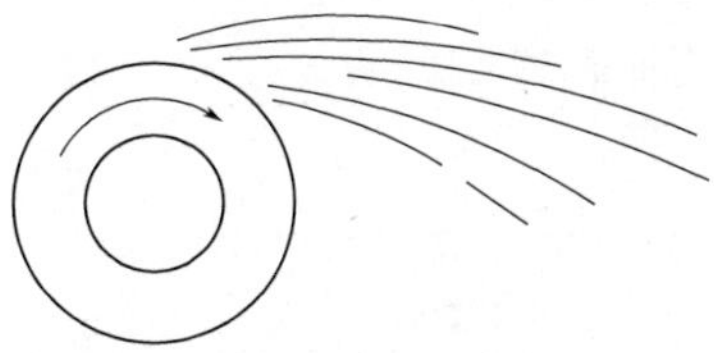

图 2-12 含碳量为 0.05%左右的碳素钢的火花形态

② 含碳量为 0.1%左右的碳素钢的火花形态（图 2-13） 含碳量为 0.1%左右的碳素钢的火花，流线粗且长、量少、呈弧形，尾部下垂、色稍暗，时有枪尖尾花出现，爆花量较少，多为三、四分叉的一次爆花，爆裂强度较弱，芒线较粗且较长，爆花距离流线尾端较远，整个火花束的颜色为草黄带红色。

③ 含碳量为 0.4%左右的碳素钢的火花形态（图 2-14） 含碳量为 0.4%左右的碳素钢的火花，流线较细长，量多且挺直，射力较大，尾部时有分叉。爆花多为多分叉的二次爆花，芒线粗长，量较多，且芒线间有少量花粉，大型爆花较多。火花束色泽黄而明亮。

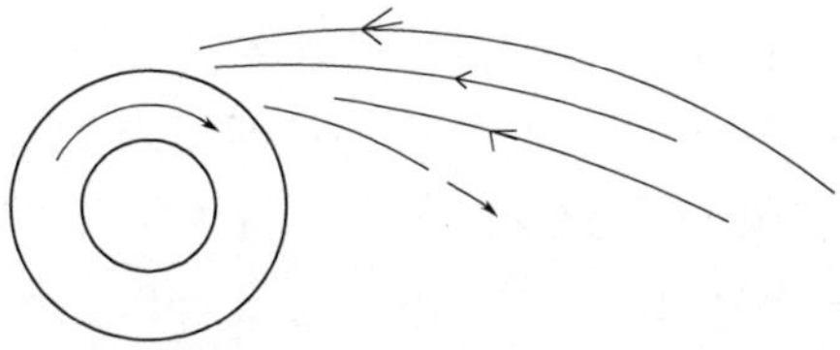

图 2-13 含碳量为 0.1%左右的碳素钢的火花形态

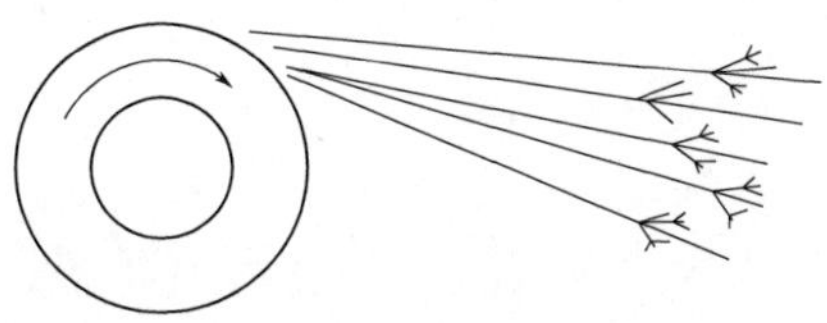

图 2-14 含碳量为 0.4%左右的碳素钢的火花形态

④ 含碳量为 0.6%左右的碳素钢的火花形态（图 2-15） 含碳量为 0.6%左右的碳素钢的火花，流线细长且量多、挺直、射力强、尖端分叉。爆花为多分叉的二、三次爆花、量多且拥挤、大型爆花多、位于流线尾端，爆裂强劲，大型爆花后面有较强的枝状爆花，芒线细长，有较多的花粉。火花束呈明亮黄色。

⑤ 含碳量为 0.8%左右的碳素钢的火花形态（图 2-16） 流线细且量多，挺直且较短、射力强劲，尾端有分叉，爆花多为多分叉的多次爆花，花量多而拥挤，枝状爆花更多。芒线细密；花粉较多，爆花爆裂强度减弱，火花束色泽趋暗，呈橙红色。

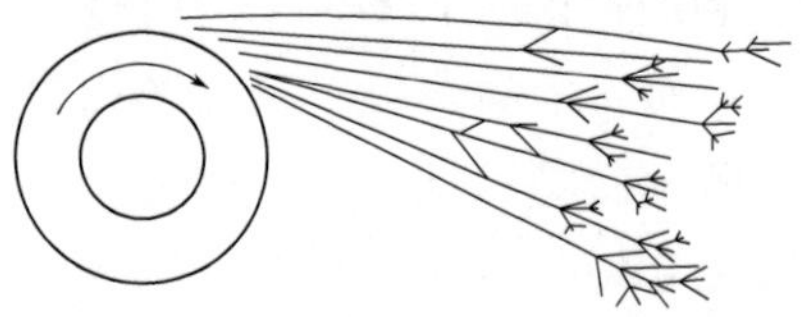

图 2-15 含碳量为 0.6%左右的碳素钢的火花形态

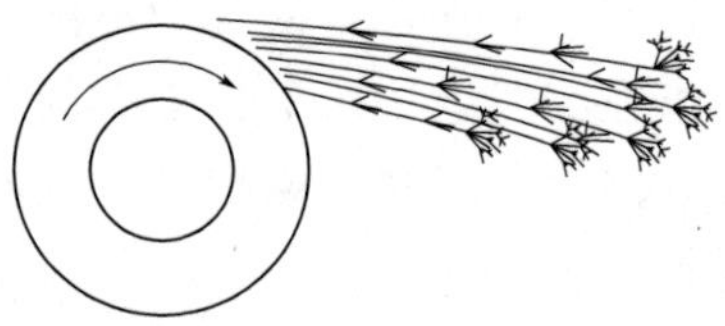

图 2-16 含碳量为 0.8%左右的碳素钢的火花形态

当碳素钢的含碳量超过 0.8%时，其火花的变化规律是：流线的数量随含碳量的增加而增加，但增加的趋势比较缓和；流线的长度随含碳量的增加而缩短；含碳量增加，流线由挺直逐渐变成翻飞的形态（灰口生铁更为明显）；流线随含碳量的增加逐渐细化；爆花和花粉随含碳量的增加而增多。但增多的趋势比较缓和，爆花亦随着变小；整个火花束的色泽由橙红逐渐变暗而成为暗红色。

几种碳素钢的火花特征见表 2-9。

表 2-9 几种碳素钢的火花特征表

| 钢号 | 火花束 | 流线 | | | 火花 | | |
|---|---|---|---|---|---|---|---|
| | | 数量 | 形态 | 亮度 | 数量 | 形态 | 花粉 |
| 10 | 较长 | 不多 | 稍粗 | 不太亮 | 少 | 一次花、三次花 | 无 |
| 20 | 较长 | 较多 | 粗 | 不太亮 | 稍多 | 一次花、多次花 | 无 |
| 45 | 长 | 多 | 较细 | 明亮 | 多 | 三次花呈星形 | 少量 |
| T7 | 短 | 密 | 很细 | 中部较亮 | 很多 | 多层三次复花 | 很多 |
| T10 | 更短 | 极密 | 极细 | 较弱 | 很多 | 多层三次复花花团 | 极多 |

（5）合金元素在火花上的特征

钢中常见的几种合金元素，在钢与碳共存时，有的能助长爆花的爆裂，有的能抑制爆花的爆裂。助长爆花爆裂的元素有锰、铬、钒等，抑制爆花爆裂的元素有钨、钼、镍、硅等。随着合金元素含量的变化，合金元素在火花上的特征表现也不同，尤其是几种合金元素共存时合金元素在火花上的特征表现更为复杂。

① 钨对火花影响的特征　钨有抑制爆花爆裂的作用，抑制的程度随钨含量的增加而增强。甚至可以使爆花不发生，钨含量在 0.5%时，火花中钨的特有特征狐尾花即开始在流线的末端出现，爆花减少。钨含量达到 1%时，爆花显著减少。当钨含量大于 2.5%时，爆花的芒线成秃尾状，如果钢中的碳含量较低，只需 4%～5%的钨含量就可以完全抑制爆花的发生。钨钢火花流线的数量及长度随钨含量的增加而减少、变短。钨在钢中使火花的色泽变暗，钨含量在 1%左右时火花束呈较暗的橙红色。

② 钼对火花影响的特征　钼元素抑制爆花爆裂的作用仅次于钨，钼元素在钢中有较强的抑制爆花爆裂、细化爆花芒线、加深火花束色泽等作用。钼钢的火花在流线的尾端有枪尖尾花的特征，含钼量越多，枪尖尾花越明显，而且与流线脱离越远，所以钢中是否含钼元素，很容易识别出来。

③ 镍对火花影响的特征　镍对爆花的爆裂有较弱的抑制作用，使花型缩小、流线细化。镍钢火花流线的特征是在流线上有爆花产生，镍钢中含碳量较低时，则爆花现象更明显。钢中含镍量较多时，在火花的根端时有波状流线发生。如果钢中有过多的镍及铬元素

同时存在时，枪尖尾花就难以出现。但要注意，在低碳钢火花中有时也会出现枪尖尾花的现象。

④ 硅对火花影响的特征　硅能使流线变粗，火花束变短，流线呈红色。在爆裂的尖端或根部发出白色明亮的闪光，含硅量在0.1%以上时，此特征极易出现，硅有抑制爆花爆裂的作用，含硅量在2.3%时爆裂常被抑制或极少发生。含硅量在3%～5%时，有钩状尾花出现，这是钢中含硅的火花特征。

⑤ 锰对火花影响的特征　锰能助长爆花的爆裂，钢中含锰量较高时，火花多分叉和多次爆花较多，芒线非常细，光辉大，并且在爆花中带有花粉、流线粗而带黄色。含锰量在1.5%以上时，此特征更加明显，在火花中时有爆花及大花出现。随着含锰量的增加，流线变得粗而短，数量减少，如图2-17所示。

⑥ 铬对火花影响的特征　铬在钢中对火花的影响较为复杂，含铬量在1%以上时，铬有较强的助长爆花爆裂的作用，火花的爆裂活泼而正规、流线细、分叉多，并附有许多花粉，这是钢中含铬元素的特征，火花束比较短、呈明亮白色，但含铬量在1%以下时，此特征难以出现，含铬量最高时（如含铬13%），其流线粗而短、呈黄色。

合金钢，尤其是多元合金钢，各元素对火花影响的特征不同，它们又互相制约，再加上含碳量不同，因此，对火花的影响特征更加复杂。要掌握常见的合金钢的火花特征，准确鉴别出钢中含有哪些合金元素，关键是要经常练习观察，对照标准样块，认真鉴别。另外，前面已经提到，在进行火花鉴别时，周围环境的光线要保持一定的方向和亮度，不能忽明忽暗，避免影响对火花颜色的观察。白天和夜间观察的效果也不相同，要掌握规律，灵活运用。

下面是几种常见的合金钢的火花形态和特征。

① 铬合金工具钢Cr12的火花形态和特征（图2-18）　火花束很短，流线细，发光极暗，多为三次爆花，呈大星形，碎花极多，爆裂活泼，火花为黄红色，花间有许多花粉。

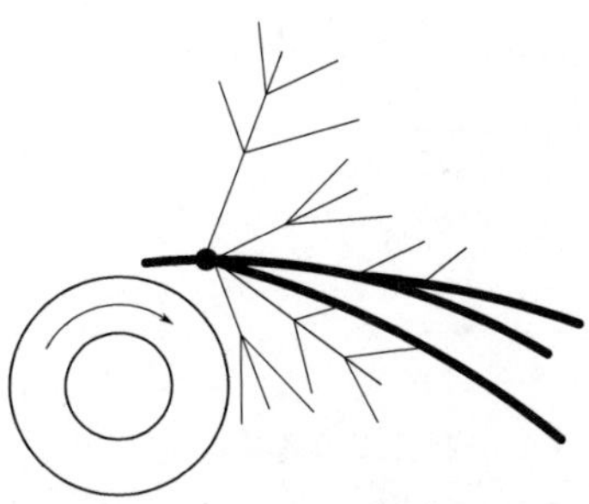

图2-17　锰钢的火花形态

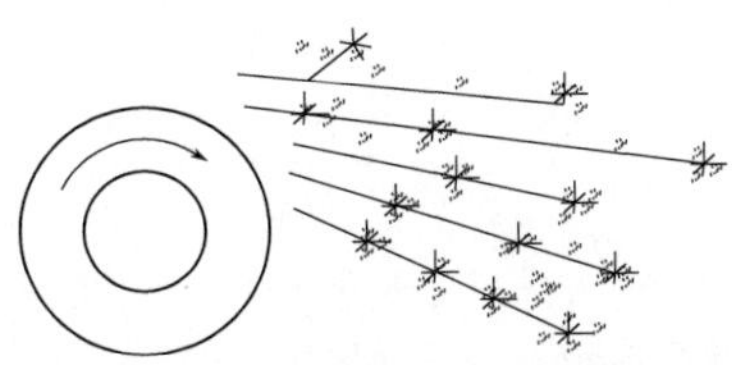

图2-18　铬合金工具钢Cr12的火花形态

② 高速钢W18Cr4V的火花形态和特征（图2-19）　火花束细长，发光极暗弱，受含钨量较高的影响，爆花极少，仅在火花尾端有几个三分叉、四分叉的爆裂，根端和中端有断续流线现象发生，尾端膨胀下垂成狐尾花。

③ 铬镍不锈钢1Cr18Ni9Ti的火花形态和特征（图2-20）　火花束细，流线很少，发光稍大，受高铬镍含量的影响，芒线夹角很小，尾极细长，流线的根端为断续流线，中端有镍的爆花现象，花量极少，呈暗红色。

图 2-19 高速钢 W18Cr4V 的火花形态

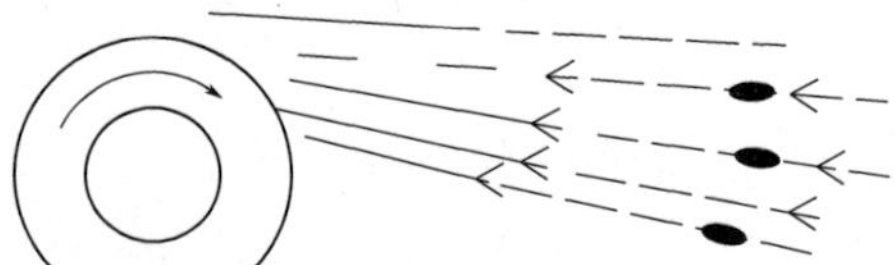

图 2-20 铬镍不锈钢 1Cr18Ni9Ti 的火花形态

④ 合金工具钢 CrWMn 的火花形态和特征（图 2-21） 火花束细而较长，发光较暗，受 W、Cr、Mn 的影响，其火花爆裂为稍多量二次爆花，呈大星形，非常美观。尾端形状如狐尾花爆裂，这是含钨的特征。

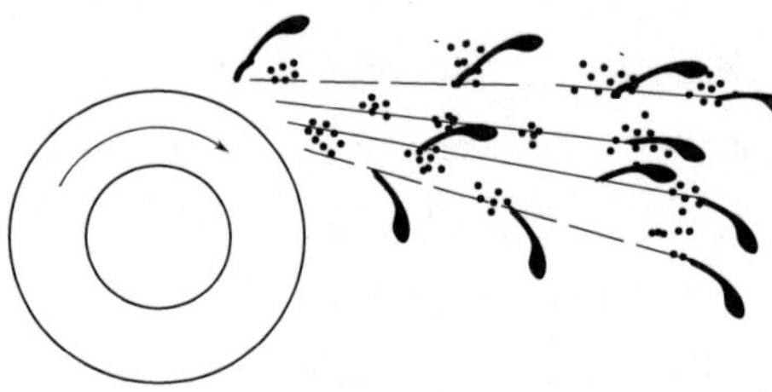

图 2-21 合金工具钢 CrWMn 的火花形态

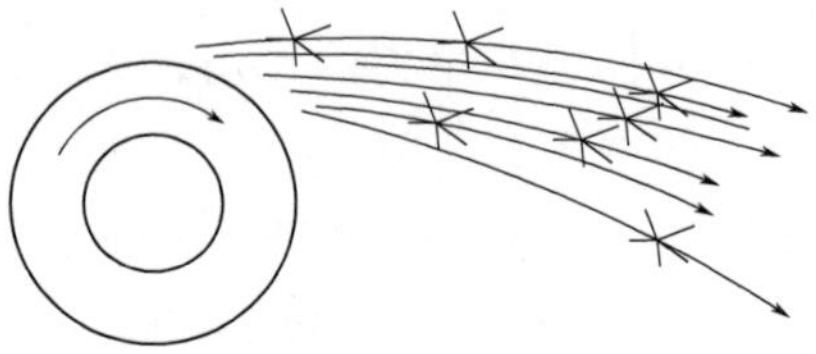

图 2-22 合金钢 40CrMnMo 的火花形态

⑤ 合金钢 40CrMnMo 的火花形态和特征（图 2-22） 火花束密集而明亮，发光较大，受 Cr、Mn 的影响，爆裂多为多分叉的三次爆花，花呈大星形，花星极明亮，流线带红色，尾部有枪尖尾花，这是钼元素的特征。

部分废钢钢号的火花鉴别办法见表 2-10。

表 2-10 部分废钢钢号的火花鉴别办法（供参考）

| 火花的颜色 | 火花的特征 | 图例 | 废钢钢号 |
|---|---|---|---|
| 浅黄带红 | 分支和火星较多 | 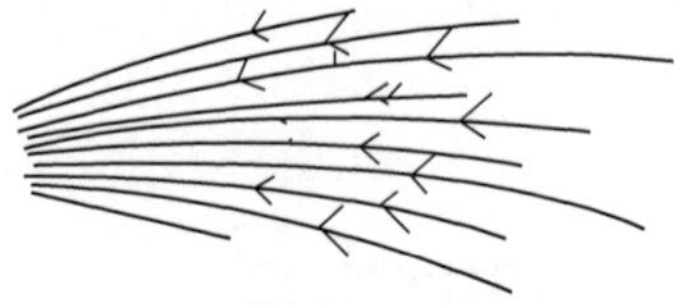 | 15<br>20 |
| 黄亮 | 流线多而较细，火束较长，有二次多叉爆花，并附有花粉 | 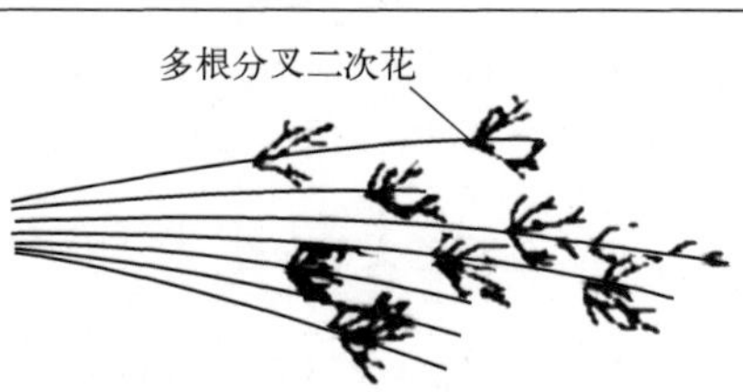 | 35 |
| 黄亮 | 流线多而精细，火束短，发光大，爆裂为多根分叉三次花，有小花及花粉 |  | 45 |

续表

| 火花的颜色 | 火花的特征 | 图例 | 废钢钢号 |
| --- | --- | --- | --- |
| 白亮 | 流线量较多，呈一次多叉爆花，花型较大，芒线粗而稀，爆花核心有明亮节点 | 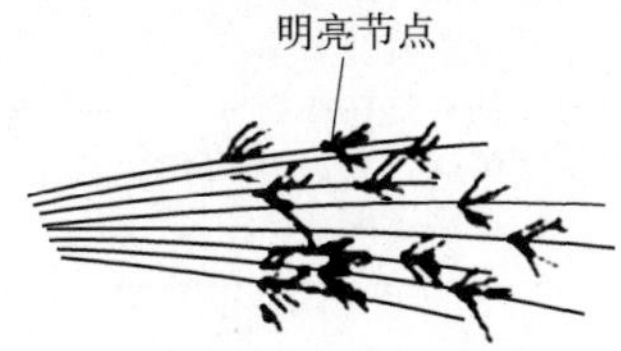 | 20Cr |
| 白亮 | 流线稍粗、量多，二次多根分叉爆花，爆花附近有明亮节点，芒线较长，清晰可分，花型较大 |  | 40Cr |
| 淡黄 | 流线尾端有枪尖尾花，分支上分出了较亮的爆花 | 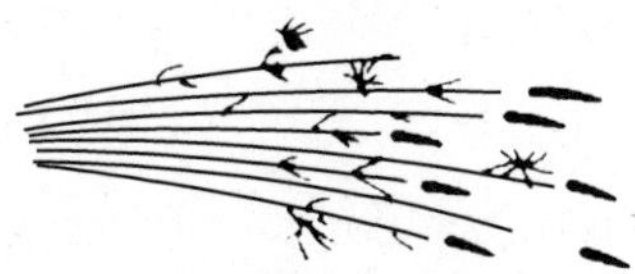 | 30CrMnSi |
| 橙黄 | 火束较长而明亮，流线很细而带红色，尾端有枪尖尾花，流线中间有爆花，多根分叉，一次花 | 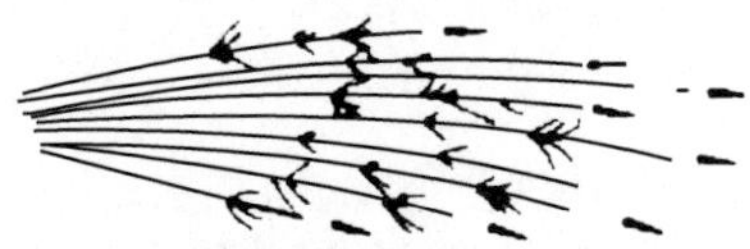 | 38CrMoAl |
| 橙黄 | 流线根部细而长，尾端有点下垂，中有黄亮色鼓肚亮点，爆花为二次复花，花型较小而不甚整齐 | 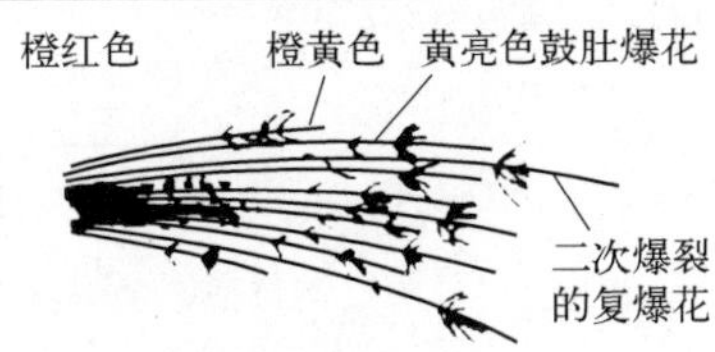 | 40CrNi |
| 浅黄 | 流线多而细，碳素工具钢的火束随着碳含量的升高而逐渐缩短、变粗，呈多量三次花，有花粉，发光逐渐减弱 | 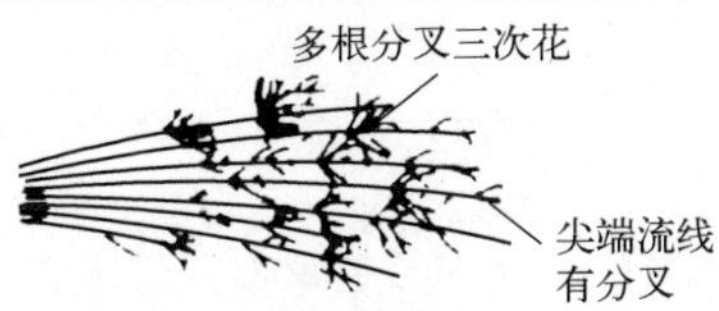 | T7 |
| 浅黄 | 流线多而细，火束较 T7 短而粗，多量三次花，爆花稍发弱红色，碎花及小花较多 | 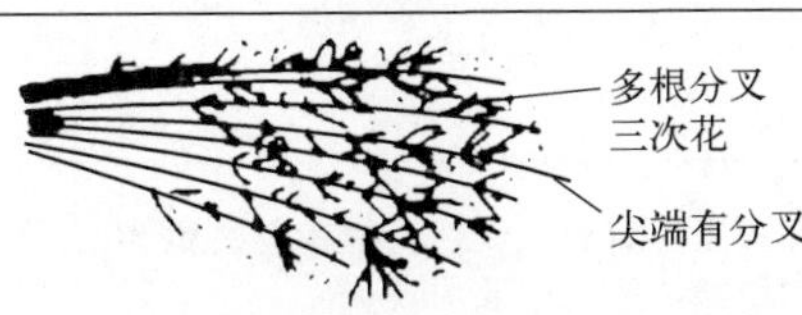 | T10 |
| 橙黄 | 火束细长，多量三次花，多根分叉，爆花分布在尾端附近，尾端流线稍有膨胀，呈狐尾花 | 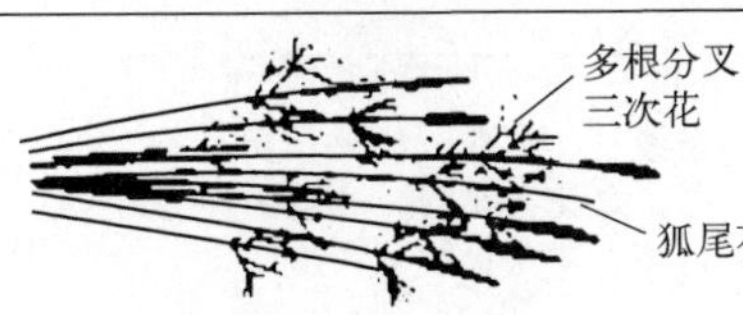 | 9SiCr |
| 橙而微带红色 | 流线细而短，量不多，中间夹杂有断续流线，色晦暗，尾端有不明显枪尖尾花，芒线细碎而短，量多而密，爆花为多根分叉三次爆花 | 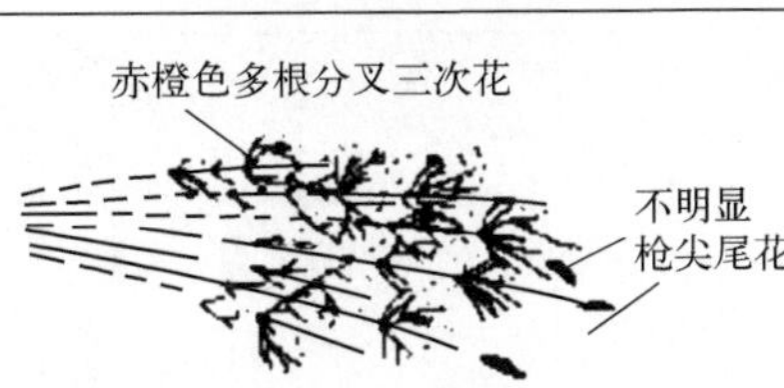 | Cr12MoV |

续表

| 火花的颜色 | 火花的特征 | 图例 | 废钢钢号 |
| --- | --- | --- | --- |
| 暗红 | 火束细而短，发光暗弱，爆花受到抑制而消失，仅有时在尾端爆裂多根分叉，尾端为断续流线，并有波流线，尾端膨胀而下垂呈点状狐尾花 | 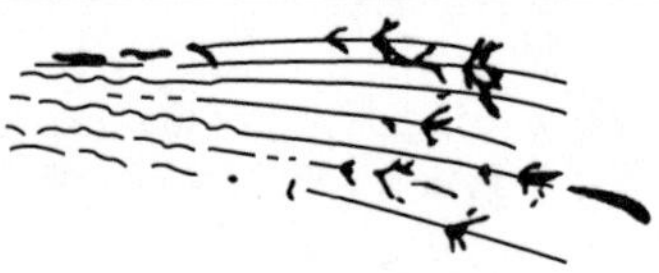 | CrW5 |
| 深红 | 火束细而长，根端有断续流线，尾端有狐尾花及芒线，爆花为多根分叉二次爆花 |  | CrWMn |
| 暗红 | 火束细而长，发光暗弱，首端有断续流线，尾端有点状狐尾花及断续的粗芒线 |  | 3Cr2W8V |
| 浅黄 | 流线中心爆裂出的爆花明亮而稠密，尾端有许多枪尖尾花 |  | 5CrNiMo |
| 暗红 | 流线呈断续状，芒线细而单调，仅在尾花附近有少量分叉爆花，并成狐尾状，色泽较整个流线明亮，为橙红色 |  | W6Mo5Cr4V2 |
| 暗红 | 火束细长，根端为断续流线，尾端略有膨胀，呈狐尾花 |  | W9Cr4V2 |
| 深暗红 | 流线呈直线状，没有芒线和爆花，仅在尾端有三、四根分叉爆花，芒线长而秃，中端和根端为断续流线，有时呈波浪状，尾端呈狐尾花 |  | W18Cr4V |
| 浅黄 | 火束短而分支少，流线稍有波浪和断续形状，芒线较粗 |  | 1Cr13 |
| 深黄 | 火束细长，根端流线细，尾端粗大而长，分叉爆花有花粉，花蕊有少量不明显的白亮点，花状如喇叭花 | 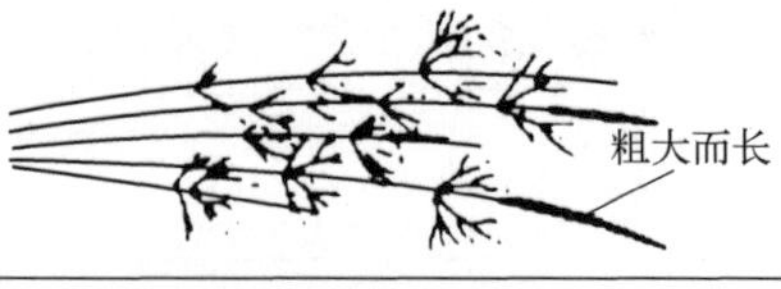 | 55MnSi |
| 橙红微暗 | 流线粗而短，量多，出现多根分叉二次花，量少而稀，芒线粗短而少 | 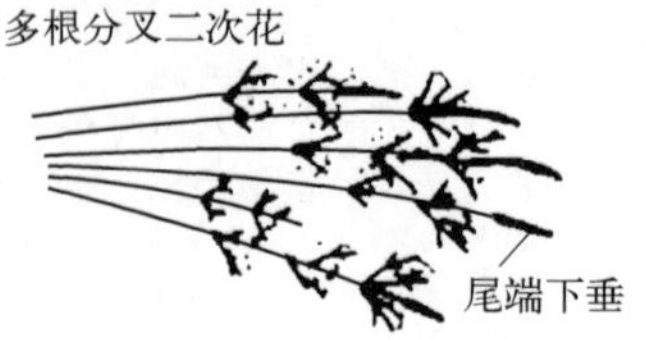 | 60Si2Mn |

续表

| 火花的颜色 | 火花的特征 | 图例 | 废钢钢号 |
|---|---|---|---|
| 橙黄 | 火束粗而短，发光适中，芒线多而细，附有很多花粉和碎花，尾细而长 | 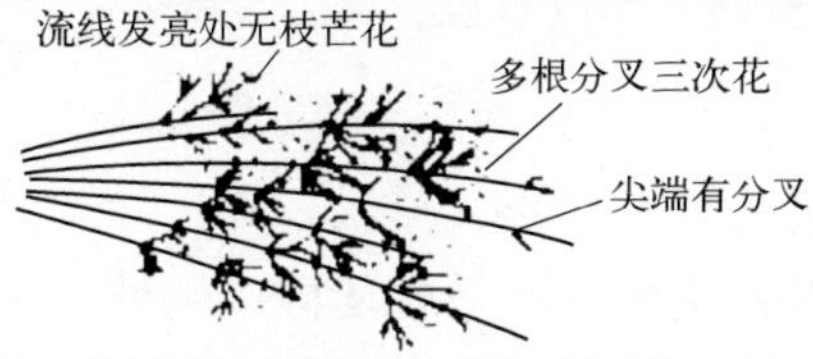 | GCr15 |
| 浅黄 | 流线直，不分支 | 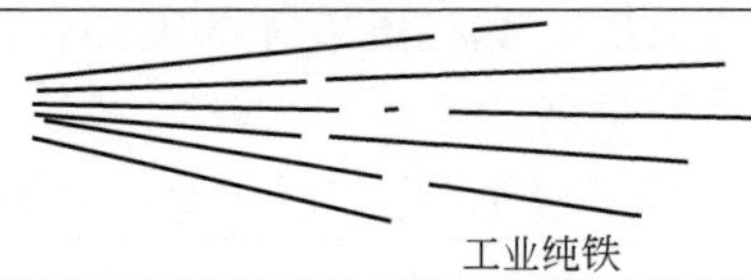 | 工业纯铁 |

## 2.2.3 废钢铁中放射性物质检测

随着核工业的发展，放射性物质越来越多地进入废钢铁中，如果不把这些放射性污染物分挑出来，若其混进冶炼设备中，这些冶炼设备会受到污染；如果再制成钢制品回到社会，引发污染物的扩散和多重污染，其后果不堪设想。因此，各级废钢铁经营者和钢铁企业对这一问题必须高度重视。

用于废钢铁中放射性物质的检测设备主要有放射性物质检测仪和手提式射线光谱仪。放射性物质检测仪主要是对废钢铁加工业与金属回收业的汽车或火车进行辐射监控的权威系统。它能够对埋藏在废钢铁中的屏蔽或非屏蔽的放射源进行监控。防止污染事故所致的人身伤害及经济损失，对废钢铁物流中全部“非正常”信号进行检测并及时报警。手提式射线光谱仪除了能帮助人们找到并确定放射材料的位置，还可以自动区别放射核素的存在，其具体的应用包括危险辨别和风险评估、出入料放射污染的检测、放射量泄漏检测、废物料放射材料检测、放射源监控、未知放射材料鉴别、放射材料的同期控制和各种放射材料的分类。

放射物质检测仪报警后，经多次确认，将报警车辆隔离，并由专业人员用手提式射线光谱仪仔细查找，确认放射物的具体位置，找出后用铅罐封存，交到专业部门进行无害化处理，其检验流程如图 2-23 所示。

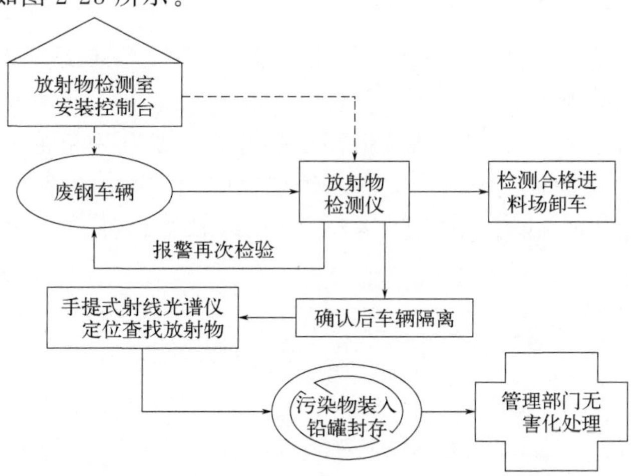


图 2-23 废钢铁中的放射性污染物检验流程

## 2.3 废钢铁的加工

废钢铁具有来源广泛、形状各异、轻重大小各异、尺寸长短不齐等特点。废钢铁加工就是把场内返回废钢铁、外购国内废钢铁、外购国外废钢铁中的一些大件、大块、不符合入炉标准、含有杂质、不利于冶炼的废钢铁，通过加工手段进行处理，按炼钢生产要求，加工成规格正确的炉料。

目前，我国废钢铁加工一般包括人工分选、氧气切割、剪切、破碎、打包压块等方式。

### 2.3.1 废钢铁的分选

由于回收的废钢铁来自各行各业，种类混杂，品质参差不齐，规格不一，不能直接回炉炼钢。因此，人工分选是废钢铁加工的第一道工序。人工分选是利用废钢铁的鉴别方法、废钢铁的分类及规格标准进行分类的。

首先是通过感官鉴别或其他鉴别方法将废钢和废铁分开，然后再根据废钢和废铁的化学成分和用途进行分选归类。在此基础上，要把不符合生产要求的废钢铁单独分选出来进行加工。而超重废钢和长尺寸废钢要进行氧气切割解体；铸铁大件需要落锤破碎或人工劈解；型材和板材的边角余料应按生产需要剪切成一定尺寸的合格材料；轻薄废钢、废铁屑需要进行打包压块。人工分选流程如图 2-24 所示。

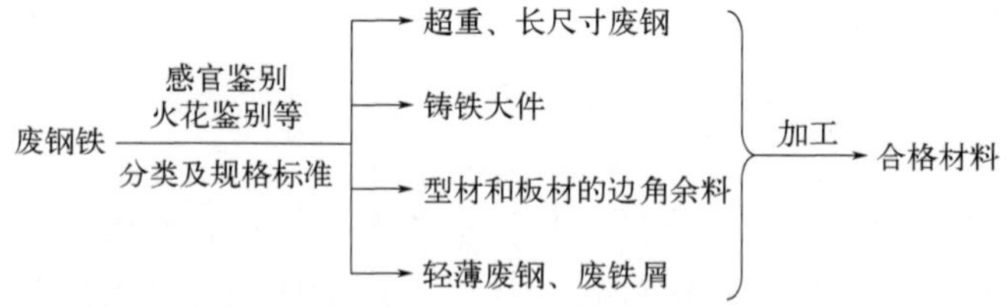


图 2-24 人工分选流程

由此可见，熟练掌握废钢铁的分类、规格标准和鉴别方法是进行人工分选的理论基础及分类依据。在分选归类的同时，还要注意做到以下几点：a. 从废钢铁中挑选可供轻工业生产作原料使用的边角余料；b. 从废钢铁中挑选有修复利用价值的机械零部件和各种器材；c. 从废钢铁中挑选有色金属，提高回炉废钢的纯度，同时做到物尽其用；d. 消除混在废钢铁中的砖、瓦、砂石等废物；e. 注意剔除枪支、弹药、含毒物品以及封闭容器等。

### 2.3.2 氧气切割

氧气切割简称气割，是以氧气和乙炔为燃料，通过切割枪对废钢铁进行解体，使其达到规定的尺寸标准，是一种方便、快捷的废钢铁加工方法，成为我国在废钢铁回收加工，废车、废船、废家电拆解中应用最广泛、最普遍的方法，这种方法除能对船舶、汽车等进行解体外，还能切割各种结构废钢，割取有利用价值的管、角、板、槽材等。它具有设备简单、灵活方便、不受场地狭窄或物件大小的局限的优点，可以在任何场合下进行作业，是任何一种加工机械所无法比拟的。但是氧气切割具有一定的技术性，需要掌握操作要领，懂得操作规程，防止发生爆炸、烧伤等事故；且气割的尺寸公差要明显低于机械工具切割，该工艺在工业上基本限于切割钢铁和铸铁，对于钛等易氧化的金属不易实现气割。

气割最常用的气体是氧气和乙炔，近几年随着气体产业的发展和天然气、丙烷的推广使用，为了降低废钢铁的切割成本，也出现了使用天然气、丙烷等气体进行切割的作业。气割所使用的设备主要包括氧气瓶、减压器、乙炔发生器和割炬等。气割工人必须了解气割使用的气体的性质、设备和工具的构造及工作原理等方面的基本知识，才能更好地从事气割工作，也有利于提高操作技术水平。

#### 2.3.2.1 氧气装置

乙炔在空气中燃烧，火焰温度为 2350℃，不能切割金属。乙炔与氧气混合燃烧时火焰温度可达 3200℃，能够满足加热被切割金属所要求的温度，而且在切割时还要用高压氧气吹除金属氧化物和熔渣。因此，氧气是气割不可缺少的气体。气割工人必须了解氧气装置，才能安全有效的使用。

氧气是自然界中重要的气体，它是一种无色、无味、无毒的气体，分子式为 $O_2$，在标准状态下，$1m^3$ 氧气的质量为 1.43kg（比空气重 0.14kg）。空气主要是氧气与氮气的混合物（氮气占 78%，氧气占 21%，氢气、氦气、氖气、二氧化碳等共占 1%左右）。

氧气是极为活泼的气体，它能同许多物质化合生成氧化物。压缩的气态氧气与油脂等易燃物接触时，能强烈地燃烧，引起爆炸。因此，在使用氧气的过程中，氧气瓶嘴、氧气表、氧气胶带、割炬等里面切不可沾染油脂。当温度降到－183℃时，氧气可由气态变成淡蓝色的液体，当温度降到－218℃时，液态氧气变成固态氧气。使用氧气时是将气态氧压入氧气瓶中，气割采用的氧气的纯度不应低于 97.5%。

氧气瓶是储存和运输氧气的一种高压容器，氧气瓶体和瓶帽应涂成天蓝色，并用黑漆写上“氧气”两字，以区别其他气瓶。氧气瓶是用低合金钢或优质碳素钢制成的。容积为 38～40L，工作压力为 $150kgf/cm^2$。其长度约为 1450mm，内径为 219mm，质量约为 60kg。如图 2-25 所示。

氧气瓶的容积一般由氧气制造厂标明在瓶体的履历牌上。可用如下方法简单计算氧气瓶里氧气的量。设：氧气瓶的容积为 $V$（L），气压表所示的压力为 $p$，瓶内氧气的储存量为$V_p$（L）。则：

$$V_p=Vp$$

氧气流量的大小及开关是靠气瓶阀控制的。气瓶阀是用黄铜或青铜制成的，手轮沿逆时针方向旋转时，转动调整轴，通过调整片将气门打开；反之，则气门关闭。安全膜装置是用锡铅合金制成的，在气瓶压力过大时，安全膜装置自行爆破，氧气排出，以防止气瓶发生爆炸。气门和气门封垫是关闭氧气通路的装置。下端锥形螺纹与氧气瓶口连接，侧面有出气口接头，用来连接减压器。如图 2-26 所示。

减压器的作用是将瓶内的高压气体调节成工作需要的低压气体，并保持输出气体的压力和流量稳定不变。如图 2-27 所示。

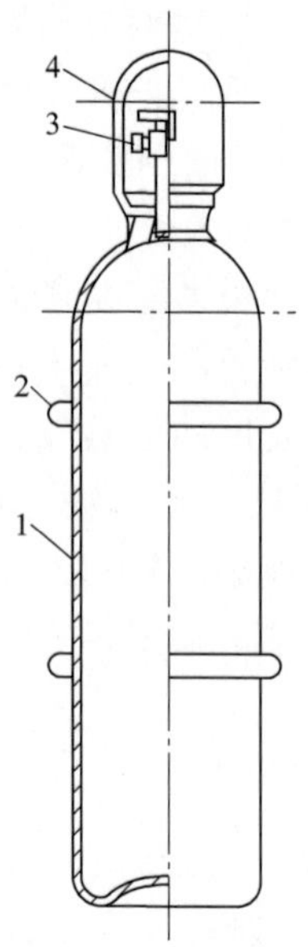


图 2-25　氧气瓶示意

1—瓶体；2—防震圈；3—瓶阀；4—瓶帽

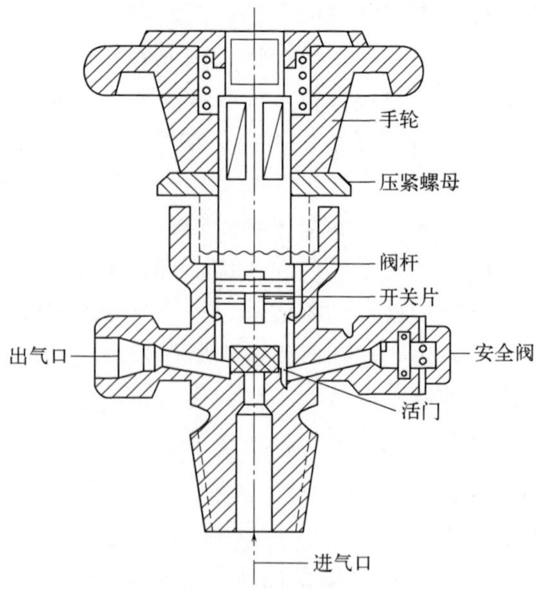


图 2-26　气瓶阀

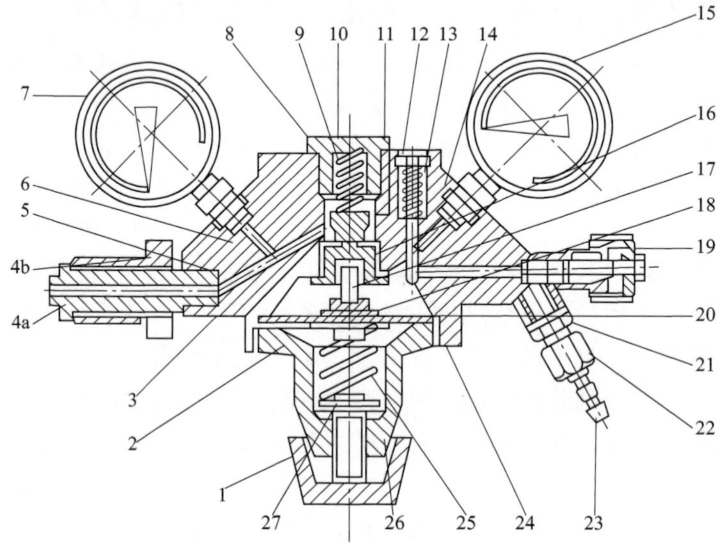


图 2-27　减压器

1—压力调节螺钉；2—弹簧垫块；3—本体；4a—进口接头；4b—进口螺母；5—进口过滤器；6—密封圈；7—高压表；8—螺塞；9—阀门弹簧；10—弹簧架；11—阀门；12—安全阀调节螺钉；13—安全阀弹簧；14—安全阀阀门；15—低压表；16—阀门座；17—顶杆；18—膜片压板；19—出口阀；20—膜片；21—出口接头；22—出口螺母；23—软管接头；24—膜片垫圈；25—调节弹簧；26—法盖，27—弹簧垫块

### 2.3.2.2　乙炔装置

（1）乙炔

乙炔（$C_2H_2$）可由电石与水作用获得。电石（$CaC_2$）是紫褐色或深灰色的坚硬块状物体，极易与水作用产生乙炔及氢氧化钙（熟石灰），其反应方程式如下：

$$CaC_2+2H_2O \longrightarrow Ca(OH)_2+C_2H_2\uparrow \text{（放热）}$$

电石的优劣会影响乙炔的产生，因此电石的选择对于成本控制有重大的影响。一般每千克电石可以产生 250～300L 乙炔。电石产生乙炔量的多少与电石颗粒大小的关系如表 2-11 所列。

**表 2-11 电石产生乙炔的数量**

| 电石颗粒度/mm | 2～4 | 4～8 | 8～15 | 15～25 | 25～50 | 50～80 |
|---|---|---|---|---|---|---|
| Ⅰ类电石产生乙炔的数量/（L/kg） | 230～250 | 250～260 | 250～270 | 260～275 | 270～300 | 280～300 |

基于乙炔的产生方式，其又可称为电石气。它是一种无色的烃类化合物，密度为 $1.17kg/m^3$，是一种理想的可燃性气体，它在氧气助燃下，燃烧温度可达 3200℃。在密封容器内，乙炔急骤燃烧可引起爆炸，所以乙炔是易爆气体。在温度升高到 300℃以上或压力在 1.5atm（1atm＝101325Pa，余同）以上，乙炔遇火就会爆炸。当温度超过 580℃或压力超过 2atm 时，乙炔就会自行爆炸。在使用条件下，振动撞击，乙炔也有爆炸的危险。而且工业用乙炔含有硫化氢（$H_2S$）及有毒性的磷化氢（$PH_3$）等杂质，所以带有强烈的臭味，而乙炔发生器的温度越高，臭味越大。这些杂质都会使火焰的温度降低，除了磷化氢外，大部分都能溶解于水中，所以乙炔发生器新产生的乙炔在使用前必须经过水过滤杂质，同时水又能使乙炔冷却。在焊接重要工件时，应用过滤器过滤。人呼吸乙炔过久，能引起头晕、中毒。因此，在使用时要特别注意。

乙炔能溶解在许多液体中，特别能大量溶解在丙酮中（常温常压下，1 体积的丙酮能溶解 23 体积的乙炔）。工业上储存及运输乙炔，就是利用乙炔的这一性质。如果把乙炔和空气或氧气混合起来（乙炔占 2.8%～81%）遇到火星或高温时，均能燃烧及爆炸，在气路系统中除了割炬混合室内允许乙炔和氧气混合外，其他地方不允许混合。乙炔和紫铜、银等金属长期接触则会生成乙炔铜（$Cu_2C_2$）、乙炔银（$Ag_2C_2$），易引起强烈的化合爆炸。因此，除割炬外，气路中其他与乙炔接触的器材都不能用银或含铜 70%以上的铜合金来制造。

（2）乙炔发生器

乙炔发生器就是能使电石与水作用而获得乙炔的装置。乙炔发生器按所产生乙炔压力的高低，可分为低压式和中压式两种。低压乙炔发生器（如浮桶式）可以自制，它所产生的乙炔压力为 $0.45kgf/cm^2$ 以下。目前，国内成批生产的乙炔发生器均为中压式，所制取乙炔的压力在 $0.45～1.5kgf/cm^2$ 之间。中压乙炔发生器，根据其单位时间内发气量的不同可分为：$0.5m^3/h$、$1m^3/h$、$3m^3/h$、$5m^3/h$ 及 $10m^3/h$ 五种。前两种可以根据工作地点的不同而随意移动，故又称为移动式。后三种体积较大，均为固定式。用于乙炔发生站，供多个工作点同时使用。以下为几种乙炔发生器的具体介绍。

1）浮桶式乙炔发生器

其结构形式如图 2-28 所示。它用于低压式乙炔发生器，乙炔的压力为 $0.25～0.30kgf/cm^2$。其工作原理如下：将装有电石的电石篮 3 挂在浮桶 2 内的挂鼻上，并连同浮桶一起放入装水的定桶 1 中，由于浮桶中的空气随乙炔出口放出，使浮桶下沉，电石篮内的电石与水接触产生乙炔气，使浮桶升起，直至电石与水脱离而停止工作时，乙炔的消耗使浮桶内的压力降低，浮桶与电石便又落入水中，电石与水重新接触产生乙炔。如此循环直到电石反应完毕。

浮桶式乙炔发生器的上部装有防爆膜，当浮桶内出现混合气体和回火或温度太高时，防爆膜即爆破，防止严重的爆炸事故。这种乙炔发生器结构简单，易于自制，移动方便。其缺点是产生的乙炔中含有杂质较多，又因水不流动，冷却条件差，易使乙炔过热。低压式浮桶乙炔发生器由于安全性能差已逐渐被淘汰。

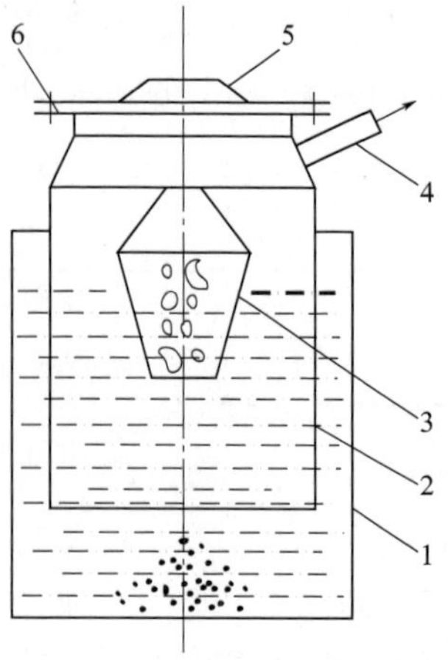


**图 2-28 浮桶式乙炔发生器**

1—定桶；2—浮桶；3—电石篮；4—乙炔出口；5—防爆橡胶膜；6—压紧法兰及螺栓和螺母

2）Q 3-1 型乙炔发生器

这种乙炔发生器结构比较简单，移动方便，很适合于废钢切割，其结构如图 2-29 所示。

该发生器的原理是：发生器中电石篮内的电石与水接触后，即产生乙炔气体。随乙炔压力的升高，发气室的水被排挤到隔层中去，使电石与水脱离，停止产生乙炔。使用乙炔时，发气室内压力降低，隔层中的水自动回到发气室，使电石重新与水接触产生乙炔，如此循环至电石反应完毕。使用时先向乙炔发生器的储气筒和回火防止器内注入清水，至水从各自的溢水阀流出为止，然后关闭。将电石篮升降调节杆移到最后一挡上，使电石篮离开水。装入电石后，用开关手柄关闭发气室，再将电石篮升降杆移至最左边一挡，使电石与水接触，产生乙炔。电石反应完毕后，如需继续使用，应先将发气室的溢水阀打开，使发气室内的压力降低，然后再打开发生器的上盖，装入电石（装入电石的数量和方法与前次相同）。每天工作完毕放出电石渣，可将电石渣开关杆向下拉（杠杆作用），将橡皮塞顶起，电石渣自动流出。放完渣后应使用清水刷干净。

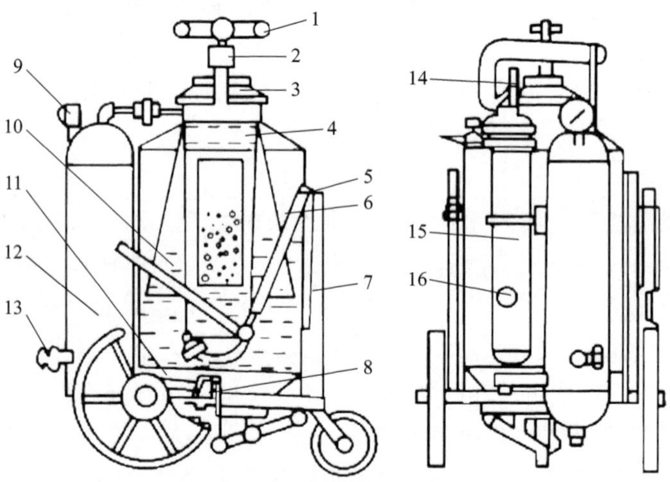


**图 2-29 Q 3-1 型乙炔发生器**

1—开关手柄；2—压板环；3—盖子；4—电石篮；5—电石篮升降调节杆；6—主体；7—放电石渣开关杆；8—橡皮塞；9—乙炔压力表；10—发气室；11—出渣口；12—储气筒；13，16—溢水阀；14—安全阀；15—回火防止器

Q 3-1 型乙炔发生器的主要缺点是内部气温较高，电石每次不能加太多（5kg）。

3）注水式乙炔发生器

这种型式的乙炔发生器的压力在 1～1.5kgf/cm$^2$ 范围内。其构造如图 2-30 所示。其工作原理为：发生器内的水经过水活门注入发气箱内，在发气箱内电石与水作用产生的乙炔，经导管由单向活门流出，流入储气室中。这种类型发生器的发气量可自动调节，如储气室中的压力增大，则将橡皮膜向上顶起，将进水活门关闭，停止向发气箱内注水；储气室的压力减小时借弹簧的力量将进水活门打开，将水重新注入发气箱中，转动螺杆可调节进水活门在一定压力下关闭，因而可调节发生器内乙炔的压力。产生的乙炔气经回火防止器进入管路和割枪中。但电石仍然与发气箱剩余的水起作用产生乙炔，如发生器内的压力超过规定的限度（即1.5atm）时，超压安全活门就会自动开启，乙炔即由此逸入空气中，从而始终保持了压力稳定和设备安全。

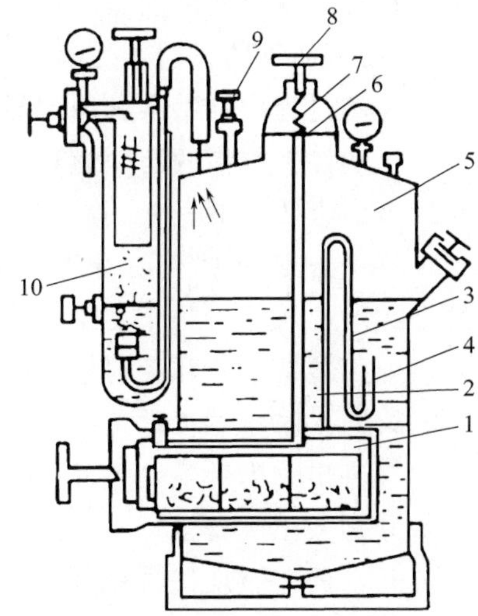


图 2-30 注水式乙炔发生器

1—发气箱；2—水活门；3—导管；4—单向活门；5—储气室；6—橡皮膜；7—弹簧；8—螺杆；9—超压安全活门；10—回火防止器

（3）乙炔发生器的维护及使用注意事项

① 使用乙炔发生器的操作人员，必须熟悉发生器的构造、作用、原理及维护规则。

② 固定式乙炔发生器应安装在通风良好的室内，室内严禁一切烟火。移动式乙炔发生器必须安装在离火源或操作点远一些（10m 以外）的地方，不能靠近带电体，严禁在乙炔发生器旁边引燃火焰或吸烟。而且要注意风向，不要使高空切割或焊接火花散落在发生器附近。晚间装电石时，不得明火照明。

③ 装入发生器的电石量一般不能超过电石篮容积的 2/3。装入电石的颗粒必须符合发生器说明书上的规定，切不可用电石碎末。浮桶式发生器应使用直径不小于 50mm 左右粒度的电石。

④ 开始工作时，必须首先将发生器中的空气排除，然后才能向割炬输送。使用浮桶式乙炔发生器时，要使浮桶慢慢自由下落，不可人为加重它的压力，否则会引起爆炸事故。如果发生器同时向两把以上的割炬供乙炔时，则每把割炬必须设有单独的乙炔回火防止器。

⑤ 加入发生器的水必须清洁，不含有油脂和酸碱等杂质，浮桶式乙炔发生器全天使用时，中间必须换水，以免因固体物质过多导致过热（水温不得超过 60℃）。

⑥ 工作中应经常检查各接头处的严密性，并经常注意回火防止器的水位是否正常。

⑦ 工作环境的温度低于 0℃时，应向发生器和回火防止器内注入温水，也可向水中加入少量食盐来防止发生器冻结。如果发生器冻结，必须用热水或蒸汽解冻，严禁用火烘烤或用铁锤敲打。

⑧ 停止工作时，应先将出气胶带拔掉，如果是浮桶式乙炔发生器，应将浮桶慢慢拔出。浮桶拔出后，要横放在定桶上面，然后摘下电石篮子，不能拔出浮桶后往地下摔，避免碰击产生火花，发生危险。定桶内的水浆和渣子应全部倒出。固定式发生器中剩余压力不应超过 0.1kgf/cm$^2$ 表压。

⑨ 如果用焊接方法修补发生器时，补焊前必须进行多次清洗，确定无乙炔和电石渣后，再进行补焊。

⑩ 发生器使用完毕后，如下次使用间隔时间较长，应彻底清洗，将水放净，注意维修。

(4) 乙炔发生器的安全装置

1) 乙炔回火防止器

在气割过程中，由某种原因导致切割火焰在乙炔管内逆燃，若逆燃火焰进入发生器，则引起乙炔发生器中的乙炔燃烧和爆炸，为了防止发生这种严重事故，要在导管与发生器之间装有回火防止器。常用的乙炔回火防止器有以下 2 种。

① 开敞式乙炔回火防止器　开敞式乙炔回火防止器，又称低压式乙炔回火防止器。这种型式的乙炔回火防止器由壳体和两根管子组成，如图 2-31 (a) 所示。安全管较进气管短，上面装有水斗和反射板。壳体上有乙炔出口和水位指示开关。

乙炔回火防止器正常工作时，乙炔从气管进入，通过水层聚集在壳体的上部，再从乙炔出气口流出。当割炬发生回火时，火焰从乙炔出气口进入壳体内，压力突然增大，壳体内的水分别被压入安全管和进气管，这时乙炔的来路被堵塞，同时随着水位下降，安全管末端离开水面，燃烧气体就从安全管向外排出了，如图 2-31 (b) 所示。

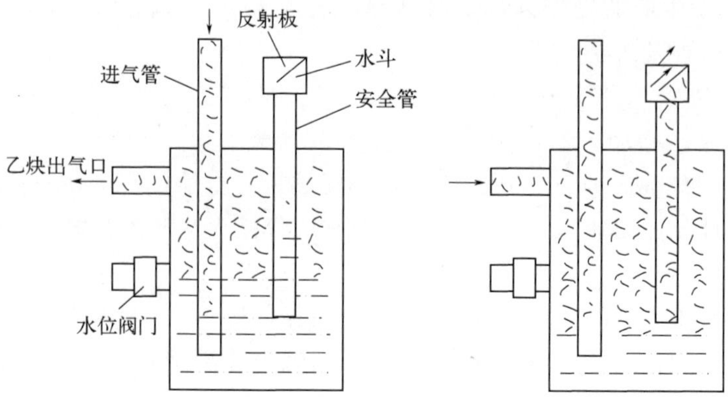


图 2-31　开敞式乙炔回火防止器

② 封闭式乙炔回火防止器　封闭式乙炔回火防止器，又称为等压式乙炔回火防止器。用于乙炔压力在 0.1kgf/cm$^2$ 以上的乙炔发生器。这种乙炔回火防止器的示意如图 2-32 所示。

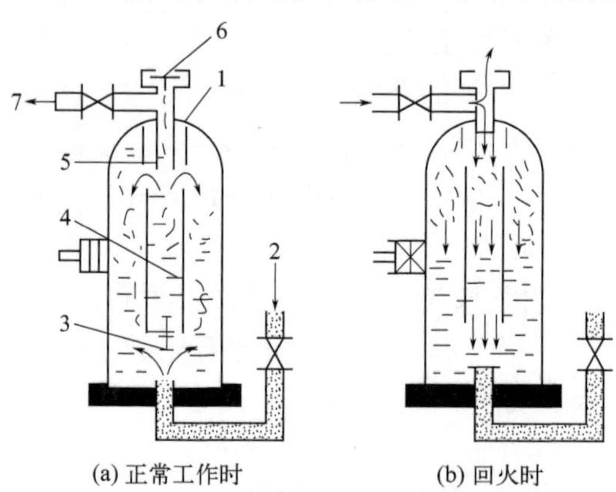


图 2-32　封闭式乙炔回火防止器

1—外壳；2—乙炔进气管；3—活门；4—分气隔板；5—水滴分离器；6—薄膜；7—接管嘴

工作原理为：乙炔经进气管、活门及分气隔板升上水面。气体到达回火防止器的上部后，再经水滴分离器和接管嘴到达割枪。产生回火时，器内压力增大，便将活门关闭，停止进气，而随火焰回袭的气体冲破薄膜排入空气中。

2）干式乙炔回火防止器

除采用上述两种乙炔回火防止器外，还可以采用干式乙炔回火防止器防止回火。这种回火防止器的构造如图 2-33 所示。

在壳体中装有瓷过滤器，用油灰封严，上面用有孔的橡皮垫圈压紧。瓷过滤器用细耐火土和水玻璃制成，直径为 25mm，高为 25mm。壳体两端是带有接管嘴的盖子，盖子上装有橡皮反向活门和爆破膜。当回火发生爆炸时，瓷过滤器可将爆炸气浪消灭。同时，爆破膜破裂，使爆炸混合气体排出。这种回火防止器在 1.5atm 下，可通过 $2m^3/h$ 乙炔，其阻力约为 0.05～0.07atm。过滤器要经常洗刷或更换。

3）超压安全活门

一般乙炔发生器的安全装置均采用弹簧式的超压安全活门。当发生器内乙炔量过多，使压力升高超过规定值时，超压安全活门将自动开启，放出过量的乙炔，直至压力降低到规定值以下，由弹簧自动将活门关闭。超压安全活门的构造如图 2-34 所示。活门外壳用螺纹固定在发生器上。正常情况下，弹簧将活门压紧在橡皮膜上，气体不能外泄［见图 2-34(a)］。如果发生器气体压力超过规定值，气体便将橡皮膜顶起，弹簧受到压缩，活门便与橡皮膜分开了，于是气体从上端逸出。发生器内的压力降低至规定值以下，则橡皮膜受弹簧的作用使活门重新关闭。超压安全活门还有推杆，将它按下，可使活门与橡皮膜离开，气体也可逸出。

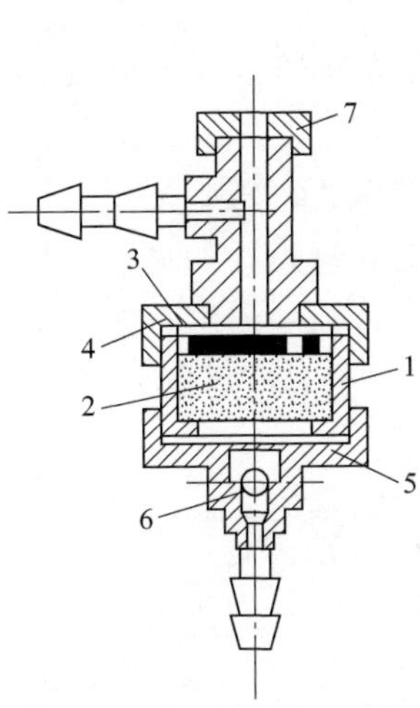

**图 2-33　干式乙炔回火防止器**

1—外壳；2—瓷过滤器；3—橡皮垫圈；4，5—盖子；6—橡皮反向活门；7—爆破膜

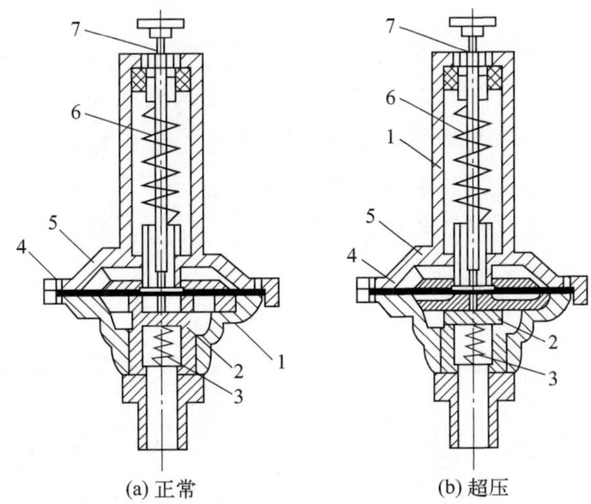


**图 2-34　超压安全活门**

1—活门外壳；2—活门；3，6—弹簧；4—橡皮膜；5—发生器；7—推杆

### 2.3.2.3　割炬

割炬（又称割枪）是进行氧气切割的主要工具。它的作用是使可燃气体与氧气混合，形成一定形状的遇热火焰，并在火焰中心喷射氧气流进行切割。

割炬与焊枪相比，除了多一个切割氧的喷射装置外，无其他不同之处。割炬使用时应注意以下几点。

① 应根据切割工件的厚度选择合适的割嘴。装配割嘴时，必须使内嘴和外嘴保持同心，以保证切割氧射流位于预热火焰的中心，安装割嘴时注意拧紧割嘴螺母。

② 检查射吸情况。射吸式割炬经射吸情况检查正常后，方可把乙炔皮管接上，以不漏气且易插上、拔下为准。使用等压式割炬时，应保证乙炔有一定的工作压力。

③ 火焰熄灭的处理。点火后，当拧预热氧调节阀调整火焰时，若火焰立即熄灭，其原因是各气体通道内存有污物或射吸管喇叭口接触不严，以及割嘴外套与内嘴配合不当。此时，应将射吸管的螺母拧紧；无效时，应拆下射吸管，清除各气体通道内的污物并调整割嘴外套与内套的间隙，然后拧紧。

④ 割嘴芯漏气的处理。预热火焰调整正常后，割嘴头发出有节奏的“叭、叭”声，但火焰并不熄灭，若将切割氧开大时，火焰就立即熄灭，其原因是割嘴芯处漏气。此时，应拆下割嘴外套，轻轻拧紧嘴芯，如果仍然无效，可再拆下外套，并用石棉绳垫上。

⑤ 割嘴头和割炬配合不严的处理。点火后火焰虽正常，但打开切割氧调节阀时，火焰就立即熄灭。其原因是割嘴头和割炬配合不严。此时应将割嘴拧紧，无效时应拆下割嘴，用细砂纸轻轻研磨割嘴头配合面，直到配合严密。

⑥ 回火的处理。当发生回火时，应立即关闭切割氧调节阀，然后关闭乙炔调节阀及预热氧调节阀。在正常工作停止时，应先关闭切割氧调节阀，再关闭乙炔和预热氧调节阀。

⑦ 保持割嘴通道清洁，割嘴通道应经常保持清洁光滑，孔道内的污物应随时用通针清除干净。

⑧ 清理工件表面。工件表面的厚锈、油水、污物要及时清理掉。在水泥地面上切割时应垫高工件，以防锈皮和熔渣在水泥地面上爆溅伤人。

按预热火焰的乙炔与氧气混合的形成分为射吸式割炬和等压式割炬。按用途可以分为常用普通割炬及重型割炬、焊割两用炬等。这里着重介绍射吸式割炬，射吸式割炬采用专门的割嘴，割嘴的中心是切割氧的通道，预热火焰均匀地分布在它的周围。射吸式割炬的构造如图 2-35 所示。

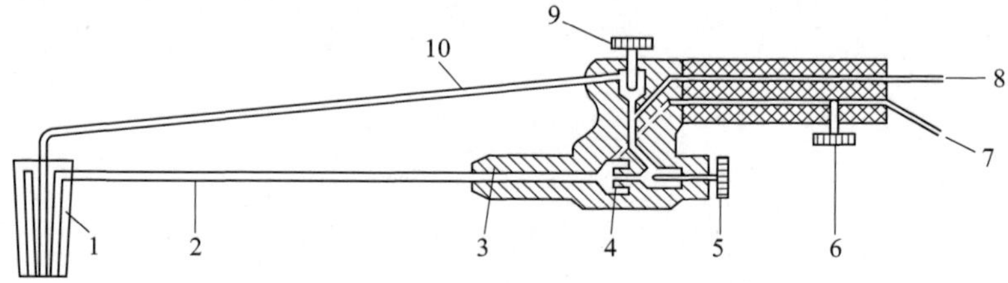


**图 2-35 射吸式割炬构造原理**

1—割嘴；2—混合气管；3—射吸管；4—喷嘴；5—燃烧氧气阀针；6—氧气阀针；7—乙炔进气管；8—氧气进气管；9—切割氧气阀针；10—切割器件

割嘴根据结构形式不同，又分为组合式（环形）割嘴和整体式（梅花形）割嘴，如图 2-36 所示。

### 2.3.2.4 辅助用具

气割时，除了割炬、气瓶、减压器、乙炔发生器等主要设备外，还有以下辅助用具。

（1）橡皮胶管

氧气胶管的内径为8mm，可承受15～20atm压力，长度为30m，黑色或蓝色。乙炔胶管的内径为10mm，长度为30m，红色。

（2）锥形通针

切割时，熔渣经常堵塞割嘴，使火焰变形而不便于切割，并容易产生回火，这时可用锥形通针（黄铜丝磨成）将割嘴上的熔渣剔除。

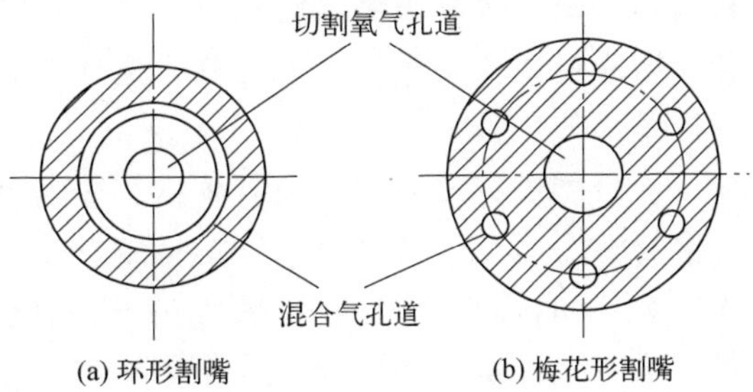


图2-36　割嘴的界面形状

（3）专用护目镜及工作服

切割时，为了便于观察和保护眼睛，应带有色保护镜，同时必须穿好工作服、工作鞋、戴手套，以免高温灼伤。

（4）其他用具

包括点火工具（引火枪、火柴）及清除废钢件上的氧化物、油污等杂质所必备的钢丝刷、榔头、錾子、锉刀、钢丝钳等。

#### 2.3.2.5　气割金属应具备的条件

气割就是利用加热的方法使金属材料达到在氧气流中燃烧的温度，进行剧烈燃烧并利用氧气流吹除金属氧化物，而将被切割件分割开的一种操作。

在金属被加热切割的地方，切割氧先使上层金属氧化燃烧，放出大量的热，这些热量加热下面一层的金属使其达到燃点，这样继续下去就将金属切开了。当金属燃烧时，所生成的氧化物还处在熔化状态，就被切割氧气吹掉，形成割缝。但不是所有金属都能气割，能气割的金属必须符合下列条件。

① 金属的熔点应高于本身的燃点　在铁碳合金中，碳的含量对燃烧的温度有很大的影响：含碳量越多，气割越困难。因为钢中含碳量增加时，合金的熔化温度就降低。而燃烧温度却升高，这样使得切割不易进行。例如，纯铁的熔点为1528℃、燃烧温度为1050℃，故易于切割。而含碳为0.7%的碳钢的熔点与燃点差不多等于1300℃。故含碳量大于0.7%时，则不易切割，因为这时其燃烧温度比熔化温度高。铜和铝的燃烧温度比熔点高，故不能进行气割。

② 金属熔渣的熔点应低于被切割金属本身的熔点　气割时，所形成的金属熔渣的熔点若比被切割金属的熔点高，则高熔点的熔渣会阻碍下层金属与氧气流接触，而使切割变得困难。很多金属，由于其氧化物的熔点比金属的熔点高，因而不易或不能气割。如铝及铝合金在氧气流中则形成熔点为2050℃的$Al_2O_3$等，所以不能进行气割。

③ 金属在氧气流中燃烧时，所放出的热量应能维持切割的不断进行　在切割低碳钢板时，由金属燃烧所产生的热量约占70%，而由预热火焰所供给的热量仅占30%，故能使切割顺利地进行。

④ 金属的导热性不应太高　被切割的金属的导热性太高了，预热火焰的热量和切割中所放出的热量会迅速散发，使切割处的热量不足，造成切割困难。铜、铝及铝合金就是由于本身导热性高而不能切割。

⑤ 金属在切割时生成的氧化物，应该易于流动　切割时，所生成的金属氧化物若不

易流动，则不容易被氧气流吹走，因此妨碍切割过程的正常进行。例如，铸铁中含有大量硅，切割时生成大量的二氧化硅，这些氧化物不仅十分难熔，而且熔渣的黏度很大，所以铸铁不易气割。

一般能进行气割的金属有碳钢、普通低合金钢、硅钢、锰钢等。不能进行气割的金属有铜及铜合金、铝及铝合金、不锈钢、镍、铸铁等。气割过程中，氧气的作用是使金属燃烧以及从切口吹除氧化物（熔渣）。切割氧的纯度，对切割速度及单位体积气体消耗量有很大的影响。氧气的纯度低，会使金属氧化过程缓慢，切割时间变长，氧气消耗变多。

#### 2.3.2.6 气割技术

（1）切割前的准备

1）割件的准备

被切割金属的表面，应清除磷皮、铁锈和尘垢。割件下面应垫空，以便于散热和排除熔渣。水泥遇高温后会崩裂，所以气割时不能放在水泥地上。

2）预热火焰

调节好乙炔和氧气混合的比例，这样可形成三种不同性质的火焰，即中性焰、碳化焰、氧化焰，如图 2-37 所示。

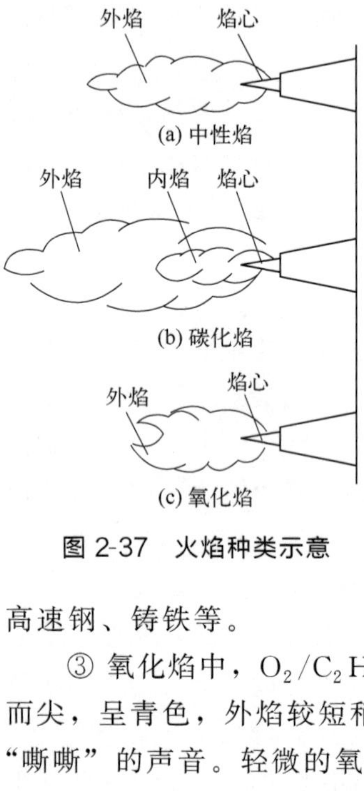


**图 2-37 火焰种类示意**

① 中性焰中，$O_2/C_2H_2=1\sim1.2$。中性焰是由焰心和外焰两部分组成的，如图 2-37（a）所示，焰心呈蓝白色、清晰明亮的圆锥形；外焰为橙黄色，不太明亮。乙炔分解为碳和氢，炙热的火焰特别明亮，在焰心前 2～4mm 处碳和氢与氧气瓶中供给的氧气化合，进行不完全燃烧，生成一氧化碳和氢气，此处温度最高（约 3100～3200℃），一般用这个温度来切割。

② 碳化焰中，$O_2/C_2H_2<1$。碳化焰分为三部分，如图 2-37（b）所示，焰心呈蓝白色，似圆锥。内焰部分为淡白色，内焰长度为焰心长度的 2～3 倍，外焰部分为橙黄色。碳化焰的最高温度为 2700～3000℃。内焰中过量的炽热碳颗粒能使氧化铁还原，因此碳化焰也称还原焰。碳化焰有使被割件增碳的作用，轻微的碳化焰一般用于焊接高碳钢、高速钢、铸铁等。

③ 氧化焰中，$O_2/C_2H_2>1.2$。氧化焰由两部分组成，如图 2-37（c）所示。焰心短而尖，呈青色，外焰较短稍带紫色。氧化焰的最高温度可达 3500℃左右，燃烧时发出“嘶嘶”的声音。轻微的氧化焰可用于切割，也可用于焊接黄铜及青铜等。切割用预热火焰要调节成中性焰或轻微的氧化焰，不宜采用碳化焰，因为碳化焰会使切割边缘增碳。

另外，还有一种方法不使用乙炔气体，用铁管接上氧气，氧气从铁管喷出形成氧气流，利用氧气助燃的原理，通过木材、塑料、橡胶等介质点燃铁管，燃烧的铁管移动到将要气割的废钢铁上，这时废钢铁里面含有的碳、硅、锰等元素开始燃烧，废钢铁顺着铁管喷出的氧气流熔化，由此进行切割。此方法也称为无乙炔辅助的氧气切割。

在切割时，点火和调节火焰的方法是先打开氧气阀门，放出微量的氧气，再拧开乙炔阀门，放出少量的乙炔，然后将火源移近割嘴点燃，并将火焰调到合适的程度进行预热，当放出切割氧开始切割时，也要注意火焰的性质是否有变化。

(2) 气割的基本操作技术

1) 切割开始

当开始切割较厚的金属时，割嘴与被切割金属表面大约呈10°～20°倾角，以便能更好地加热割件的边缘，使切割过程容易开始，如图2-38所示。

切割厚度在50mm以下的金属时，割嘴开始应与被切割金属表面呈垂直位置。如果是从割嘴零件内廓开始切割，则必须预先在被切割件上面做孔（孔的直径等于切割宽度）。当切割圆形截面的金属时，最好在开始切割处用扁铲作出割痕，因为在开始切割处有毛刺，能被迅速加热到熔化，所以切割过程容易开始。

开始切割时，先用预热火焰加热金属边缘，直至被切割金属表面被加热到使其能在氧气中燃烧的温度，即割件表面层出现将要熔化的状态时再放出切割氧进行切割。

2) 割嘴与被切割金属表面的距离

切割时割嘴与被切割金属表面的距离应根据火焰焰心的长度来决定，最好使焰心尖端距割件表面1.5～3mm，绝不能使火焰焰心触及割件表面，以防切割边缘增碳，为保证切割缝的质量，在全部气割过程中，割嘴到割件表面的距离应保持一定。

3) 切割过程中割炬位置的调整

当沿直线切割钢件时，割炬应向运动方向倾斜20°～30°，这时切割最为有效，如图2-39所示。

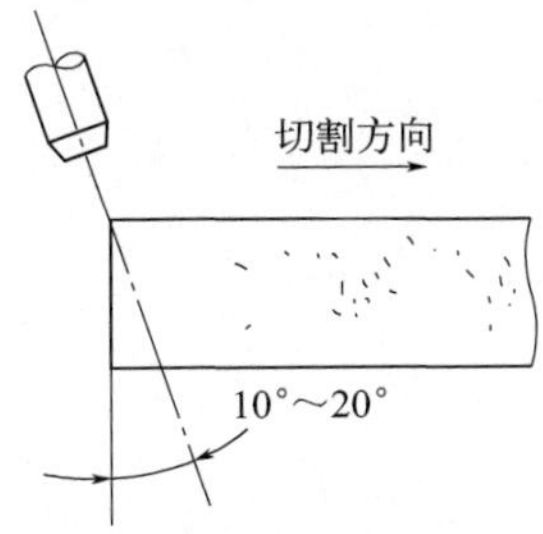


图2-38 切割开始时，割嘴与割件表面的倾角

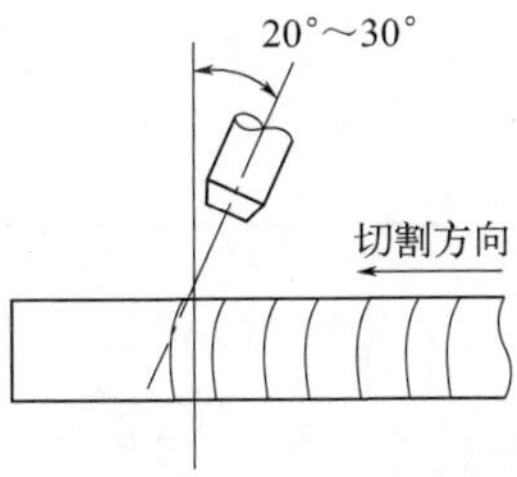


图2-39 沿直线切割时割嘴的倾斜角

在沿曲线内轮廓切割时，割嘴必须严格垂直于切割金属的表面。切割圆截面的钢料时，割嘴的起点位置如图2-40中1所示，切割进行过程中，割嘴的位置按图2-40中2～5变化。

4) 切割的后拖量

在氧气切割过程中，尤其是切割厚钢板时，上部金属与下部金属燃烧是不均匀的，总是上部快下部慢，使切割氧射流在前进方向呈现一弧形，相应地在被切割金属上产生一向后拖延的弧形割缝，这个弧形割缝始末端间的垂直距离称为后拖量，如图2-41所示。切割的后拖量，可以从割缝上观察到并能测量出来。切割过程中后拖量是不可避免的。

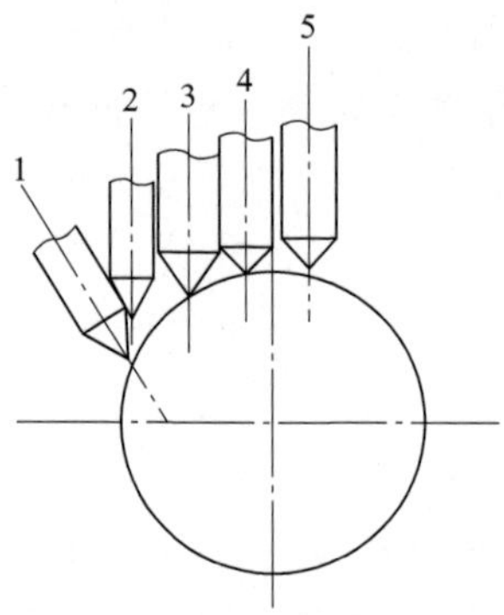


图 2-40　切割圆截面钢料时割嘴的位置

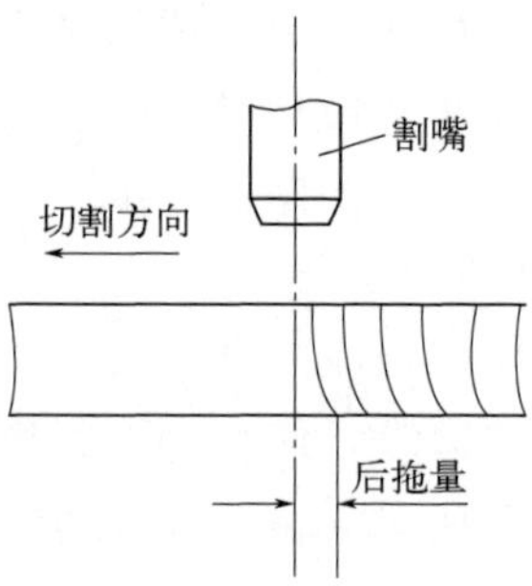


图 2-41　切割的后拖量

5）氧气压力和切割速度

切割作业所用的氧气压力，应按照所切钢板的厚度进行选择。一般认为用高压氧切割比较省力，这是不合理的。因为用高压氧切割时，必须加快切割速度，如果切割速度与氧气的压力配合不当，则氧气的消耗量较多，就不经济了。

气割用的割嘴要按照切割钢板的厚度选用。表 2-12 列出切割钢板的厚度与切割速度及氧气压力的关系，供切割时选择参考。

表 2-12　切割钢板的厚度与切割速度及氧气压力的关系

| 钢板厚度/mm | 切割速度/(mm/min) | 氧气压力/(kgf/cm²) | 钢板厚度/mm | 切割速度/(mm/min) | 氧气压力/(kgf/cm²) |
|---|---|---|---|---|---|
| 4 | 450～500 | 2 | 30 | 215～250 | 4.5 |
| 5 | 400～500 | 3 | 40 | 180～230 | 4.5 |
| 10 | 340～450 | 3.5 | 60 | 160～200 | 5 |
| 15 | 300～375 | 3.75 | 80 | 150～180 | 6 |
| 20 | 260～350 | 4 | 100 | 130～165 | 7 |
| 25 | 240～270 | 4.25 | | | |

注：$1kgf/cm^2=98.0665kPa$。

6）气割安全技术

在气割开始前，应认真检查工作地点有无易燃品，以免被火花或熔渣引燃，导致火灾。操作者除应穿工作服外，最好在自己前面挡一块铁板或石棉板，以防灼伤脚，并能预防被切割下来的切割件打着脚。此外，气割时必须戴上有色眼镜。

7）气割过程中常见的故障

在气割过程中，最常遇到的故障是割炬回火。发生回火时割炬突然“噗”的一声，火焰熄灭，同时割炬内发出“吱吱”的声音，并在割炬导管处产生高温，有烫手的感觉。当发生回火时，应立即将割炬的所有阀门关闭并置入冷水中冷却。发生回火如不及时处理，会烧坏割炬或使割炬导管接头处膨胀变形。在切割时，割炬不清洁、切割速度过快、割嘴与割件之间的距离不当或未割透、熔渣排不出等原因，都可能引起回火。

（3）厚钢件的气割

切割厚钢件的主要困难是切割时由于氧气压力升高，不仅使氧气流变成圆锥形，而且氧气流的冷却作用也增大，因而影响切割质量及切割速度。如果切割更厚的钢件（600mm 以上）时，由于预热火焰加热钢件的下层金属困难，使钢件受热不均匀，结果下层金属的燃烧就比上层金属来得缓慢，这样不仅会使割缝产生很大的后拖量，而且容易使熔渣堵塞底部造成切割困难。所以气割厚钢件时应采用下列方法：

① 切割开始时，割嘴应与割件表面垂直或者稍向切割相反方向倾斜；

② 在开始切割时，就应沿割件整个厚度完全切透，否则熔渣将堵塞割缝底部，或者在钢件中形成凹囊，使切割过程不能正常进行；

③ 切割厚度较大的钢件时，可将割炬往相反的切割方向倾斜 10°～15°。

200～600mm 厚钢件手工切割规范列于表 2-13，800mm、1350mm 厚钢件手工切割规范列于表 2-14。

表 2-13　200～600mm 厚钢件手工切割规范

| 被切割钢件厚度/mm | 喷嘴号 | 预热火焰氧气压力（表压力）/MPa | 预热火焰乙炔压力（表压力）/MPa | 切割氧气压力（表压力）/MPa |
| --- | --- | --- | --- | --- |
| 200～300 | 1 | 0.3～0.4 | 0.08～0.1 | 1～1.2 |
| 300～400 | 1 | 0.3～0.4 | 0.1～0.14 | 1.2～1.6 |
| 400～500 | 2 | 0.4～0.5 | 0.1～0.12 | 1.6～2.0 |
| 500～600 | 3 | 0.4～0.5 | 0.1～0.14 | 2.0～2.5 |

表 2-14　800mm、1350mm 厚钢件手工切割规范

| 规范 | 钢件厚度 | | 规范 | 钢件厚度 | |
| --- | --- | --- | --- | --- | --- |
| | 800mm | 1350mm | | 800mm | 1350mm |
| 切割氧气压力（表压力）/（$kgf/cm^2$） | 22～27 | 25～30 | 切割前预热时间/s | 50 | 55 |
| 预热火焰氧气压力（表压力）/（$kgf/cm^2$） | 5 | 5～6 | 切割速度/（m/h） | 1.85 | 1.58 |
| 切割氧气消耗量/（$m^3/h$） | 100 | 150 | 切割平均宽度/mm | 18 | 25 |
| 乙炔消耗量/（$m^3/h$） | 4.5 | 5.45 | | | |

注：$1kgf/cm^2=98.0665kPa$。

#### 2.3.2.7　安全技术

（1）电石的使用注意事项

① 电石的保管和运输。电石必须装在金属桶内，并加以密封，桶上应注明“电石”和“防潮”“防火”字样。

② 电石桶在搬运前，应打开桶盖的螺钉放气，操作者应站在桶盖的侧面。搬运电石桶时，应轻搬轻放，不许扔摔，以免互相撞击产生火花，引起爆炸。

③ 开启电石桶时，严禁锤击。

（2）氧气瓶和减压器的使用注意事项

① 严禁氧气瓶靠近燃品、油脂等。氧气瓶与乙炔发生器、易燃易爆物品及其他火源之间的距离一般不得小于 10m。

② 氧气瓶上应装有防震橡胶圈，搬运时应将瓶帽拧紧，避免碰撞和剧烈振动。

③ 氧气瓶未装减压器之前要清除瓶嘴的污物，以免污物进入减压器。在开启瓶阀时，操作者应站在出口的侧面，以免受气体的冲击。

④ 氧气瓶所用的减压器，必须要有符合要求的高压表和低压表，而低压表的指针要保持灵敏，以便准确反映瓶内气压的高低。

⑤ 开启氧气瓶阀门时，用力要平稳，慢慢开启，以防气体损坏减压器。当减压器发生自流现象及减压器漏气时，应迅速关闭氧气瓶的阀门，卸下减压器进行修理。

⑥ 氧气瓶减压器装好后，应先将减压器的调节螺钉拧松，然后开启氧气瓶阀。注意操作时不要面对减压表。工作结束时，先将减压器的调节螺钉拧松，然后将氧气瓶阀关闭。

⑦ 氧气瓶内的气体不允许全部用完，至少应留 1～2 个表压的剩余气量。

⑧ 要防止阳光直接暴晒氧气瓶以及其他高温热源的辐射加热氧气瓶，以免引起气体膨胀发生爆炸事故。

⑨ 冬天如遇瓶阀或减压器冻结时，可用热水或水蒸气加热解冻，严禁使用火焰加热或使用铁器猛击。

（3）乙炔发生器的使用注意事项

① 乙炔发生器操作人员，必须对所使用的乙炔发生器的性能、特点做必要的了解，否则不可使用。

② 固定式乙炔发生器，应装在专门的乙炔发生站内，站内严禁一切烟火，并且有可靠的接地线。固定式乙炔发生器和发生站的其他安全事项应参照有关规定执行。

③ 移动式乙炔发生器，在露天作业时，要防止夏季阳光暴晒和冬季冻结。如冻结时，应用热水或蒸汽解冻，严禁用锤敲和火烤。不能在乙炔发生器附近吸烟，以免发生爆炸事故。

④ 乙炔发生器的零件、导管（包括乙炔胶带和接管）以及接触乙炔的地方，不能用纯铜（紫铜）制作，避免产生乙炔铜，引起爆炸，可以采用黄铜或钢材。

⑤ 乙炔发生器的压力应保持正常，中压发生器要装设压力表。储气室要装设安全气阀，使用时要经常检查压力表及安全阀是否完好，防止失效。操作者要遵照乙炔发生器说明书中规定的注意事项进行工作。

⑥ 使用浮桶式乙炔发生器时，不许用重物压在浮桶上，使其增加乙炔压力，或用手猛烈摇动浮桶。浮桶因漏气等原因在漏气处着火时，严禁拔浮桶，也不要去堵，应立即将发生器蹬倒。

⑦ 取装乙炔发生器的浮桶时，要轻提轻放。操作者头部和上身应避开浮桶的上升方向，防止发生器意外爆炸时浮桶飞起伤人。装桶时，等浮桶沉下去，使里面的混合气体完全排出后再拔乙炔导管。工作结束时，把浮桶拔出，应横放在定桶上或地面上。

⑧ 乙炔发生器内要经常换水，至少每天工作前换水一次，电石不宜加得过多，小颗粒电石不宜使用，更不可用电石粉末。乙炔发生器发气室的温度不允许超过 60℃，当超过上述温度时应停止作业，用冷水喷射降温或加水降温。

⑨ 乙炔发生器必须设有回火防止器，并每天检查一次水位。冬季使用时在水中加少量食盐，如冻结时禁止用火烤，可用热水解冻。

（4）气割的使用注意事项

① 使用割炬前，必须检查其射吸能力和是否漏气，并检查氧气胶带、乙炔胶带及各连接处是否有漏气现象，割嘴有无堵塞情况。必要时可用通针将割嘴疏通。

② 禁止在氧气阀和乙炔阀同时开启时，用手或其他物体堵住割嘴出口，以防止氧气倒流入乙炔发生器内，更不能把已点燃火焰的割炬随意卧放在工件或地面上。

③ 在切割过程中遇到回火时，应迅速关闭氧气阀，然后再关闭乙炔阀，稍微等一下以后，再打开氧气阀，吹除割炬内的烟灰，然后重新点火使用。如果关上氧气阀后，割炬内回火的“嘶嘶”声没有了，但一打开氧气阀，声音又有了，则证明火未熄灭，此时应将乙炔胶带拔下，并打开氧气阀门，使割炬内的火焰从后面的乙炔口喷出。

④ 进入切割现场要戴安全帽。在高空切割操作时，必须使用安全带。工具要放在工具袋内，并设置接火盘，以防火花溅落引起火灾或切掉的料块落下砸伤人。

⑤ 切割各种容器或管道时，在切割前，应了解容器或管道内装的是什么液体或气体，所有的阀门是否已打开，剩余的液体或气体是否已清除干净，否则不能进行切割工作。

⑥ 若切割储存过原油、汽油、煤油或其他易燃物品的容器时，需将容器上的孔盖全部打开，用碱水将容器内壁清洗并用压缩空气吹干后，方可进行切割工作。

⑦ 高空切割时，登高用的梯子，倾斜不能太大，梯子应放稳或由专人扶持。使用的脚手架一定要用铁丝扎牢固，不准用草绳、麻绳及易燃物绑扎。靠近金属脚手架的电源线，必须很好地绝缘。

## 2.3.3 剪切

为了把长尺寸废钢和大块废钢变为适合于炼钢的炉料和供轻工业生产作原料，除采用气割加工外，对于各种型钢、板材等废结构件，还可采用剪切的方法加工成一定规格的炉料和供生产轻工产品使用的原材料。在剪切过程中，应与气割配合使用，先将不能进入剪口的部位用气割切掉，过重和过长的要割成几段，再用剪切机剪成一定规格尺寸的原材料。此外，还可按用户生产要求剪切成生产轻工产品的毛坯料，这样既方便用户使用，提高废材的利用率，降低生产成本，又可减少废钢的往返运输，从而减少回收环节，节约运输费用。

剪切所用的机械称为剪切机，剪切机已成为回收加工废钢铁的重要基础设备。剪切机种类很多，按传动形式，可分为机械传动和液压传动两类；还可分为鳄鱼式和门式两类。现对后两种剪切机做详细介绍。

（1）鳄鱼式液压剪切机

鳄鱼式液压剪切机分为 63～500t，14 个型号产品，广泛应用于废钢铁回收加工领域，适用于各种断面形状的金属（如圆钢、方钢、槽钢、角钢、工字钢、钢板等）以及各种废金属结构件的冷态剪切，尤其是汽车大梁的剪切。鳄鱼式液压剪切机采用液压驱动，与机械传动式剪切机相比，具有体积小、质量轻、运动惯性小、噪声低、运动平稳、操作灵活、剪切断面大、剪切刀口易调整等特点，操作使用安全，易于实现过载保护。

鳄鱼式液压剪切机主要由机械系统、电气控制系统、液压控制系统等组成，由液压管路和电气路线将其连接并控制。其工作流程如图 2-42 所示。

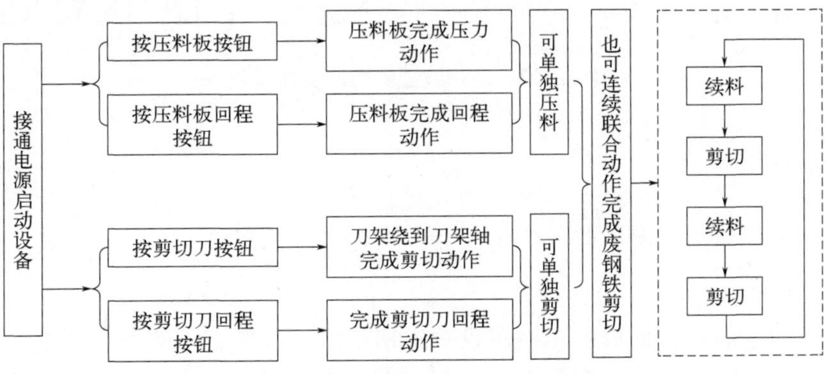


图 2-42　鳄鱼式液压剪切机的工作流程

（2）大型门式液压剪切机

大型门式液压剪切机是利用垂直剪刃，通过压力切断废钢铁。采用料箱设计，有800～1250t不同种类，分为一层料箱、二层料箱和三层料箱。门式液压剪切机能切断大部分重型料，包括汽车、船舶、火车废钢及其他宽厚的槽、角、板、管和结构废钢、方钢、圆钢、扁钢、板材、成团钢筋等，自动化程度高，功率大，产量高，适用于有一定规模的加工厂。

重型废钢、结构废钢、超长尺寸废钢的切断目前有：氧气切割和剪切机剪断两种方法。剪切机剪断比氧气切割效率高，一台门式剪切机相当于15～20个切割工，其具有废钢损耗小、无烟尘、无污染、废钢铁纯度高等优点。

门式液压剪切的工作流程如图2-43所示。流程描述如下：a. 剪切机在静置状态［见图2-43（a）］；b. 侧推板A、B打开加料［见图2-43（b）］；c. 侧推板预压紧物料［见图2-43（c）］；d. 剪切机上压板C落下压住物料［见图2-43（d）］；e. 同时辅助压板E压紧物料［见图2-43（d）］；f. 剪切机剪刃D下降，剪切开始，物料已剪断，辅助压板E打开，物料滑下输送带，剪切动作完成［见图2-43（e）］；g. 剪切机复位，准备下一个周期剪切［见图2-43（f）］。

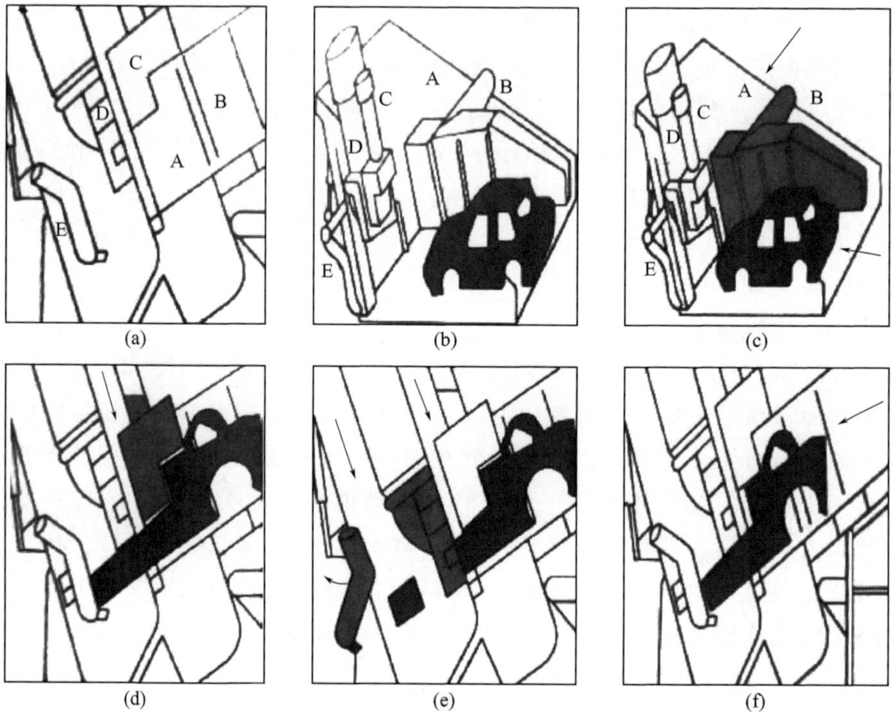


图2-43 门式液压剪切的工作流程

## 2.3.4 破碎

废钢铁的破碎包括钢屑破碎、废钢铁铸件落锤破碎和爆破法。

### 2.3.4.1 钢屑破碎

机械加工产生的团状钢屑，不便于投炉炼钢，采用机械破碎的方法可把长钢屑破碎成长度在100mm左右的短屑，可以直接投炉炼钢。经过破碎后的短屑也可利用液压设备挤压成块，再作炼钢炉料，更能提高生产效率。目前，各地回收部门所使用的钢屑破碎机有对辊式和锤式两种，两者具有相同的效果，所得产品同钢屑热压块相比有以下优点：a. 减少烧损 5%～10%；b. 节约能源；c. 就地破碎可以提高运输效率，节省运输费用。

### 2.3.4.2 落锤破碎

落锤破碎是一种以重力加速度的方式破碎大件废钢铁的加工方法，如用 0.5～15t 重的钢锤（球），从 4～35m 的高处自由落下，靠冲击力来破碎物料。落锤是传统的处理废钢铁的设备，适合加工大块易碎物料。落锤破碎主要用于破碎钢锭模、机床底盘、废轧辊和其他废铸铁大件以及含碳量较高的铸钢废件、钢渣等。

（1）落锤的构造和安装

一般采用钢管、工字钢、槽钢等钢架结构做支撑三脚架，高度一般在 20m 左右，每根支柱的底端固定在混凝土基础上，架子顶部安装一个定滑轮，地面放置一台卷扬机，与三脚架之间存在一定安全距离（15～20m）。卷扬机上的钢索 1 挂以钢板做成的月牙形钩钳，钩钳上还连接一根钢索 2，钢索 2 的另一端固定在三脚架底部，与卷扬机上的钢索 1 在一定高度时形成反作用力使钢锤和钩钳脱落。三脚架下面建一锤砸坑，坑要低于地面。卷扬机的钢索 1 通过地面的定滑轮向上转动，又经过架顶的定滑轮将钢锤的钩钳吊起，开动卷扬机，当钢锤升到架顶高度时，钩钳张开，钢锤落下来，砸在大件钢铁上，将大件废钢铁砸开。其工艺流程如图 2-44 所示。

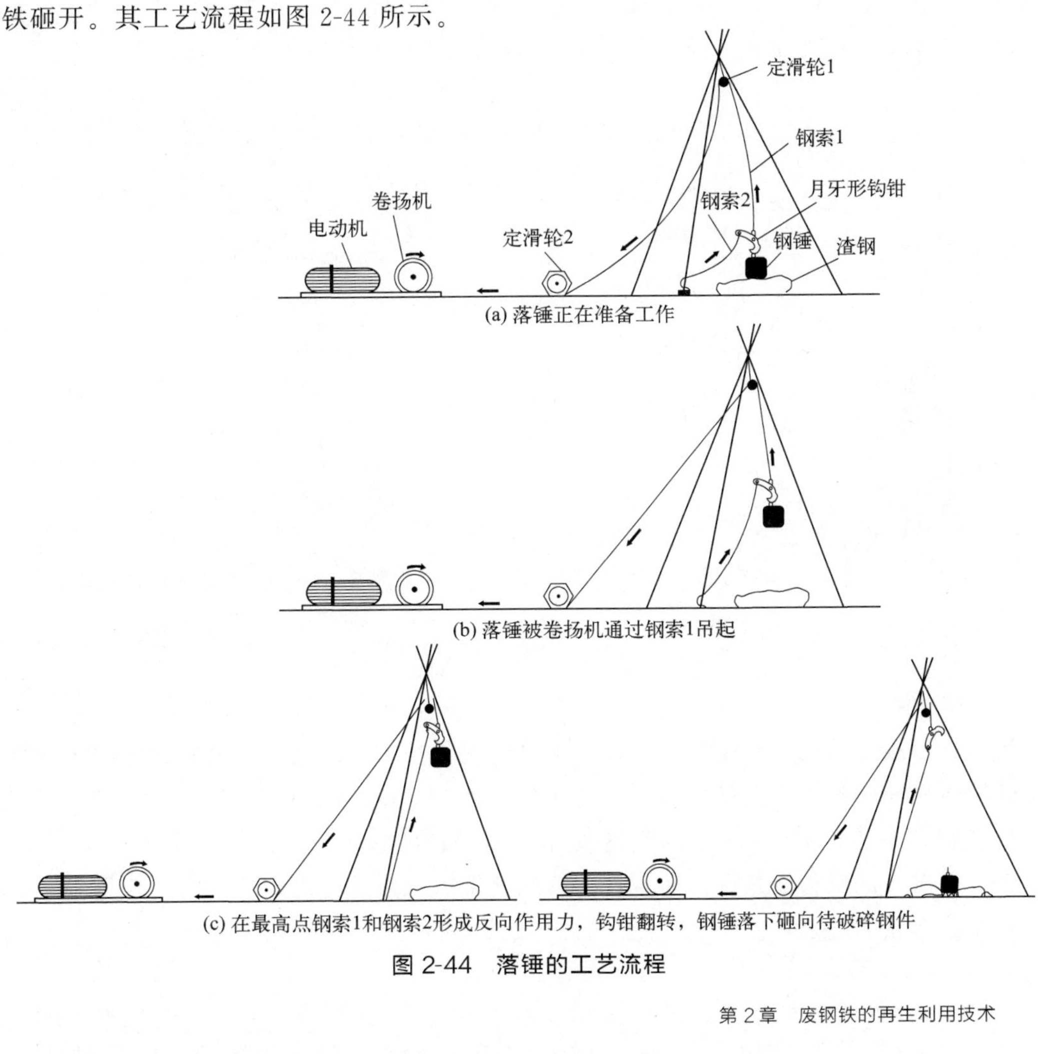

(a) 落锤正在准备工作

(b) 落锤被卷扬机通过钢索1吊起

(c) 在最高点钢索1和钢索2形成反向作用力，钩钳翻转，钢锤落下砸向待破碎钢件

图 2-44　落锤的工艺流程

(2) 落锤破碎车间

落锤破碎车间主要有 3 种类型，即高架厂房双层起重机的落锤破碎车间、栈桥或龙门起重机落锤破碎车间和三脚架落锤车间（或塔架式落锤）。

① 高架厂房双层起重机的落锤破碎车间　其装备水平较高，上层轨面高约 21m，10～15t 电磁起重机起吊 5～7t 锤头。下层栈桥轨面高约 10m，用 30～50t 起重机负责运送进出料。一般设计产量为每年（5～15）$\times 10^4$t。为承受锤头的冲击力和保证生产的安全、可靠和高效率，在高架部分的地坪上设置砧座。它的底基础为槽形钢筋混凝土块，内镶钢板，在混凝土和钢板间衬 200mm 方木。底座上先放置 800mm 厚的木垫板，然后放一层铸铁屑类的减振层，上层再放置 250～300mm 厚的装甲钢板或 800～900mm 厚的钢块。为了生产安全，落锤间要有牢固的封闭防护设施。周围为全封闭的两层圆木挡墙（或采用废胶带、钢丝绳之类代替圆木）。门的启闭和操作设有安全联锁。车间和周围的建筑保持 100～120m 的安全距离。图 2-45 所示是破碎车间示意。

② 栈桥或龙门起重机落锤破碎车间　在栈桥或龙门起重机操作区域的中间设置砧座和防护围墙，锤头在此区域内作业。这种型式的起重机轨面标高低、起吊速度慢、作业干扰多，所以产量低，多用于中小型钢厂。

③ 塔架式落锤车间　在塔架内用卷扬机吊起锤头，自动摘钩。因卷扬机可大可小，所以锤重也有大有小。中、小企业均有使用。这种方式投资少，但物料进出、砧座运输困难，所以效率低，操作条件也差。图 2-46 是塔架式落锤的结构示意。

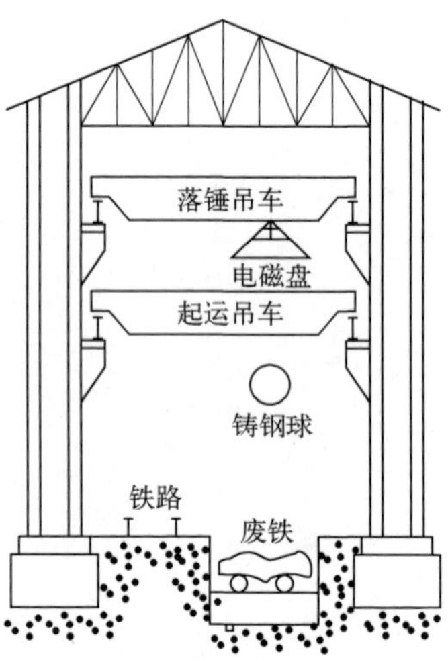


图 2-45　破碎车间示意

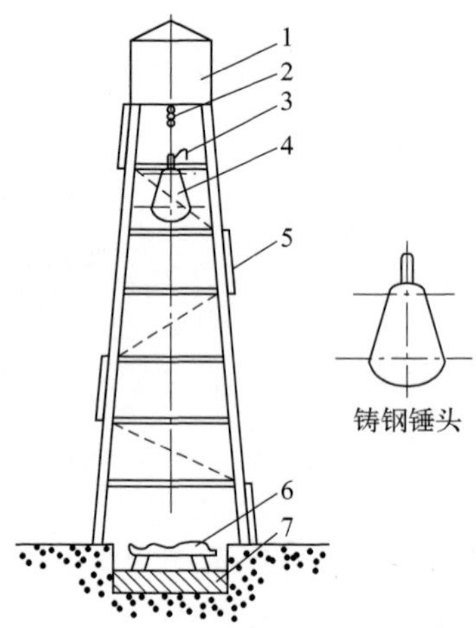


图 2-46　塔架式落锤的结构示意

1—卷扬机室；2—滑轮组；3—钩钳；4—铸铁锤头；5—扶梯；6—废铁大件；7—砧块

### 2.3.4.3　爆破法

废钢铁爆破是借助炸药爆炸来进行废钢铁件解体的方法。它适合破碎在事故中产生的大钢铁坨或大轧辊类的大工件。由于生产操作技术的进步，已很少产生大钢铁坨，同时新的火焰切割设备已能切割 1m 厚的废钢铁件，而爆破坑基建投资高、占地大、生产率低，所以新的爆破车间已很少建设。而且炸药管理复杂，风险责任大，这种方法应用到具体的生产当中还有很大的困难。

爆破法一般采用地下爆破坑进行爆炸破碎，爆破坑的底部和四周先用钢筋筑起，再在底部和四周嵌入大块钢锭或钢坯，坑深4m左右，宽5m左右，长5～10m。需要破碎的大件废钢铁（如重型废钢件、钢坨、铁盘）先打眼，然后吊运到坑内安装炸药，坑上用厚度在200mm以上的钢板盖好，开始爆破。爆破后清理出合格料运往炼钢车间，余下不合格的大块废钢铁，再进行加工处理。其中废钢件可进行气割，废铁件可进行落锤破碎，加工成合格炉料。坑内爆破，合格料占80%左右，加工成本比气割降低70%以上，金属损耗比气割低80%左右，产量可提高30倍。除坑内爆破外，还有利用山沟自然条件进行地下爆破的，无论采取哪种爆破方法，操作人员都必须经过专门训练才允许操作。爆破时，要严格遵守各项规程，确保安全生产。

### 2.3.5 打包压块

废钢铁加工，除气割、剪切、破碎外，为了缩小废钢铁屑和轻薄废钢的体积，增加密度，而采取打包压块的加工方法，将钢铁屑和轻薄料加工成一定规格的合格炉料。目前我国常用的打包压块方法有以下几种。

（1）夹板锤打包

夹板锤打包是一种比较简单的加工方法，它适用于资源少，交通不方便的边远城镇小批量加工钢铁屑和轻薄料。夹板锤（又称夹杆锤）结构简单，它分为夹板锤和皮带锤两种。夹板锤是用圆钢或钢管作锤杆，与锤头连接，用电动机经减速机带动两个中间凹形的辊子做相反方向的转动夹持锤杆，靠摩擦力使锤杆向上提升。当升到5m左右时，由于偏心机的作用，辊横向移动，松开锤杆，锤头自由下落，冲击钢模中的钢屑（或轻薄料），反复击打数次，将加热的钢屑（或轻薄料）击打成具有一定密度的块状。皮带锤是利用平皮带直接与锤头连接，电动机经减速器带动工作辊转动，平皮带在工作辊上绕半周通过，形成180°的皮带包角，压紧辊将平皮带紧紧地压在工作辊上，借助摩擦力使平皮带绕工作辊向上升起，提升锤头，当升高到5m左右时，操纵压紧辊松开，锤头自由下落，其工作原理与加工方法同夹板锤一样。夹板锤的优点是结构简单，易于维修，投资少，见效快，既能热打包又能冷打包；缺点是劳动强度大，操作不轻便，噪声大，对打包的密度和表面光洁度较难掌握。

（2）丝杠机械打包

丝杠机械打包主要用来打包加热的钢屑和轻薄料，它是利用丝杠传动所产生的推力，将压缩室内的加工原料分别从纵、横两个方向压缩成块。其优点是设备结构简单，易于维修，操作方便，热压钢屑的质量较好。缺点是压力控制不准，打包的块不够均匀，不能挤压硬料，传动部分磨损大，冷打包的密度不大，包块取出时不方便。

（3）摩擦压力机压块

摩擦压力机主要用于碎钢屑压块和铁屑压块，它是以转动的摩擦轮带动丝杠上下运动进行冲压（借助其摩擦力可以进行往复冲压动作）以完成压块作业。

（4）液压机械打包

液压机械打包主要用于轻薄料冷打包加工，它是运用液压传动原理，通过工作油缸活塞杆的直线往复运动进行打包作业。其优点是压力大，传动平稳，生产效率高，操作方便，压块质量好，是很有发展前途的加工设备。

（5）液压机械压块

液压机械压块，其工作程序与加工方法基本上与液压机械打包相同。不同点只是加工的原料不一样。液压机械打包是用于加工轻薄料，而液压机械压块机是用于加工短钢屑、铁屑压块的专用设备，它通过液压传动使顶杆向模子内推进，压缩钢屑或铁屑，使之成块状（一般是短圆柱体）。

## 2.4 废钢铁的拆解

### 2.4.1 报废汽车回收拆解与再利用

报废汽车回收再利用是汽车工业的重要组成部分，同时也是循环经济的重要组成部分。汽车回收拆解后可得到大量可循环的废钢铁，见表 2-15。

表 2-15 报废汽车材料构成表

| 所含材料 | 轿车 | | 卡车 | | 大客车 | |
|---|---|---|---|---|---|---|
| | 含量/（kg/台） | 质量分数/% | 含量/（kg/台） | 质量分数/% | 含量/（kg/台） | 质量分数/% |
| 铸铁 | 35.7 | 3.2 | 50.8 | 3.3 | 191.1 | 3.9 |
| 钢料 | 871.2 | 77.7 | 1176.7 | 76.1 | 3791.1 | 76.6 |
| 有色金属 | 52.4 | 4.7 | 72.3 | 4.7 | 146.7 | 3.0 |
| 其他 | 161.8 | 14.4 | 246.1 | 15.9 | 817.8 | 16.5 |
| 合计 | 1121.1 | 100 | 1545.9 | 100 | 4946.7 | 100 |

按表 2-15 给定的数据，如果报废轿车、卡车、大客车各 10 万辆，所产生的废钢铁约在 60 万吨以上，可替代矿石（120～180）万吨，减少原生矿开采（240～300）万吨。用于钢铁企业生产，按最低收得率 80%～85%计算可冶炼成钢水 51t 左右，可减少废气排放 43 万吨，减少废水排放 38 万吨，减少废渣排放 35 万吨。由此看来，做好报废汽车的回收拆解对于节约资源、保护环境有着十分重要的意义。

（1）我国的机动车强制报废标准

我国《机动车强制报废标准规定》（商务部、国家发展和改革委员会、公安部、环境保护部令〔2012〕第 12 号公布）要求，已注册机动车有下列情形之一的应当强制报废，将机动车交售给报废机动车回收拆解企业，由报废机动车回收拆解企业按规定进行登记、拆解、销毁等处理，并将报废机动车登记证书、号牌、行驶证交公安机关交通管理部门注销：

① 达到本规定第五条规定使用年限的；

② 经修理和调整仍不符合机动车安全技术国家标准对在用车有关要求的；

③ 经修理和调整或者采用控制技术后，向大气排放污染物或者噪声仍不符合国家标准对在用车有关要求的；

④ 在检验有效期届满后连续 3 个机动车检验周期内未取得机动车检验合格标志的。

其中，各类机动车使用年限分别如下：

① 小、微型出租客运汽车使用 8 年，中型出租客运汽车使用 10 年，大型出租客运汽车使用 12 年；

② 租赁载客汽车使用 15 年；

③ 小型教练载客汽车使用 10 年，中型教练载客汽车使用 12 年，大型教练载客汽车使用 15 年；

④ 公交客运汽车使用 13 年；

⑤ 其他小、微型营运载客汽车使用 10 年，大、中型营运载客汽车使用 15 年；

⑥ 专用校车使用 15 年；

⑦ 大、中型非营运载客汽车（大型轿车除外）使用 20 年；

⑧ 三轮汽车、装用单缸发动机的低速货车使用 9 年，装用多缸发动机的低速货车以及微型载货汽车使用 12 年，危险品运输载货汽车使用 10 年，其他载货汽车（包括半挂牵引车和全挂牵引车）使用 15 年；

⑨ 有载货功能的专项作业车使用 15 年，无载货功能的专项作业车使用 30 年；

⑩ 全挂车、危险品运输半挂车使用 10 年，集装箱半挂车使用 20 年，其他半挂车使用 15 年；

⑪ 正三轮摩托车使用 12 年，其他摩托车使用 13 年。

对小、微型出租客运汽车（纯电动汽车除外）和摩托车，省、自治区、直辖市人民政府有关部门可结合本地实际情况，制定严于上述使用年限的规定，但小、微型出租客运汽车不得低于 6 年，正三轮摩托车不得低于 10 年，其他摩托车不得低于 11 年。小、微型非营运载客汽车、大型非营运轿车、轮式专用机械车无使用年限限制。机动车使用年限起始日期按照注册登记日期计算[6]。

（2）报废汽车钢材分类

报废汽车钢材分类见表 2-16。

**表 2-16　报废汽车钢材分类**

| 钢的分类 | 应用举例 |
| --- | --- |
| 普通碳素结构钢 | 百叶窗联动杠杆，百叶窗叶片，传动轴中间轴承支架，发动机前后支架，后视镜支杆、支架，油底壳加强板，离心机油滤清器法兰，固定发电需用连接板，前钢板弹簧夹箍，三、四、五挡同步器锥盘，差速器螺栓锁片，车轮轮辐、轮辋，驻车制动操纵杆棘爪与齿板，放水龙头手柄夹持架，消声器，后支架等 |
| 优质碳素结构钢 | 驾驶室、油底壳、油箱、离合器、轮胎螺母、螺栓、发动机气门帽、离合器调整螺栓、曲轴箱螺栓、消声器前托架型螺栓、曲轴箱通风阀体、气门弹簧座、旋转座、离合器分离杠杆、风扇叶片、驻车制动杆、曲轴正时齿轮、半轴螺栓锥型套、前后轴后螺母、车轮螺栓、机油泵轮、连杆螺母、汽缸盖定位销、拖拽钩、螺母、发动机推杆驻车制动蹄片臂拉杆、气门推杆、同步器锁销、变速杆、凸轮轴、曲轴、变速叉轴、飞轮齿环、转向节上销、离合器踏板轴、分离叉、离合器从动盘、转向众拉杆弹簧、摇臂轴复位弹簧、拖拽钩弹簧、空压机排阀波形弹簧垫圈、风扇离合器阀片、气门摇臂复化弹簧、离合器压板盘弹簧、活塞销卡簧 |
| 铸钢 | 机油管法兰，化油器，操作杆活接头，进排气歧管压板，风扇过度法兰，前减震器下支架，空气压缩机，排气阀导向座，备胎升降器轮齿，二、四、五挡变速叉，启动爪，齿轮，棘轮等耐磨零件 |
| 合金渗碳钢 | 活塞销，气门弹簧座，气门挺杆及调整螺栓，二、三挡活动齿套，四、五挡滑动齿套，一挡及倒挡齿轮，变速器中间轴，变速器齿轮和中间轴，半轴齿轮，万向节，减速器十字轴，传动轴十字轴，转向万向节十字轴，后桥减速器齿轮，钢板弹簧中心螺栓，变速器一轴、二轴、中间轴常啮合齿轮 |

续表

| 钢的分类 | 应用举例 |
| --- | --- |
| 合金调质钢 | 发动机支架固定螺栓、差速器壳螺栓、减震器销、水泵轴、连杆、连杆盖、汽缸盖螺栓、半轴、传动轴花键、万向节叉、转向节、连杆螺栓、变速器二轴、转向臂、进气门、半轴套管、钢板弹簧U形螺栓、离合器从动盘、减震盘 |
| 合金弹簧钢 | 钢板弹簧、气门弹簧、制动室复位弹簧、牵引钩弹簧、摇臂轴定期弹簧、离合器压紧弹簧 |
| 灰口铸铁 | 进排气歧管、变速器壳体、水泵叶轮、凸轮轴正时齿轮、飞轮壳、前后转动鼓前驱制动、进排气歧管汽缸盖、变速器箱体、汽缸体、汽缸盖、气门导管、前后制动鼓、飞轮、曲轮皮带轮 |
| 球墨铸铁 | 前后轮毂、转向器壳及盘、制动器、制动室支架、牵引钩、前支撑座及弹簧衬套、辅助钢板弹簧支架、拖拽钢钩衬套、曲轴、摇臂、钢板弹簧侧垫板及滑块、后牵引钩支撑座、发动机摇臂 |
| 可锻铸铁 | 后桥壳、差速器轴承及轴承螺母、板弹簧吊架、后轮毂、减速器壳及左右盖、差速器壳、轮毂、车轮制动蹄片、驻车制动器片 |
| 合金铸铁 | 活塞环、汽缸套、汽缸盖 |
| 热轧钢板 | 纵梁、横梁、车架 |
| 冷轧钢板 | 厚度≤4mm的用来制造驾驶室、发动机罩、翼子板、车厢板、散热管护罩等不承重的覆盖零件，厚度≥4mm的用来制造大梁、横梁、车架、保险杠等承重的零件 |
| 涂镀层钢板 | 镀锌板制造驾驶室地板、车身覆盖件、油箱；镀铝板制造消声器、排气管等 |
| 复合减震板 | （钢板和树脂结合）挡泥板、隔板、顶板、底板、油底壳、隔声板等 |

（3）报废汽车中的危险废物

报废汽车中的危险废物见表2-17。

**表2-17 报废汽车中的危险废物及危险特性**

| 危险废物名称 | 危险特性 | 危险废物名称 | 危险特性 |
| --- | --- | --- | --- |
| 废液化气罐 | 反应性、易燃性 | 废尾气净化催化剂 | 毒性 |
| 废安全气囊 | 反应性 | 废制动液、防爆剂、防冻剂 | 毒性 |
| 废蓄电池 | 毒性、腐蚀性 | 废空调制冷剂 | 毒性 |

（4）国内报废汽车回收拆解工艺

国内报废汽车回收拆解流程如图2-47所示。

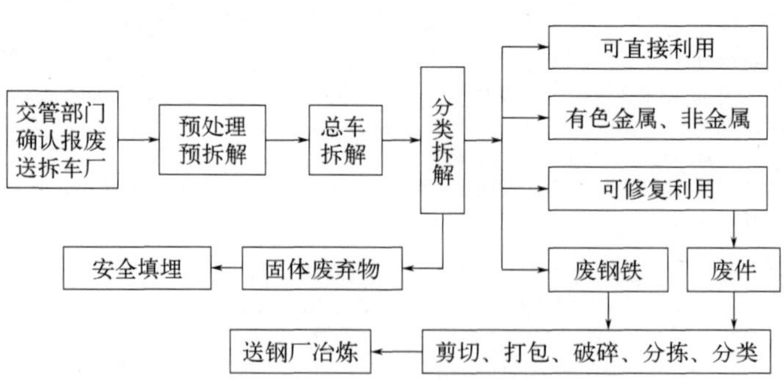


图2-47 国内报废汽车回收拆解流程

报废汽车的拆解原则应本着由表及里、由附件到主机，由整车拆成总成、由总成拆成部件、再由部件拆成零件的原则进行。

在预处理和预拆解时，先抽取如汽油、柴油、机油、发动机油、润滑油、防冻液等液体和有毒成分的材料，再拆除易燃易爆等危险物，接着拆下适于再利用的零件及贵重金属的可回收部分，如电路板、接触器等。

汽车解体采取氧气切割枪，参照表 2-16 对报废汽车解体材料进行分类。厚度在 3mm 以上的废钢铁需要用剪切机进行剪切，采用压块机和粉碎机对轿车进行压扁和对拆解下来的厚度在 4mm 以下的钢铁进行粉碎。

在回收的报废汽车中往往混有大量有机物，如润滑油、防腐油、制冷剂等，还有附着在报废汽车钢板上的涂料等。这些有机物在冶炼过程中会随着温度的升高和气氛的变化而生成有毒、有害物质，例如含有强致癌物的二噁英及含有激素类的污染物。这些污染物随炉气排放必然带来严重的大气污染，因此，必须在回收拆解进入冶炼前去除上述有机物。在回收拆解报废汽车前应做的安全工作如下。

1）废料填埋时必须做到防止环境污染

填埋废料的场地除土地必须坚实外，还必须根据废料的性质不同，选用不同的填埋场和加装防污染设施。

① 如果填埋废树脂、金属废屑、瓷片、废结构材料等，要求在其填埋场地设置醒目的提示牌，并加围墙或护堤或护墙。

② 填埋焚化废料的灰烬、油泥、炉渣和积碳、粉屑、焦油（沥青）、垃圾、木屑、废纸、纤维材料、毛絮等废料，必须加通风装置和防渗漏墙壁。

③ 填埋对人体有害的废料，如烷基化合物、汞及其化合物、六价铬和砷及其化合物等，必须采用封闭型结构的场地。

2）不准填埋的物料

① 拆解中，车上存留的汽油、柴油、发动机润滑油、轴承黄油、刹车油、压缩机冷凝剂、防撞膨胀剂、防冻液等液体油剂容易造成环境污染，必须进行分门别类回收，禁止渗入地下造成污染，更不准填埋。

② 对拆解出的废棉丝、海绵、皮革、木料、橡胶、玻璃、电路线板等废弃物必须妥善回收处理，禁止乱扔乱弃，不准填埋污染环境。

3）报废汽车的五大总成

报废汽车的五大总成（即发动机、方向机、变速器、前后桥、车桥）不得重新再使用，必须交售到钢铁企业作为冶炼原料使用。

## 2.4.2 废旧家电回收拆解与再利用

废旧家电属于固体废弃物，但它又不同于其他固体废弃物，如建筑废弃物、工业废弃物等。废旧家电的材料组成比较复杂和多样，它是由多种金属、贵金属、塑料、玻璃、有机玻璃和各种化工材料组成的。从资源和环境角度讲，废旧家用电器具有环境污染和资源再生两方面特性，对其进行回收利用，可节约金属资源，也可防止环境污染。

废旧家用电器中含有多种化学材料，其中大多数是对人体有害和对环境有污染破坏作用的物质，如废旧线路板的重金属会对水质和土壤造成严重污染，制造电冰箱、空调器的制冷剂和发泡剂是破坏臭氧层的物质，部分灯具和继电器中含有汞元素。废旧家用电器如果不能进行合理回收和处置，会对环境造成极大的污染。有毒、有害物质进入土壤和地下水，再通过动植物生物链进入人们生活必需的食品，会对人类造成严重的危害。

另外，家用电器在生产制造过程中使用了许多钢材、有色金属、塑料、橡胶、玻璃等大量原材料，这些原材料大部分是可回收利用的再生资源。随着经济的快速发展以及各类电子产品更新的速度越来越快，各种能源、资源的消耗量和生产制造电子产品的贵金属的消耗量越来越大，各种原生的矿产也越来越少，因此，做好废旧家电的回收和利用，减少矿产的开采也是利国利民的好事。废旧电器中含有的钢铁、银、铜、锡、铂、钯等贵重金属数量可观。美国环保局确认，用从废旧家电中回收的废钢铁代替通过采矿、运输、冶炼得到的新钢材，可减少97%的矿废物、86%的空气污染、76%的水污染，减少40%的用水量，节约90%的原材料，74%的能源，而且由废旧家电产生的钢铁材料与新钢材的性能基本相同。据统计，美国有75%的废旧家电进行了回收利用，由此提供了10%的再生钢铁。

部分废旧家电拆解步骤和回收流程见表2-18。

**表2-18　部分废旧家电拆解步骤和回收流程**

| 品种 | 拆解步骤 | 分类回收 |
|---|---|---|
| 洗衣机 | 外壳→电器系统拆卸→脱水系统拆卸→洗涤系统拆卸→其他零件拆卸 | （1）外壳、回收塑料和金属材料；<br>（2）传动件和固定件，回收塑料、橡胶、金属材料；<br>（3）其他零部件，如开关、定时器材料分类回收 |
| 电冰箱 | 回收氟利昂→拆卸外壳→拆卸制冷系统管路和零件→拆卸电气控制系统→拆卸压缩机 | （1）外壳，回收塑料和金属材料；<br>（2）制冷系统，回收金属材料，氟利昂制冷剂应由专业人员回收；<br>（3）其他零部件，如开关、定时器材料分类回收 |
| 电视机 | 后盖→电路板→显像管→高频调谐器→扬声器→电源变压器→电位器 | （1）外壳，回收塑料和金属材料；<br>（2）电路板类，电路板上的各类元件分类回收；<br>（3）其他零部件，如显像管、高频头等分类回收 |
| 微波炉 | 外壳→炉门及组件→控制面板及开门机构→磁控管→变压器→风扇电机→电容器、二极管→转盘及组件→连锁装置 | （1）箱体，回收玻璃、塑料和金属材料；<br>（2）固定件类，回收金属、塑料；<br>（3）其他件类如变压器、磁控管等材料分类回收 |
| 空调器 | 室外机：拆外壳→回收氟利昂→拆压缩机→拆冷凝器→拆电机→拆机座→其余部分分类拆卸回收<br>室内机：拆外壳→蒸发器→铜导线→其余部分分类拆卸回收 | （1）室内外箱体，回收塑料和金属材料；<br>（2）电气控制系统，回收有色金属、硅钢、金属塑料、绝缘材料；<br>（3）空气循环系统，如空气过滤器、风道、风扇、电动机可回收塑料、有色金属和金属；<br>（4）制冷系统，如压缩机、蒸发器、冷凝器、换向阀等，可回收有色金属、塑料、制冷剂等 |

废旧家电部分零部件回收流程如下。

（1）家电外壳的回收流程如图2-48所示。

所有废旧家电的金属外壳都是生产破碎料和打包块的良好原料。经过破碎机的加工，其堆密度可达$1t/m^3$，非常有利于配料和冶炼，配料可以用破碎料填充裂隙，增加密实度，冶炼可加快熔化速度，缩短冶炼周期，降低能源消耗和生产成本。

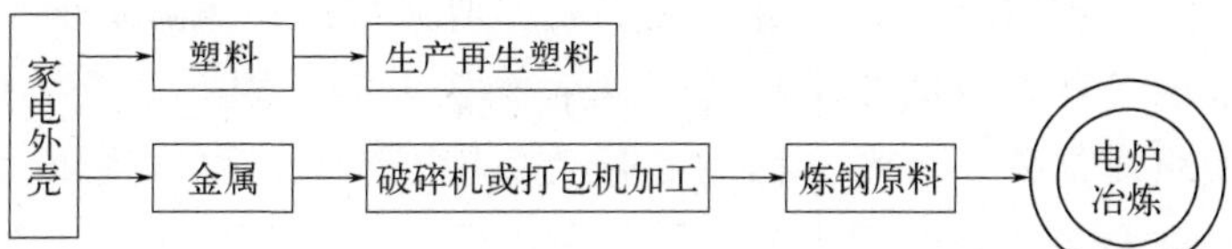


图 2-48　家电外壳的回收流程

（2）显像管显示器的回收流程如图 2-49 所示。

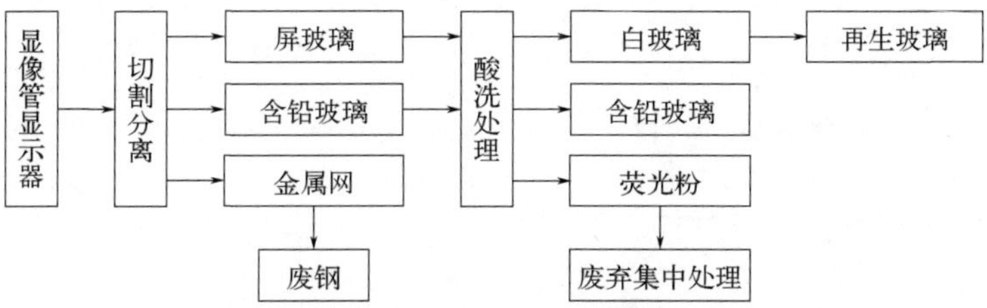


图 2-49　显像管显示器的回收流程

（3）电机、压缩机的回收流程如图 2-50 所示。

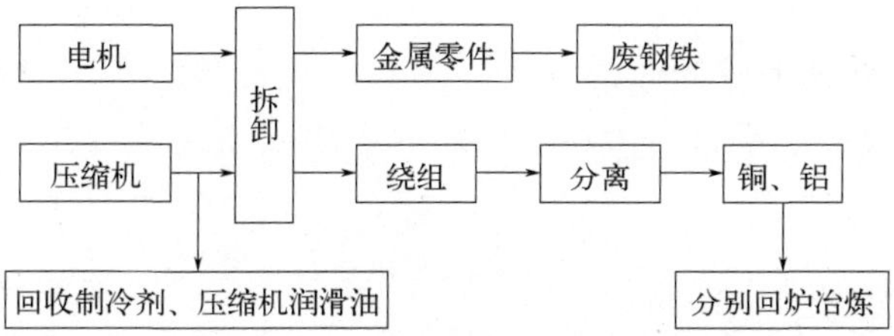


图 2-50　电机、压缩机的回收流程

## 2.4.3　废旧船舶回收拆解与再利用

现在全世界贸易货运量有 80% 是靠船舶由海上运输来完成的，有关资料显示，造一艘 5 万吨级的散货船，大约需要 1.1 万吨钢材。造一艘 30 万吨级船舶，一般需要钢材 5 万吨，钢板近万吨。随着我国造船业、海运业的不断发展，淘汰报废的旧船舶将不断产生，这些报废的旧船舶成为一座座富饶的“水上钢铁矿山”。目前世界上每年报废、淘汰的船舶大约 3000 万载重吨，约 600 万轻吨。这些报废的船舶经拆解后至少可以产生 300 万吨以上的废钢铁。据中国拆船协会统计，我国的拆船业 1998—2003 年，拆解废旧船舶生产了 500 余万吨废船板、200 余万吨废钢、8 万余吨有色金属。可见，废旧船舶拆解是废钢铁循环利用的重要组成部分。另外，废旧船舶若得不到及时处理，沉入海底，会对海洋、江河、湖泊的环境带来极其严重的污染。废旧船舶的拆解不仅可增加钢铁的循环利用，而且能有效保护海洋或其他水域不受污染。

废旧船舶的回收拆解与再利用，除了有利于资源的循环利用及环境保护外，还能促进航运业、造船业的发展。拆船业与航运业、造船业三者之间存在着相互依存、相互促进的循环关系。以航运业为龙头，拉动造船业的发展，为航运业不断提供新的船舶，拆船业为航运业及时处理淘汰的废旧船舶，促进船舶更新，增强动力和保障安全。拆船业的发展源于航运业和造船业的发展，拆船业也促进后两者加快发展。因此，发展拆船业是航运业、造船业发展的有机组成部分。再者，拆船是劳动密集型产业，可以提供大量就业机会和岗位，对经济发展和社会稳定都发挥了积极的作用。

#### 2.4.3.1 船体的钢铁结构

拆船废钢的主要产生部位是上层建筑和主船体两部分，上层建筑是指上甲板以上的各种围护结构，它有船楼和甲板室两个部分。上层建筑共有 4 种形式，如图 2-51 所示。

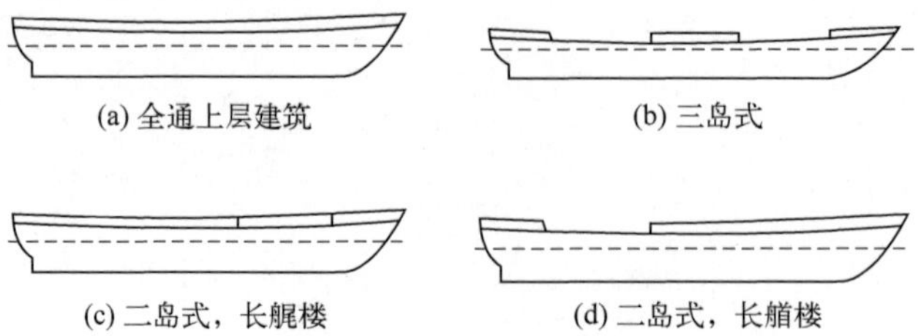

(a) 全通上层建筑　(b) 三岛式

(c) 二岛式，长艉楼　(d) 二岛式，长艏楼

**图 2-51　上层建筑示意**

主船体是船的主要部分，它是由船底、舷侧、上甲板围成的水密空心结构。主船体的各部分结构如下。

① 外板和甲板　外板围成船体的外壳，甲板封闭船体上部，这样才能构成一个水密空心结构。小型船舶仅一层甲板，大型船舶由几层甲板或连续甲板组成，如图 2-52 所示。

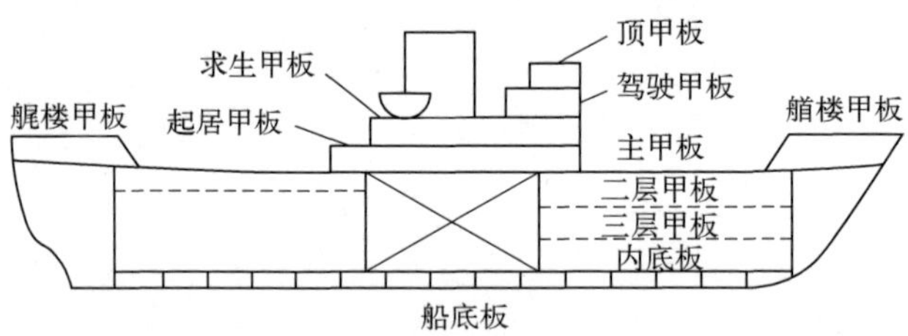


**图 2-52　船的各种甲板**

② 船底　船底分为单层底和双层底，单层底仅一层船底板，大多用于小型船及民用船。双层底除船底板外，还有一层内底板，使船的安全性能增大。双层底舱的空间可装载燃油和淡水。

③ 舷侧　船体左右有两个侧壁。舷侧有单层、双层和多层，单层舷侧只有一层外板，双层舷侧除了舷侧外板，还有一层内板，一般军舰、集装箱大船、大型油船、大型散货船上多采用双层舷侧。

④ 甲板　甲板是单层板结构，分为纵骨架式和横骨架式。大型船舶上的甲板采用纵骨架式；下甲板采用横骨架式。

⑤ 舱壁　船体水密空间内有许多横向和纵向隔板，叫作舱壁。沿船长方向的叫纵舱壁，沿船宽方向的叫横舱壁。舱壁将船体内部空间分割成许多不同形状的舱室，既使其得到了充分利用，也增大了许多船的抗沉性能。如图 2-53 所示。

⑥ 艏、艉　艏、艉在船体最前端和最末端，结构域中部不相同，根据船舶的种类其结构形式可分为横骨架式和纵骨架式，纵骨架式多用于军船。

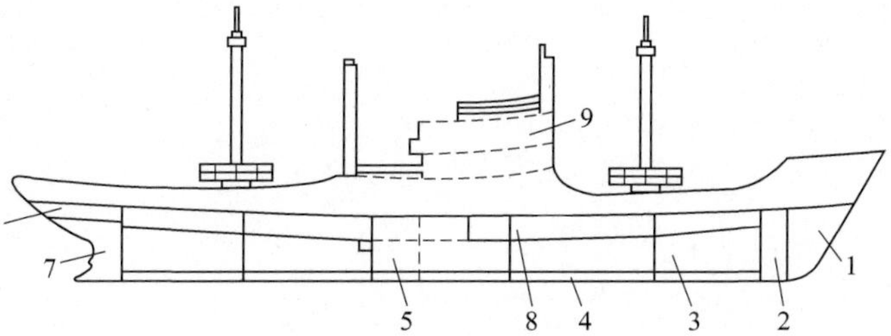


图 2-53 船的部分舱室示意

1—艏尖舱；2—锚链舱；3—货舱；4—压载舱；5—机舱；6—舵机舱；7—艉尖舱；8—甲板间舱；9—驾驶室

船的部分名称及位置如图 2-54 所示。

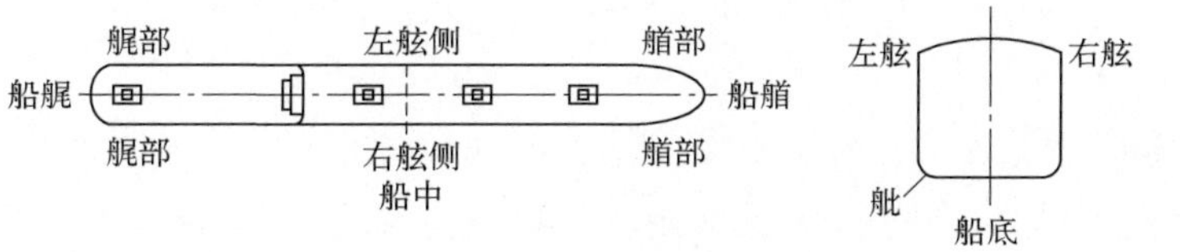


图 2-54 船的部分名称及位置示意

### 2.4.3.2 船舶质量的估算

(1) 空船质量、载重量及载重系数

① 空船质量 ($L_w$)　空船质量是指一切舾装品、机电设备、导航仪器等船舶的总质量。它包括下列三大类：船体钢料、木作舾装和机电设备（如有固体压载应另列一类为空船质量）。

主机、主锅炉及主要副机和连接管路中的油和水也应计入空船质量（归入机电设备类，其他一切油水计入载重量）。

② 载重量 ($D_w$)　即夏季满载排水量 $F$ 扣除 $L_w$ 后的重量。

③ 载重系数 ($\eta$)　是指 $D_w$ 与满载排水量之比，即：

$$\eta=\frac{D_w}{\Delta}$$

式中　$\Delta$——排水量。

$\eta$ 的范围见表 2-19。

表 2-19 各种船舶 η 的范围

| 船舶 | $\eta$ | 船舶 | $\eta$ |
|---|---|---|---|
| 拖船 | 0.05～0.15 | 大型油船 | 0.65～0.80 |
| 渔船 | 0.30～0.40 | 中小型客船 | 0.30～0.50 |
| 中小型帆船 | 0.57～0.70 | 大型客船 | 0.40～0.55 |
| 大型货船 | 0.64～0.73 | 驳船 | 0.70～0.80 |
| 中小型油船 | 0.50～0.65 | | |

空船质量估算举例：

已知一艘油船载重量为 $4\times10^4$ t 级，估算空船质量是多少吨？

已知 $D_w=4\times10^4$ t

$\eta=0.80$（查表 2-19 取上限值）

根据公式：

$$\eta=\frac{D_w}{\Delta}$$

得：

$$\Delta=\frac{D_w}{\eta}$$

$$\Delta=\frac{4\times10^4}{0.80}=5\times10^4\ (t)$$

因 $$L_w+D_w=\Delta$$

所以 $$L_w=5\times10^4-4\times10^4=1\times10^4\ (t)$$

空船质量约为 $1\times10^4$t。

（2）空船质量分类

① 船体钢材质量（$w_n$）通常包括艏柱、艉柱、轴包架、船壳板、底部及舷侧构架、甲板结构、舱壁及舱筒、支柱、底座、上层建筑钢料及钢料杂项。

② 木作舾装质量（$w_f$）通常包括船体木作、船用属具（金属）、船舶设备和装置、舾装木作、生活设备及工作用具、水泥及瓷砖、涂料、冷藏及通风、船舶管系等。

③ 机电设备质量（$w_m$）通常包括船舱电气、轴系、主辅机械设备、运力管系、机炉舱杂项、机炉舱特种设备、机炉及管系内液体等质量。

因此 $$L_w=w_n+w_f+w_m+w_b$$

式中 $w_b$——固体压载。

（3）质量估算

① 船体钢料质量（$w_n$） $w_n$ 占 $L_w$ 的比例较大，其值见表 2-20。

表 2-20 各类船舶的 $w_n/L_w$ 值

| 船舶 | $w_n/L_w$ 值 | 船舶 | $w_n/L_w$ 值 |
|---|---|---|---|
| 大型货船 | 0.61～0.68 | 中小型油船 | 0.54～0.63 |
| 中小型货船 | 0.51～0.59 | 渔船 | 0.39～0.46 |
| 客货船 | 0.47～0.58 | 拖船 | 0.38～0.52 |
| 大型油船 | 0.68～0.78 | | |

② 木作舾装质量（$w_f$） $w_f$ 占 $L_w$ 的比例见表 2-21。

表 2-21 各类船舶的 $w_f/L_w$ 值

| 船舶 | $w_f/L_w$ 值 | 船舶 | $w_f/L_w$ 值 |
|---|---|---|---|
| 大型货船 | 0.17～0.23 | 中小型油船 | 0.23～0.35 |
| 中小型货船 | 0.2～0.25 | 渔船 | 0.39～0.44 |
| 客货船 | 0.26～0.37 | 拖船 | 0.23～0.28 |
| 大型油船 | 0.08～0.15 | | |

③ 机电设备质量（$w_m$） $w_m$ 与主机功率关系较大，一般计算可按下式进行：

$$w_m=L_w-w_n-w_f-w_b$$

④ 固体压载（$w_b$）　一般固体压载为 $1/5 \sim 1/2D_w$，如果船内没有固体压载，$w_b=0$。

### 2.4.3.3 废旧船舶的拆解

（1）废旧船舶的拆解工艺流程

1）准备工作

① 旧船进厂。根据拆船厂水域情况选定停泊位置，在拆船厂水域停泊或锚泊在附近水域或直接乘潮搁滩待拆。

② 按移交手续上船观察旧船总布置及结构情况。合理编制清舱、拆卸舱室设备、船体拆解等计划，制定起重运输方案。

③ 清点验收贵重导航仪器、通信设备及船舶机电设备的专用工具。拆船电工接管、检查照明系统，起重工接管、检查船上的起重设备，以便在开始拆解时暂时利用船上的照明设备和起重设备。船上的照明、起重设备，按拆船计划保留到本位拆解时才予以拆除。

2）拆解工艺的实施

① 清舱：将各类油舱、油柜及液压系统中的剩油和残油驳到专用接收设备里。拆除易燃易爆危险品，由专业人员将各空调制冷系统内的氟利昂抽到专用储存容器内。

② 清除废船各房间、卫生间、厨房里的垃圾及可燃物品。

③ 拆除全船木制品、工具及备品、备件等，拆除全船的保温材料。

④ 检测油舱的含氧量是否在 18%以上，自上而下拆解，从外向内拆除舱面设施。油箱、油罐、油管、电缆等应预先排空剩油、残油和油气，采用冷拆解工艺，禁止明火切割。

3）主船体拆解

① 拆解过程中要始终保持船体平衡，先拆两头，然后逐渐向中部延伸，要经常检查主船体外板状态，如发现有断裂迹象，立即采取加固措施。

② 上层建筑及船壳、大型设备解体，同样要先拆上部后拆下部，根据起重能力，凡是超重的先切割成一定重量的分块或分断，再吊远。

③ 要求船体保留足够的船舷高度，以保证纵向强度，且防止船体进水。同时保证水密隔舱，以保证有足够的浮力和强度。

④ 最后将水线以下的船底部分乘潮拖至滩地，将油污、杂物等清理干净，将船底分割成小段，运到二次拆解现场进行进一步的细致分解。最后拆解尾轴、水轮和舵，清理现场至船体拆解完毕。

废船舶拆解的工艺流程如图 2-55 所示。

（2）旧船舶解体后分类回收

1）钢铁材料

造船所用的材料主要是钢材、铸铁及有色金属，其次是金属及水泥、石棉等特种材料。为承受海风、海浪的冲击和海水的腐蚀及各种载荷重力，对所用钢材的质量有特别的要求。船体所用结构钢分为一般强度钢和高强度钢。一般强度钢分为 A、B、D、E4 个质量等级，高强度钢分为 3 个强度级别、4 个质量等级：A32、D32、E32、F32、A36、D36、E36、F36、A40、D40、E40、F40。船体用的结构钢的化学成分列于表 2-22。除专用钢外，

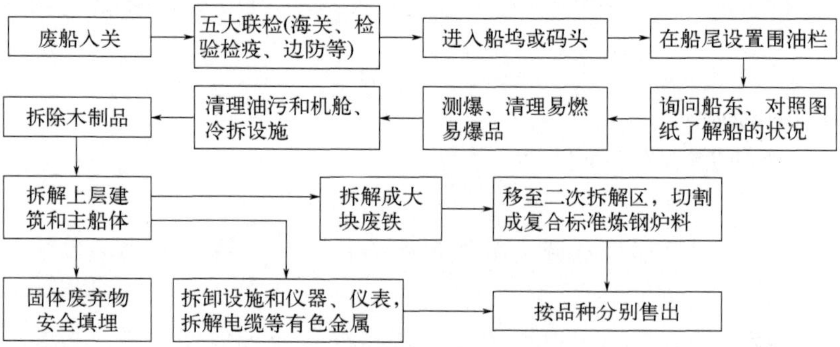


图 2-55　废船舶拆解的工艺流程

碳素结构钢、优质碳素结构钢、低合金高强度结构钢及铸钢等也用于船舶构件。

表 2-22　船体用的结构钢的化学成分

| 钢类 | 钢的等级 | 化学成分/% | | | | | |
|---|---|---|---|---|---|---|---|
| | | C | Si | Mn | P | S | 其他 |
| 一般强度钢 | A | | ≤0.50 | ≥0.25 | ≤0.35 | ≤0.35 | |
| | B | ≤0.21 | ≤0.35 | 0.60～1.00 | | | |
| | D | ≤0.21 | ≤0.35 | 0.60～1.10 | | | |
| | E | ≤0.18 | ≤0.35 | 0.70～1.20 | | | Al≥0.015 |
| 高强度钢 | A32 | ≤0.18 | ≤0.50 | 0.90～1.60 | ≤0.35<br>F 级 P≤0.025 | ≤0.35<br>F 级 S≤0.035 | Al≥0.015<br>Nb 0.02～0.05<br>V 0.05～0.10<br>Ti≤0.02<br>Cu≤0.35<br>Cr≤0.20<br>Ni≤0.40<br>(F 级 Ni≤0.80，<br>Mo≤0.08) |
| | D32 | ≤0.18 | | | | | |
| | E32 | ≤0.18 | | | | | |
| | F32 | ≤0.16 | | | | | |
| | A36 | ≤0.18 | | | | | |
| | D36 | ≤0.18 | | | | | |
| | E36 | ≤0.18 | | | | | |
| | F36 | ≤0.16 | | | | | |
| | A40 | ≤0.18 | | | | | |
| | D40 | ≤0.18 | | | | | |
| | E40 | ≤0.18 | | | | | |
| | F40 | ≤0.16 | | | | | |

钢铁企业在回收利用船舶废钢时可根据上表进行分类回收、分类存放，按冶炼钢种的成分要求进行加工利用。

2）旧船机电设备

旧船拆下的机电设备种类繁多，其中有相当数量还有利用价值，必须注意保证完整配套，分类入库。以一艘万吨级载重量的干货船为例，拆下的机电设备可分为机械设备、电气设备、自动化设备、导航及通信设备、照明设备、船用电扇六类。

① 主要机械设备包括主机、柴油发电机、主机燃油增压泵、重柴油离心分油机、主空压机、燃油废气组合式锅炉及船用机械设备（车床、钻床、立式钻床、砂轮机、电焊机等）、起货机等。其中起货机就有 15 台左右，各种设备所配套的泵类 30 多台，电动机 70 多台。

② 主要电气设备包括万能式空气断路器、主令控制器、各种电工仪器表、分电箱、开关、电容器等共 300 多件。各种电缆、电线就有 $3\times10^4$ m 左右。

③ 自动化设备包括主机监控台、主机遥控系统、报警系统及数据检测系统等10多种、50多套设备。

④ 导航及通信设备包括雷达、计程仪、测深仪、测向仪、电罗经、组装电台、自动电话、收音机、录音机、彩色电视机等共20多种、30多台（套）。

⑤ 照明设备包括各种照明灯具500多盏（台）。

⑥ 船用电风扇60多台。

（3）安全技术

1）起重运输工作安全技术措施

① 凡参与起重运输的人员均应熟悉拆船起重运输方案，并按方案要求进行作业。

② 在吊运过程中，作业人员必须具体分工，明确职责。在整个吊运工作中，要熟悉指挥信号，听从指挥，不得擅自离开工作岗位。吊运时划分的警戒区域应围有禁区的标志，非作业人员严禁入内。所有工作人员进入现场时必须头戴安全帽。

③ 在进行桅杆的组立、移动和设备吊装时，操作前应与当地气象站联系，了解天气情况。一般不允许在雨雪天、夜间、雾天和五级风以上的情况下进行上述工作。

④ 在桅杆和设备组立以前，应组织有关部门根据拆船方案的要求共同进行全面检查，经检查合格后，方能进行试吊和正式吊运，作业人员进入操作岗位后，应对本岗位工作进行自检，经检查无问题后，方可进行操作。

⑤ 在整个吊运过程中要做好现场清理，清除一切障碍物，以利于操作。凡参加高空作业的人员，操作时均需佩戴安全带，并要在安全可靠的地方挂好安全带。高空作业时应带工具包，严禁从高空向下乱扔东西，以免造成伤人或意外事故。

⑥ 在解体件吊运过程中，提升或下降要平稳，不准有冲击、振动等现象发生。一般情况下，不允许任何人随同设备升降。在吊运过程中，如因故中断，则必须采取措施进行处理，不得使解体悬空过夜。

⑦ 卷扬机除固定外，电器设备必须接地、接零。卷扬机操作人员，一定要熟悉力学性能。非指定的司机严禁开车，下班后应切断电源。在工作时，钢丝绳卷入卷筒时不得有扭转、急剧弯曲、压绳、绳与绳之间排列太松等现象，否则应停车排除。卷扬机上的螺钉应在开车前、停车后检查有无松脱现象。

⑧ 雷雨季节，如周围无高于桅杆的建筑物时，桅杆应装设避雷装置。

⑨ 在吊运时，应有统一的指挥信号，凡参加吊运的人员必须根据指挥人员的命令和信号进行工作。

2）清舱相关要求

① 严禁将未经处理的废水、固体废物和危险废物投入水体中。

② 拆除石棉废物应进行喷水作业，使其充分湿润，整体拆除，拆除后应装入垃圾袋，放置在陆地指定地点。

③ 清理机场等处的废油、残油应由有资质的专业公司进行。

④ 清理油舱要干净，避免气割时引起火灾，解体作业区域要备有消防设备和工具。

3）气割方面的安全技术措施与前述相同。

4）其他要求

① 严格执行动火程序。在清舱合格后，现场备齐安全设施，拆解人员提出动火申请，

由安全负责人现场核查确认安全，批准动火后方可动火拆解，每次明火操作后作业人员应检查操作现场，确认无残留火种后才能离开。

② 拆船产生的物资尽可能回收利用。无利用价值的固体废弃物应分类暂存或进行无害化处理后进行安全填埋，不应随意破碎、堆放、丢弃、转移、倾倒和露天焚烧。

## 2.5 废钢铁的运输及储存

废钢铁是零星分散、规格杂乱的，它来源于各行各业，要把这些分散的废钢铁运输到集中场地，经过挑选、加工后才能供给生产单位使用。废钢铁在回收、供应过程中，一般都要经过运输、储存等生产环节，因此做好废钢铁的运输和储存工作十分重要。

在回收过程中，首先要做好运输工作，减少损失，加速物资流通，提高车船运输效率。经挑选、加工后的废钢铁，除一部分直接发运给生产单位使用外，另一部分还要入库（料场、料棚）储存起来，以保持一定数量的合理库存，调节供需平衡，满足生产需要，这就需要做好废钢铁的仓储保管工作。

### 2.5.1 废钢铁的运输

在金属回收部门，废钢铁的运输包括回收运输和供应运输。回收运输是指把废钢铁从产生地点运往加工（集中）场地的运输，运输工具多数是汽车，供应运输是指经加工后的合格废钢铁料发运给使用单位的运输过程，使用的运输工具主要是火车、汽车、船舶等。在供应运输过程中，还经常需要进行短途倒运。为加快废钢铁的流通，运输这一环节非常重要，在具体工作中要达到多拉、快跑、优质、低耗、无事故这些要求，应做到以下几点。

（1）合理装载

合理装载是提高运输效率的关键。废钢铁的形状复杂、规格不一，严重影响运输的装载量，这就要求尽可能地做到合理装载。在回收过程中，由于工厂生产的废钢铁规格杂乱、品种不一，在拉运时，为了提高装载量，可把轻、重料搭配装车，重型废钢装在下面，轻型废钢装在上面，小块废钢插缝装。在供应运输过程中，为提高车皮、船舱的装载量，应将大型废钢铁解体、破碎，轻型废钢铁压缩体积，增加密度，加大比例。在装车、船时，要按顺序摆放，以免支撑搭棚，达不到装载量的要求；打包压块要整齐码堆，提高车、船的装载量，充分利用运输工具的有效容积。

（2）减少途耗

废钢铁在装卸运输过程中，时有发生散失、漏包等现象，会造成途耗。为了减少途耗，应时刻遵守车、船的装卸操作规程，不能漏装、超载、超容。装车后，必要时要将废钢铁捆绑牢固，防止在运行中跌落、丢失。装卸车、船时要拣拾干净，不留不剩。

（3）避免混装

在废钢铁调拨、供应运输中（回收时考虑运输效率等具体情况例外），应避免混装，防止品种、等级混杂，从而在经济上造成损失，给生产单位带来麻烦。

(4) 改进装卸机具

为了逐步实现装卸、运输机械化，减少体力劳动，提高生产效率，改进装卸机具是解决废钢铁装卸的一项根本措施。各地金属回收部门应因地制宜，制造、改革一些装卸机械和运载工具，废除人拉肩扛的操作方法，要用机械操作取代笨重的体力劳动。

### 2.5.2 废钢铁的储存

废钢铁是极易腐蚀的金属，遇到潮湿空气、水等，就会被氧化生锈，存放时间过长或是保存不当，表面就会生成一层很厚的锈皮，尤其是碎小或较薄的废钢铁的腐蚀程度更为严重，甚至可能完全腐蚀成碎末。有人做过试验，散碎的废钢铁在露天场地存放一年可自然损失5%左右。由此可见，废钢铁的仓储、养护工作是非常重要的，储存好废钢铁要做好以下2点。

(1) 选择存放地点

为了防止锈蚀，废钢铁的存放要选择通风、干燥、地势较高的地点，不要堆放在地势低洼、易于积水或是杂草丛生的地方，防止废钢铁被雨水浸泡，氧化锈蚀。特别是对于供生产轻工产品、中小农具、粉末冶金、化工产品等直接利用的废次钢材、边角余料、生铁屑以及挑选出来的具有修复利用价值的废旧机械零部件等，更要选择适当的存放地点，防止其生锈，有条件的地方，应像保管好钢材一样，把这些物资存放在室内，或是搭建简易料棚，按苫、垫要求储存。如在露天料场存放时，最好也要做到下垫、上苫，防止废钢铁风吹雨淋，锈蚀变质。

(2) 分类堆放

废钢铁经过挑选、加工后，要按类别、品种分类堆放，回炉废钢要把合金废钢和碳素废钢分开，堆放时距离不要太近，以防混杂。堆放废钢铁时要计数量，每堆不要过多，也不要过少，最好以每堆50t、30t或10t为宜，便于保管，有利于火车或汽车装运，装运时可不再重新计量。存放地点要以方便装运为原则，堆与堆之间要留出运输通道。料场要统一规划，合理堆放，应该避免在料场的重复倒运，节省仓储费用。废次钢材、边角余料等是供应中小农具、轻工产品生产的材料，要按规格、尺寸分类存放，便于用户选购。有些贵重的合金钢要有包装，并应在包装上标明钢号或代号。另外，对库房、料场要经常检查、清扫，排除垃圾、污水，铲除杂草。同时还要本着先入先出、后入后出、快入快出的原则，保证合理库存。

## 2.6 废钢铁的冶炼通用技术

废钢铁的短流程工艺是废钢铁再生利用的冶炼通用技术。它以电炉炼钢为中心，具体工艺是：将回收再利用的废钢（或其他代用料）经破碎、分选加工后，经预热直接加入电炉中，电炉以电能为热源进行冶炼，再经二次炉外精炼，获得合格钢水，后续工序同长流程工序。如图2-56所示。

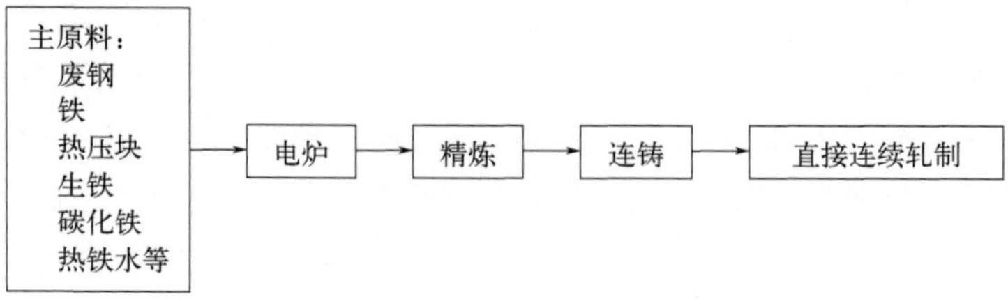


图 2-56　废钢铁再利用——短流程工艺

## 2.6.1　废旧钢铁电炉炼钢的基本任务

废钢是电炉炼钢的主要炉料，电炉炼钢以电能为热源进行炼钢，废钢-电炉炼钢的基本任务如下。

① 升高温度、调整温度　首先是将废钢铁加热，升高温度使其熔化，并可以调整温度，以满足氧化、还原及其他任务对钢液温度的要求。

② 脱磷　把钢液中的有害杂质磷降低到所炼钢号的规格范围内。

③ 脱碳　把钢液中的碳氧化物降低到所炼钢号的规格范围内。

④ 脱氧　把氧化熔炼过程中对钢有害的过量氧从钢液中排除掉。

⑤ 脱硫　把钢液中的有害杂质硫降低到所炼钢号的规格范围内。

⑥ 调整成分　加入合金元素，将钢液中的各种合金元素的含量调整到所炼钢号的规格范围内。

⑦ 去除有害气体和非金属夹杂物　利用碳氧反应把熔炼过程中进入钢液中及钢液中产生的有害气体及非金属夹杂物排除。

电炉炼钢的基本任务可以归纳为“四脱”（脱磷、脱碳、脱氧及脱硫）、“二去”（去气体和去夹杂）和“二调整”（调整成分和温度）。

为了完成上述基本任务，采用的主要技术手段为供氧（脱磷、脱碳）、造渣（脱磷、脱氧、脱硫）、加热（调温）、加脱氧剂（脱氧）和合金化操作（调成分）。

## 2.6.2　电弧炉设备简介

电弧炉炼钢以三相交流电作为电源，由特制炉用变压器向内部衬有耐火材料的炉子供电。在电极和金属之间产生电弧，利用电弧辐射的热来熔化和冶炼金属。三相电极之间，电流从某一电极通过电弧—金属—电弧再回到另一电极形成回路。电弧的长度和强度由电压和电流决定，为保证电弧炉更有效地工作，必须对电流电压进行控制，实现自动调节。

电弧炉设备包括炉体、机械设备和电气设备三大部分。

### 2.6.2.1　电弧炉炉体

电弧炉炉体包括炉壳、炉门、出钢槽、炉体耐火材料及炉盖等。炉体的基本结构如图 2-57 所示。

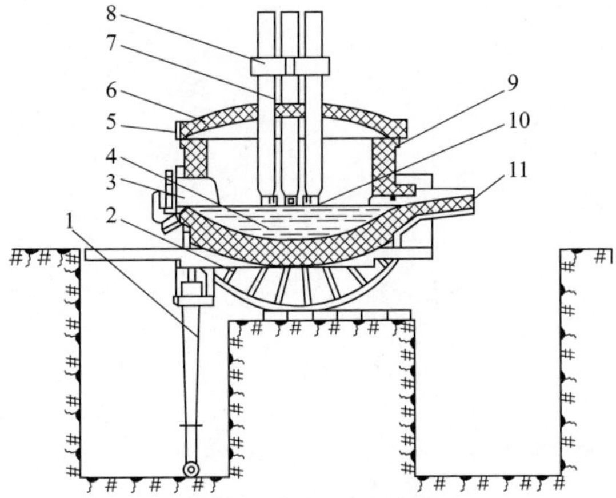


图 2-57 炼钢电弧炉示意

1—倾炉用液压缸；2—倾炉摇架；3—炉门；4—熔池；5—炉盖圈；6—炉盖；
7—电极；8—电极夹持器（连电极升降装置）；9—炉体；10—电弧；11—出钢槽

炉壳由 10～30mm 厚的钢板焊接而成。炉门由水冷炉门框、炉门及炉门升降机组成。出钢槽连接在炉壳上，向上倾斜 10°～15°。炉盖与炉身是可分离的，它由钢板焊成的水冷炉盖圈及砌在炉盖圈内呈拱形的耐火材料组成。炉盖上有 3 个圆孔，3 根电极由此插入炉膛。孔与电极之间的间隙装有 3 个密封圈，以防高温炉气溢出，密封圈由钢板焊成，通水冷却。

炉衬的作用在于承受炼钢的高温、炉料的机械冲击及钢渣的冲刷浸蚀。电弧炉常用的耐火材料有镁砖、白云石砖、高铝砖或镁砂打结层等。炉底：在绝热层上砌镁砖“永久层”，镁砖上用镁砂打结工作层。炉墙：在绝热层内砌镁砖层，有的在炉墙中、上部用白云石材料砌。炉底、炉墙除以标准砖砌筑外，现以辗动成型的大块镁砂砖砌筑效果较好。炉盖用高铝砖砌成。

### 2.6.2.2 电弧炉机械设备

电弧炉机械设备主要包括电极升降机、倾动机及炉顶装料系统等。

电极升降机对电极升降进行调节，以保证炼钢过程所需要的电弧长度。升降机包括电极夹持器、横臂、立柱等，见图 2-58。

电极夹持器一方面将电极夹住，另一方面将电流输送到电极上。横臂用以固定夹持器、支撑电极。立柱用以支撑横臂。横臂与立柱连接的方式有两种：一种是横臂沿固定立柱上下移动，这种方式结构简单，适于小炉子；另一种是横臂与立柱一起上下移动。以固定立柱为支撑和导向装置，这种方式用在较大的炉子上。

倾动机用以保证炉子能向出钢口方向后倾 40°～50°，出尽钢水，向炉门方向前倾 10°～15°，便于出渣。根据安装部位的不同，倾动机可分为侧倾式和底倾式。前者的炉体支撑在两侧的扇形板上，用电动机使炉子倾动；后者将炉体安装在一个弧形倾炉摇架上，用电动或液压传动。

现在绝大多数电炉都已采用炉顶装料，使炉盖与炉身分离，让炉膛完全暴露出来，用吊车将事先在吊桶中装好的炉料从炉顶一次性装入炉内。根据炉盖与炉身相对运动方式的不同，炉顶装料系统可分为炉盖旋转、炉盖开出、炉身开出 3 种形式，以炉盖旋转式用得较多。

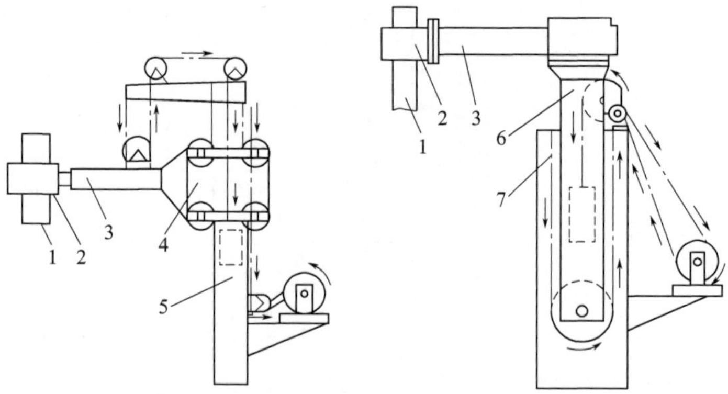


图 2-58　电极升降机

1—电极；2—电极夹持器；3—横臂；4—滑车；5—立柱；6—升降立柱；7—固定立柱

#### 2.6.2.3　电弧炉电器设备

电弧炉电器设备包括主电路系统及控制电路系统两大部分。主电路系统如图 2-59 所示。高压电源经隔离开关、高压断路器、电抗器、变压器、电极输入炉内[7]。

隔离开关在高压电器设备没有电压和负载的情况下切断系统，必须在高压断路器跳开的情况下操作。高压断路器在有负载的情况下用来切断和连通高压电路。当电弧电流过大时断路器会自动跳闸，以保护设备和电源。最常用的是油断路器，近年来有用空气断路器和真空断路器取代油断路器的趋势。

电抗器是用来限制短路电流和稳定电弧的，它串接在变压器上，结构基本和变压器相同，只是它的感抗高、电阻低。接入电抗器使无功功率增加，功率因数降低，因此炉料全熔、熔池平静后，就将电抗器切除，图 2-59 中的 6 就是接入和切除电抗器的转换开关。

变压器是电弧炉电器设备的核心，它输出低电压、大电流。由于冶炼前期常出现短路，因此，变压器具有很大的过载容量，为 20%～30%。冶炼各期所需电能的大小不同，为此电炉变压器的高压侧有好几组抽头，以供给不同的电压。炉用变压器的容量都很大，采用高功率或超高功率的电炉则容量更大，因此，一般都有强力冷却装置，并有继电保护设施。

电极是将电流输入熔炼室的导体，它将电器系统与冶炼过程直接联系起来。电极的质量直接影响电能消耗和冶炼操作。要求电极导电性好、耐火度高、抗氧化性强、高温机械强度大。

电弧炉的控制电路系统主要是电极自动调节装置。炼钢过程中，由于炉料熔化、塌料、钢水沸腾等会引起电流、电压很大的波动，因此，必须快速调节电极与金属间的距离，使功率维持在一定水平[8]。这种要求只有自动调节才能很好地实现。调节系统主要包括电流电压信号测量的比较部分及执行部分。现多采用灵敏度更高、动作速度更快的可控硅-转差离合式及电气液压式调节系统。

### 2.6.3　废旧钢铁电炉炼钢的过程

传统氧化法冶炼工艺是电炉炼钢法的基础，其包括配料、补炉、装料、熔化期、氧化

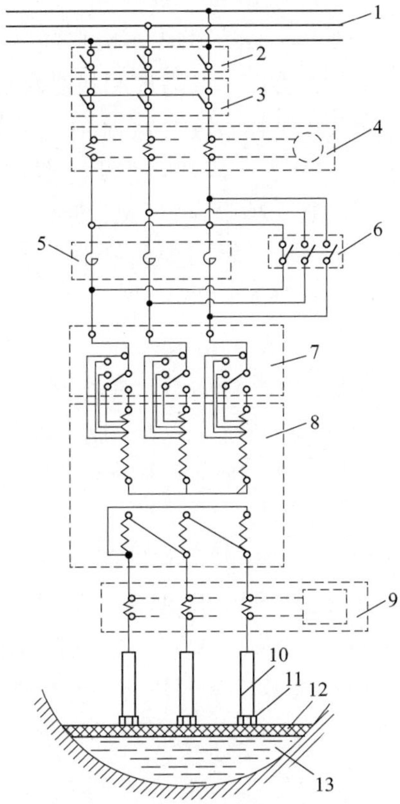


**图 2-59 三相电弧炉主电路系统**

1—高压线路；2—隔离开关；3—高压断路器；
4—高压部分电压、电流测量装置；5—电抗器；6—电抗器分流开关；7—电压切换开关；
8—电炉变压器；9—功率自动调节装置；10—电极；11—电弧；12—炉渣；13—钢水

期、还原期、出钢几个阶段。

### 2.6.3.1 配料

配料是电炉炼钢工艺中不可缺少的组成部分，配料是否合理关系到炼钢工能否按照工艺要求，正常进行冶炼操作；关系到原料消耗及返回钢的合理利用（即能否节约合金元素）；合理的配料能缩短冶炼时间。因此，配料对各项技术经济指标都有影响。

电弧炉炼钢的基本炉料是废钢、生铁、返回料，有时也加入部分合金料。在配料前首先要了解各种原材料的化学成分和计划消耗定额，并掌握本厂现有原材料的实际情况，然后根据所炼钢种的技术标准及工艺要求进行配料。

根据配料方法不同，配料可以分为以下几种。

（1）氧化法配料

以碳素废钢和生铁为主，炉料中汤道钢和中注管一般不超过炉料总量的 10%。为了保证氧化期的良好沸腾和冶炼的正常进行，对炉料中的主要元素含量有一定的要求[9]。炉料的含碳量应保证氧化期有足够的碳进行碳氧反应，达到去气、去夹杂物的目的。配碳量根据熔化期碳的烧损、氧化期的脱碳量和还原期的增碳量这 3 个因素来确定，要求炉料熔清时钢中的碳量高出成品规格下限的 0.3%、0.4%。因此，当熔化期吹氧助熔时，配碳量应高出规格下限的0.65%。但配碳量也不能过高，否则会延长氧化时间并使钢液过热。配料含硅量：通常硅不人为配入，而是由炉料带来的，一般不大于0.8%，炉料含硅量过高会延缓钢液的沸腾。配料含锰量：一般钢种配料时对锰可以不考虑，通常熔清后锰含量小于0.3%，否则也会延缓熔池沸腾。磷和硫原则上越低越好[10]。通常熔清后的磷含量应小于0.05%，一般不超过0.08%。此外，对于一般钢种，炉料全熔后，钢液中铬、镍、铜的含量不得大于钢的规格要求。对于含铬的合金钢，炉料中的铬也不能配得过高。否则铬的大量氧化会使炉渣的黏度增加，阻碍脱磷和脱碳反应的正常进行。氧化法配料，炉料的综合收得率一般按95%～97%计算。

（2）不氧化法配料

炉料应由清洁、少锈、干燥的本钢种返回料、类本钢种返回料、碳素废钢以及软铁组成。炉料中的磷应确保比成品规格低0.005%以上；碳比成品规格低0.03%～0.06%；配入的合金元素应接近成品规格的中下限。通常，炉料的综合收得率按98%计算。

（3）返回吹氧法配料

炉料是由返回钢、碳素废钢、铁合金以及软铁等组成的，其中返回废钢约占40%～80%。如果需用生铁配碳时，应该用低磷、硫生铁，其用量不超过炉料的10%。炉料中的碳量应保证全熔后能吹氧脱碳0.20%～0.40%。磷配得越低越好，至少要比规格低0.005%。某些钢种为了升温及减少合金元素的烧损，还需配入一定数量的硅和锰。返回吹氧法的炉料综合收得率通常按95%～97%计算。

#### 2.6.3.2 补炉

电弧炉炉衬在炼钢过程中处于高温、机械冲击、化学浸蚀的状态下，每炉冶炼后炉衬总要受到不同程度的损坏，尤其是渣线部位最为严重。为了保证炼钢生产的顺利进行及提高炉衬寿命，每次出钢后必须进行补炉。补炉的原则是快补、薄补。快补是指出钢完毕后立即进行补炉作业，争取以最佳配合达到最快速度完成补炉，以充分利用出钢后炉体的余热，迅速使补炉材料烧结好。薄补有利于提高补炉料的烧结效果。若补得过厚，会急剧降低炉衬的温度而难于烧结。一般以补炉厚度在20～30mm为宜。总之，就是要干净利索地快速完成补炉，使补炉料很好地烧结，提高补炉的质量和炉衬的寿命。

#### 2.6.3.3 装料

装料是电炉炼钢的基础工作，它对炉料的熔化、合金元素的烧损以及炉衬的寿命都有影响，因此要给予足够重视。目前我国电炉大多采用顶装料，事先将炉料按一定位置装在料罐里，然后用吊车吊起从炉子上部加入，这是一种便捷的装料方法，一般只需3～5min，并在炉料装入炉内后仍基本保持它在料罐中的位置，因而被普遍采用。

炉料在炉内必须装得足够紧密，最大限度地减少装料次数；炉料在炉内的合理分布有利于快速熔化及减少不必要的合金烧损。为了使炉内炉料密实，装料时必须大、中、小料合理搭配。一般小料占15%～20%，中料占40%～50%，大料占40%。特大料块、轻薄料应进行切割、打包等处理后方可装入料罐。根据实际操作经验，炉料在料罐内按下述顺序布料：料罐底部装一些小料，然后在料罐的下部中心区装入全部大料、低碳废钢或难熔炉料，在大块料之间充填小料，中型料装在大料的上面及四周；在料的最上面（电极下面），放入剩余的小块料、轻废钢。但不得放入不易导电的炉料及不导电的其他材料；熔点高的铁合金（如钨铁、钼铁）应放在高温区，但不能装在电极下面，易挥发的合金元素避免放在电弧下高温区；炉料在料罐中应致密、无大空隙，装炉后在炉内的分布最好呈半球状。总之，布料原则是：下致密，上疏松，中间高，四周较低，炉门口无大料，使得穿井快，不搭桥。料罐布料示意如图 2-60 所示。

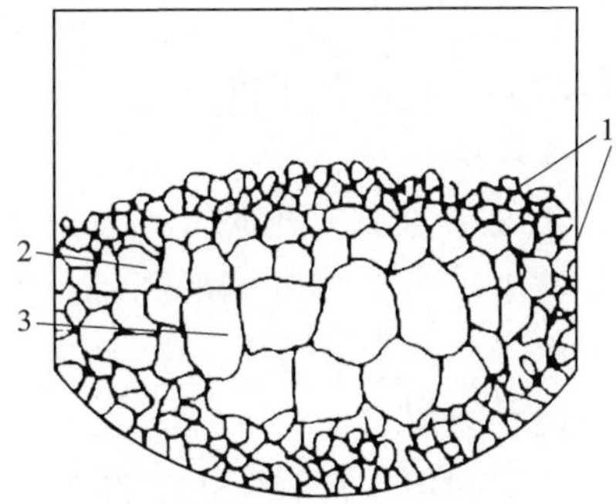

图 2-60　料罐布料示意

1—小料；2—中料；3—大料

#### 2.6.3.4　熔化期

在电弧炉炼钢工艺中，从通电开始到炉料熔清为止为熔化期。熔化期约占全部冶炼时间的 1/2，耗电量约占耗电总数的 2/3，所以加速炉料的熔化速度，缩短熔化时间，是炼钢电弧炉提高产量、节电降耗的重要环节。对于大电炉更是如此。

熔化期的主要任务是：a. 在保证炉体寿命的前提下，合理供电；b. 用最短的时间和最低的电耗将炉料熔化及迅速升温；c. 提前造渣、减少钢液吸气与挥发，为下一步冶炼创造条件。

熔化期的操作主要是合理供电，及时吹氧，提前造渣。其中合理供电制度是使熔化期顺利进行的重要保障。

（1）熔化过程与合理供电

送电前应仔细检查各项设备，设备正常方可送电熔化。炉料的熔化过程大体可分为四个阶段，图 2-61 为熔化炉料过程示意。

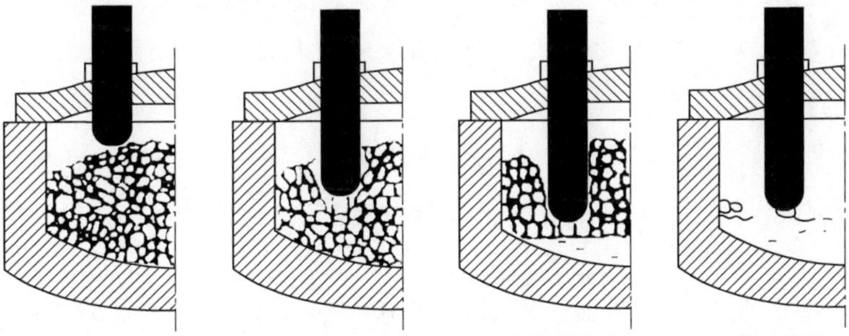

(a) 起弧阶段　(b) 穿井阶段　(c) 主熔化阶段　(d) 熔末阶段

图 2-61　熔化炉料过程示意

① 起弧阶段　通电开始，在电弧的作用下，一小部分元素挥发，并被炉气氧化，产生红棕色烟雾，从炉中逸出。从送电起弧至电极端部下降到 1.5 倍电极端部直径深度为电弧阶段。此阶段电流不稳定，电弧在炉顶附近燃烧辐射，二次电压越高，电弧越长，对炉顶辐射越厉害，并且热量损失越多[11]。为了保护炉顶，在炉顶布置一些轻薄小料，以便让电极快速插入料中，以减少电弧对炉顶的辐射，电弧阶段采用较低电压、较小电流供电。

② 穿井阶段　电弧结束至电极端部下降到炉底为穿井阶段。采取较大电压、较大电流或采用高电压带电抗操作供电，以增加穿井的直径与穿井的速度。为保护炉底，加料前采取外加石灰垫底，炉中布设大、重废钢及合理的炉型。

③ 主熔化阶段　电极下降至炉底、开始回升时，主熔化期开始。随着炉料不断熔化，电极逐渐上升，至炉料基本熔化（约80%），仅炉坡、渣线附近存在少量炉料，电炉开始暴露给炉壁时主熔化阶段结束。主熔化期占整个熔化期的70%～80%，采用最高电压、大电流供电。

④ 熔末阶段　电炉开始暴露给炉壁至炉料全部熔化为熔末升温阶段。此阶段炉壁处及熔池下部还有约20%的废钢没有熔化，还需要大功率供电，此阶段采取低电压、大电流供电。

（2）吹氧

吹氧利用元素氧化热使得炉料加热、熔化。当废钢料发红（约900℃）开始吹氧最为合适，吹氧过早浪费氧气，过迟增加熔化时间。熔化期吹氧助熔，初期以切割为主，当炉料基本熔化形成熔池时，则以向钢液中吹氧为主。

一般情况下，熔化期钢中的硅、铝、钛、钒等几乎全部氧化，锰、磷氧化40%～50%，碳氧化10%～30%，铁氧化2%～3%。

（3）提前造渣

为提前造渣，通常在加料前用2%～3%石灰垫炉底，这样在熔池形成的同时就有炉渣覆盖，使电弧稳定，有利于炉料与升温，可减少热损失，防止吸气和金属的挥发。由于初期渣具有一定氧化性和较高碱度，可脱除一部分磷。当含磷量高时，可采取自动流渣、换新渣操作，提高脱磷效果，以便为氧化期创造条件。

脱磷反应式如下：

$$2[P]+5(FeO)+4(CaO)\longrightarrow(4CaO\cdot P_2O_5)+5[Fe],\Delta H<0$$

由上述反应式可知：高碱度、高氧化性、低温、适量的渣量、流渣、换新渣有利于脱磷。其中，反应式中（）代表物质处于炉渣相，[ ] 代表物质处于钢液相。

#### 2.6.3.5　氧化期

氧化期是氧化冶炼的主要过程，能去除钢中的碳、磷、气体和夹杂物。其主要任务有造渣脱磷、氧化脱碳、去气及去夹杂物、温度控制等。

（1）造渣脱磷

氧化期造渣是实现氧化期脱磷、脱碳等任务的重要手段，是氧化期的主要操作之一。氧化期造渣应根据脱磷、脱碳的要求，正确控制炉渣成分、流动性和渣量。在操作中，应依据氧化期的进程，确定以脱磷为主还是以脱碳为主，以正确调整渣量和碱度。

从脱磷的条件可以看出：在氧化前期，温度较低，造好高氧化性、高碱度和流动性好的炉渣，并及时流渣、换新渣能实现快速脱磷。

（2）氧化脱碳

脱碳反应是炼钢过程中极其重要的反应，对于转炉炼钢脱碳反应，降低钢中的碳是目的，而对于电炉炼钢，利用碳-氧反应却成为达到以下目的或发挥以下作用的手段：a. 搅动熔池，加大渣-钢界面，加速反应，使成分混合均匀并利于传热；b. 有利于去除钢中的气体与夹杂；c. 放热升温。

电弧炉炼钢对脱碳量及脱碳速度都有要求，一般要求脱碳量大于0.3%，脱碳速度大于0.01% C/min。脱碳量过大，会延长氧化时间，影响炉子生产率；如脱碳速度太快，易引起大沸腾，对钢的纯洁无显著作用，所以要正确掌握，不走极端。钢液中的碳去除方法主要有加矿脱碳和吹氧脱碳。

1）加矿脱碳

往炉内加入矿石，使炉渣中具有足够的 FeO，钢液中的碳就会被渣中 FeO 氧化。这是一个多相反应，其氧化过程包括下列步骤。

① FeO 由炉渣向钢液的反应区扩散转移　即：

$$(FeO)=[Fe]+[O]$$

② 钢液中 C 的氧化　FeO 由炉渣扩散转移到钢液后，使钢液中 O 浓度增加，碳-氧平衡发生移动，因此发生碳的氧化反应，以恢复新的平衡关系，即：

$$[C]+[O]=[CO]\uparrow$$

③ 一氧化碳气体的形成和逸出　一氧化碳几乎不溶于钢液，一旦产生就聚集形成气泡，当逸出条件成熟时进入炉气，即：

$$[CO]=\{CO\}\uparrow$$

总的反应式表示如下。

$$(FeO)+[C]=[Fe]+\{CO\}\uparrow$$

上述过程包括反应物的转移扩散、发生化学反应、生成物的排除 3 个步骤，整个碳-氧反应过程是吸热反应。其中，反应式中（）代表物质处于炉渣相，[] 代表物质处于钢液相，{} 代表物质处于气体相。

影响矿石脱碳的因素有以下几点。

① 炉渣中 FeO 的浓度　根据质量作用定律，提高炉渣中 FeO 的浓度，会促使反应向着有利于脱碳的方向进行，同时加快了 FeO 由炉渣向钢液扩散转移的速度。因而为了保证合适的脱碳速度，炉渣中必须有足够的 FeO，即保证矿石的加入量。在一定温度和压力下，钢液中碳氧之积是一个常数，它表明钢液中碳与氧的数量关系。据此数量关系作出的曲线，称为碳-氧平衡曲线，如图 2-62 所示。

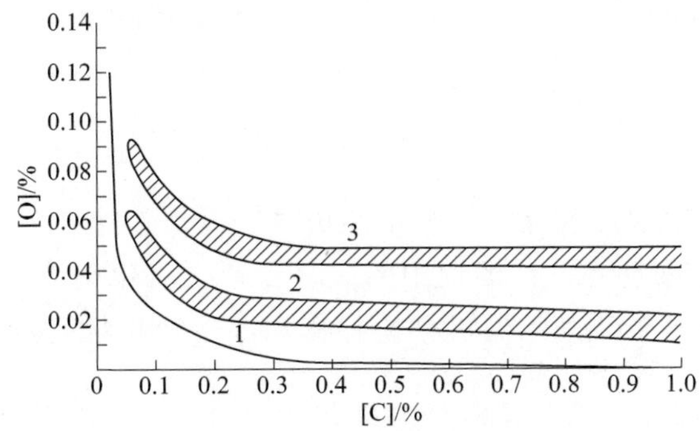


**图 2-62　碳-氧平衡曲线**

1—在 $p_{CO}=101325Pa$ 时的平衡浓度；2—钢液中实际含氧量；3—相当于炉渣氧化能力的氧浓度

从图 2-62 中可以看出，随着碳-氧反应的进行，钢液中碳含量不断减少，而与碳平衡的氧则相应地增加。在脱碳过程中，为了继续保持脱碳速度，就必须增加炉渣中 FeO 的浓度并使之更快地向钢液中扩散。钢中含碳量越小，要求与之平衡的含氧量就越大。因此，在熔池温度和炉渣中 FeO 含量相同的情况下，高碳钢的脱碳速度大于低碳钢，低碳钢比高碳钢脱碳要困难一些。

② 熔池温度　$FeO$ 由炉渣向钢液转移和脱碳的总过程均为吸热反应，所以从热力学角度讲升高温度对反应有利；还可极大地改善炉渣和钢液的流动性，提高 $FeO$ 向钢液的扩散速度。熔池温度对矿石脱碳速度影响更大，生产中规定了最低加矿温度，目的就是保证氧化反应在较高温度下进行，以获得一定的脱碳速度，一般规定加矿温度为 1550℃。

③ 炉渣的碱度　在温度和炉渣中 $FeO$ 浓度一定的情况下，炉渣的碱度在 1.8～2.0 时炉渣的氧化能力最强，因此在脱碳过程中，除了保持熔池较高的温度和加入足够的矿石外，还应控制炉渣具有 2.0 左右的碱度，使其具有最大的氧化能力，加快碳和磷的氧化，缩短冶炼时间。

④ 炉渣渣量及流动性　在脱碳过程中，采用小渣量操作是有利的。在矿石用量一定时，大渣量与小渣量相比，小渣量中 $FeO$ 的浓度大，而且小渣量减小了 $FeO$ 的扩散距离和生成物 $CO$ 的逸出压力，因而有利于炉渣中 $FeO$ 向钢液扩散，有利于生成的 $CO$ 气泡上浮逸出，所以有利于碳氧反应的进行。但渣量太小不利于脱磷、保温等，应综合考虑。流动性良好的炉渣，对碳氧反应的进行十分有利。这是因为炉渣的流动性好可增大渣-钢反应的接触面，提高 $FeO$ 向钢液的扩散速度及有利于 $CO$ 气泡的逸出。

⑤ 钢液中残留元素　由于钢液中的残留元素，如 Si、Mn 与氧的亲和力在熔池温度较低时（1500℃）高于碳与氧的亲和力，因而熔池内优先发生 Si、Mn 元素的氧化反应，抑制了碳的氧化反应。因此在炼钢温度下，凡是钢液中存在与氧的亲和力高于碳与氧的亲和力的元素时都不利于碳氧反应的进行。

总之，矿石脱碳的正确操作方法是：高温小渣量、分批加矿、均匀、激烈沸腾。

2）吹氧脱碳

向熔池内吹入氧气进行脱碳，在同样条件下能显著地提高脱碳速度，强化熔池沸腾，迅速提高钢液温度，缩短氧化时间，降低电耗，提高产量与钢的质量，扩大钢种的冶炼范围。其氧化途径包括碳的直接氧化和间接氧化两种。

① 直接氧化　直接氧化是吹入熔池中的氧直接与钢液中的碳发生反应，反应方程式为：

$$[C]+\frac{1}{2}O_2 = \{CO\}\uparrow$$

在吹氧初期，当钢液温度较低、氧含量不足时主要是碳的直接氧化。

② 间接氧化　间接氧化是吹入熔池中的氧气，首先氧化钢液中的铁，生成的 $FeO$ 随即溶于钢液中，然后借助于氧气泡的机械搅拌作用，迅速扩散到反应区，使碳发生氧化。其反应方程式为：

$$[Fe]+\frac{1}{2}O_2 = [FeO]$$

$$[FeO]+[C] = \{CO\}\uparrow+[Fe]$$

当熔池的钢液温度升高和氧含量充足时，主要发生碳的氧化，碳的氧化均为放热反应，所以吹氧脱碳有利于迅速提高熔池温度，改善钢渣的流动性。

吹氧脱碳速率主要与钢中的含碳量、吹氧压力、供氧量及吹氧方式有关。

① 钢液含碳量对脱碳速率的影响　在吹氧条件相同的情况下，随着钢液中含碳量的

增加，脱碳速率增大；反之则脱碳速率减小，所以冶炼低碳钢时，脱碳比较困难。但是即使钢液中碳含量较低，吹氧脱碳仍有一定速度，而矿石脱碳则是极其困难的。

② 吹氧压力对脱碳速率的影响　吹氧脱碳速率和使用的氧气压力有直接关系，随着氧压增大，脱碳速率增大。这是因为吹氧压力增大后，强化了熔池的机械搅拌作用，加快了反应物的扩散，扩大了反应面积，同时输入熔池的氧量也增大。

③ 吹氧方式对脱碳速率的影响　在同等吹氧条件下，吹氧管深插熔池并不断移动，脱碳速率就大；而浅插钢水或在钢-渣界面吹氧，脱碳速率就小。吹氧工具除金属管外，还有一种水冷氧枪，一般从炉顶向下吹氧，它供氧能力大，反应激烈，比较适合较大容量的电炉。

3）两种脱碳方法的比较

在同样条件下，吹氧脱碳速率要比加矿脱碳速率大得多，加矿脱碳量不大于0.6%C/h，而吹氧脱碳量可达（1.0～2.0）%C/h以上。尤其是冶炼低碳钢（C＜0.2%）时，吹氧脱碳仍能保持较大的脱碳速率。把碳含量降到0.05%以下，加矿脱碳就十分困难了。采取加矿石的方法供氧，由于加矿石会降低熔池温度，不允许加矿太多、太快。而吹氧脱碳不仅可以迅速大量地供氧，还可显著地提高熔池温度。一般认为，矿石法冶炼要比吹氧法冶炼每吨钢电耗高70～100kW·h。

吹氧脱碳因高压氧气对熔池的强烈搅拌以及钢液中存在大量气泡，减少了CO气泡的逸出压力，改善了气泡的上浮条件，因而钢中碳氧反应所需的过剩氧量少，从而减轻了还原期的脱氧任务。

综上所述，吹氧脱碳速率远远大于加矿脱碳速率，而且能放出大量热量，具有氧化时间短、电耗低、升温快的特点。而加矿脱碳渣中FeO含量高，脱磷条件好，铁损少。应视具体情况，灵活运用。

（3）去气及去夹杂物

去气是指去除钢液中对炼钢质量有害的$H_2$和$N_2$。其去除机理是：脱碳反应进行时，在钢液内部形成的CO气泡中，并没有$N_2$和$H_2$，所以气泡中$H_2$和$N_2$的分压为零。这时的CO气泡对于钢液中的$H_2$、$N_2$就相当于真空，钢液中的$H_2$和$N_2$不断地向CO气泡中扩散，并随着CO气泡的逸出而进入炉气。因此，氧化期的脱碳是相当有效的去气手段。

氧化期的去气效果与脱碳速率、脱碳量及温度条件有关。要使钢中气体含量减小，需要使去气速率和去气量大于钢液的吸气速率和吸气量。去气速率与脱碳速率密切相关，脱碳速率越大，钢液的去气速率越大，但脱碳速率也不宜过大，容易造成钢渣喷溅、跑钢等事故。同时去气量与脱碳量有关，足够的脱碳量才能保证熔池的足够沸腾时间，达到足够的去气量。另外，升高温度还会增加钢液和炉渣的流动性，加快气体的扩散速率，减少气泡的上浮阻力。因此，适当升高温度，可以增加钢液的去气效果。近年来，吹氩技术得到广泛应用，实践表明，向钢液中吹入惰性气体，可以得到较好的去气效果。

钢中夹杂物含量虽少，但对钢的质量影响却很大，夹杂物会降低钢的力学性能，特别是钢的塑性、韧性及疲劳强度，夹杂物也是使钢产生裂纹的主要原因。钢液的夹杂物主要有炉料带入的泥砂、耐火材料及钢铁料中的Si、Cr、Mn、Ti等元素的氧化物。在炼钢温度下，氧化物夹杂在钢液中单独存在时都呈固体状态，很难上浮排除。脱碳反应可促使熔池激烈沸腾，搅动钢液，增加钢液中非金属夹杂物互相碰撞和融合的机会，使它们变成大颗粒夹杂物，上浮到钢液面，被炉渣吸收。另外，CO 气泡上浮时，在其表面也黏附一些非金属夹杂物，这部分夹杂物也随之上浮。同时，钢液沸腾扩大了钢-渣接触面积，对钢液起到了渣洗作用，有利于夹杂物的去除。因此，氧化期保证一定的脱碳量和脱碳速率，保持熔池较长时间的激烈沸腾，加强搅拌，并有足够渣量覆盖钢液，对于钢液中夹杂物的去除都有重要意义。

（4）温度控制

温度控制要兼顾脱磷和脱碳二者的需要，并优先去磷，在氧化前期应适当控制升温速度，待磷达到要求后再放手提温。一般要求氧化末期的温度略高于出钢温度 20～30℃，主要为了扒渣、造新渣及加合金。当钢液的温度、磷和碳含量等符合要求时，扒除氧化渣、造稀薄渣进入还原期。

#### 2.6.3.6 还原期

氧化期末，钢液内含有较多氧，如不进行完全脱氧就会降低钢的力学性能、物化性能和使用寿命，甚至造成废品，因此脱氧是还原的主要任务之一，还原期还需进行脱硫、合金化、调整温度等任务。这四项任务相互之间有着密切联系，例如，温度正常才能使脱氧、脱硫及合金化任务顺利完成，良好的脱氧又有利于脱硫及成分控制，所以必须根据它们的内在联系制定合理的操作工艺制度。

（1）脱氧

经过氧化期操作，钢液是强氧化性的，其含氧量远远大于碳氧平衡时的含氧量，含碳量越小的钢液含氧量就越大。钢中总氧量是评价钢质量的指标之一，它直接决定钢液中氧化物夹杂的多少，并且影响其大小、形状和分布状态。钢中含氧量大对生产钢锭或铸坯、钢的加工性能及产品质量的危害性在前面章节已经讲述了，钢液中的氧脱除到最低限度是提高钢质量的关键。为了抑制或避免氧的各种有害影响，就必须最大限度地脱除钢中的氧，并将脱氧产物排除出钢液，这个过程称为脱氧。常用的脱氧方法有沉淀脱氧和扩散脱氧两种。

1）沉淀脱氧

沉淀脱氧的原理是直接向钢液加入块状脱氧剂（硅铁、硅锰铝、硅钙、铝等），即脱氧剂与钢液中的氧化合，生成稳定的氧化物（$SiO_2$、MnO、$Al_2O_3$ 等），这些脱氧产物 $SiO_2$、MnO、$Al_2O_3$ 等几乎不溶于钢液中，且密度比钢液小，在一段时间后大部分脱氧产物能从钢液中上浮到炉渣中，这样就达到了脱氧的目的，所以又称直接脱氧。

沉淀脱氧一般选择脱氧能力强、与氧亲和力大于铁与氧亲和力的元素作脱氧剂，如 Mn、Si、Al、Ti、Ca 等。其脱氧反应的通式为：

$$x[Me]+y[O]=(Me_xO_y)$$

脱氧反应均为放热反应，所以脱氧反应的平衡常数随着温度的升高而减小。

元素的脱氧能力是指在一定温度下，在钢液中与一定浓度的脱氧元素相平衡的氧含量的大小。研究表明，各种元素的脱氧能力（在 1600℃，含量为 0.2%）由强至弱的次序是 Ca、Al、Ti、Si、C、Nb、V、Mn、Cr。在生产中应用的脱氧剂是比碳强的脱氧剂，如 Si、Al，其产量大而便宜。为了清除钢液中的夹杂物常用复合脱氧剂，如硅锰、硅锰铝、硅钙合金等。使用这些脱氧剂时，元素共同与 O 反应并结合成大颗粒的液态夹杂物，易于上浮去除。如锰能提高硅和铝的脱氧能力，当 Mn 含量为 0.5%时，Si 的脱氧能力提高 30%～50%，Al 的脱氧能力提高 1～2 倍。炼钢中常用的脱氧剂有单一的脱氧剂，如 Al、Si、Mn、Ti 等，其中 Si、Mn、Ti 以铁合金形式加入；也有复合脱氧剂，如 Mn-Si、Ca-Si、混合稀土（RE）等合金。

选用沉淀脱氧剂时，除了要求具有一定脱氧能力外，还要求生成的脱氧产物尽量多、尽量快地从钢液中排除出去，做到既脱氧又较少沾污钢液，否则尽管使钢中溶解的氧含量减小，但钢中氧化物夹杂增多，成品钢材的力学性能及物理性能也会因此恶化。

脱氧产物在钢液中上浮的速度主要取决于产物的性质及颗粒的大小。颗粒大的夹杂物有利于上浮。形成大颗粒夹杂物有以下两种途径。

① 形成低熔点、液态的脱氧产物。使用单一脱氧剂在炼钢温度下，它的产物大部分为固体微粒，不易聚合上浮，但同时用几种脱氧剂或用复合脱氧剂，可生成低熔点化合物。例如，锰硅同时脱氧在钢中生成低熔点的硅酸锰，$MnO \cdot SiO_2$ 的熔点仅 1270℃，而 MnO 和 $SiO_2$ 的熔点分别为 1785℃和 1713℃。

② 形成与钢液间界面张力大的脱氧产物，也易于在钢液中黏结聚合为大的“云絮”状颗粒集团快速从钢液中上浮。一般脱氧元素生成的脱氧产物同钢液间的界面张力都远大于其产物间的界面张力，铝最为突出。用铝脱氧时，生成高熔点细小的 $Al_2O_3$ 夹杂物，它与纯铁液间的界面张力高达 $20J/m^2$（而 Si 与纯铁液间的界面张力约为 $6J/m^2$），因而 $Al_2O_3$ 夹杂物在钢液中受到排斥而迅速聚合在一起，呈大簇“云絮”状的 $Al_2O_3$ 颗粒集团，能迅速从钢液浮出。

沉淀脱氧是目前炼钢生产中应用最广的脱氧方法，优点是操作简便，脱氧反应迅速，因此生产效率高而成本低，对于重要用途的钢种是不可缺少的脱氧方法。但采用沉淀脱氧，总有一部分脱氧产物残留在钢液中，影响钢的纯净度，这是沉淀脱氧的主要缺点。

2）扩散脱氧

扩散脱氧是电炉炼钢特有的脱氧方法，又称间接脱氧法，其基本原理是溶质在两种互不相溶的溶剂中溶解度成一定比值的分配定律[12]。氧作为溶质，在钢液和炉渣这两个互不相溶的液相中，在一定温度下，其平衡浓度之比是一个常数，可用下式表示。

$$L_O=\frac{\sum(FeO)}{[O]}$$

式中　$L_O$——氧在炉渣和钢液中的分配系数；

$\sum(FeO)$——炉渣中的氧化亚铁总量；

$[O]$——钢液中的氧含量。

为了将钢液中的氧含量进一步减小，需设法减少渣中的 FeO，因此往渣面上撒与氧结合能力比较强的料状脱氧剂，如 C 粉、Fe-Si 粉、Al 粉、Ca-Si 粉或碎电石（$CaC_2$）等，使其与渣中 FeO 发生下列反应：

$$(FeO)+C=\!=\!=[Fe]+(CO)$$

$$(FeO)+\frac{1}{2}Si=\!=\!=[Fe]+\frac{1}{2}(SiO_2)$$

$$3(FeO)+2Al=\!=\!=3[Fe]+(Al_2O_3)$$

$$3(FeO)+CaSi \xlongequal{} 3[Fe]+(CaO)+(SiO_2)$$

$$3(FeO)+CaC_2 \xlongequal{} 3[Fe]+(CaO)+2\{CO\}$$

反应结果使渣中 FeO 的含量大幅度减小，这就破坏了氧在渣-钢之间的浓度分配关系，使钢液中的氧不断地向炉渣扩散转移，力图达到新的平衡。因此扩散脱氧就是不断减小渣中 FeO 的含量，来达到减小钢液中氧含量的一种脱氧方法。

扩散脱氧时化学反应是在渣相内进行的，脱氧产物溶解在渣液里或进入炉气中，不会沾污钢液，这是扩散脱氧最大的优点，因而可获得相当纯净的钢液。用炭粉扩散脱氧时，其脱氧产物是 CO 气体，更不会沾污钢液，同时能使炉内具有较好的还原气氛，这两个特点是其他脱氧剂所不具备的。但用炭粉还原，由于固体炭粉与渣中 FeO 的反应不完全，且速度较小，只能将钢液脱氧到一定程度，所以生产中还需用硅铁粉或其他强脱氧剂进一步扩散脱氧。然而由于硅铁粉的密度介于渣与钢之间，部分硅铁粉起到沉淀脱氧作用，$SiO_2$ 还有可能沾污钢液。所以用硅铁粉还原前尽量先用炭粉（或碎电石块）还原，同时为了保持炉内还原气氛，也需要分批少量地向渣面撒加炭粉。

3）综合脱氧

还原过程中，交替使用沉淀脱氧和扩散脱氧，即沉淀、扩散联合脱氧，称为综合脱氧。还原期开始用沉淀脱氧，加入锰铁、硅铁或铝块等，称为预脱氧；薄渣形成后，用粉状脱氧剂扩散脱氧；出钢前再用强脱氧剂铝块、硅钙块等沉淀脱氧称为终脱氧。

综合脱氧兼有扩散脱氧和沉淀脱氧的优点，是一种合理的脱氧方法。在氧化期转入还原期时钢液为强氧化性的，含氧量较高，这时加块状脱氧剂到钢液中，能迅速减小钢中的溶解氧，大大减轻了还原期的任务。其脱氧产物能在还原期间上浮，减少对钢液的沾污。预脱氧后采用扩散脱氧，一方面进一步脱除钢液中的氧；另一方面造成和保持炉内的还原性气氛，减少钢液的氧化。在扩散脱氧过程中，渣中 FeO 的含量应减得很小（小于0.05%），并适当保持一段时间。此时钢中氧含量已减得很小，继续采用扩散脱氧，则脱氧速度很小。因而在出钢前再用强脱氧剂沉淀脱氧，进一步减少钢中溶解的氧（减小到0.002%～0.005%）。由于加入终脱氧剂到出钢这段时间很短，必然有一部分脱氧产物来不及上浮而留在钢中。在出钢过程中，采用渣钢混冲，极大地增加了钢渣的接触界面，使扩散脱氧过程大大加快，进一步减小钢中的含氧量，同时还原渣可洗涤及吸附钢中的夹杂物，并能在浇铸前的镇静过程中上浮排除。

（2）脱硫

硫在钢中是有害元素，硫使钢产生热脆，硫在钢液结晶时产生偏析，更加剧了硫的有害作用，另外硫含量大时，硫化物夹杂也增多，影响钢的力学性能。只有在易切削钢等个别钢种中，硫才是有益元素。因此，通常在炼钢过程中应尽量把硫去除。

脱硫反应，硫在钢液中主要以 FeS 和 MnS 的形式存在，在炉渣中可以 FeS、MnS、CaS 的形式存在，其中以 CaS 的形式最为稳定。脱硫反应如下：

$$[FeS]+(CaO) \xlongequal{} (CaS)+(FeO)$$

$$[MnS]+(CaO) \xlongequal{} (CaS)+(MnO)$$

CaS 溶于渣但不溶于钢液。随着脱硫反应的进行，渣中的 FeS 不断与 CaO 反应生成 CaS，这样渣中的 FeS 的浓度就会不断减小，钢液中的 FeS 不断地向渣中转移，因此钢液中硫含量可不断减小。

还原初期到还原渣以前，脱硫反应就是按上述反应式进行的。到还原渣以后，加入炉中的还原剂 C、Si、$CaC_2$ 不断地将 FeO 还原成 Fe，促进脱硫反应的进行，到还原渣以后的脱硫反应式如下：

$$[FeS]+(CaO)+C = (CaS)+[Fe]+\{CO\}$$

$$2[FeS]+2(CaO)+Si = 2(CaS)+2[Fe]+(SiO_2)$$

$$3[FeS]+2(CaO)+CaC_2 = 3(CaS)+3[Fe]+2\{CO\}$$

上述脱硫反应中的生成物 CO 进入炉气，$SiO_2$ 与 CaO 结合成稳定的 $2CaO \cdot SiO_2$，由此可见脱硫反应是不可逆的，因而电弧炉炼钢能大幅度地脱硫。

影响脱硫反应的主要因素是炉渣碱度、炉渣温度、渣中 FeO 的含量、渣量及渣中 $CaF_2$ 和 MgO 的含量等。

1）炉渣碱度

渣中含有 CaO 是脱硫的首要条件，因为提高渣中 CaO 的浓度有利于脱硫反应的进行，且生成稳定的反应物 CaS 等。但渣中 CaO 含量过大会引起炉渣黏稠，反而不利于脱硫反应的进行。生产实践表明，碱度 $R=2.5\sim3.0$ 时，脱硫效果最好。

2）炉渣温度

脱硫反应的平衡常数 $K_s$ 与温度 $T$ 的关系式为：

$$\lg K_s = -\frac{6042}{T}+1.79$$

在炼钢温度范围内（1500～1700℃），$K_s$ 随温度的变化不大，所以温度对脱硫的平衡状态影响不大。由于钢渣间的脱硫反应远离平衡状态，因而脱硫的限制性环节是硫的扩散速度，升高熔池温度改善了钢渣的流动性，升高了硫的扩散能力，从而加速了脱硫进程。

3）渣中 FeO 的含量

在电炉还原期，经过扩散脱氧，渣中 FeO 含量逐渐减小到较低水平。从脱硫反应式可以看出，FeO 含量的降低有利于脱硫反应的进行。当 FeO 含量减到 0.5% 以下时，渣的脱硫能力显著提高，如图 2-63 所示。

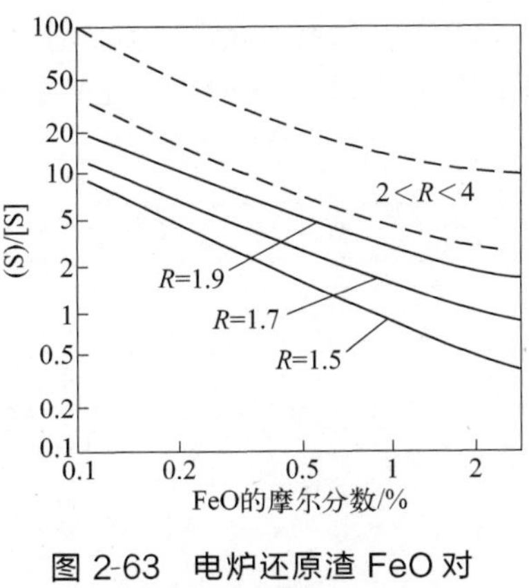


图 2-63 电炉还原渣 FeO 对硫分配系数的影响

在还原气氛下的电炉渣只要保持较高的碱度，脱硫效果极为显著，表明脱硫与脱氧的一致性。因此，在电炉炼钢中钢液脱氧越完全，对其脱硫越有利。

4）渣量

适当加大渣量可以降低渣中 CaS 的浓度，对去硫有明显的效果。实际操作中渣量控制在钢水量的 3%～5%，如果渣量过大使炉渣过厚，脱硫反应就不活跃。为此，钢中的硫并不随着渣量的增加而按比例减少，同时渣量过大，原材料、电能消耗也增加。还原期一般不换渣去硫，以免降温及增加钢中气体的含量。但炉料中含硫量高时，也可以采取增大渣量（钢水量的 6%～8%）及炉外脱硫等方法来加强脱硫。

5）渣中 $CaF_2$ 和 MgO 的含量

渣中加入 $CaF_2$ 能改善还原渣的流动性，提高硫的扩散能力，有利于脱硫。同时 $CaF_2$ 能与硫形成易挥发物，有直接脱硫作用，且不影响炉渣的碱度。但 $CaF_2$ 对炉衬有强烈的侵蚀作用，所以用量应适当。MgO 是碱性氧化物，理论上与 CaO 的脱硫能力一致，但 MgO 含量大会使炉渣的流动性变坏，影响硫的扩散，进而影响脱硫反应的进行，因此一般都要求炉渣中 MgO 含量小。

（3）合金化

钢液的合金化，电炉炼钢的成分控制贯穿于从配料到出钢的各个环节，但成分控制的重点是还原期元素的成分控制。成分控制首先要保证成品钢的元素含量全部符合标准要求，现有钢种成分标准中，多数元素的成分规格范围较宽，控制成分容易实现。然而同样合格的若干炉的相同钢种，性能差异往往很大，这主要是钢种化学成分的差异。为此往往要求精确地把成分控制在一个较小范围内，称为控制成分。例如，1Cr18Ni9Ti 无缝钢管，要求 Cr 含量控制在接近下限，Ni 含量控制在上限，才能保证穿管时加工性能良好。

调整成分时，应尽可能提高合金元素的回收率，减少合金元素的烧损，节约合金用量。特别是贵重元素与我国稀缺的元素，更应节约使用，在不影响钢性能的前提下，按中下限控制，减少加入量。

1）合金元素加入的原则和顺序

合金元素加入时要考虑以下原则和顺序。

① 与氧亲和力小的合金元素要早加，与氧亲和力大的合金元素应晚加。

② 熔点高、密度大的合金元素应早加，反之应晚加。

③ 加入量多的合金元素应考虑早加，加入量少的可晚加。

一般来说，与氧亲和力小、熔点高、加入量多的元素（合金）可在熔炼前期加入，与氧亲和力较大的合金元素一般在还原期加入，而与氧亲和力极强的元素在还原后期（出钢前）或在盛钢桶中加入。

2）合金元素的回收率

调整成分时，应尽可能提高合金元素的回收率，减少合金元素的烧损，节约合金的用量。合金元素的加入时间及回收率列于表 2-23，供参考。

**表 2-23　合金元素加入时间及回收率**

| 合金名称 | 加入时间 | 回收率/% |
| --- | --- | --- |
| 镍 | 装料<br>氧化期、还原期调整 | ＞95<br>95～98 |
| 钼铁 | 熔化末期、还原期调整 | 95～100 |
| 钨铁 | 氧化末期、还原初期 | 75～90 |
| | 装料 | 85～90（低钨钢）<br>92～98（高钨钢） |
| 锰铁 | 还原初期<br>出钢前 | 95～97<br>约 98 |
| 铬铁 | 还原初期<br>装料、还原期调整（不锈钢等） | 95～98<br>80～90 |
| 硅铁 | 出钢前 | ＞95 |
| 钒铁 | 出钢前（8～15min）<br>出钢前（20～30min） | 约 95（含钒＜0.3%）<br>95～98（含钒＞1%） |
| 钛铁 | 出钢前 | 65～90（不锈钢）<br>45～60（结构钢） |

续表

| 合金名称 | 加入时间 | 回收率/% |
|---|---|---|
| 硼铁 | 出钢时（插入炉内或包中） | 30～50 |
| 铝 | 出钢前扒渣加入 | 75～85 |
| 磷铁 | 还原初或还原末 | 100 |
| 硫黄 | 扒渣后加硫黄粉<br>出钢前加硫化铁 | 50～70<br>100 |
| 铌铁 | 还原初期 | 95～100 |
| 氮（合金）铁 | 氧化初期或还原初期 | 100 |
| 硅铁稀土 | 出钢前插铝后加入炉内 | 20～40 |
| 稀土合金（混合稀土金属 60%） | 出钢前插铝后加入炉内 | 30～40 |
| 硒 | 用铝板包好后加入包中 | 15～30 |

（4）温度控制

考虑到出钢到浇铸过程中的热量损失，出钢温度应比钢的熔点高出 100～140℃。由于氧化期末控制钢液温度高于出钢温度 20～30℃，因此扒渣后还原期的温度控制实际上是保温过程。如果还原期大幅度升温，一是造成钢液吸气严重；二是高温电弧加重对炉衬的侵蚀；三是局部钢液过热。为此，应避免还原期后升温操作。

#### 2.6.3.7 出钢

钢液经氧化、还原后，当化学成分合格、温度合乎要求、钢液脱氧良好［渣变白，$w$(FeO) ＜0.5%］、炉渣的碱度（＞3）及流动性合适时即可出钢。

## 2.7 废钢铁的再生利用工艺

### 2.7.1 中、重型废钢的加工工艺

废钢作为电炉炼钢的最大宗原料，需求很大，对于废钢中的中、重型废钢，要进行科学的分类和加工，不仅使入炉废钢满足冶炼对其外形尺寸、密度和纯度的要求，实现精料炼钢，而且必须减少废钢加工成本。可采用氧气切割、剪切等方式进行处理，现介绍一套鞍钢 100t 的电炉废钢加工工艺，其工艺流程如图 2-64 所示。

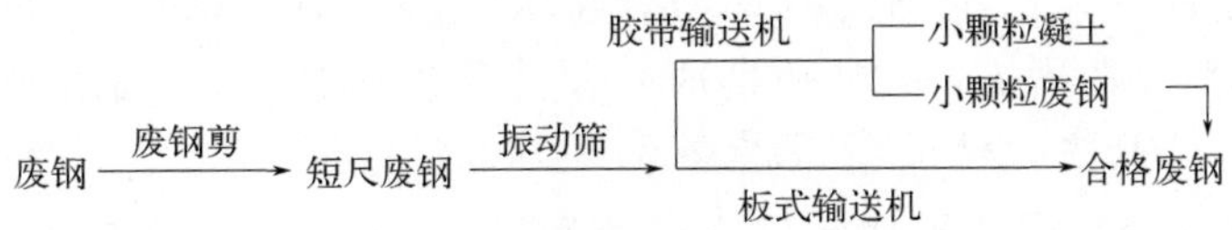


图 2-64 废钢加工的工艺流程

根据电炉工艺对入炉废钢的质量及加工能力要求进行设备的选型。该公司 100t 电炉，每 1h 产 100t 废钢，其中加入 35%铁水、25%的轻薄废钢和不能剪切需人工处理的大型废钢，要求产量约为 40t/h，按每天 24h 生产，年工作 300d，年产量约为 $3\times10^5$t，根据这种处理量应选择最大剪切力为 1250t 的废钢剪。因此，选取剪切力为 1250t 的液压式剪切

机 1 台。

振动筛的主要作用是介于废钢剪与板式输送机之间的工艺过渡型设备，废钢从剪切机机头经剪切落下，由小料斗滑入振动筛上，依靠其振动，运动到板式输送机上，并将废钢剪剪切下的废钢中的泥土等非金属杂质筛分出去，提高废钢的纯度。其特点是筛网必须有足够的强度，能够抵抗大块废钢的冲击，工作负荷率较高，可靠性强，由于废钢剪的处理量为 40t/h，选用 60t/h 的振动筛可满足要求。

板式输送机布置在振动筛的筛上物出料端，它的作用是将筛上振动下来的废钢输送到堆料场地上。其特点是承重大，运动平稳可靠，坚固耐用，而且配有旋转装置，可使输送机向左右两个方向出料，使出料口从一条线变成一个扇面，增加了废钢的堆积面积，对下一步工作起到了良好的缓冲作用[13]。运行装置采用链轮驱动，链板采用 16Mn 钢板，上表面设隔板，防止废钢倒滑，利用尾部链轮移动调整张力，输送量为 60t/h。根据以上特点，选择了宝冶特种公司修造厂生产的 1500mm 板式输送机。

胶带输送机的作用是将振动筛的筛下物泥土、废钢等小于 10mm 的颗粒物输送到处理地点，胶带输送机Ⅱ的传动滚筒采用永磁滚筒，永磁滚筒对小颗粒废钢进行收集，泥土、废钢等小颗粒物的含量较小，每小时不超过 50kg，每天清运一次。可采用普通胶带输送机，输送量为 1t/h。

其工艺布置如图 2-65 所示。

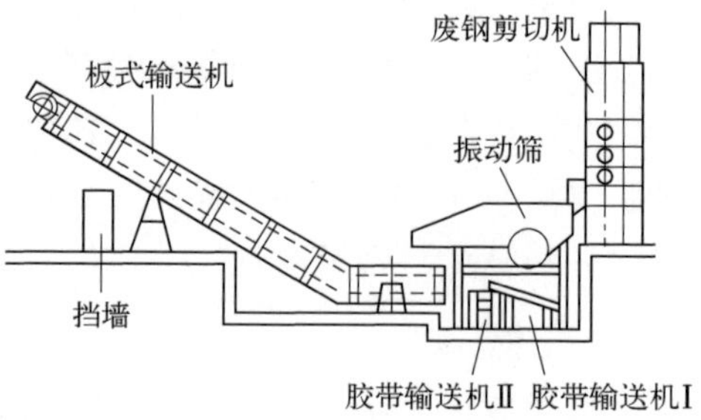


图 2-65　废钢加工工艺布置

## 2.7.2　返回法冶炼高速钢

高速工具钢简称高速钢，是一种高合金钢，它与普通工具钢不同，普通工具钢采用增加钢中含碳量和适当热处理方法来提高硬度和韧性，当高速切削或切削量加大，刀具被加热到 400～500℃时其硬度大大降低。高速工具钢则具有赤热硬性，切削时刀具在 500～600℃，高温时仍保持原有的硬度。

高速钢一般为钨系和钨钼系合金钢，化学成分中含铬、钨、钼、钒，合金元素约占 25%，由于钨的熔点高达 2000℃，密度又大，冶炼时容易沉入炉底，一般采用返回法冶炼。各种高速钢废料的再生利用工艺如图 2-66 所示。

高速钢采用返回吹氧法冶炼，不宜用氧化法。由于高速钢中含有大量 W、Cr、V、Mo 等元素，如用氧化法冶炼，在还原期加入大量合金元素，使熔池温度大幅度下降，会造成冶炼的困难，尤其是钨铁的熔点很高（>2000℃），密度大（16.48g/$cm^3$），容易沉入熔池底部，很难熔化。采用返回吹氧法时将钨铁、铬铁随炉料一起装入炉内，还原期只加少量铁合金调整其成分。高速钢含有多种合金元素，且合金总含量高，在冶炼过程中如何设法最大限度地回收利用合金元素是一个关键问题，冶炼中必须将这一特点作为考虑问题的出发点。现以最常用的 W18Cr4V 钢为例介绍高速钢的冶炼要点。

（1）炉体情况

高速钢一般在小容量电炉中冶炼，以便于搅拌促使钢液成分均匀，冶炼高速钢应在炉

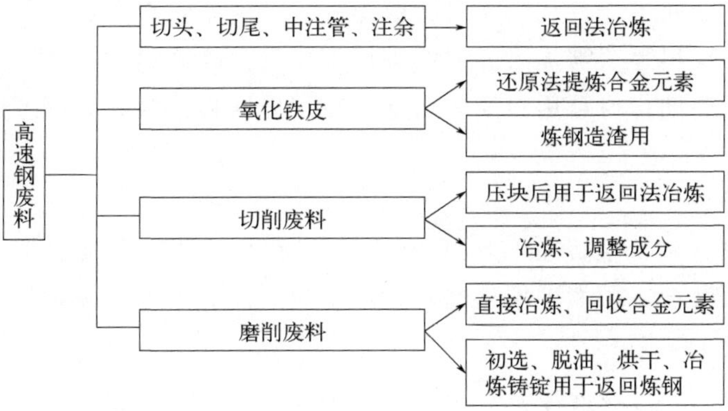


**图 2-66　各种高速钢废料的再生利用工艺**

体良好的情况下进行。

（2）配料

冶炼高速钢的炉料主要由同类钢的返回钢、其他钢种的返回钢及铁合金组成，配料要求如下。

① 碳炉料中的配碳量为 0.7%～0.8%。

② 钨炉料中的钨配到规格中限。

③ 铬炉料中的铬配到 3.5%～3.8%，比规格下限略低。

④ 因钒比较容易氧化，因此炉料中一般不配入钒。

⑤ 冶炼过程中不能脱磷，因此料中的磷含量应不大于 0.020%。

⑥ 炉料中的锰含量一般不大于 0.30%。为了减少炉料中合金元素的损失，可在炉料内配入一定数量的保护元素硅或铝，能减少铬和钒的损失，但对钨的作用不明显。

（3）装料

炉料合理布置很重要，炉料中含有大量钨铁，它的熔点高、密度大，装料时首先要考虑防止钨铁沉入炉底，并保证炉料快速熔化。钨铁应装在炉中高温区炉体中心位置，不能装在炉底和炉体四周，铬铁易增碳且具有一定挥发性，不应装在电极下，应装在炉坡四周，装料前先在炉底铺加石灰。炉底先装碳素钢和合金返回钢。

（4）熔化期

熔化期渣量不要过大，一般为钢液量的 3%，因为高速钢冶炼一般氧化渣不扒除，直接进入还原期，渣量大会给还原期带来困难。吹氧助熔时间不要过早，必须在炉料熔化至 70%～80%以后，开始吹氧助熔。吹氧过早，合金元素烧损增大，尤其是钨，同时炉渣的黏度增大，加重还原期的任务。炉料熔清后取样分析碳、锰、硅、磷的含量。

（5）氧化期

炉料全熔后开始吹氧脱碳，进入氧化期。氧化期的脱碳量一般大于 0.10%，终点碳的控制量决定于还原期的增碳情况，一般低于规格下限 0.05%左右，即在 0.65%左右。吹氧脱碳的目的是造成熔池沸腾，以去除钢中的非金属夹杂物和气体，提高钢的质量，也有助于提高钢液的温度和合金成分的均匀。炉渣中氧化物的含量取决于炉渣的碱度、钢液的温度和吹氧的情况。如果炉渣的碱度小、钢液的温度低、吹氧时间长、吹氧压力低，则这些氧化物的含量就大，因此为了减少合金元素的烧损，炉渣必须有一定碱度，钢液的温度要足够高，吹氧时间不能过长，吹氧后取样分析。由于吹氧后渣中含有大量铬、钨、钒的氧化物，因此炉渣很黏，需加入硅铁粉进行预脱氧。高速钢一般多用单渣法冶炼，氧化渣不扒除即进入还原期；也可用双渣法冶炼，在用硅铁粉预脱氧后扒除部分氧化渣进入还原期。

（6）还原期

还原期用电石脱氧，电石加入量为8～10kg/t钢，一批或分几批加入，有时也掺入适量硅铁粉、炭粉及萤石，用大功率送电，紧闭炉门，使炉内保持良好的还原气氛。炉内进行下列还原反应：

$$(WO_3)+(CaC_2)=[W]+(CaO)+2CO$$

$$(Cr_2O_3)+(CaC_2)=2[Cr]+(CaO)+2CO$$

$$(WO_3)+3C=[W]+3CO$$

$$(Cr_2O_3)+3C=2[Cr]+3CO$$

$$(V_2O_5)+5C=2[V]+5CO$$

$$2(WO_3)+3Si=2[W]+3SiO_2$$

$$2(Cr_2O_3)+3Si=4[Cr]+3SiO_2$$

$$2(V_2O_5)+5Si=4[V]+5SiO_2$$

此外还有FeO的还原反应。由于渣中的$Cr_2O_3$、$WO_3$、$V_2O_5$和FeO被还原，炉渣的颜色逐渐地由黑色变为棕色，淡绿色，最后变为白色。如果炉渣不易变白，可以扒除部分渣，然后补加适当渣料及电石。

当炉渣变白或基本变白时，取样两次进行全面分析，根据分析结果调整合金成分。Fe-Cr和Fe-W应在出钢20～40min前加入。Fe-V应在出钢10min前加入。如果两个试样分析结果，钨相差0.30%以上、碳相差0.03%以上，应重新取样分析，高速钢冶炼在每次取样前要充分搅拌钢液。

高速钢的化学成分按中下限控制，这有利于改善碳化物的不均匀性，也有利于节约贵重合金元素。高速钢在还原期中高温精炼，中温出钢，中低温浇铸。白渣保持时间应大于30min，FeO含量<0.4%，出钢时钢、渣混出。

### 2.7.3 感应炉直接冶炼高速钢废料

与电弧炉相比，感应炉是通过电磁感应现象及电热原理使电能变成热能的。由于感应炉内金属的搅拌作用有利于化学成分和温度的均匀及非金属夹杂物的上浮，同时感应炉的熔化速度快，金属与大气接触的单位表面积小，因此，合金元素的烧损少。基于这些特点，用感应炉处理高速钢废料是有利的。块状料头及废工具等在感应炉中冶炼是很方便的，不存在什么困难，原料无需处理，其冶炼工艺与感应炉的常规熔炼基本相同。

（1）装料熔化

感应炉熔炼高速钢废料装料、熔化过程紧密相连并同时进行。感应炉装料的原则是下紧上松。下部力求装得紧密，使金属切割感应器的磁通面积最大，这样熔化速度快；上部炉料必须装得松些，使熔化过程中炉料能自动下落，拨料也方便。大块料装在下部，难熔料尽可能装在下部边缘，小料填充大料的间隙。装料高度以感应器的最上圈位置为限。因为高于感应器的炉料很少切割磁通，余下的料可待部分熔化，料面下降以后再装入。冶炼高速钢料头时，坩埚底部铺一薄层后，即装入大块料头。料头与炉壁之间装入需补加的Fe-W、Fe-Mo。该区域电流密度大，使难熔合金能迅速熔化。小块料或钢屑填充间隙。用全部钢屑冶炼时，向坩埚内倒入钢屑后即用铁棒分层筑紧下半部的炉料，上半部则让钢屑在炉内保持自然的松散状态。

感应炉的熔化过程，首先是炉子下部边缘的炉料和某些炉料的轮廓部分熔化，熔化的金属下滴到坩埚底部，逐渐形成熔池。中心部分炉料下沉入熔池，并在其中受热熔化。正常情况下，随着熔化的进行熔池液面不断上升，而固体料面逐步下降，半熔的固体料与熔池始终保持接触，或部分浸入熔池内。不正常的情况下则架“桥”。所谓架“桥”是指坩埚上部的金属熔结成块与炉壁紧紧粘接，并与下部的金属熔池相分离。如图 2-67（a）所示。

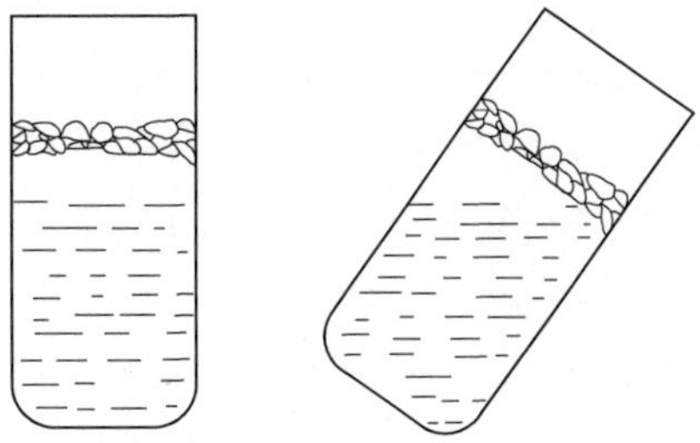

(a) 架“桥”　　(b) 破坏架“桥”

图 2-67　加料熔化期架桥示意

架“桥”是感应炉熔炼特有的和常发生的现象，架“桥”是很不利的，会使冶炼时间增长，合金元素烧损增加，钢中气体夹杂增多。如未及时发现和处理，将使钢和炉衬报废。因为下部熔融金属可过热到很高的温度，侵蚀炉衬，造成穿炉漏钢，甚至烧坏感应器。处理“料桥”的办法是用铁钎把“桥”凿断，并将炉料压入熔池中。如此尚不能奏效时，可在大功率送电的情况下倾倒炉子，如图 2-67（b）所示，使下部熔融的高温钢液与上部的“料桥”接触，从而将熔结的“桥”熔化。“料桥”凿断和熔穿后，最好及时向下部钢液中加入少量脱氧剂，以免钢液猛烈上升又将已穿孔的部分封死，再次成“桥”，同时也防止钢液喷溅出而造成事故。

以高速钢废料头和废工具为主进行冶炼时，熔化过程必须注意及时地拨料，使上部加热的半熔的料块彼此分离，并从壁上拨开。根据熔化情况及时将加热的炉料逐渐往熔池中压。冷料只能加在固体料的上面，一般不能直接往熔池中加。以高速钢屑为主进行冶炼时，炉料容易与炉壁粘接，但料面不容易结成坚固的整块，因此熔化过程中主要应注意捅料。沿坩埚周围将已加热的钢屑及时送入熔池。感应炉炉口敞开，装料很方便。只要使装料的节奏与熔化速度很好地配合，则可得到最短的冶炼周期。用钢屑冶炼时的装料时间虽比用料头的长，但钢屑比料头熔化快，因此装料熔化的时间反而较用料头冶炼的时间缩短。当炉料熔平，即固体料全部沉没于熔化的金属中时，开始加入石灰、萤石造渣。渣量以能覆盖钢液面为宜，主要目的在于保护金属。

高速钢废料的熔化速率除与上述操作有关外，主要取决于供电制度。熔化初期，电流波动大，这种波动是由炉料中发生了新的电路所致。此时能送入的功率较小，仅为额定功率的 20%～30%，时间在 5min 左右。到熔池形成即可送入最大功率，直到炉料熔平或熔清。在熔化期，随着金属加热熔化，炉料的磁导率发生变化，需要调整激磁电流及增加电容，以保证功率因数在 1 左右。补装炉料时应调整电容，切换电容在炉子断电的情况下进行，因此必须迅速，以免影响熔化时间。只有正确而及时地进行供电操作，才能获得最大的熔化速率和最低的电能消耗。

(2) 还原与调整

炉料熔清后，以硅铁或锰铁或硅铁和锰铁并用。加入熔池，进行沉淀脱氧。加入量可以Si、Mn 0.1%计。成分均匀后取样，然后用硅铁粉、炭粉渣进行还原。渣中CaO∶$CaF_2$∶Fe-Si粉∶C粉约为1∶0.3∶0.2∶0.2。还原渣总量为钢水质量的1.5%～3.0%。渣可以分批或一次加入。加入后密封炉盖，保持7～10min，待炉渣造好后进行搅拌，并根据温度和熔渣情况调整。良好的炉渣熔化均匀，起细泡沫，能粘在铁棒上，水冷后变成白色或灰白色，冷却后粉化。

如原料氧化锈蚀较严重或采用锯屑末等为原料，熔化期炉渣较多且氧化腐蚀性较严重，则熔渣后应进行预还原。预还原后扒除炉渣，再造新的还原渣进行还原。需补加的Fe-Cr可在加入Fe-Si、Fe-Mn沉淀脱氧后加入，Fe-V在还原中期加入。若试样经分析后，需要精调成分追加铁合金时应扒开炉渣，将经过高温烘烤的铁合金直接加入钢液中，此时铁合金中元素的回收率可按W 94%～96%、Mo 98%～100%、Cr 95%～97%、V 92%～95%计。如需增碳，则先加大功率升温，然后扒除中心部分的炉渣，将炭粒加入熔池，炭粒如被炉渣裹住，则吸收率很不稳定，正常情况下还原期增碳的回收率在80%～85%。一般说来，应尽量避免还原期大量追加合金及增碳，操作不当将会影响钢的质量。

还原后期，如钢水成分已合格，温度合适，炉渣良好，即可插铝进行终脱氧。每千克钢水加铝量0.4～0.59g。插铝后搅拌、取样、停电扒渣。炉渣必须扒净，以免混卷入浇铸系统。

从加入第一批还原渣到扒除还原渣为止的还原期，保持30min左右。还原过程温度可逐渐下降或保持不变。供电的功率约为额定功率的50%。控制还原结束时的出钢温度为1430～1460℃，用光学高温计测量。如浇铸单根钢锭，温度可控制在下限。

### 2.7.4 返回吹氧法冶炼铬镍不锈钢

不锈钢具有抗腐蚀、高温下抗氧化能力，具有足够高的高温强度和高温疲劳强度等性能，用于制造对化学稳定性和热稳定性有特殊要求的机械零件和结构件，如石油化工设备、仪表、航空零件、加热炉底、医疗器械和家庭用具等。

不锈钢之所以抗腐蚀和抗氧化，并不是因其不受腐蚀和氧化，而是由于其腐蚀和氧化产物（$Cr_2O_3$）覆盖在钢的表面形成致密的保护薄膜，使不锈钢表面与周围介质隔绝，从而阻止或大大减缓不锈钢腐蚀和氧化的进行，这种现象叫作钝化，这种保护膜叫作钝化膜。由此可知，为了提高钢的抗腐蚀性和抗氧化能力，最主要的方法是加入足够数量的可形成致密性保护膜的合金元素铬，有时也加入镍、铝、硅等元素。镍也能提高钢的耐腐蚀性能，但镍的抗腐蚀作用只有与铬配合时才显示出来，如果单用镍，钢的耐腐蚀性提高有限。

由于炉料的组成和冶炼操作的不同，铬镍不锈钢的冶炼方法也各不相同。根据国内外冶炼方法的发展情况归纳出铬镍不锈钢冶炼主要有氧化法、装入法和返回吹氧法。

氧化法冶炼时间长，炉体损坏严重，不能利用返回料，故成本较高，较少采用。装入法未能很好地解决碳、铬两元素夺氧的矛盾，即去碳保铬问题。炉料中由于配入大量的高铬镍返回钢，如果在一般炼钢温度下用矿石进行氧化，首先氧化的将是铬而不是碳。其结果是铬被大量烧损进入渣中，而碳仍未减少。因此，只好配入极低碳的软钢，并不采用氧化冶炼。随着氧气在电炉炼钢中的广泛使用，为铬、碳夺氧这一矛盾的转化创造了极为有利的条件。因此，返回吹氧法成为电弧炉中冶炼不锈钢的通用方法。

(1) 炉体情况

一般不锈钢可用沥青炉底冶炼，超低碳不锈钢应用卤水炉底（即无碳炉底）冶炼。补炉材料中不要掺入沥青，以免对钢液增碳。冶炼前要认真检查电极，防止在冶炼过程中发生电极脱落或折断事故。

(2) 配料

炉料主要由本钢种返回钢、低磷碳素返回钢、硅钢、高碳铬铁、镍组成。炉料要清洁干燥，称量准确，配料成分如下。

① 碳　当铬的含量一定时，如果碳含量较大，可使熔池在较低温度下开始吹氧，但配碳量过大，延长吹氧时间，铬的烧损增大。一般配碳量在0.30%左右。

② 硅　在条件允许的情况下，炉料中可以配入20%左右含碳很少的变压器钢返回料，使炉料中的硅达到1.2%～1.5%。由于硅比铬容易氧化，这样在熔化过程中用硅来保护铬，减少铬的烧损。与此同时，硅氧化放出较多热量，迅速提高了钢液的温度，为碳的提前氧化创造了条件。

③ 铬　炉料中配铬量过高，则[Cr]/[C]比值增大，为了脱碳保铬必须提高开始吹氧的温度，吹氧终了时熔池温度也高，影响炉衬寿命。如配铬过低，又限制了不锈钢返回钢的使用量，降低了返回吹氧法回收合金元素的优越性，一般配铬量为10%～12%。

④ 镍　镍与氧的亲和力小，一般镍全部配入炉料中。

⑤ 磷　磷与氧的亲和力比铬小，因而不能脱磷，另外造渣材料和铁合金还会带入一些磷，因此配料中的磷越少越好，一般不大于0.025%。

(3) 装料

装料前在炉底先加入料重2%左右的石灰，使熔化渣有一定的碱度，可减少铬的烧损，也有利于维护炉衬。铬铁装在炉膛四周，不要装在电极下面，以免电极增碳。

(4) 熔化期

熔化期以大功率送电，吹氧助烧的开始时间比一般钢种要晚些，大约在炉料熔化80%开始吹氧，吹氧助熔过早，增加铬的烧损。吹氧助熔以切割炉料为主，尽量少吹钢水，以减少铬的氧化，当炉料全部熔化后经充分搅拌取样进行分析。

(5) 脱碳

吹氧脱碳应注意以下几个问题。

① 吹氧脱碳的开始温度　开始吹氧的温度是脱碳保铬的关键，根据[Cr]/[C]比值与温度的关系来确定合适的吹氧脱碳温度，如炉料全熔后含铬10%、含碳0.30%，则[Cr]/[C]=33，可求得平衡温度为1630℃，所以开始吹氧温度应大于1600℃。

② 供氧速率　供氧速率是影响脱碳保铬能否顺利进行的重要因素，在实际生产中通常采用提高吹氧压力和增加吹氧管支数来提高供氧速率。提高吹氧压力还能强化熔池搅拌，也有利于加速脱碳反应。但氧气压力也不能过高，如压力过高，熔池会产生严重喷

溅，因此吹氧压力一般控制在 0.8～1.2MPa。增加吹氧管支数，一般可采用双管吹氧，也可采用多管齐吹。

③ 终点碳的控制　终点碳的控制与铬的回收有密切的关系。终点碳含量太大，会由于还原期的增碳而使碳出格；终点碳含量过小，铬的损失增大，特别是终点碳含量在 0.035%以下，铬的氧化损失显著增加，一般终点碳根据成品材的要求控制在 0.05%～0.08%。脱碳终了时熔池的温度高达 1800℃以上，对炉衬极为不利。也就是说吹氧末期，电极孔周围明亮的火焰消失而断断续续出现棕褐色火苗，渣面沸腾微弱时即可停止吹氧。可根据钢液的温度、成分、氧气压力和吹氧量来确定终点碳，也可根据从电极孔冒出火焰的形状和颜色来判断终点碳。

（6）富铬渣还原

吹氧脱碳过程中会同时导致铬和铁的氧化，渣中 $Cr_3O_4$ 含量可达 25%以上。吹氧脱碳停止后立即向钢液加铝 1～1.5kg/t 钢，并加硅铬合金进行预脱氧，加入一些石灰，以调整渣的碱度。停止吹氧时，通常熔池温度高于 1800℃，预脱氧后应立即打开炉体，趁高温将所需的微碳铬铁一次性从炉顶加入炉内，以利用过热钢液快速熔化铬铁，从而降低熔池温度，保护炉衬。为了减少电极的增碳，要将露于渣面上的固体铬铁尽量推入钢液中，并分 2～4 批加入硅钙粉或铝粉进行还原，铝是铁素体形成元素，钢中残铝量应小于 0.1%，因此要少用铝粉还原。随着渣中氧化铬的还原，炉渣的流动性逐渐变好，而颜色逐渐由绿色变为浅黄绿色，经过充分搅拌取样分析，扒除全部或部分炉渣，进行精炼。

（7）精炼

扒渣后加新渣料，精炼期即开始。精炼期的中心任务是脱氧和调整成分。扒渣后加入稀薄渣料，稀薄渣形成后，根据钢中含硅量分别加入硅钙粉或铝粉继续脱氧。当炉渣变白时充分搅拌，取样分析，分析的试样不少于两个。调整成分时要注意［Cr］/［Ni］和［Ti］/［C］比值的控制。通常铬含量控制在中下限，镍含量控制在中上限较好。钛铁一般于出钢前 8～12min 加入，按［Ti］/［C］比值的要求加入。加钛前炉渣要脱氧良好，渣中 FeO 含量<0.4%。加钛后用木耙推动钛铁，加速钛铁熔化，随后加一批铝粉或硅钙粉脱氧。钛的回收率为 55%～65%。当钢液中 Si 含量>0.45%时，应先扒除部分渣再加钛铁，以提高钛的回收率和减少钛对硅的还原。钛含量不能过大，过大使奥氏体不锈钢中铁素体增加，影响加工性能和耐腐性，也增加氮化钛夹杂，故在冶炼过程中应将碳含量控制得小些，以减少钛的含量。在还原过程中由于大量使用含硅脱氧剂以及钛铁的增硅作用，会使硅高而出格报废，因此要控制含硅脱氧剂的用量，加钛前炉渣要有较高的碱度，必要时扒除炉渣后再加钛铁。

## 2.7.5 废钢铁利用实例

### 2.7.5.1 用废钢铁等熔制铸铁

用废钢铁等熔制铸铁的实例见表 2-24～表 2-26。

表 2-24　用废钢铁等熔制灰铸铁实例（供参考）

| 序号 | 配料比（质量分数）/% | | | | | | | | 铁液的主要成分（质量分数）/% | | | 应用 |
|---|---|---|---|---|---|---|---|---|---|---|---|---|
| | 新生铁 | | | | 废铁 | 废钢 | 硅铁 | 锰铁 | C | Si | Mn | |
| | Z14 | Z18 | Z22 | Z26 | | | | | | | | |
| (1) 灰铸铁 HT100 | | | | | | | | | | | | |
| 实例 1 | — | 40 | — | — | 60 | — | — | — | 4.18 | 1.65 | 0.56 | 小拖拉机配重块 |
| 实例 2 | — | 80 | — | — | 20 | — | — | — | 3.91 | 1.89 | 0.59 | 取暖炉炉座 |
| 实例 3 | — | — | — | 80 | 20 | — | — | — | 3.84 | 2.12 | 0.62 | 铁挂锁锁体条 |
| (2) 灰铸铁 HT150 | | | | | | | | | | | | |
| 实例 4 | 45 | — | — | — | 45 | 15 | 1.5 | 0.25 | 3.47 | 1.92 | 0.46 | 闸阀立柱 |
| 实例 5 | 20 | 25 | — | — | 40 | 15 | 0.73 | 0.42 | 3.41 | 1.90 | 0.70 | 风机底座 |
| 实例 6 | 20 | — | — | 20 | 40 | 20 | 1.3 | 0.70 | 3.18 | 1.92 | 0.66 | 钻床手轮 |
| (3) 灰铸铁 HT200 | | | | | | | | | | | | |
| 实例 7 | 40 | — | — | — | 36 | 24 | 1.0 | 0.2 | 3.41 | 1.93 | 0.71 | 电动机机座 |
| 实例 8 | — | 50 | — | — | 30 | 20 | 0.67 | 0.6 | 2.99 | 1.61 | 0.85 | 煤气发生炉中央灰箱 |
| 实例 9 | — | — | 10 | — | 75 | 15 | 1.0 | 0.5 | 3.09 | 2.24<br>2.48 | 0.76 | 小水轮机蜗壳 |
| (4) 灰铸铁 HT250 | | | | | | | | | | | | |
| 实例 10 | — | 60 | — | — | 20 | 20 | 0.7 | — | 3.23 | $\frac{1.30}{1.50}$① | 0.89 | 中压阀阀体 |
| 实例 11 | 25 | — | — | — | 40 | 35 | 1.1 | 1.5 | 3.04 | $\frac{1.41}{1.59}$① | 1.19 | 龙门铣横梁 |
| 实例 12 | — | — | — | 30 | 40 | 30 | 0.5 | 1.2 | 3.13 | $\frac{1.46}{1.58}$① | 1.18 | 刨齿机蜗轮 |
| (5) 灰铸铁 HT300 | | | | | | | | | | | | |
| 实例 13 | — | 25 | — | — | 50 | 25 | 0.81 | 0.42 | 3.09 | $\frac{1.49}{1.68}$① | 0.86 | 液压换向阀阀体 |
| 实例 14 | 30 | — | — | — | 45 | 25 | 0.5 | 2.8 | 3.25 | $\frac{1.40}{1.58}$① | 1.94 | 制氧机汽缸体 |
| 实例 15 | — | 32 | — | — | 32 | 35 | 0.5 | 1.2 | 3.04 | $\frac{1.22}{1.46}$① | 0.94 | 拉刀磨床工作台 |

① 分子为原铁液 Si 含量，分母为孕育后终 Si 含量。

表 2-25　用废钢铁等熔制蠕墨铸铁实例（供参考）

| 序号 | 配料比（质量分数）/% | | | | | | | | | 铁液的主要成分（质量分数）/% | | | | 应用 |
|---|---|---|---|---|---|---|---|---|---|---|---|---|---|---|
| | 新生铁 | | | | 回炉铁 | 废钢 | 合金 | | | C | Si① | Mn | 合金元素 | |
| | Z14 | Z18 | L08 | Q12 | | | 硅铁 | 锰铁 | 其他 | | | | | |
| (1) 蠕墨铸铁 RuT260 | | | | | | | | | | | | | | |
| 实例 1 | 50 | — | 钒钛生铁 50 | — | — | — | 0.8 | — | 锑 0.06 | 3.6～3.8 | $\frac{1.3\sim1.5}{2.4\sim2.6}$ | 0.3～0.5 | V 0.1～0.16<br>Ti 0.08～0.1<br>Sb 0.04～0.07 | 机床零件 |

续表

| 序号 | 配料比（质量分数）/% | | | | | | | | | 铁液的主要成分（质量分数）/% | | | | 应用 |
|---|---|---|---|---|---|---|---|---|---|---|---|---|---|---|
| | 新生铁 | | | | 回炉铁 | 废钢 | 合金 | | | C | Si① | Mn | 合金元素 | |
| | Z14 | Z18 | L08 | Q12 | | | 硅铁 | 锰铁 | 其他 | | | | | |
| 实例 2 | 含钛生铁 84 | — | — | — | — | 16 | — | — | — | 3.4～3.8 | $\frac{1.3～1.8}{2.3～2.9}$ | ≤0.5 | Ti 0.01～0.09 | 机床零件 |
| （2）蠕墨铸铁 RuT300 | | | | | | | | | | | | | | |
| 实例 3 | 55 | — | — | — | 球铁 37.5 | 7.5 | — | 1.1 | — | 3.7～3.9 | $\frac{1.4～1.6}{2.4～2.6}$ | 1.1～1.3 | — | 起重机零件 |
| 实例 4 | 75 | — | — | — | 25 | — | — | — | — | 3.5～3.7 | $\frac{1.2～1.7}{2.7～3.0}$ | 0.5～0.7 | — | |
| | — | — | — | 65 | 35 | — | — | — | — | 3.0～3.5 | $\frac{1.4～1.8}{2.6～3.2}$ | 0.1～0.6 | — | 机床零件 |
| （3）蠕墨铸铁 RuT340 | | | | | | | | | | | | | | |
| 实例 5 | 45 | — | — | — | 灰铸铁 40 | 15 | 1.12 | 0.62 | — | 3.0～3.6 | $\frac{1.5～1.8}{2.3～3.0}$ | 0.5～0.9 | — | 通用机械零件 |

① 分子为原铁液成分，分母为孕育后终 Si 含量。

**表 2-26　用废钢铁等熔制铁素体可锻铸铁实例（供参考）**

| 序号 | 配料比（质量分数）/% | | | | | | | | 孕育剂加入量（质量分数）/% | 铁液的主要成分（质量分数）/% | | | 应用 |
|---|---|---|---|---|---|---|---|---|---|---|---|---|---|
| | 新生铁 | | | | 回炉铁 | 废钢 | 硅铁 | 锰铁 | | C | Si | Mn | |
| | Z14 | Z12 | Z18 | Q12 | 可锻铸铁 | | | | | | | | |
| （1）铁素体可锻铸铁 KTH300-06 | | | | | | | | | | | | | |
| 实例 1 | — | 5 | — | — | 60 | 35 | 0.8 | — | Bi 0.006～0.01<br>Al 0.01～0.15 | 2.4～2.8 | 1.5～1.9 | 0.35～0.65 | 管件 |
| （2）铁素体可锻铸铁 KTH330-08 | | | | | | | | | | | | | |
| 实例 2 | — | — | — | — | 45 | 55 | 1 | 0.25 | Bi 0.008<br>Al 0.006 | 2.5～2.8 | 1.2～1.4 | 0.35～0.55 | 台虎钳零件 |
| （3）铁素体可锻铸铁 KTH350-10 | | | | | | | | | | | | | |
| 实例 3 | 5 | — | — | — | 50 | 45 | 1.25～1.5 | 0.5 | Bi 0.02～0.035 | 2.4～2.6 | 1.6～1.8 | 0.4～0.6 | 线路器材 |
| （4）铁素体可锻铸铁 KTH370-12 | | | | | | | | | | | | | |
| 实例 4 | — | — | — | 10 | 40 | 50 | — | — | Bi 0.004～0.01<br>Al 0.01 | 2.3～2.6 | 1.6～1.9 | 0.4～0.6 | 拖拉机零件 |

### 2.7.5.2　用废钢铁等冶炼铸铁

用废钢铁等冶炼铸钢实例见表 2-27、表 2-28。

### 表 2-27 用废钢铁等冶炼铸造碳钢实例（供参考）

| 序号 | 配料比（质量分数）/% | | | | | 钢液的主要成分（质量分数）/% | | | 应用 |
|---|---|---|---|---|---|---|---|---|---|
| | 废钢 | 回炉钢 | 新生铁 | 合金 | | C | Si | Mn | |
| | | | | 高碳锰铁 | 硅铁 | | | | |
| （1）铸造碳钢 ZG230-450 | | | | | | | | | |
| 实例 1 | 50 | 40 | 10 | 0.4 | 0.8 | 0.29 | 0.45 | 0.74 | 履带起重机配重块 |
| 实例 2 | 45 | 45 | 10 | 0.2 | 0.6 | 0.26 | 0.26 | 0.61 | 钻座 |
| 实例 3 | 50 | 40 | 10 | 75%锰铁 0.4 | 0.6 | 0.30 | 0.27 | 0.66 | 轴承盖 |
| （2）铸造碳钢 ZG270-500 | | | | | | | | | |
| 实例 4 | 余量 | 30～50 | ＜15 | 调节 | 调节 | 0.32～0.42 | 0.20～0.45 | 0.50～0.80 | 煤矿防爆电机 |
| 实例 5 | 50 | 40 | 10 | 1.52 | 0.10 | 0.35 | 0.36 | 0.65 | 轧钢机机架 |
| 实例 6 | 45 | 45 | 10 | 0.3 | 0.6 | 0.34 | 031 | 0.72 | 轴承座 |
| （3）铸造碳钢 ZG310-570 | | | | | | | | | |
| 实例 7 | 余量 | 30～40 | ＜15 | 调节 | 调节 | 0.42～0.52 | 0.20～0.45 | 0.50～0.80 | 煤矿运载机链结 |
| 实例 8 | 50 | 50 | 炉前调 C | 炉前调 Si | 炉前调 Mn | ≤0.50 | ≤0.60 | ≤0.90 | 载重汽车过渡法兰 |
| 实例 9 | 40 | 50 | 10 | 0.4 | 0.8 | 0.45 | 0.42 | 0.74 | 缸体 |
| （4）铸造碳钢 ZG340-640 | | | | | | | | | |
| 实例 10 | 38 | 50 | 12 | 0.5 | 0.8 | 0.60 | 0.41 | 0.81 | 齿轮 |
| 实例 11 | 40 | 45 | 15 | 0.5 | 0.7 | 0.60 | 0.36 | 0.76 | 叉头 |

### 表 2-28 用废钢铁等冶炼铸造低、中合金钢实例（供参考）

| 序号 | 配料比（质量分数）/% | | | | | | 钢液的主要成分（质量分数）/% | | | | 应用 |
|---|---|---|---|---|---|---|---|---|---|---|---|
| | 废钢 | 回炉钢 | 新生铁 | 合金 | | | C | Si | Mn | 其他 | |
| | | | | 锰铁 | 硅铁 | 其他 | | | | | |
| （1）铸造锰钢 ZG45Mn、ZG50Mn2 | | | | | | | | | | | |
| 实例 1 | 余量 | 30～40 | ＜15 | 调节 | 调节 | — | 0.4～0.5 | 0.30～0.45 | 1.20～1.50 | Re 0.02～0.04 | 煤矿粉碎机螺母轮 |
| 实例 2 | 55 | 35 | 10 | 2 | 0.7 | — | 0.48 | 0.36 | 1.79 | — | 石油钻井机，内筒体 |
| （2）铸造铬锰钼钢 ZG50CrMnMo | | | | | | | | | | | |
| 实例 3 | 60 | 30 | 10 | 1.0 | 0.7 | 高碳铬铁 0.8<br>钼铁 0.3 | 0.53 | 0.33 | 1.46 | Cr 0.73<br>Mo 0.24 | 水压机车轮轮箍下模平板 |
| （3）铸造铬锰硅钼稀土钢 ZG32Cr2MnSiMoRE | | | | | | | | | | | |
| 实例 4 | 80 | 20 | — | 0.7 | 1 | 高碳铬铁 3<br>钼铁 0.5<br>稀土硅铁 0.6 | 0.32 | 1.16 | 1.11 | Cr 2.22<br>Mo 0.33<br>Re 0.058 | 高炉称料斗衬板 |
| （4）铸造铬镍钢 ZG20CrNi3 | | | | | | | | | | | |
| 实例 5 | 小块废钢 20<br>铁道废钢 33.3 | 铬镍钢废料 33.3 | 13.4 | 0.3 | — | — | 0.17～0.25 | ≤0.40 | 0.25～0.60 | Cr 0.50～0.90<br>Ni 2.65～3.25 | — |

## 2.8 废钢铁再生利用技术的发展与展望

### 2.8.1 技术创新趋势

在废钢铁再生利用领域，技术创新正朝着智能化、绿色化与高效化方向加速发展。人工智能与机器学习技术的深度融合，成为技术突破的关键方向。通过构建大数据模型，系统能够对废钢铁的成分、杂质含量、物理特性等海量数据进行精准分析，从而智能规划最佳回收处理流程[14]。例如，利用深度学习算法可快速识别废钢铁中的合金成分，优化冶炼过程中的配料方案，显著提升再生钢铁的质量与性能 。同时，新型冶炼技术不断涌现。短流程炼钢技术凭借其高效、低耗的优势，得到进一步推广与改进。电弧炉炼钢技术通过引入先进的电极控制与能量优化系统，降低了单位产品的电耗，减少了污染物排放。此外，直接还原铁技术也取得重要进展，通过改进还原工艺与催化剂性能，提高了铁元素的回收率，使废钢铁能够更高效地转化为优质的直接还原铁产品，为后续炼钢工序提供优质原料。在废钢铁预处理环节，自动化分选技术日益成熟。基于机器视觉与激光光谱分析的分选设备，能够快速、精准地将不同种类、不同品质的废钢铁进行分类，极大提高了回收效率与资源利用率。一些先进的预处理生产线还实现了从破碎、分选到打包的全自动化操作，减少了人工干预，降低了生产成本与劳动强度。

在“十四五”期间，废钢铁产业迎来了深刻变革。企业规模呈持续扩张态势，行业准入门槛逐步提升，技术、资金、管理等方面的要求更为严格，这促使众多小型、低效企业加速退出市场。与此同时，产业集中度也快速提高，大型企业通过兼并重组、战略联盟等方式整合资源，形成一批具有较强影响力与市场话语权的产业集群，推动废钢铁工业向集约化、高效化方向迈进[15]。近年来，政府也积极发挥政策引导作用，大力支持行业龙头企业牵头组建大型废钢铁回收加工配送中心。此类中心凭借龙头企业的资金、技术与市场优势，能够实现规模化、专业化运营，带动上下游企业协同发展，促进产业结构优化升级。政府此举，不仅有助于规范市场秩序，还能推动行业标准化、规范化进程。

### 2.8.2 政策与市场趋势

在全球资源约束加剧与生态环境保护压力倍增的双重背景下，废钢铁再生利用领域的政策体系持续完善，市场格局亦发生深刻变革。政策引导与市场需求的协同驱动，正重塑废钢铁产业的发展路径。

在政策层面，全球各国纷纷出台相关政策，大力支持废钢铁再生利用产业发展，将废钢铁再生利用提升至战略高度，构建起全方位、多层次的政策支持体系。2021 年 10 月我国发布的《2030 年前碳达峰行动方案》与《中共中央 国务院关于完整准确全面贯彻新发展理念做好碳达峰碳中和工作的意见》，率先将废钢铁再生利用纳入重点发展范畴，通过实施行业规范管理、鼓励企业披露碳足迹等举措，系统推进产业绿色低碳转型。2022 年 7 月，工信部印发的《工业领域碳达峰实施方案》进一步强化政策导向，为行业碳减排锚定清晰方向。2023 年 2 月，国家发展改革委发布的《关于统筹节能降碳和回收利用 加快重点领域产品设备更新改造的指导意见》明确提出，到 2025 年，推动废钢铁等主要再生资源循环利用量达到 4.5 亿吨的量化目标。《“十四五”循环经济发展规划》更是对废钢铁产业作出精准规划，要提高废钢铁回收利用水平，扩大再生钢铁原料使用比例，推动钢铁行业绿色低碳转型。各地政府也相继出台配套政策，对符合标准的废钢铁再生利用企业给予税收优惠、财政补贴等支持，引导产业规范化、规模化发展 。在国际上，欧盟通过颁布一系列环保指令，严格规范废钢铁回收利用流程，并设立专项基金支持相关技术研发与产业升级。美国则通过立法鼓励企业提高废钢铁的回收利用率，将其纳入企业社会责任考核体系。这些政策的出台，为废钢铁再生利用产业营造了良好的政策环境。

从市场趋势来看，随着全球钢铁需求的增长以及原生铁矿石资源的日益紧张，废钢铁作为重要的替代资源，市场需求持续攀升。在我国，随着钢铁行业产能置换政策的推进，对再生钢铁原料的需求也将不断增加。同时，市场竞争格局逐渐优化，大型钢铁企业通过整合产业链资源，加强与废钢铁回收企业的合作，提高自身废钢铁自给率，行业集中度有望进一步提升。此外，消费者对绿色钢铁产品的认可度不断提高，也推动了废钢铁再生利用产品的市场拓展。

### 2.8.3 可持续发展战略下废钢铁再生利用技术展望

在可持续发展战略的指引下，废钢铁再生利用技术将更加注重资源节约、环境保护与经济效益的平衡。未来，技术研发将聚焦于进一步降低能耗与污染物排放，提高资源综合利用率。例如，研发新型的清洁冶炼技术，从源头上减少废气、废水与废渣的产生；探索废钢铁中稀有金属与合金元素的高效提取技术，实现资源的最大化利用。

同时，废钢铁再生利用产业将与其他产业实现深度融合，构建循环经济产业生态。与新能源产业结合，利用废钢铁再生过程中产生的余热发电，为产业发展提供清洁能源；与建筑产业合作，开发高性能的再生钢铁建筑材料，推动绿色建筑发展。此外，随着数字化技术的不断进步，废钢铁再生利用全产业链将实现数字化、智能化升级，通过构建智慧回收网络、智能生产管理系统等，提高产业运行效率与管理水平，实现产业的可持续发展。在国际合作方面，各国将加强在废钢铁再生利用技术研发、标准制定、市场推广等领域的交流与合作，共同推动全球废钢铁再生利用产业向更高水平迈进，为实现全球资源可持续利用与生态环境保护贡献力量。

## 参考文献


[1] 杨海鹏，马雄华．金属材料与热处理［M］．北京：化学工业出版社，2021.

[2] 韩玉坤，王志刚．6000kN 废钢龙门剪切机设计［J］．锻压技术，2012，03：89-93.

[3] 冯鹤林，王方杰，王新月，等．废钢铁资源保障现状与“十五五”发展趋势［J］．资源再生，2025，(06)：24-26.

[4] 洪陆阔，艾立群．浅谈固态炼钢新工艺［J］．工业计量，2015，(S1)：161-163.

[5] 卢春生，陈自斌，方拓野，等．《废钢铁》国家标准的发展与现状［J］．中国废钢铁，2014，06：17-22.

[6] 宋尹良．新《报废机动车回收管理办法》及其对汽车维修行业的影响［J］．汽车维护与修理，2019，(11)：4-11.

[7] 廖延涛．炼钢交流电弧炉电能质量问题的分析与治理研究［D］．南京：南京师范大学，2016.

[8] 李艳伟．智能控制技术在电弧炉电极调节中的应用［D］．天津：天津理工大学，2012.
[9] 马凤川．邢机．30t电弧炉优化配料模型研究［D］．唐山：河北理工大学，2009.
[10] 陈文骏，陈辉，李勇，等．70t电弧炉废钢利用工艺实践［J］．四川冶金，2016，(03)：15-20.
[11] 赵莹，张袅娜，张德江．基于支持向量机的电弧炉炉况判断方法［J］．金属世界，2010，(02)：20-22.
[12] 李海，张万壮，李凤敏．碳粉、碳化硅粉和硅铁粉扩散脱氧的应用［J］．中国铸造装备与技术，2010，(03)：35-36.
[13] 梁明武，王荣辉，赵清华．安钢100t电炉废钢加工工艺及设备选型［J］．河南冶金，2000，(03)：21-23.
[14] 废钢铁产业“十四五”发展规划［J］．资源再生，2021，(08)：16-21.
[15] 刘鹤，崔燕，罗岩，等．“十一五”以来我国废钢铁回收行业发展趋势［J］．中国资源综合利用，2023，41(05)：111-116＋091.

# 第3章

# 铜的再生利用技术

## 3.1 二次铜再生利用概况

中国是一个铜资源极其贫乏的国家，人均储量相当于世界人均水平的18％，2020年中国进口铜精矿2177万吨，进口废杂铜94万吨，进口精铜467万吨，进口粗铜103万吨，进口仍是解决国内铜资源供需矛盾的主要手段[1]。根据国际铜业研发组织提供的数据，2023年全球废杂铜回收利用的总量约为1800万吨，已经占全球铜表观消费的32％。由此可见，铜的再生利用在全球铜市场中起着极其重要的作用[2]。

近年来，随着我国经济的不断发展，铜资源缺乏和消费急剧增长的矛盾日益明显，而废杂铜作为一种二次铜资源已被社会广泛重视，同时兼顾对废杂铜中各种有用金属的回收，这不仅可以实现对资源的二次综合利用，也能提高资源的利用率和带来新的经济增长点，并能减轻企业对国外铜矿资源进口的依赖，达到节能减排和保护环境的目的，符合我国提出的“3＋1”循环经济发展模式，具有明显的经济效应和社会效益。

随着中国工业化水平的不断提高，中国再生铜工业也得到了快速发展，2019—2022年，利用再生铜原料生产的电解铜、铜材和铜合金年产量达到（300～400）万吨，占精炼铜总产量的30％～40％，占铜消费量的25％～35％。同期，国内产生并得到回收的再生铜原料量显著提升，年回收量（250～300）万吨。受进口政策调整影响，进口再生铜原料实物量下降至（100～180）万吨/年，其含铜量为（80～150）万吨/年。中国在今后的十年中再生铜技术市场活跃，传统的熔炼设备将得到改进，预处理技术和直接利用技术也将进一步提高，环境治理成效显著，计算机在再生铜技术领域得到应用，产业升级速度加快。

再生铜工业的发展有利于我国资源保护和环境保护的发展，是绿色产业，符合国家可持续发展的战略。该行业的发展需要行业的自律，需要全社会的理解和支持，同时也需要政府制定长期稳定的政策，创造良好的环境，使该行业健康稳定发展。

## 3.1.1 二次铜资源概述

### 3.1.1.1 国内铜精矿资源

铜是我国严重匮乏的矿产资源，目前国内探明的铜资源大多已被深度开发，因此需要大量进口。据自然资源部及中国有色金属工业协会统计，截至 2023 年，全国铜矿区 2000 余个，其中大型矿区 58 个，铜资源储量约为 1.12 亿吨，其中可采储量 2650 万吨。与 2022 年调查结果相比，资源总量提升 2.7%，但可采储量降低 0.7%，主要以斑岩型矿床为主，占 52%。2023 年铜精矿产量 187 万吨（金属量），与 2022 年相比增加 8 万吨，年增长率为 4.5%。虽然我国铜资源量逐年增长，但矿产资源的可采储量明显不足并有减少的趋势。国内铜精矿的供应不到 20%，超过 80%的比例需要依赖进口，远远高于铁矿石和石油对外依赖的程度。

### 3.1.1.2 二次铜资源的来源

二次铜资源，是指一次资源开发利用过程中所产生的含铜废弃物。金属铜具有良好的再生性能，可反复再生利用。根据废铜性质，可将二次铜资源分为两大类。

① 新废铜　主要是铜工业生产过程中产生的废料，包括边角料、机械加工碎屑等。这些产生的新碎料约为铜加工总量的 30%～40%，可以直接供铜冶炼加工再使用。

② 旧废铜（旧料）　这类铜再生资源较复杂，来源广泛。例如：废旧变压器、电动机、电缆、家用电器以及运输系统和旧建筑物拆解的废旧铜材和铜基材料等。这类含铜旧料大多以铜合金的形式存在。从旧料的来源分布情况看，电力行业是旧料的最主要来源，约占含铜旧料总量的 46.59%；而家用电器、交通运输和建筑等行业来源分别占 17%、10%和 7%。据行业监测，受益于“以旧换新”政策和家电更新周期，2023 年中国报废电子产品（涵盖空调、冰箱、电脑、手机等）产生的废铜量约为 113 万吨；2024 年，全国电线电缆报废产生的废旧铜约为 220 万吨，且这一数据仍呈现快速增长态势，体现出再生铜产业在“双碳”背景下的加速发展。

### 3.1.1.3 国外废杂铜资源状况

据有关资料报道，虽然西方国家的再生铜产量不算太高，但对废杂铜的回收利用还是比较重视的[3]。西方国家废杂铜的回收利用情况以及西方几个主要发达国家废杂铜的回收利用情况。分别见表 3-1、表 3-2。

表 3-1　西方国家废杂铜的回收利用量　　单位：万吨

| 项目 | 2020 年 | 2021 年 | 2022 年 | 2023 年 | 年均增幅/% |
|---|---|---|---|---|---|
| 西方国家精炼铜产量 | 2458 | 2506 | 2552 | 2612 | 2.0 |
| 专门工厂的再生铜产量 | 438 | 465 | 481 | 503 | 4.7 |
| 铜冶炼厂的再生铜产量 | 205 | 218 | 225 | 235 | 4.6 |
| 再生铜总产量 | 643 | 683 | 706 | 738 | 4.7 |
| 加工厂再利用的废杂铜量 | 1185 | 1245 | 1280 | 1320 | 3.7 |
| 回收再利用废杂铜总量 | 1828 | 1928 | 1986 | 2058 | 4.1 |
| 再生铜占精铜的量/% | 26.2 | 27.3 | 27.7 | 28.3 | 2.1 |
| 回收废杂铜占精铜的量/% | 74.4 | 76.9 | 77.8 | 78.8 | 4.4 |

表 3-2　西方主要发达国家废杂铜的回收利用量　　单位：万吨

| 国别 | 项目 | 2020 年 | 2021 年 | 2022 年 | 2023 年 |
|---|---|---|---|---|---|
| 美国 | 精铜产量 | 87.5 | 90.2 | 88.7 | 85.0 |
| | 再生精铜产量 | 42.3 | 45.1 | 46.8 | 48.5 |
| | 废杂铜直接利用量 | 105.6 | 110.2 | 112.0 | 115.0 |
| 日本 | 精铜产量 | 147.8 | 149.5 | 146.0 | 142.0 |
| | 再生精铜产量 | 28.9 | 30.5 | 31.2 | 32.8 |
| | 废杂铜直接利用量 | 71.5 | 73.8 | 75.1 | 76.0 |
| 德国 | 精铜产量 | 68.4 | 69.1 | 67.5 | 65.0 |
| | 再生精铜产量 | 38.2 | 40.6 | 42.3 | 44.0 |
| | 废杂铜直接利用量 | 85.3 | 87.0 | 88.5 | 90.0 |

从表 3-1 可以看出，西方国家再生铜的总产量基本上保持在（600～750）万吨的范围内，占其精炼铜总产量的 30％以下。西方国家废杂铜的直接利用量较高（再生铜直接利用的废杂铜量约占其精铜总产量的 1/2），但再生铜产量较低。这主要是因为西方国家环保法规较严格，造成污染时处罚重。而再生铜的分类回收、重熔冶炼往往会给当地造成一定程度的污染。此外，废杂铜的种类、成分较复杂，回收、重熔比较麻烦，会增加熔炼的投资和经营成本等[4]。上述原因促使上述国家往往将废杂铜销往国外进行重熔处理。这种做法实际上是在转移污染，美国在这方面做得尤为明显。德国则由于一向注重环境保护，而其铜资源又比较短缺，故而比较重视废杂铜的回收利用。

#### 3.1.1.4　国内废杂铜资源状况

由于我国的铜矿资源先天不足，始终不能充分满足国民经济发展的需要。自 20 世纪 80 年代以来，国内的铜需求一直依靠进口加以补充解决。正是由于这一点，我国政府和相关企业历来对废杂铜的回收利用十分重视。20 世纪 90 年代以前，国家物资部门和供销社系统就在全国建立了广泛的废旧金属和废旧物资回收网络，并将废杂铜的回收列入指令性计划[3]。20 世纪 90 年代以后，随着社会主义市场经济体制的建立和逐步完善，随着国民经济的持续发展和铜消费规模的快速扩张，对废杂铜的需求大幅增长，国内原料的不足日益突出，对进口的依赖程度加大，废杂铜的进口量大幅增加。国内进口废杂铜的品种主要是废杂铜、废旧电线、电缆以及大量含铜低的废旧电机等。当前，进口的废杂铜主要来自日本、马来西亚、美国等，其中日本取代美国成为最大进口来源，占进口总量的 40％～50％，主要以汽车拆解料为主。2023 年，我国共进口废杂铜 77.1 万吨，其中从日本进口 28.9 万吨，占全部进口量的 37.5％[4]。详见表 3-3、表 3-4。

表 3-3　我国废杂铜进口量（实物量）　　单位：万吨

| 年份 | 2018 | 2019 | 2020 | 2021 | 2022 | 2023 |
|---|---|---|---|---|---|---|
| 实物量 | 240.8 | 149.6 | 94.6 | 170.2 | 178.5 | 77.1 |
| 金属量 | 72.2 | 89.8 | 75.7 | 136.2 | 142.8 | 61.7 |

表 3-4 2023 年从主要国家或地区进口废杂铜量（实物量） 单位：万吨

| 国家或地区 | 日本 | 马来西亚 | 美国 | 泰国 | 德国 |
|---|---|---|---|---|---|
| 进口量 | 28.9 | 12.7 | 8.5 | 7.2 | 5.8 |

近年来，我国形成了长江三角洲、珠江三角洲、环渤海地区三个重点废铜拆解、加工、消费地区，这些地区精铜产量占铜总产量的 68%，其废杂铜产量占全国废杂铜产量的 62.3%，其中江西、江苏、广东、浙江、安徽 5 省市是我国再生铜生产的集中地区，另外像安徽的芜湖、铜陵和江西的鹰潭也都形成了自己的废杂铜基地。全国近 80%的铜加工企业分布在上述这些地区，近 70%的铜在这三个区域消费（指被加工），江苏、浙江、广东、安徽 4 省市所占份额最大，浙江尤其突出。2010 年国内废杂铜回收量为 116 万吨，2015 年为 205 万吨，而 2020 年达到 320 万吨（均指含铜量）。

### 3.1.2 二次铜资源的特点

（1）来源广泛且分散

二次铜资源涵盖众多领域，包括：a. 工业生产中产生的废铜，如，机械制造、电子电器生产过程中产生的边角料、残次品等；b. 日常生活废弃的含铜制品，如，老旧电线电缆、水暖器材、铜制工艺品等；c. 交通运输领域淘汰的汽车散热器、船舶零部件等。由于这些来源分布在不同行业、不同地域，使得二次铜资源呈现出高度分散的特性。例如，在城市中，废旧电线电缆可能分散在各个小区、建筑工地和维修站点，收集难度较大。这种分散性增加了二次铜资源回收的复杂性和成本，需要建立完善的回收网络和物流体系才能有效收集。

（2）成分复杂多样

二次铜资源在使用和回收过程中，往往与其他材料混合，导致成分复杂。以电子废弃物为例，其中的铜常与塑料、橡胶、陶瓷、贵金属以及多种金属合金等紧密结合，这些杂质不仅影响铜的回收纯度，还增加了处理难度。此外，不同来源的二次铜资源，其铜含量和杂质成分差异显著。废旧电器中的铜可能含有微量的金、银等贵金属以及铅、镉等有害元素；而建筑废料中的铜可能与混凝土、钢铁等混杂。因此，在二次铜再生利用前，需要采用多种预处理技术对其进行成分分离和净化，以满足后续冶炼的要求。

（3）具有可再生性和循环利用价值

铜具有良好的物理化学稳定性，在多次回收和再生过程中，其基本性能不会发生显著变化，能够实现多次循环利用，这使得二次铜资源成为一种可持续的铜原料来源。据统计，再生铜的能耗仅为原生铜的 20%～30%，同时减少了大量的废气、废水和废渣排放。通过先进的再生利用技术，二次铜资源可以重新转化为高纯度的电解铜，用于生产各种铜制品，实现资源的循环利用，有效缓解原生铜资源短缺的问题，具有显著的经济价值和环境效益。

（4）质量差异大

由于二次铜资源来源广泛，使用过程和保存条件各不相同，导致其质量参差不齐。部分二次铜资源在使用过程中受到腐蚀、氧化，或因长期使用性能下降，使得铜的含量和品质降低。例如，长期暴露在户外环境中的铜制水管，表面可能形成厚厚的铜锈，影响铜的纯度和回收价值；而一些保存良好、杂质较少的废旧铜制品，回收后能够更容易提炼出高品质的再生铜。这种质量差异要求在二次铜资源回收利用过程中，必须进行严格的质量检测和分级处理，以便采用合适的技术和工艺进行再生利用。

(5) 区域性分布特征明显

二次铜资源的分布与地区的经济发展水平、产业结构密切相关。在经济发达、工业制造业集中的地区，如我国长三角、珠三角地区，由于电子电器、机械制造等产业发达，产生的工业废铜和消费后废铜数量较多；而在城市化进程较快的地区，随着基础设施建设和房地产行业的发展，建筑废料中的二次铜资源也较为丰富。相反，一些经济欠发达、产业结构单一的地区，二次铜资源相对较少。这种区域性分布特征决定了二次铜资源回收利用产业需要因地制宜，根据不同地区的资源特点，合理布局回收站点和再生利用企业，提高资源回收效率和利用效益。

### 3.1.3 二次铜资源的分类和标准

可用于再生的废杂铜一般分为两大类：第一类是新铜废料，主要是指在生产应用过程中产生的边角料和机械加工碎料；第二类是旧铜废料，是各类工业产品、设备、备件中的铜制品的报废品，主要有电子元件、空调器、变压器、汽车水箱、废旧铜导线等[5]。以2020年为例，我国可以回收利用的废杂铜数量测算如下：a. 第一类废杂铜主要产生于当年铜材的消耗量，按照2020年铜材消耗量1380万吨，利用率为85%计算，产生废铜207万吨；b. 对第二类废杂铜进行估算，按照铜工业产品的使用寿命为30年测算，1990年所消费的铜为140万吨。进入消费市场铜的回收率为85%左右，2020年第二类废杂铜量为119万吨，2020年可利用的废杂铜量为326万吨。

关于废铜的分类方法，在1993年之前没有统一的分类方法或者标准。20世纪50年代初期，国家把废杂铜列为战略物资由国家物资储备局储备，当时给其通行的称谓是“废杂铜”。当时的物资回收部门根据废铜的质量和物理形态，将其分为特种紫杂铜、紫杂铜、黄杂铜等，简称特紫、紫杂和黄杂。

但此分类较为简单粗略，没有制定较完善的杂铜分类标准。由于废杂铜的物料来源较为复杂，完善的废杂铜分类标准是加强物料管理的重要前提。无论是企业还是回收部门，都对废铜的回收提出了新的要求，希望在全国能有一个统一的标准，有利于废铜的回收、贸易和加工利用。1993年，中国第一个废有色金属标准——《铜及铜合金废料、废件分类和技术条件》(GB/T 13587—92) 由国家标准化管理委员会颁发。但由于这个标准的制定受苏联相关标准的影响，过分按照金属牌号分类，即每一牌号的合金对应一种废料，这在实际中很难达到，尤其是加工领域产生的废铜在逐年减少，而消费领域报废的铜制品逐年增多，因此这个标准在实际中没有被采用。

我国在这方面与发达国家相比还有很大的差距，因此也采用了外国的部分标准。在今天经济日益全球化的情况下，立足于废铜回收业的发展，应逐步缩小与发达国家的差距，在这一趋势下就应对目前国际市场的分类标准有全面的了解[6]。

国外的分类标准如下[6]。

① 一号重杂铜　由纯净的非合金铜材料构成而且无包装皮。如铜边角料、铜圈、汽车棒、整流器部件、干净的铜管或者管道和铜线直径大于1/16较粗的铜线，但被烧焦的

和易碎的铜线不在此列。这种等级相当于国际ISRI的CANDY标准。

② 二号杂铜　由干净的非合金铜材料构成。如：干净的、氧化的或带皮的铜边角料、铜圈、汽车棒、整流器部件、干净氧化铜管或较干净带有少量焊锡的铜管材、氧化或带皮铜线（不包括很细的、像头发丝似的铜线及大范围氧化或易碎和烧焦的铜线，熔化后回收率铜含量不低于94%）。此级别为国际ISRI制定的CLIFF标准。

③ 带焊料铜管线　各种各样的带焊料接头的铜管线，但不带有黄铜或青铜和其他非铜物质。

④ 轻杂铜　各种各样的非合金铜材。例如铜片、铜水管、铜壶、铜烧水壶或热水器、铜箔和不能烧焦的铜发丝，熔化后回收率铜含量不低于88%。本级别为国际ISRI制定的DREAM标准。

⑤ 车床加工后的铜料　非合金铜经过车床加工车削下来的废料有可能带一些切割用的油渍。

基于上述分类，国内专家从纯度上将废杂铜分为三级：最高一级的废杂铜是“一号铜线和粗导线”，其纯度为99.9%，直接由铜轧制厂使用；二级废杂铜为“2号铜线和粗细混合导线”，其纯度为92%～96%，常常被再精炼，所以成为精炼原料的一部分，但也可以直接使用；其他杂铜均需进行精炼。而从废杂铜的状态上讲，废杂铜可分为两类：一类是固体类，主要有各类废杂铜、含铜废催化剂及含铜废镁砖和铜包钢废线等；另一类是液体类，主要有印刷电路版厂排放的腐蚀废液、电镀厂排放的含铜废液等[6]。

## 3.1.4　再生铜工业

### 3.1.4.1　废杂铜的回收渠道

我国废杂铜的回收渠道主要包括物资系统、供销社系统、民营企业和个体企业。

（1）物资再生系统

该系统是计划经济时期从事废有色金属回收的主渠道之一，以国有企业为主，物资流通体制改革以前，主要负责中央部委直属企业和机关厂矿废有色金属的回收，目前仍然是废有色金属回收和经营的主渠道之一。

（2）再生资源系统

即全国各地的供销社，主要由集体所有制企业组成，是计划经济时期从事废有色金属回收经营的主渠道之一。该系统在计划经济时期已经在全国建立了较广泛的回收网络，主要从事废旧物资的回收，其中也包括废杂有色金属，市场经济体系确立之后，仍然是废旧有色金属回收的主渠道之一。

（3）废铜进口拆解加工群体

计划经济时期，废铜进口量很少，主要由冶金系统进行，进入市场经济以后，废铜进口量逐年增加，从事这一业务的除物资再生系统、再生资源系统和冶金系统之外，从事废旧有色金属进口的民营企业迅速发展，其中以废旧五金进口拆解企业为主，现已成为目前我国废铜进口的一支主力军。

（4）其他废铜回收企业

主要是一些民营公司，从事废铜的经营、贸易和加工。

在回收过程中根据废铜的物理状况，还有一些特殊的要求，如水箱要扣除一定的杂质，毛丝在回收过程中也要打一定的折扣等。但由于当时社会上回收的废铜极少，因此社会上回收废铜也没有严格的分类方法。

### 3.1.4.2 再生铜利用工艺

目前我国生产再生铜的方法主要有两类：第一类是将废杂铜直接熔炼成不同牌号的铜合金或精铜，所以又称直接利用法；第二类是将杂铜先经火法处理铸阳极铜，然后电解精炼成电解铜，并在电解过程中回收其他有用元素。用第二类方法处理含铜废料时通常又有3种不同的流程，即一段法、二段法和三段法。

（1）一段法

即将分类过的黄杂铜或紫杂铜直接加入反射炉精炼成阳极铜的方法。其优点是流程短、设备简单、建厂快、投资少，但该法在处理成分复杂的杂铜时，产出的烟尘成分复杂，难于处理；同时精炼操作的炉时长，劳动强度大，生产效率低，金属回收率也低。因此，一段法只适宜处理一些含杂质较少且成分不复杂的杂铜，对一些设备条件较差的中小型厂，用一段法处理废杂铜具有一定实用价值。

（2）二段法

即杂铜先经鼓风炉还原熔炼得到金属铜，然后将金属铜在反射炉内精炼成阳极铜；或者杂铜先经转炉吹炼成粗铜，粗铜再在反射炉内精炼成阳极铜，由于这两种方法都要经过两道工序，所以称为二段法。鼓风炉熔炼得到的金属铜杂质含量较高，呈黑色，故称为黑铜。同样的，杂铜经转炉吹炼得到的粗铜杂质含量也较高，为与矿产粗铜区别起见，一般称其为次粗铜。

（3）三段法

杂铜先经鼓风炉还原熔炼成黑铜，黑铜在转炉内吹炼成次粗铜，次粗铜再在反射炉中精炼成阳极铜。原料要经过3道工序处理才能产出合格的阳极铜，故称三段法。三段法具有原料综合利用好，产出的烟尘成分简单、容易处理、粗铜品位较高、精炼炉操作较容易、设备生产率也较高等优点，但又有过程较复杂、设备多、投资大，且燃料消耗多等缺点。因此，我国除规模较大的企业需处理某些特殊废渣外，一般的废杂铜处理流程多采用二段法和一段法[5]。

按照铜的纯度级别分级处理，如图3-1所示。

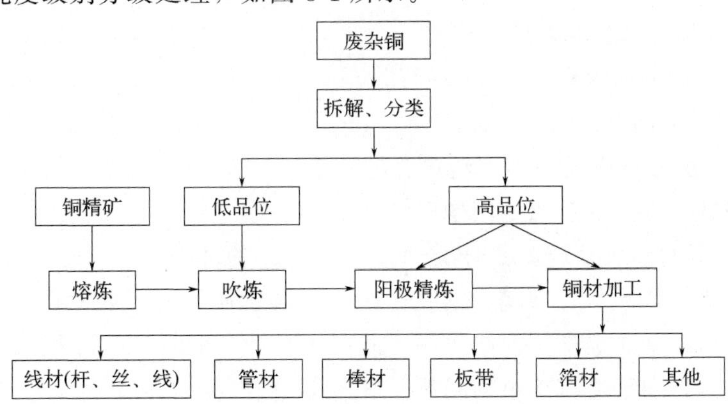


图 3-1 废杂铜分级处理产业链

据2010年统计，约有38%的废杂铜进入铜加工行业直接制成铜制品，约12%进入熔炼铜精矿的转炉或阳极炉处理，50%左右的废杂铜进入专门冶炼废杂铜的工厂或生产系统处理。

目前，中国几乎没有专门采用三段法工艺处理废杂铜的工厂。冶炼铜精矿的工厂有转炉存在且在热平衡能够满足要求时，大部分都会在转炉工序加入废铜料，既利用转炉吹炼多余的热量，又可提高工厂的产量。也有工厂在阳极精炼炉中加入废杂铜的，但是一般要求的品位很高。

目前中国对低品位物料主要采用鼓风炉熔炼，仅有一家采用卡尔多炉工艺。而对高品位废铜的处理，以前中国大多数工厂主要采用固定式反射炉处理，反射炉的规模在50～350t范围内，仅有一家采用倾动炉。反射炉的优点是工艺成熟、投资少，缺点是热利用率和生产效率低，工人劳动强度大，黑烟污染严重，环保效果差。

如果要得到高品质的铜材，需将废杂铜精炼成阳极铜，然后电解成阴极铜再进行加工。该工艺流程增加了电解工序，生产周期长，同时增加了能耗和成本。针对有些行业并不需要高品质的铜材，用一些高品位的废杂铜直接生产相应品质的铜制品，其经济性非常突出，所以目前国内以废杂铜为原料生产铜材的生产线超过80条，每年有1/3以上废杂铜被直接加工成电工铜材或铜合金（如黄铜棒）等。但由于这些工厂在精炼时对杂质的脱除以及加工过程控制不好，所以仅能生产低品质的铜材。

近年来，随着我国再生铜工业的快速发展，在再生铜生产技术方面也有了一些新的进展。例如，在加强废杂铜分选管理的基础上，直接用优质黄杂铜生产同牌号的黄铜；根据不同的废铜料采用不同的处理工艺，如处理紫杂铜采用反射炉直接精炼成阳极板的一段法，处理黄杂铜和白杂铜采用鼓风炉熔炼和反射炉精炼的二段法，铜冶炼中产出的含锡、铅、锌高的渣，采用鼓风炉熔炼、转炉吹炼和反射炉精炼的三段法；鼓风炉熔炼时采用高钙低铁渣型降低了渣含铜量；鼓风炉使用热风，降低了焦耗等[4]。这些都是很值得推广的好经验。除了目前常用的火法处理废杂铜的进展外，一些再生技术也在不断发展，与此同时生产过程中产生的“三废”治理，处理方式尤为重要。生产过程中产生的废水主要为酸性废水、碱性废水、重金属废水，其治理的基本原则是：开展多种形式的清洁生产，减少排污量；提高水的重复利用率；强化末端治理技术。废水处理方式多种多样，主要有中和法、离子交换法、萃取法、吸附法、浮选法、曝气法等，在工业实践中已得到了应用，并取得有效的治理效果[7]。

#### 3.1.4.3 再生铜工业所面临的挑战

（1）我国废杂铜的回收利用面临的问题

2024年我国再生铜总产量达430万吨，其中直接利用废杂铜约98万吨，占国内铜消费量的6%；再生铜总供应量占国内消费总量的26%。但是也应该注意到，我国废杂铜的回收利用亦面临着不少亟待解决的问题和挑战[8]。

① 对于废杂铜的回收处理，其分类预处理是重要的环节，它可以通过分类直接分离回收各种有用物质，如塑料、玻璃、钢铁、铝等单体物质，使回收对象更为单一和清晰，避免后续工序中的混杂，提高了回收效率；同时还有利于回收过程的环保，如减少或避免塑料在火法处理过程中产生二噁英的问题，以及由塑料带入的卤素元素的腐蚀问题。

② 在处理低品位杂铜生产精铜的熔炼工艺中，ISA/Ausmelt工艺的熔化、氧化、还

原过程都在熔体的渣内进行，具有最好的动力学特性。因此，ISA/Ausmelt 工艺可能将被广泛的应用[9]。

③ 处理低品位废杂铜过程中进行综合回收是提高经济效益和降低污染的关键，也是今后中国废杂铜回收利用的方向。因此，需要从最初的分类预处理过程开始，到随后的冶炼回收流程，都必须从综合回收的角度考虑各物料的分布、分离、分类，以便对其中的各物料进行综合回收。

④ 废杂铜的综合利用，需要建设废杂铜拆解加工园区，这与地方政府的政策支持是分不开的。

⑤ 由于直接电解不仅克服了火法冶炼能耗高和环境污染的问题，而且流程短，能够减少其他有用金属的损失，有利于在下一步流程对其回收，属环境友好型技术，直接电解将是今后研究和发展的主要目标[9]。

⑥ 针对不同原料应采用相应的生产工艺和生产设备。

（2）我国再生铜工业需要克服的挑战

1）传统的再生铜工业面临挑战

我国再生铜工业经过了近半个世纪的发展，取得了巨大的成就，但产业升级速度缓慢，再生铜工艺和技术的进展不大，一些企业对废铜的利用技术甚至出现倒退。仅从利用废杂铜生产电解铜的领域看，传统的一段法、二段法、三段法仍被盲目采用，导致废杂铜合金成分的综合利用程度差，能耗高，加工成本高。在新技术研究方面，再生铜新工艺和设备的研究成果几乎是空白的，尤其是熔炼设备的研制，传统的反射炉没有得到明显改进。落后的再生铜工艺和设备已经严重制约了再生铜工业的发展[10]。

2）废杂铜的资源供给量不稳定

眼下国内企业对国外废杂铜的依赖程度越来越大，但废杂铜的进口来源却十分不稳定。废杂铜进口的起伏不定，除了受国际市场铜价涨落不定的消极影响外，另外一个重要原因就是缺乏稳定的进口渠道。这种局面使国内废杂铜的供给始终处于起伏波动之中。

除此之外，国内废杂铜市场秩序极不规范，多种进口形成的市场过分分割状态使废杂铜回收供销系统受到了很大的冲击，从而在相当大的程度上影响了国内废杂铜的有效供给与回收[4]。

3）再生铜产品质量低下

目前废杂铜的利用途径有两种：一种是经过阳极炉熔炼之后生产电解铜，在一些正规的再生铜企业中，利用废铜生产的电解铜的质量绝大多数都能够得到保证；另一种是直接利用，即直接利用分类清晰的废杂铜生产铜材或合金产品。我国在计划经济时期就提倡废杂铜的直接利用。对分类清晰的废铜及其合金，经过严格的分类、除杂等预处理之后直接生产相应的铜及其合金产品，不仅可以节约能源，而且可以综合利用合金成分，是废杂铜利用的一种方向。但一些企业为了盲目追求利润，违反了以上原则，直接利用低档次的废铜生产铜材和铜合金产品，生产的铜材、铜制品杂质含量过大，产品成分复杂，假冒伪劣产品较多，严重影响了行业的声誉，这是行业中比较突出的问题[10]。

4）铜及其合金深加工技术有待改进

一些再生铜企业正在向深加工方向发展，利用生产的电解铜或分类清晰的废铜及其合金生产铜材和铜合金产品，这是一个好的发展趋势。但一些企业采用的是 20 世纪 60—70

年代被淘汰的技术和设备，一些小企业还是作坊式生产，生产效率低、成本高、产品档次低。最近几年，在铜及合金的深加工方面出现一些新技术和设备，但这些技术和设备缺少科学的鉴定和检测，也没有进入标准系列，利用这些技术或设备生产的产品性能令人担忧。我国再生铜深加工领域亟待研究和推广先进的工艺技术和设备，并应该制定相应的标准[10]。

5）环境污染严重

众多小企业进行废杂铜的熔炼回收，对环境造成了极为严重的污染。这方面的问题集中体现为 3 点：a. 进口废杂铜在国内进行分拣，造成第一次污染；b. 小冶炼厂点多面广，熔炼污染带来的负面影响波及面大，造成第二次污染；c. 企业的生产技术和工艺水平低，能耗高，除尘收集设备欠缺，金属损失大，进而加重了污染的程度。

## 3.2 二次铜的预处理

废杂有色金属的预处理是发达国家近年发展起来的新领域，其目的是使来自不同渠道、牌号混杂、含有各种杂质和污染物的废杂有色金属得到拆解、分类、分选、除杂、除油污，最终得到牌号清晰、不含杂物、纯净的金属或合金。经过处理后的废杂有色金属，可以直接生产相应牌号的金属或合金，也可以配制其他牌号的合金[11]。因此可以缩短废杂有色金属再生利用的流程，降低生产成本，可最大限度地利用废杂有色金属中的有用成分。因此该工序是再生利用废杂有色金属必须有的工序。

### 3.2.1 预处理技术

机械预处理技术的目的是使各种物件和材料尽可能单体分离，得以高效分选。破碎程度的选择不仅影响到破碎设备的能耗，还将影响到后续的分选效果。预处理是根据各种金属和非金属材料的物理化学性能的不同进行破碎和分选的预分离技术。这些物质的物理特性包括密度或相对密度、导电性、磁性和韧性等，因此破碎后可根据密度和电导率的不同等进行分选。其中的关键和核心是破碎。

#### 3.2.1.1 分选

最简单的办法是先进行形态分选，手选是很普遍的；机械分选包括筛选、电磁分选（除去磁性物质）等；还有重介质分选、冶金分选（除去非金属物质）等。在此涉及对废弃物的预处理。

涡流分选方法用于从固体废料中回收有色金属，也可用于各种有色金属的相互分离。这种方法是基于分选机中磁场变化时，在导电的有色金属颗粒中感应出涡电流，涡电流与源磁场相互作用，对导电颗粒产生排斥力，使这些导电颗粒与绝缘颗粒产生不同的运动轨迹。目前，国外涡流分选机已经成功应用于废汽车碎屑、社区固体废物等的分选。根据入料形式的不同，涡流分选机可以分为皮带式给料和直接给料两种，本书主要探讨皮带式涡流分选机。

颗粒通过旋转磁场时受到多种力的共同作用，包括磁偏转力、重力、离心力、摩擦力、颗粒间的相互作用力等。图 3-2 为各种力共同作用在即将离开磁辊表面颗粒上的综合作用力示意。

当分选物料的半径远小于磁辊筒的外径时，离心力可以表示为：

$$F_c = LWT\rho_p R\omega^2$$

式中 $F_c$——颗粒所受的离心力，N；

$L$——颗粒的长度，m；

$W$——颗粒的宽度，m；

$T$——颗粒的厚度，m；

$R$——外筒的半径，m；

$\omega$——颗粒的角速度，r/min；

$\rho_p$——颗粒的密度，kg/m$^3$。

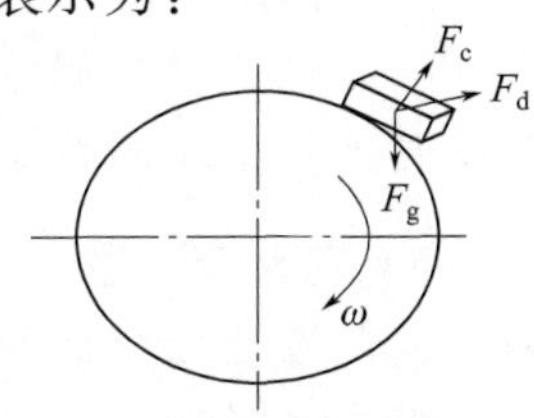


**图 3-2 作用在即将离开磁辊表面颗粒上的综合作用力示意**

$F_c$—颗粒所受的离心力，N；$F_g$—重力，N；$F_d$—颗粒所受的磁场力，N

废件与废料的解体。报废设备及部件的解体方式有切割、破碎、研磨、打包和压块等。废电缆、蓄电池、电动机一般也经解体处理，其他方法还有浮选法、化学法以及焚烧法等[12]。

#### 3.2.1.2 机械法处理技术

机械破碎对象不同，有不同的破碎机，首先在处理废钢时得以发展，因为废钢破碎生产线制造技术复杂，生产成本高，但因其技术先进，加工范围大，生产效率高，可分选出有色金属，剔除非金属杂物，加工出纯洁度高的优质废钢，而且加工过程中对环境污染较少，因此作为处理废钢比较理想的加工处理设备被广泛利用[13]。目前世界上已有近 700 条废钢破碎生产线在运行，再配以输送、分选、除尘系统。生产线的核心设备就是废钢破碎机。目前最先进和具代表性的破碎机是美国纽维尔（Newell）公司的 SHD 系列废钢破碎机和法国林德曼（Lindemann）公司的 IK 型系列废钢破碎机。我国某公司于 2000 年已引进了美国纽维尔公司 SHD 型废钢破碎技术，并与之合作生产了我国第一条国产的 PSX-6080 型废钢破碎线，同时也开发了废电缆破碎生产线——DSPX-250 和 PS 型切碎机，DP 型电路板专用破碎机。

#### 3.2.1.3 低温破碎处理技术

低温破碎处理技术是根据物质在低温下材质变脆，有利于破碎，又可降低破碎过程产生的热的原理进行的技术。物质的冷却温度为－100～170℃。由于该法选用的低温试剂是液氮，设备扩大化上的问题和成本高，故该方法尚未得到推广应用。

#### 3.2.1.4 废杂有色金属除铁

铁及其合金是铜及其有色金属和其他合金中的有害杂质，对铜和其他有色金属及其合金性能影响最大，因此在预处理工序中能最大限度地分选出夹杂的铁及其合金。对废铜碎料，分选铁及其合金较为理想的方法是磁选，这种方法在国外已被广泛应用。磁选设备比较简单，磁选采用电磁铁或永磁铁，工艺设计多种多样，比较容易实现的是传送带的十字交叉法。传送带上的废铜沿横向运动，当进入磁场后废铁及其合金被吸起而离开横向皮带，立即被纵向皮带带走，运转的纵向皮带离开磁场后，铁及其合金失去引力而自动落下并被集中起来。磁选法的工艺简单、投资少，很容易被采用。磁选法处理的废铜碎料的单体不宜过大，一般的碎铜废料都比较适合，大块废料要经过破碎后才能进入磁选工艺。

磁选法分选出的废铁及其合金还要进一步处理，因为有些废铁器件及其合金器件中含有机械结合的以铜为主的有色金属零部件，很难分开，如废件上的螺母、电线、水暖件、小齿轮等。对这部分的分选是非常必要的，因为分选出的有色金属可以提高产值，还可以提高废钢铁件的档次，但分选难度大，一般手工拆解和分选，但效率低。为了提高生产效率，对于分选出难拆解的铜和铁结合件，最有效的处理方法是在专用的熔化炉中加热，利用两者熔点温度差，使铜熔化后捞出。此种方法常常被厂家利用[14]。

#### 3.2.1.5 废杂有色金属除油

废杂有色金属及其合金的零部件在使用过程中都沾有油污，在再生利用之前要进行清洗，如果此类废料量大，可以采用滚筒式洗涤设备，效果好。

滚筒以水为介质，加入洗涤剂，不仅可以洗掉油污，还可以浮选出轻质杂质，如废塑料、废木头、废橡胶。主要设备有螺旋式推进器，废铜随螺旋式推进器被推出，轻质废料被一定流速的水冲走，在水池的另一端被螺旋式推进器推出。在整个过程中，泥土和灰尘等易溶物质大量溶于水中，并被水冲走，进入沉淀池。污水在经过多道沉降澄清后，返回循环使用，污泥定时清除。此种方法可以将废铜表面的油污较好地清除掉，使相对密度较小的轻质材料全部分离，并可以分离出大量泥土，是一种简易的方法，在国外已被广泛使用。此种方法也被国内一些工厂采用，效果很好[15]。

### 3.2.2 电缆、电线铜的回收

在七类废料中电缆、电线占有很大比例，它的种类繁多，线径不同，绝缘皮成分各异，质量相差悬殊，含金属量差别大。进口废电线、电缆的规格比较简单，而废铜电线、电缆的成分和型号复杂。如图 3-3 所示，导体、绝缘体以及包覆保护层组成电线和电缆的基本结构。绝缘体和包覆保护层分别以电绝缘和实施机械性保护为目的。表 3-5 归纳了用于绝缘体和包覆保护层的主要材料，其中塑料主要是聚氯乙烯和氟树脂，而橡胶材料主要是氯丁橡胶、氯磺化聚乙烯等含卤素的材料。此外，所用材料中还包括添加了含氯或溴等卤素阻燃剂的聚烯烃材料[16]。

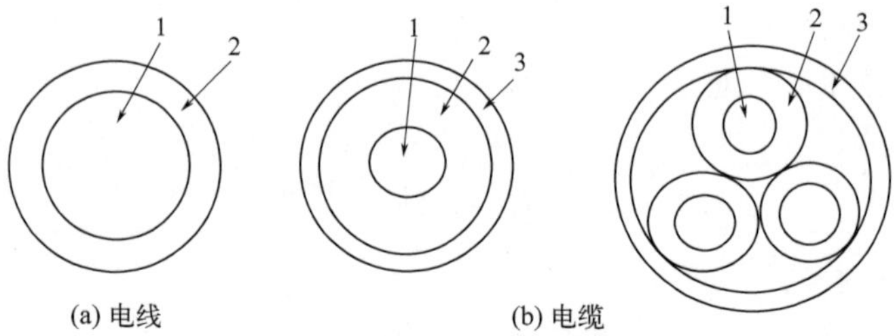


(a) 电线　　(b) 电缆

图 3-3 电线、电缆的结构

1—导体；2—绝缘体；3—包覆保护层

表 3-5 电线和电缆使用的材料

| 类别 | 材料名称 | 绝缘体 | 包覆保护层 | 类别 | 材料名称 | 绝缘体 | 包覆保护层 |
|---|---|---|---|---|---|---|---|
| 塑料 | 聚氯乙烯 | + | + | 橡胶 | 乙丙橡胶 | + | + |
| | 聚乙烯 | + | + | | 丁基橡胶 | + | − |
| | 阻燃聚乙烯 | + | + | | 天然橡胶 | + | + |
| | 交联聚乙烯 | + | + | | 丁苯橡胶 | + | − |
| | 阻燃交联聚乙烯 | + | + | | 硅橡胶 | + | − |
| | 氟树脂 | + | + | | 氯丁橡胶 | + | + |
| | | | | | 氯磺化聚乙烯 | + | + |

注：+表示使用；−表示未使用。

根据1997年日本电线工业协会的统计（图3-4），聚氯乙烯的用量达$1.85\times10^5$t、聚乙烯（PE）为$1.1\times10^5$t、橡胶类材料为$1.2\times10^4$t。

从图3-4中以这些材料为包覆材料的电线、电缆的废弃情况看，由于用作导体的铜、铝等金属是有价值的材料，所以确定了图3-5所示的报废电线的回收过程。

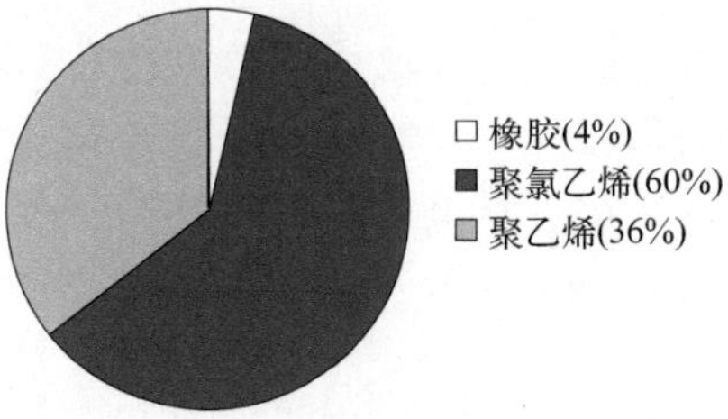


图3-4　电线和电缆的原材料消耗量（日本1997年度）

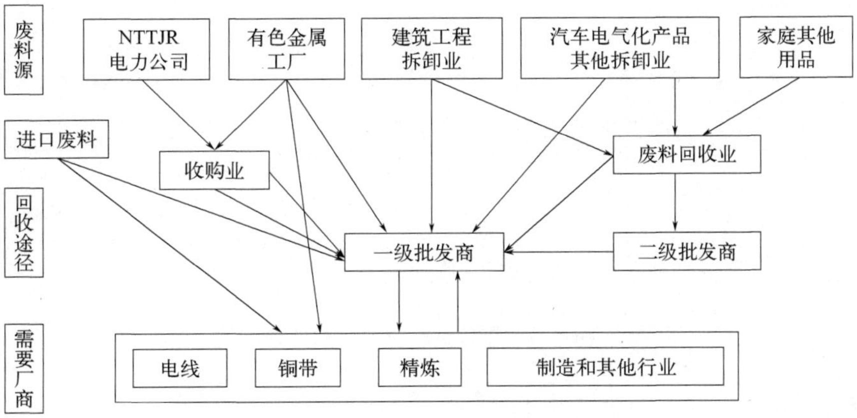


图3-5　废弃电线、电缆的回收过程

## 3.2.3　报废汽车铜的回收

大多数汽车水箱都是由黄铜带做的，各个结合部位均用焊锡焊接。一只解放牌汽车水箱含焊锡0.5～0.7kg。一般再生铜企业都不够注意锡的回收，为了省事，不经任何预处理就直接同黄杂铜一起送入阳极炉熔炼生产出阳极板。由于有焊锡，含铅、锡高，精炼时间长，燃料消耗大，产生的阳极板往往因含杂质高而达不到电解工序的要求，需回炉再进行精炼。从废水箱中回收焊锡通常在脱锡炉中进行，控炉测温在450～500℃保温4h。在此过程中，焊锡因熔点低而熔化，再汇集并滴落到盛锡容器中，然后将盛锡容器自脱锡炉中取出并浇铸成焊锡条。

## 3.2.4　电子电器废料铜的回收

电子电器废料包括废五金电器和废旧家电电器，其中废五金电器含有金属废料，常见的有各种类型废机械设备、零部件、废电器及其零部件、废家电及其零部件、废水暖件、废炊具、废办公设备等；废旧家电包括废旧电视机、废旧洗衣机、废旧冰箱和废旧空调等。

### 3.2.4.1　废五金电器的回收

废五金电器的拆解和分类全部靠人工进行，主要的拆解方法是对螺栓连接的部件进行人工拆卸分离或用手动工具或手动钢铲、钢钎拆卸分离。对一些体积大的或难以手工拆卸的机械设备，有时动用氧气/乙炔切割解体，然后分类、回收[17]。

废五金电器的拆解流程如图 3-6 所示。

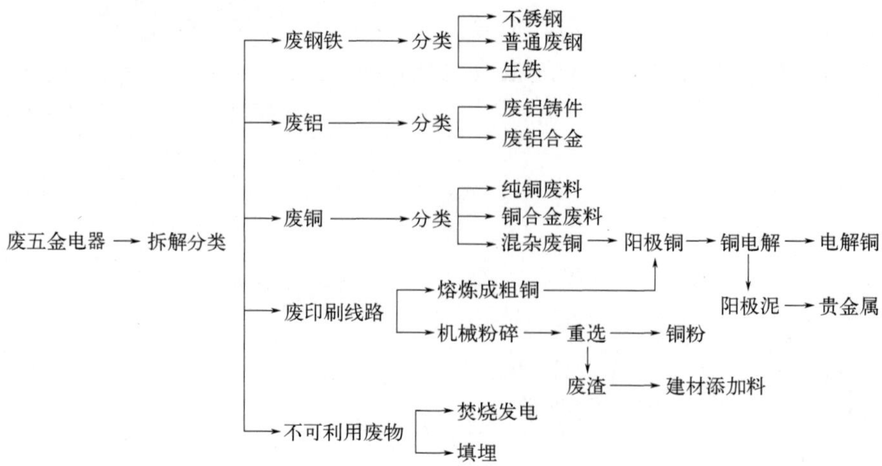


图 3-6　废五金电器的拆解流程

#### 3.2.4.2　废旧家电的拆解

我国自 1958 年开始生产电视机，1978 年生产电冰箱，1980 年生产家用洗衣机，1978 年生产家用空调。根据家用电器的使用寿命，在 20 世纪 90 年代以前投入使用的家电已达到报废期，目前已处于家电更新的高峰，其中重点是电视机、冰箱和洗衣机三个品种。因此家电的报废回收和无害化处理已引起政府部门的高度重视[18]。中国第一部废旧家电处理法规《废旧家电及电子产品回收管理条例》已于 2008 年 8 月通过，自 2011 年 1 月 1 日起施行。

（1）家电的拥有和报废情况

截至 2019 年底，我国“四机一脑”的内销量达 2.3 亿台。国家发展改革委公布的一份数据表明，按照使用寿命计算，中国家用电器每年的理论报废量已超过 5000 万台，且以年均 20%的速度在增长。预计到 2030 年每年报废数量将超过 5 亿台。

（2）废旧家电的回收情况

由于废旧家电中大部分仍有使用价值或经维修之后仍有使用价值，加之东西部地区的贫富差异，再生的废旧家电还有很大市场。目前中国报废家电主要产生于大中城市，大城市占主流地区。废家电的回收主要有 4 条渠道，即通过社会回收网络进行回收（65%），通过商场出售新家电时收购（15%），废家电产生主体、政府机关和企事业单位（10%），馈赠亲友（10%）。

（3）废旧家电的利用情况

直接进入旧货市场中城市个体收购的废旧家电，凡有使用价值的（大约占废旧家电总量的 70%），90%以上进入旧货市场，许多城市都有此类交易场所，经销商直接负责废旧家电的回收、修理，积攒到一定数量，再成批进行交易。

对报废家电的处理主要进行拆解和检测，可用零部件用于拼装和修理。目前废家电的再生主要有两个渠道：一是直接进入旧货市场，由旧货市场进行拼装；二是进入个体拆解拼装企业。废旧家电无论进入哪个渠道，都是拆解、拼装和拼装成整机，或卸（取）出可用零件。目前拆解下的可用零部件有：洗衣机的箱体、电动机、洗衣桶和甩干桶，冰箱的箱体、压缩机、散热器，电视机的显示屏、扬声器、电路板等。这些零部件主要用于原牌号家电的维修和拼装。

彻底报废的家电进行手工拆解分类，作为资源回收利用的主要有废钢铁、废铜、废铝、废塑料等。拆解流程如图 3-7 所示。

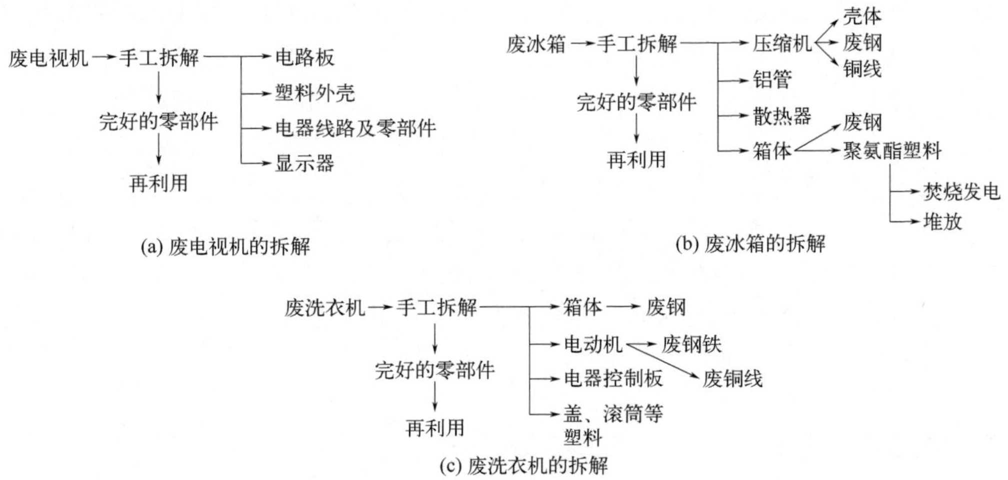


图 3-7　报废家电的拆解流程

早期，政府有关部门为了规范废家电的回收和处理，先后批准两个示范省和两个示范工程，即“浙江省废旧家电回收利用中心”和“山东家电示范项目”，“北京废旧电器回收处理示范工程”和“天津市废旧电器回收利用示范工程”。截至目前，我国通过发行《废弃电器电子产品回收处理管理条例》《关于完善废旧家电回收处理体系　推动家电更新消费的实施方案》等政策，构建了更系统的废家电回收处理体系，现今全国已培育 100 余家“废弃电器电子产品处理基金”支持的规范化处理企业，覆盖 29 个省份，年处理能力超 2 亿台；此外，结合“无废城市”建设、绿色制造试点，多地（如广东、江苏、四川等）新增区域级废家电回收处理示范基地，形成“回收网点＋区域分拣中心＋规模化处理厂”的产业链网络。2024 年，我国废弃电器电子产品（含废家电）规范处理量达 1.8 亿台，同比增长 12%；回收处理产业年产值超 800 亿元，相比早期示范阶段实现了量级跨越，体现出政策推动下行业从“试点探索”到“规模化发展”的转变。

## 3.3 废铜的再生利用技术

### 3.3.1 概述

废杂铜的回收利用工艺主要取决于原料自身的性质，对于高品位废杂铜主要采用直接回收利用方式；而低品位废杂铜的回收利用主要采用火法熔炼；另外，也在探索直接电解的方法。直接利用，即对于分类明确、成分清晰、品质较高的废杂铜直接生产成铜杆、铜棒、铜箔、铜板、五金水暖件等铜加工材料。这一类回收利用的铜，约占再生铜总产量的45%。而间接利用则是对分类不明、成分差异大、不能直接利用的废杂铜，通过火法精炼，采用二段法、三段法生产阴极铜。它约占再生铜总产量的55%，约占中国精炼铜总产量的1/3[19]。

目前再生铜企业所使用的技术主要分为两种：一种为湿法炼铜；另一种为火法炼铜。

① 湿法炼铜　其生产过程主要包括两个方面：a. 浸铜，用溶剂浸出（一般为酸浸）含铜原料，而后在浸出液中放入一定量的铁，使铜离子被金属铁置换成单质铜沉积下来；b. 收集，即将置换出的铜粉收集起来，再加以熔炼、铸造。湿法炼铜的优点是设备简单、操作容易，对含铜原料要求不高，不必使用熔炼设备，在常温下就可提取铜，节省燃料；缺点是产生的废水、污泥为危险废物，二次污染严重。

② 火法炼铜　首先把收集的含铜废料进行含量分类，可直接利用的含铜废料进行阳极炉熔化精炼后制电解铜；铜含量较低的含铜废料要进一步粗炼处理去除杂质，提高铜含量后投入阳极炉精炼。阳极冶炼过程中产生的阳极炉渣也可再次用于粗炼，提取其中剩余的铜成分。熔炼过程的温度达1300℃，含铜废料中杂物都被无害化处理；缺点是耗能比较高，需要对废气进行治理[7]。

## 3.3.2 直接回收利用

我国是铜资源紧缺的国家，自2004年起我国矿场铜占电解铜的自给率已降到30%以下，每年大量进口铜精矿和废杂铜以弥补不足。因为目前我国处于工业发展阶段，视废杂铜的品质可分为直接利用和间接利用，直接利用最为经济，实在无法直接利用的则进行火法精炼加电解精炼得到电解铜再利用。

### 3.3.2.1 黄铜废料直接利用生产铅黄铜

充分利用铜合金废料，直接生产高精度、易切削铅黄铜棒型材。直接利用废杂铜成材投资省，建设周期短，节约能源30%，金属收率高（10kg/t），同时能综合利用合金成分。

（1）铜合金棒型材的现代应用和废料

① 铜及铜合金棒型材　铜及铜合金棒型材广泛应用于国民经济各部门，重要的现代应用领域有电子、电力、交通、建筑等方面，典型的例子有五金配件、阀门、连接件、轴套、耐磨零件、仪表壳体、通信件、接插件、汽车用气门芯、制锁、钟表等。铜合金棒型材有紫铜、黄铜、青铜、白铜等多种合金；其中黄铜约占85%，而黄铜中铅黄铜又占80%。

② 废杂合金料　废杂合金料是最难处理的一种，在合金废料中绝大部分为黄杂铜，根据我国国家标准《加工铜及铜合金牌号和化学成分》(GB/T 5231—2022)，其中有30种铅黄铜牌号，只对铜、铁、铅元素成分有所规定（表3-6）。从中发现黄铜合金废料均可以作为铅黄铜的生产原料，特别是易切削的铅黄铜HPb59-3。因此，使用黄铜合金废料直接生产铅黄铜制品是直接利用再生铜的重要途径。

表 3-6 铅黄铜化学成分（GB/T 5231—2022）

| 代号/牌号 | 化学成分/% | | | | | | | | | | | |
|---|---|---|---|---|---|---|---|---|---|---|---|---|
| | Cu | Fe | Pb | Al | Mn | Sn | Si | Ni | B | As | Zn | Cu＋所列元素总和 |
| C31400/HPb89-2 | 87.5～90.5 | 0.10 | 1.3～2.5 | — | — | — | — | 0.7 | — | — | 余量 | 99.6 |
| C33000/HPb66-0.5 | 65.0～68.0 | 0.07 | 0.25～0.7 | — | — | — | — | — | — | — | 余量 | 99.6 |
| T33510/HPb65-1.5 | 64.0～66.0 | 0.3 | 1.2～1.7 | 0.8～1.0 | 0.1 | 0.3 | — | 0.2 | — | 0.02～0.15 | 余量 | 99.8 |
| T34700/HPb63-3 | 62.0～65.0 | 0.10 | 2.4～3.0 | — | — | — | — | 0.5 | — | — | 余量 | 99.3 |
| T34900/HPb63-0.1 | 61.5～63.5 | 0.15 | 0.05～0.3 | — | — | — | — | 0.5 | — | — | 余量 | 99.5 |
| T34750/HPb63-1.5 | 62.0～64.0 | 0.3 | 1.2～1.6 | 0.5～0.7 | 0.1 | 0.3 | — | 0.2 | — | 0.02～0.15 | 余量 | 99.8 |
| T34760/HPb63-1.5-0.6 | 62.0～63.6 | 0.3 | 1.4～1.6 | 0.5～0.7 | 0.1 | 0.3 | — | 0.2 | — | 0.09～0.13 | 余量 | 99.8 |
| T34770/HPb63-1-0.6 | 62.0～63.6 | 0.3 | 0.8～1.6 | 0.5～0.7 | 0.1 | 0.3 | 0.02 | 0.2 | Sb：0.008～0.02，P≤0.01 | 0.09～0.13 | 余量 | 99.8 |
| T35100/HPb62-0.8 | 60.0～63.0 | 0.2 | 0.5～1.2 | — | — | — | — | 0.5 | — | — | 余量 | 99.3 |
| T35200/HPb62-1-0.6 | 61.0～62.5 | 0.3 | 0.8～1.2 | 0.6～0.7 | 0.1 | 0.3 | 0.02 | 0.2 | Sb：0.03～0.06，P≤0.01 | 0.04 | 余量 | 99.8 |
| C35300/HPb62-2 | 60.0～63.0 | 0.15 | 1.5～2.5 | — | — | — | — | — | — | — | 余量 | 99.5 |
| C36000/HPb62-3 | 60.0～63.0 | 0.35 | 2.5～3.0 | — | — | — | — | — | — | — | 余量 | 99.5 |
| C36010/HPb62-3.4 | 60.0～63.0 | 0.35 | 3.1～3.7 | — | — | — | — | — | — | — | 余量 | 99.5 |
| T36210/HPb62-2-0.1 | 61.0～63.0 | 0.1 | 1.7～2.8 | 0.05 | 0.1 | 0.1 | — | 0.3 | — | 0.02～0.15 | 余量 | 99.8 |
| T36220/HPb61-2-1 | 59.0～62.0 | — | 1.0～2.5 | — | — | 0.30～1.5 | — | — | — | 0.02～0.25 | 余量 | 99.6 |

续表

| 代号/牌号 | 化学成分/% | | | | | | | | | | | |
| --- | --- | --- | --- | --- | --- | --- | --- | --- | --- | --- | --- | --- |
| | Cu | Fe | Pb | Al | Mn | Sn | Si | Ni | B | As | Zn | Cu +所列元素总和 |
| T36230/HPb61-2-0.1 | 59.2～62.3 | 0.2 | 1.7～2.8 | — | — | 0.2 | — | — | — | 0.08～0.15 | 余量 | 99.8 |
| C37100/HPb61-1 | 58.0～62.0 | 0.15 | 0.6～1.2 | — | — | — | — | — | — | — | 余量 | 99.6 |
| T37200/HPb61-1.5 | 60.0～62.0 | 0.25 | 1.2～2.0 | — | — | 0.25 | — | 0.2 | — | — | 余量 | 99.8 |
| T37300/HPb61-3 | 59.0～63.0 | 0.5 | 1.8～3.7 | — | — | Fe+Sn ≤1.0 | — | 0.5 | — | — | 余量 | 99.7 |
| C37700/HPb60-2 | 58.0～61.0 | 0.30 | 1.5～2.5 | — | — | — | — | — | — | — | 余量 | 99.5 |
| T37900/HPb60-3 | 58.0～61.0 | 0.3 | 2.5～3.5 | — | — | 0.3 | — | — | — | — | 余量 | 99.6 |
| T38100/HPb59-1 | 57.0～60.0 | 0.5 | 0.8～1.9 | — | — | — | — | 0.5 | — | — | 余量 | 99.0 |
| T38200/HPb59-2 | 57.0～60.0 | 0.5 | 1.5～2.5 | — | — | 0.5 | — | — | — | — | 余量 | 99.5 |
| T38202/HPb59-1.8 | 57.0～61.0 | — | 1.0～2.5 | — | — | Fe+Sn ≤1.0 | — | 0.5 | — | — | 余量 | 99.7 |
| T38208/HPb59-2.8 | 57.0～61.0 | 0.50 | 1.8～3.7 | — | — | Fe+Sn ≤1.0 | — | 0.5 | — | — | 余量 | 99.7 |
| T38210/HPb58-2 | 57.0～59.0 | 0.5 | 1.5～2.5 | — | — | 0.5 | — | 0.5 | — | — | 余量 | 99.5 |
| T38300/HPb59-3 | 57.5～59.5 | 0.50 | 2.0～3.0 | — | — | — | — | 0.5 | — | — | 余量 | 98.8 |
| T38310/HPb58-3 | 57.0～59.0 | 0.5 | 2.5～3.5 | — | — | 0.5 | — | 0.5 | — | — | 余量 | 99.5 |
| T38400/HPb57-4 | 56.0～58.0 | 0.5 | 3.5～4.5 | — | — | 0.5 | — | 0.5 | — | — | 余量 | 99.3 |
| T38410/HPb57-3 | 56.0～58.0 | 0.50 | 2.5～3.5 | — | — | — | — | 0.5 | — | — | 余量 | 99.3 |

③ 铅黄铜棒型材　高精度、易切削铅黄铜棒材，也可以生产市场所需的特种合金棒如特殊青铜棒等。具体产品见表 3-7。

表 3-7　铅黄铜棒型材产品

| 产品名称 | 规格 | 用途 |
| --- | --- | --- |
| 铅黄铜棒<br>HPbS59-3<br>Cu 57.5%～58.5%<br>Pb 2.0%～3.0% | $\phi$12～40mm<br>圆、矩、方、六角 | 制锁、钟表、阀门、连接件 |
| 高精铅铜棒合金牌号 | $\phi$12～40mm<br>圆形 | 高精度自动机用棒材 |

（2）预处理

废杂铜产生于国民经济建设的各个领域。在生产、加工、使用、回收过程中受到不同程度的污染，在利用之前应认真挑选出废铁、废有色金属、塑料等夹杂物，然后进行分类和预处理。由于废杂有色金属表面附着氧化物、金属盐、油污等，故可以采用高温洗涤，除去金属表面盐类和油污。一些工件往往是焊接件组成的，以汽车、拖拉机的水箱为例，水箱含 70%黄铜，散热片为紫铜，其间是低熔点铅锡焊接料焊接而成的，一般方法无法使其分离，特种熔体烫洗法可除去各种杂质和低熔点焊料，达到净化的目的。经过预处理不仅能得到优质的废料，同时还可以回收部分合金元素。

熔体烫洗法采用的特种熔体为硼砂熔体，温度可达 650℃，经过烫洗后的黄铜废料可以直接打包，送感应电炉熔化和水平铸成棒形坯料。选用硼砂作烫洗熔剂的重要原因是其不仅本身可以作为黄铜熔炼的覆盖剂，起保护作用，而且资源丰富，价格低廉。

（3）铜及合金棒型材的生产方法

① 热挤压法　生产直径 $\phi$20～100mm 紫铜、黄铜、青铜、白铜等棒型材。

② 热挤压-直条链式拉伸法　生产直径 $\phi$8～40mm 各种合金棒型材。

以上两种方法的合金铸锭均可用感应熔炼，一般连续铸造，锭坯直径 $\phi$100～400mm。

③ 水平连续铸造（多线 6～8 线）$\phi$8～40mm 坯料-扒皮-直条拉伸　此法最适合生产易切削铅黄铜棒型材，生产规模大、产量高、工艺流程短，国内已有产业化应用，产品主要应用于制锁，各种连接件。

④ 棒型盘式生产方法　该法具有成品率高的特点，是生产高精棒型材的代表性方法，产品规格为 $\phi$3～10mm。该法主要用于各种精密零件的半自动化生产线。该法的主要工艺是：热挤压卷坯（$\phi$8～12mm 重 50～200kg）→倒立式圆盘拉伸（圆盘 $\phi$1200～1500mm）→冷加工率 30%在线感应退火→联合拉伸精整机列 $\phi$3～8mm（此机列包括拉伸、校直、抛光、切定尺、自动倒角、包装和打捆等）。

此法中也有在盘拉前加 Y 形轧机作为中轧冷变形的应用实例。此法的关键技术是在线感应退火，省去通常使用的罩式炉保护性退火。

（4）选择的生产工艺

第一种生产工艺如图 3-8 所示。此工艺中退火包括中间退火、成品退火、消除应力退火，视产品状态而定。此工艺在国内发展成熟，工艺流程短，考虑到直接使用铜合金废料为原料，在熔炼合金时要除渣，并认真调整合金成分，入炉废料要认真处理，特别注意挑选，防止铁的混入；为防止金属烧损，废杂铜应打包入炉。第二种生产工艺是棒型材盘式生产法，工艺流程如图 3-9 所示。

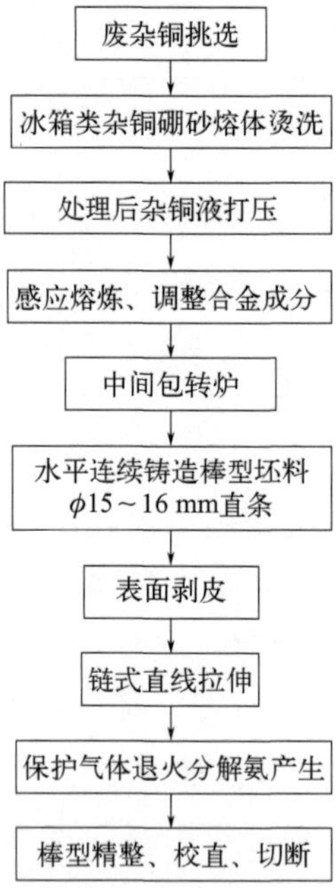


图 3-8　铜及铜合金棒型材生产工艺（一）

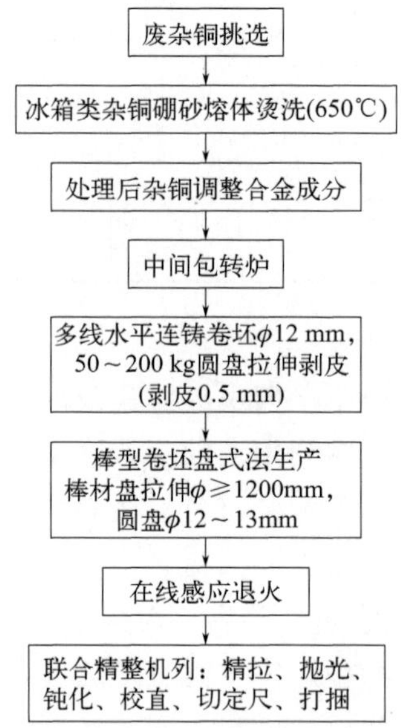


图 3-9　铜及铜合金棒型材生产工艺（二）

#### 3.3.2.2　白铜废料的直接回收利用

直接回收利用铜废料的前提是严格分拣、分类和堆放，直接利用具有工艺简化、设备简单、回收率高、能耗少、成本低、污染轻等优点[20]。

（1）把收集的白铜废料进行分类

① 没有污染的白铜废料或成分相同的白铜合金，如眼镜行业、板材加工及电子元件冲压的废料，可以回炉熔化后直接利用。

② 被严重污染的白铜废料要进一步精炼处理去除杂质。

③ 对于相互混杂的白铜废料，则熔化后进行成分调整，以保证再生白铜的物理和化学性质不受损害，保证其使用功能。

（2）白铜废料的处理步骤

① 白铜废料进行干燥处理并去除机油、润滑油等有机物。

② 白铜废料的熔炼，将金属杂质从熔渣中除去。

#### 3.3.2.3　紫杂铜连铸连轧生产低氧光亮铜杆

（1）连铸连轧法生产铜杆

传统热轧生产黑铜杆工艺在世界上已有 100 年历史，进入 20 世纪 70 年代，世界上发达国家相继开发了 SCR 法、Contirod 法、Secor 法、Dip 法、Upeast 法等光亮铜杆连铸连轧生产方法，从而使世界铜杆的生产发生了重大变革。

所谓传统热轧法是把电解铜加入阴极炉中加热熔化，将铜铸成船形锭，船形锭每根重 80～90kg，然后再经加热炉加热，进入横列式轧机中轧制，一般横列式轧机有 12 座或 24 座机架，才能轧成 $\phi$6～8mm 的铜杆。由于此种铜杆表面氧化，故称为黑杆，需经酸洗或扒皮后再拉丝。

连铸连轧法与传统热轧法生产的铜杆相比，具有长度长、节能、产品质量稳定、性能均一、表面光亮等特点。目前，传统热轧法已被连铸连轧法所取代。比较连铸连轧法与传统热轧法，其优缺点如下所述。

① 横列式轧机由电解铜至线杆消耗燃料（油）30kg/t（相当于热能 5.4GJ/t）、电力 180kW·h/t（7.3GJ/t），合计消耗热能 12.7GJ/t。连铸连轧相应热耗为 3.37GJ/t，二者工艺热能相差 9.28GJ/t。

② 黑杆电导率低于光亮杆，前者含氧量高。

③ 黑杆圈的质量一般圈重只有 80kg 左右，而光亮杆一般圈重 3～5t，因此光亮杆拉丝时接头少。

④ 黑杆需酸处理或扒皮，有“三废”，光亮杆不需要。

目前，连铸连轧机组已基本国产化，机组的投资经费大大降低，仅为引进机组的 1/3，降低了成本，对于用料也进一步放宽了，为此对用料进行特殊处理，可以直接以紫杂铜为原料，生产低氧光亮铜杆。

（2）紫杂铜生产低氧光亮铜杆的工艺原理

由于以紫杂铜为原料，故必须增加火法精炼除杂工序，主要杂质有铅、锌、锡、镍、铁、氧和硫等，这些杂质来源于原料，如镀锡铜废料、锡青铜、黄铜的各种合金等。精炼过程的行为分为五大类：第一类是在氧化过程中易去除的杂质（S、Zn）；第二类是在氧化过程中一般能脱除的杂质（Fe）；第三类是难于脱除的杂质（Pb、Sn）；第四类是较少脱除的杂质（Ni）；第五类是不能脱除的杂质。

① 锌的去除　锌是较易脱除的杂质，一般采用加焦炭吹风蒸锌，这个过程中锌被除去 90%，剩下的部分熔入铜液。锌主要通过加入 $SiO_2$，发生反应：$ZnO+SiO_2 = ZnSiO_3$，扒渣除去。硫则在氧化时生成 $SO_2$ 随烟气除去。

② 铁的造渣去除　铁主要来源于镀铁铜件、铜-铁复合废料及合金钢与铜的混合废料，若残留会影响铜杆导电率与加工性能，需通过造渣脱除。精炼时先向铜液鼓入氧气，使铁氧化生成 FeO 和 $Fe_2O_3$，再加入石英砂（主要成分为 $SiO_2$）作为造渣剂，通过酸碱反应生成易与铜液分离的硅酸盐渣，反应式为 $FeO+SiO_2 = FeSiO_3$；$Fe_2O_3+3SiO_2 = Fe_2(SiO_3)_3$，操作中需控制石英砂用量（按铁含量 1.2～1.5 倍添加），将铜液温度维持在 1150～1200℃，并配合搅拌确保铜渣充分接触，扒渣后铁含量可降至低氧光亮铜杆的原料要求（≤0.02%）。

③ 铅和锡的去除　铅虽然容易在造渣中被去除（$PbO+SiO_2 = PbSiO_3$），但铅的密度大，一般在物料熔化后，PbO 就容易沉到炉底，造渣时不易被搅起，因此彻底去除比较难。有人曾在停炉时，对炉底的铜取样分析，发现炉底铜含铅量高出标准数倍到数十倍，针对这种情况，为除铅，每次加料前往炉底加入适量石英砂，使炉底的 PbO 造渣，漂浮到铜液表面被扒渣除去。

锡与铜在熔融时应是互熔的，氧化造渣时锡被氧化成 SnO 和 $SnO_2$，前者氧化亚锡呈碱性，造渣时发生反应：$SnO+SiO_2 = SnSiO_3$，而后者二氧化锡呈酸性，再造酸性渣不易被除去，只有靠碱性渣才能被除去。

④ 镍的去除　镍和铜也是互熔金属，很难用火法精炼除去，一般是在电解造液时在

溶液中积累，积累到一定程度时，从开路电解液中结晶除去，只有少数镍造渣除去。镍的超标造成铜的脆性，致使铜杆的抗拉强度和延伸率降低，使铜不断坯，因此必须在铜料分拣时尽量清除干净（彻底）。

⑤ 氧的去除　氧是在最后还原阶段除去，因为铜熔化后，极易与氧反应，生产氧化亚铜和氧化铜。在还原阶段，插木或重油与高温铜水接触后，立即裂解产生甲烷、氢气来夺取铜水中氧化铜的氧：$Cu_2O+H_2 = 2Cu+H_2O$，$3Cu_2O+CH_4 = 6Cu+2H_2O+CO$。

利用紫杂铜直接连铸连轧生产光亮铜杆，“氧化要完全，还原要彻底”是做好铜的基础，对于不同等级的紫杂铜，采用不同的精炼方法则是关键。

工艺流程如图 3-10 所示。

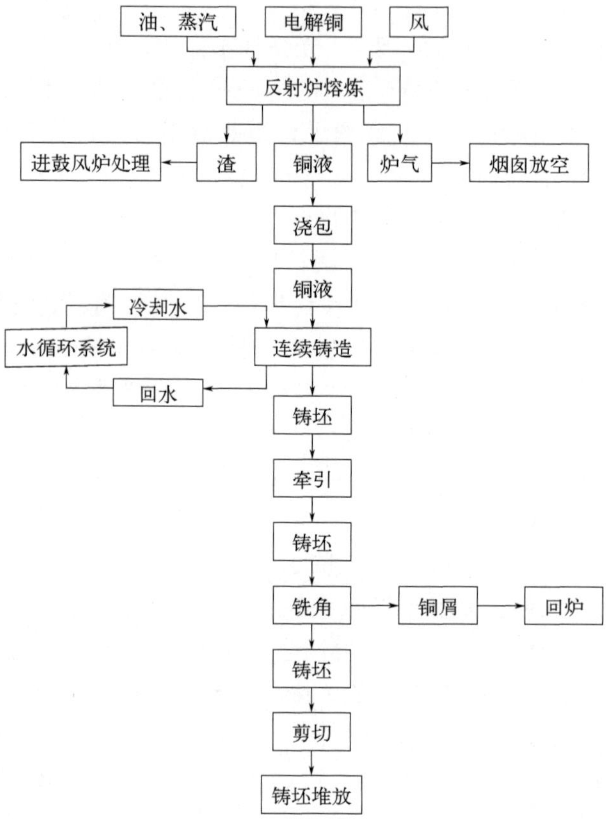


图 3-10　工艺流程

利用废杂铜和国产连铸连轧机组生产低氧光亮铜杆的生产线在国内发展得很快，其主要原因是投资少，利用杂铜和电解铜的价差有一定利润空间。关键在于原料价格、分拣是否彻底、操作的熟练程度、工艺的掌握、设备运行以及管理的得当与否等综合因素，须仔细测算慎重进行。

### 3.3.3 火法冶炼

（1）直接使用工艺

直接使用废杂铜的前提是进行严格的分类后，加入一定量所需成分，降低杂质元素含量以获取质量合格的铜合金产品。目前工业发达国家，如美国、德国、英国、日本等采用直接利用法从废杂铜中回收的铜量已达到铜总消耗量的40％～60％，而我国废杂铜的直接利用率较低，每年约为20万吨，仅占废杂铜总回收量的30％～40％[9]。直接利用法具有简化工艺、设备简单、回收率高、能耗少、成本低、污染轻等优点。

（2）FRHC废杂铜精炼工艺

FRHC废杂铜精炼工艺，即“火法精炼高导电铜”生产工艺，是由西班牙拉法格公司（LaFargaLacambra）20世纪80年代中期开发成功的一项废杂铜熔炼、连铸、连轧生产的专利技术，目前全球已有29家企业相继采用了该项技术，其工艺流程如图3-11所示。此工艺以含铜量大于92％的废杂铜为原料，进行熔炼、连铸、连轧技术生产火法精炼低氧光亮铜杆的工艺，铜杆的质量达到EN1977（1998）CW005A标准（欧洲废杂铜火法精炼生产高导电铜标准）。含铜量大于99.93％，电导率从100.4％IACS提高到100.9％IACS。FRHC火法精炼技术的精髓和核心是调整杂质成分和含氧量，而不是最大限度地去除杂质。利用计算机辅助设计，对废杂铜中主要的15种杂质元素进行了分析研究，通过对各种元素长期的研究和实验，找到各种元素相互化合后形成的微化合物铜合金，不影响铜杆的导电性和力学性能。这样，使FRHC火法精炼生产的铜杆中铜含量大于99.93％、杂质含量小于$400\times10^{-6}$时，电导率大于100.4％IACS。因此其主要技术是化学精炼而不光是深度氧化还原[21]。

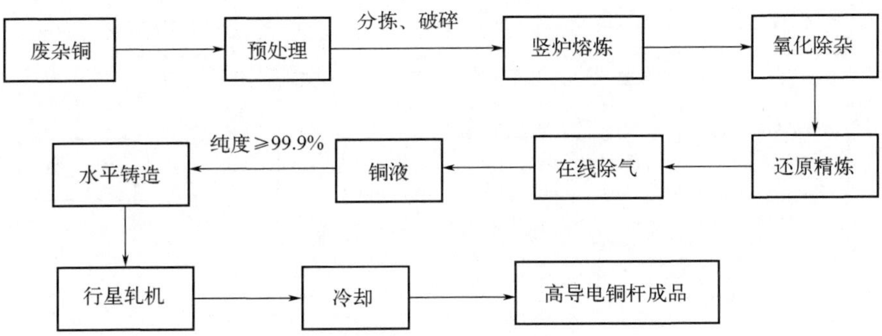


图3-11　FRHC工艺流程

（3）反射炉工艺

通常情况下，废杂铜通过火法精炼产出Cu≥99.0％的阳极板，再进行电解精炼。而废杂铜火法精炼工艺包括进料、熔化、氧化、还原和浇铸5个阶段。反射炉是广泛应用于废铜回收的炉型，也是目前我国应用最普遍的回收设备。在废铜火法回收工艺中，对其中的杂质进行脱除主要是在氧化过程中完成的。因此，铜熔体中氧的控制成了关键。杂质氧化的次序可通过其对氧的亲和力大小来判断。其氧化次序和氧化程度受杂质在铜熔体中的浓度、杂质在氧化后生成的氧化物在铜熔体中的溶解度、杂质及其氧化物的可挥发性及杂质氧化物的造渣性等因素影响。

（4）倾动炉（NGL）工艺

倾动炉技术处理废杂铜工艺克服了固定式反射炉精炼存在氧和还原剂利用率低、自动化程度低、工人劳动强度大、操作环境恶劣、环境污染严重等诸多问题，具有环保、安全、自动化程度高等优点，但是倾动炉没有熔体微搅动装置，传热、传质能力较差，结构复杂。针对现有废杂铜处理技术的不足，中国瑞林工程技术有限公司研发了 NGL 炉废杂铜火法精炼工艺和设备，现已在国内几个大型废杂铜处理工厂得到应用。

图 3-12 为 NGL 的工艺流程图。NGL 炉工艺处理废杂铜的步骤为：用加料设备将废杂铜从侧面的炉门装入炉内，采用燃料燃烧加热熔化物料，既可使用气体燃料，也可使用粉煤等固体燃料，可采用普通空气助燃，也可采用富氧或纯氧助燃。当物料熔化了 1/5 左右，开始从炉底的透气砖供入氮气，物料熔化后将炉体倾转一定角度，使氧化还原口埋入铜液，将氧化风送入铜液中进行氧化作业，出渣时将炉体转到出渣位倒渣。将炉体转回到氧化作业位置，采用天然气或液化石油气作还原剂，经氧化还原口送入炉内铜液中进行还原作业，还原完成后将炉体倾转进行浇铸。除装料外，一直持续稳定地经透气砖向炉内鼓入氮气对熔体进行微搅拌。NGL 炉工艺具有热效率高、加料、扒渣方便、安全性高、环保条件好、自动化程度高的优点。

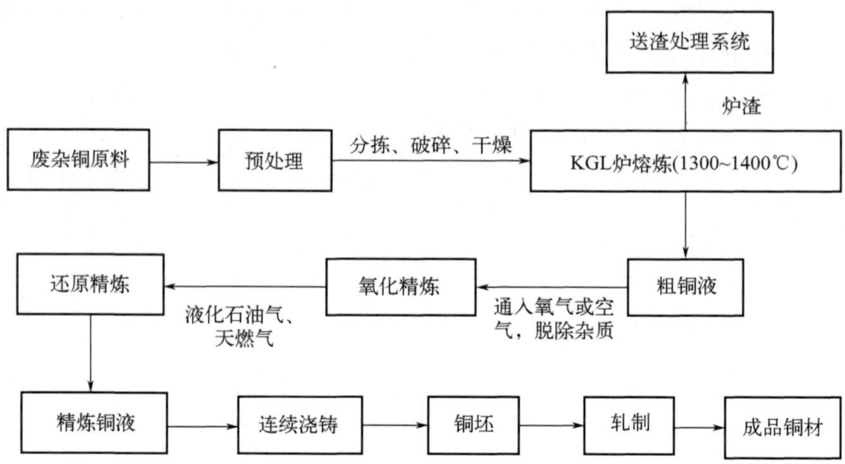


图 3-12　NGL 工艺流程

（5）卡尔多炉工艺

卡尔多炉适宜处理品位在 20%～60%的各种废杂铜，其熔炼、吹炼过程可在同一个熔炉内完成，集鼓风炉、转炉功能于一体，产出的粗铜品位可达 98%。卡尔多炉熔炼不需要对废料进行预处理，当炉子里没有未熔化的原料时可以加入潮湿原料。图 3-13 为卡尔多炉的主要工艺流程。卡尔多炉处理废杂铜主要可分成 5 个工艺步骤，即加料、熔炼、出渣和造粒、精炼、出铜或铜合金。通常废杂铜原料中的铁作为氧化物的还原剂，硅作为熔剂。

采用卡尔多炉进行熔炼，首先通过翻斗车进行加料，但物料不能含水和油。加料后，将氧油喷枪插入炉内进行熔炼。在熔炼过程中，卡尔多炉不停地旋转，转速由 1r/min 逐渐加快至 5r/min 左右。炉内温度保持在 1250℃以下，待熔炼阶段完成后，开始出渣。接下来开始精炼，这时向炉内吹入压缩空气，同时卡尔多炉以 15r/min 的速度旋转。在精炼过程中，Fe 和 Zn 首先被除去，并可进一步精炼除去 Pb 和 Sn，以形成粗铜，精炼阶段得到的富铜渣转入下一批料中进行循环处理。然后将形成的粗铜或铜合金从炉内倒入铜包进行铸锭。卡尔多炉处理废杂铜可得到 3 种产品，即粗铜、氧化锌尘和粒化渣。

卡尔多炉作为一种强氧化熔炼方法，具有将熔炼、还原和吹炼在同一个熔炼炉内完

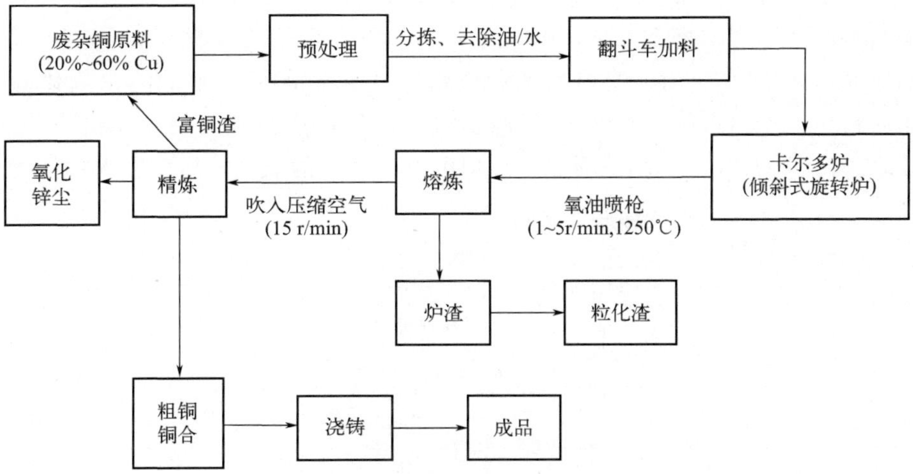


图 3-13 卡尔多炉工艺流程

成，热效率高，对物料品质适应性强，渣含铜低，污染小，生产灵活的优点。其缺点是间歇作业，操作频繁，烟气量和烟气成分呈周期性变化，炉子寿命较短，造价较高。

(6) ISA/Ausmelt 工艺

ISA/Ausmelt 炉冶炼低品位废杂铜包括 2 个阶段。

① 第 1 阶段：熔炼期　将含铜物料和熔剂加入炉内，熔炼反应风和氧气通过金属软管送入从炉顶喷枪孔插入熔池的喷枪，并高速喷入熔体中，在炉内形成剧烈湍动的高温熔池，为固体炉料、熔体与反应气体三相之间的快速传热、传质创造了极为有利的条件。熔炼过程中完成原料熔化和部分吹炼造渣期的反应。在熔炼过程中，喷枪的浸入深度依据喷枪出口工艺，反应气体的压力变化由喷枪驱动装置自动进行升降调节，防止喷枪的浸蚀过快或产生熔体喷溅，对炉体和耐火材料的寿命造成不利影响。熔炼产物有 98%的粗铜、含铜 10%的渣、烟尘和烟气。粗铜将从炉中分批排入配套的阳极精炼炉，渣将在第 2 阶段（还原期）还原回收铜。在熔炼过程中产生的可燃物，通过喷枪套筒鼓入来自风机的压缩空气，在熔池上方完全燃烧，出炉烟气进入余热锅炉回收余热和烟气净化系统处理。

② 第 2 阶段：还原期（渣贫化期）　熔炼期所产出的含铜 10%的渣在该阶段将被还原，产出黑铜和富含 Zn/Pb/Sn 的烟尘。通过浸没喷枪，燃料和压缩空气将直接鼓入渣的熔体中，同时从加料口加入焦炭或块煤，以在炉内形成强还原气体，同时维持熔池一定温度。当渣含铜品位达到要求后即可停止给料、鼓风和供应燃气。在本阶段，留在渣中的铜被还原成黑铜，黑铜将留在炉内，在下一个周期中重新返回到粗铜中。渣中的 Pb、Zn 和 Sn 也被还原，在高温和强搅拌的熔体中挥发出来，在通过熔池上方时又被氧化成金属氧化物，经冷却后通过收尘系统产出富含 Zn/Pb/Sn 的烟尘。产出的弃渣含铜量为 0.65%，从排渣口排出经水碎后外售。在排渣时需要留有部分渣，作为下一阶段的起始熔池，以保护炉体和喷枪。

年产 30 万吨再生铜的德国凯瑟（Kayser）冶炼厂，采用 KRS 流程，用 1 台 ISA 炉处理含 Cu 低至 10%，甚至更低品位的含铜炉料，生产成本大幅降低[22]。该厂通过对引进的 ISA 炉进行了大量改造工作，形成了自己的 KRS 工艺。图 3-14 为 KRS 工艺的工艺流程。含铜物料的熔炼和吹炼在 ISA 炉内间歇进行。在还原熔炼阶段，含铜 1%～80%的铜残留物和碎铜加入 ISA 炉内，产出黑铜和残留经济金属含量非常低的二氧化硅基炉渣。炉渣排放后粒化，产出含铜大约为 95%的粗铜。此外也产出富锡铅吹炼渣，并在单独的炉子中处理。由于 KRS 工艺的性质，ISA 炉可以在较宽的氧气分压范围内操作[23]。

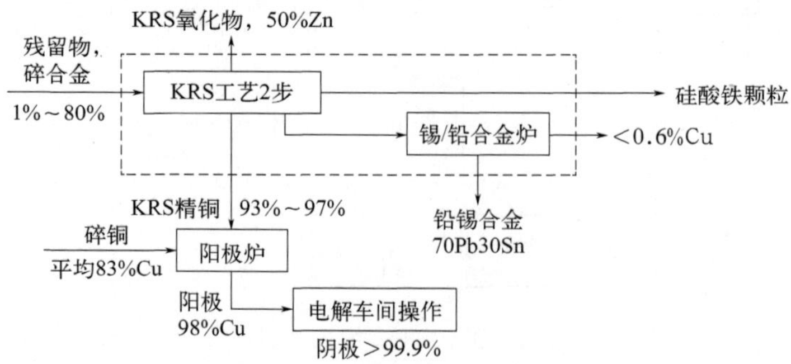


图 3-14　KRS 的工艺流程

ISA 熔炼技术具有生产率高、能耗低、污染小、铜的总回收率高的优点。

综上所述，对于火法处理过程可归纳如下。

① 对于高品位的 1# 杂铜（Cu>99%），有直接利用工艺以直接生产铜产品，如铜杆等制品。

② 对于含铜在 90%～99%的 2# 杂铜，可采用 FRHC 工艺，通过火法精炼将铜的品位提高至 99.93%，并在精炼过程中加入特殊的添加剂，使杂质生成微化合物铜合金，使其不影响铜杆的导电性和力学性能，直接轧制成铜杆等铜产品。

③ 对于含铜在 10%～90%的废杂铜生产精炼铜，一般采用二段法或三段法处理。其熔炼工艺有反射炉工艺、倾动炉（NGL）工艺、卡尔多炉工艺、ISA/Ausmelt 工艺。其中反射炉工艺多用于处理含铜在 30%～90%的废杂铜；倾动炉（NGL）工艺处理含铜在 90%以上的废杂铜；卡尔多炉工艺处理含铜在 20%～60%的废杂铜。

④ ISA/Ausmelt 工艺处理含铜在 10%～90%的废杂铜。在处理低品位杂铜的 4 种工艺中，ISA/Ausmelt 工艺具有最好的动力学特性。因此，该工艺具有最好的火效率、脱杂能力，但对进炉物料的尺寸要求较高，一般要求小于 30mm。而其他 3 种工艺对进炉物料的尺寸要求范围较宽，可加入大块物料。因此，ISA/Ausmelt 工艺对废铜的预处理要求较高。

⑤ 对于低品位废杂铜的直接电解目前尚没有大规模的生产实践，但在清远等地针对含铜 70%左右的块状金属物料，有小规模的直接电解生产厂家。由于直接电解工艺不需要熔炼、精炼过程，其能耗低、杂质元素回收率高、污染小，故应用非常广泛。

### 3.3.4 湿法冶金

湿法冶金有氧化酸浸、氯化铜溶液浸取、热压氧浸、常压氨浸和细菌浸取等几种方法。

（1）氧化酸浸

作为酸浸硫化铜矿的氧化剂主要有三氯化铁、硫酸高铁、软锰矿等，采用高铁盐浸取能充分利用矿物，可节约部分原料。Hirosh Majiman 对酸性氯化铁和硫酸铁浸取硫化铜矿的研究表明，前者因反应生成的硫结构疏松，密度较小而上浮，不会产生包裹现象，铜的浸出率远大于后者。Avlla Salceda J 对氯化高铁浸取黄铜矿进行了详细研究，结果表明，当 $FeCl_3/CuFeS_2=4.1$ 时，在 109℃ 下浸取 120min，铜的浸出率大于 99%。采用 $FeCl_3$ 作氧化剂，铜与铁同时进入溶液，可进一步用还原铁粉置换出海绵铜，分离后的母液通入 $Cl_2$ 将 $Fe^{2+}$ 氧化后可循环使用。该法原料利用充分，成本较低，但由于液相中 $Cl^-$ 浓度较大，对设备的腐蚀性较强，在生产中应注意控制用量。软锰矿氧化浸取常在稀硫酸中进行，设备腐蚀控制较易解决。浸取结束后，向浸取液中加入 $NH_4HCO_3$ 和 $NH_4OH$，使 $Mn^{2+}$ 转化为 $MnCO_3$，过滤分离出 $MnCO_3$ 后，加热或加碱分解母液可得到 CuO[24]。刘建平等研究了用软锰矿作氧化剂，在辉铜矿∶软锰矿＝2∶1、液固比 2∶1、85～95℃条件下搅拌 2～2.5h，铜的浸出率可达 94.5%，制备出 $MnSO_4$ 及 $CuSO_4$。

（2）氯化铜溶液浸取

又称克利尔（CLEAR）法，适用于对硫化铜矿的处理，其工艺流程如图 3-15 所示。由于 CuCl 的溶解度较低，易沉淀而降低铜的浸出率，可向溶液中加入 NaCl、HCl 或过量 $CuCl_2$ 使 $Cu^+$ 变成可溶性的 $CuCl_2$，从而提高铜的回收率。离心分离后可氯化氧化母液，使浸取剂得到再生，或水解加工制取 $CuCl_2$ 等。该法原料成本低，工艺流程短，且一次性投资少[25]。河北轻化工学院王振川等以铜矿粉为原料，用 ZHP-催化剂处理，使铜以 $CuCl^-$ 进入液相，然后水解制取 $CuCl_2$。

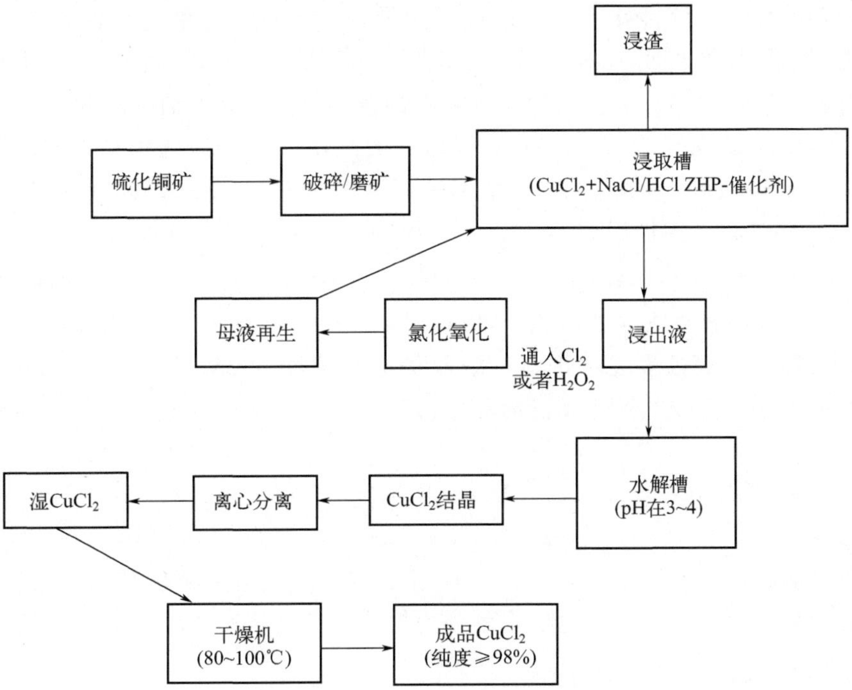


图 3-15　CLEAR 法工艺流程

(3) 热压氧浸

该法是在较高温度下加氧浸取硫化铜矿，使其中的铜转化为可溶性铜盐进入液相，但由于加工温度高（110～120℃），且要求氧压为 1.42～3.55MPa，因此操作费用较高。在工业性生产中可向溶液中加入一定量氨水以降低温度和氧压。图 3-16 为该法的工艺流程图，该法流程短、工艺简单。武汉大学王汉英使用过硫酸铵-$NH_4OH$-$Ag^+$ 作催化剂，氧化络合铜，使其以 $[Cu(NH_3)_4]^{2+}$ 进入液相，使反应能在常温常压下进行。

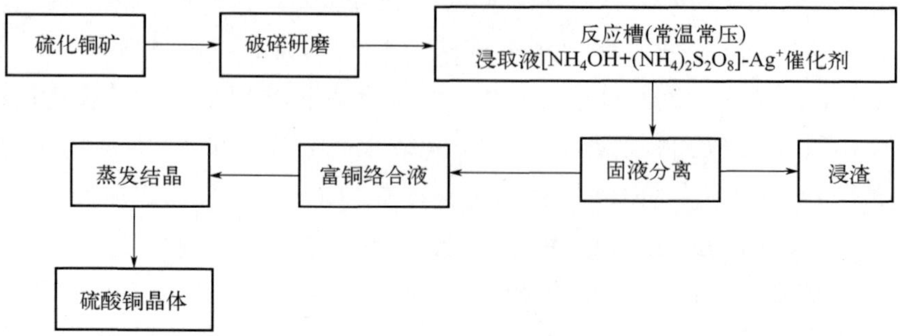


图 3-16 热压氧浸法工艺流程

(4) 常压氨浸（阿比特法）

将硫化铜精矿在接近常压及 65～80℃下搅拌，在密闭容器中用 $O_2$、$NH_3$ 和 $(NH_4)_2SO_4$ 浸取 3～6h，铜以 $[Cu(NH_3)_4]^{2+}$ 进入溶液，浸取液中铜含量可达 40～50g/L[24]。

(5) 细菌浸取

亦称生物浸取，是近 30 年发展起来的一种新方法，它是利用细菌的氧化作用把不溶性金属化合物转变成可溶性化合物，该法适于处理金属贫矿。鉴于有色金属资源濒临枯竭，环保生态问题日趋严重，采用经济、节能、无污染或少污染的生物技术处理低品位铜矿已成为发展趋势。中国科学院微生物研究所钟慧芳等已完成了细菌浸取天台山锰矿的工业性试验。Grudev S 在实验室中用无机盐培养的细菌对不同硫化铜矿进行了浸取试验，结果表明：在 pH＝1.9～2.3 的硫酸介质中，浸取时间从 62h 增加到 136h，浸出率从 52.1%提高至 83.5%。用作浸矿的细菌有氧化铁硫杆菌和氧化硫杆菌，这些细菌生命活动中产生的酶素是使 $Fe^{2+}$ 及硫氧化为 $Fe^{3+}$ 和硫酸的催化剂。$Fe_2(SO_4)_3$ 是硫化矿和氧化矿的有效溶剂，硫酸提供细菌的生存条件（pH＝1.5～3.5）和 $Fe^{2+}$ 的氧化条件，使溶解和氧化形成循环。浸取过程连续进行，浸取的适宜温度为 25～55℃。该法浸取周期长，一般为数月或数年，但成本低，无任何环境污染[26]。

### 3.3.5 电解精炼

根据所用电解液的不同，可分为硫酸铜-硫酸溶液直接电解精炼和氟硼酸铁-氟硼酸溶液直接电解精炼。根据所用阳极的形式可分为框式阳极电解法和冷压阳极电解法。

#### 3.3.5.1 硫酸铜-硫酸溶液直接电解精炼

框式阳极电解法以硫酸铜溶液为电解液进行废杂铜的直接电解精炼，与传统电解无本质区别，但废杂铜经预处理后一般为碎块、碎屑或泥灰状，必须利用一种阳极框装置和装填于其中的待精炼废杂铜碎料一起组成特殊的框式阳极，并置于电解槽中进行电解。按其制作材料，大体上可分为导电型阳极框和非导电型阳极框两种类型[27]。

（1）导电型阳极框

它不仅用以容纳和支撑阳极的废铜碎料，还充当阳极框中碎铜料与外电源之间的电连接。制作导电型阳极框的材料应当具备3个基本特征：良好的导电性；足够的机械强度；在电解操作条件下，具有耐化学腐蚀和电化学腐蚀的特性。常用的导电型阳极框材料有钛、不锈钢等金属。刘事绪、Figueroa M 等在这方面做了研究，并取得了较好的效果。

（2）非导电型阳极框

非导电型阳极框由绝缘材料组成，仅起到盛放废杂铜碎料的作用，而在框体上设置导电极板连接电源正极与废铜料。范有志提出一种直接电解杂铜的网架组合式阳极框装置，生产的阴极铜符合 GB/T 467—2010 标准，铜纯度达到 99.97%。而冷压阳极电解法是为了替代火法精炼和铸造成型的铜阳极，将废铜碎料用压型机制成阳极铜整体极板，并将其置于耐酸的微孔涤纶布袋中，然后悬挂于电解槽中进行电解。Lupic 等将废金属粉碎到 4cm 大小，冷压后进行电解，得到优质铜板，其工艺流程如图 3-17 所示。

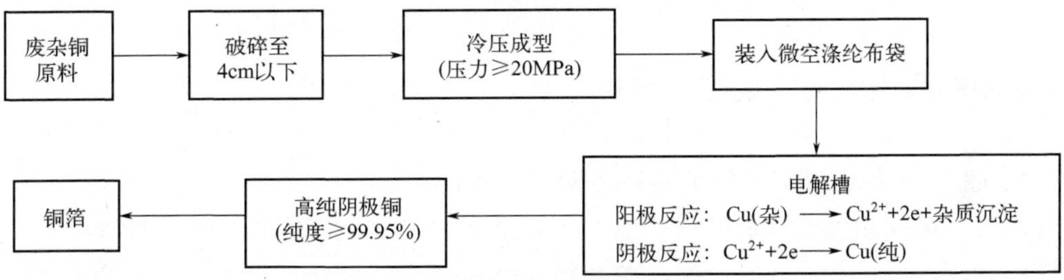


图 3-17　冷压阳极电解法工艺流程

#### 3.3.5.2　废杂铜的氟硼酸铁-氟硼酸溶液直接电解精炼

20 世纪 80 年代末，意大利人 Marco Olper 开发出一种湿法冶金新工艺——利用氟硼酸铁和氟硼酸溶液从方铅矿直接电解生产电解铅和单质硫。之后不久，瑞士生态化工公司 Zoppi Gianni 将此技术用于废杂铜的直接电解精炼，其工艺流程如图 3-18 所示，使用氟硼酸铁和氟硼酸溶液作为电解液，其主要特点是可使溶液中的金属离子形成络合物，这对于废杂铜的电解具有重大意义：一方面，从络合物电极金属能获得更好的细晶粒沉积物，因此沉积物中杂质夹杂物较少；另一方面，$BF_4^-$ 对 $Fe^{3+}$ 的强络合能力形成了 $[Fe(BF_4)_3]_{3+n}^{n-}$ 型络合物，阻止氧化状态的铁从阳极室通过隔膜进入阴极室，使阴极室中沉积的铜溶解[28]。

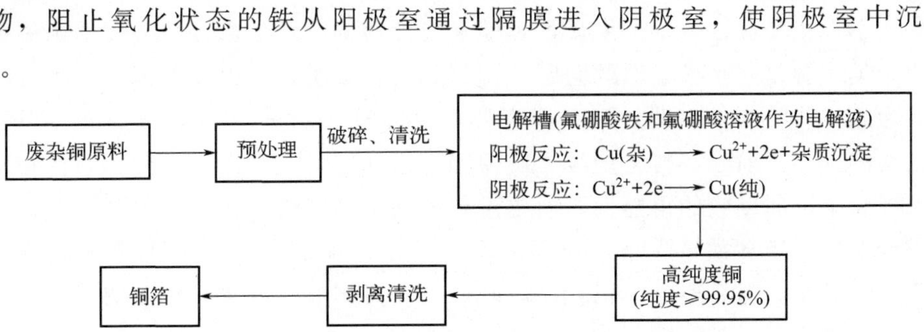


图 3-18　氟硼酸铁-氟硼酸溶液直接电解精炼工艺流程

## 3.4 二次铜再生利用工艺实例

### 3.4.1 从铜渣和垃圾中回收好铜

福建古田水力发电工程机械工厂的化铜车间内因为经常打铜，难免有细小的碎屑飞溅各处，浇铸时也经常会发生飞溅现象，因此从化铜车间里打扫出来的垃圾中常夹有许多好铜，可采取如下处理方法：垃圾和熔渣系分开堆放。熔渣用 1 in（1in＝2.54cm）的筛子筛过，把留在筛子上面的渣子放在桩臼中舂成粉状，再筛一次，筛子上面就留着一粒粒铜珠，然后用磁铁吸出铁屑，就可重新应用。筛下的熔渣盛在木船中冲洗，除去粉屑，沉下的就是好的细铜。垃圾和炉灰因为还有很多土块及砂子，所以要连续舂筛 2～3 次，筛下的灰粉也要连续舂洗多次，使砂子能全部除去，回收的细铜粒同样用磁铁吸出铁屑。处理好的铜渣及铜粉，每 100kg 配 6kg 石灰石，放在小化铁炉内熔化。燃料用较小的碎木炭，因为木灰块太大，铜粉会从空隙中落至炉底[28]。

### 3.4.2 用铜屑重熔浇铸铜锭或铸件

（1）实例 1：用锡青铜切屑重熔浇铸铜锭或铸件

开始时，需要用磁铁除去铁屑，然后将铜屑加热到 400℃左右，烧去油污和水，再放入压模中，用水压机压成块状。铜块的直径 180mm，高 80mm，每块重约 20kg。

熔化时，先将坩埚加热到 600～700℃，陆续装入铜屑块，等全部熔化后，加入磷铜脱氧，用量约 0.3%，仔细搅拌铜液，清除熔渣，浇铸试样，然后烧成铜锭。

一次熔化铜屑 208kg，可以回收 192kg，熔化损耗约 8%。

以后重熔大批铜屑时，不再压成块状，采取直接重熔的方法。坩埚预热后，先加入一小部分铜屑，等熔化后再大量加入，并随加随拌，使铜屑迅速熔化，然后用磷铜脱氧。磷铜的用量根据铜屑的氧化程度而定，一般在每 200kg 铜液中加入含磷 10% 的磷铜约 0.5kg。

熔化前可以用木炭覆盖，但木炭必须充分干燥，并且要筛去细屑。

用机械通风的坩埚炉，第一炉化时间约 1.5～2.0h，以后每 1.0～1.5h 可熔好一炉，铜屑的熔耗不大。要保证铸锭的质量，也就是要使铸锭的化学成分符合技术条件要求，因此切屑的分类保管是一个很重要的问题。切屑和废料分类保管得越严密，产品的质量也越有保障。为此，应将铸件、锻件以及库存原材料全部按材料规格分门别类，用涂色来区别，同时在铸件加工前后都打上炉号。制造和加工部门均有专人负责分类和保管工作。这样就大大提高了铜屑回收的可能性，而更重要的是提高了再生铜锭的质量。

在锡青铜中，铝和铁是最令人讨厌的两种杂质。铜屑中的铁屑大部分可以用磁铁除去，因此影响较小，但是要除去铝就比较麻烦了。可用氧化铜和氧化亚铜还原的方法使铝氧化成氧化铝进入炉渣而除去，或者用氧化锌与硼砂各 50% 的混合物作熔剂，如含铝为 1%，熔剂的加入量为 6%，也可以完全除去铝。

锡青铜中铝和铁的允许含量（质量分数）在国家标准中都有严格规定。

应该指出，如果每炉重熔的铜锭，在取样进行化学成分分析后，若铝和铁不大于允许含量，则可考虑用来浇铸重要的和承受水压试验较高的铸件，如水泵翼输、阀门体等；如果含铝达 0.05%（质量分数），就可考虑浇铸次要的及水压试验要求较低的铸件；如果含铝量更多，则只能浇铸一些不重要的铸件，如把手、合页、装饰品、螺母等。

（2）实例 2：用铜回炉料等熔制铸造纯铜的实例

见表 3-8。

**表 3-8　用铜回炉料等熔制铸造纯铜 $T_2$、$T_3$、$T_4$ 的实例**

<table>
<tr><th rowspan="2">铜号</th><th colspan="5">规格成分的要求/%</th></tr>
<tr><th colspan="2">Cu</th><th colspan="3">杂质总和</th></tr>
<tr><td>$T_2$</td><td colspan="2">≥99.90</td><td colspan="3">≤0.1</td></tr>
<tr><td>$T_3$</td><td colspan="2">≥99.70</td><td colspan="3">≤0.3</td></tr>
<tr><td>$T_4$</td><td colspan="2">≥99.50</td><td colspan="3">≤0.5</td></tr>
<tr><th>配料及原材料</th><th>熔炉</th><th>熔炼工艺要点</th><th>熔化温度/℃</th><th>浇铸温度/℃</th><th>备注</th></tr>
<tr><td>全部为：电解铜边角余料、废块、废棒（电解铜及边料、废料均须符合 $T_2$ 或 $T_3$ 化学成分的规定）</td><td>反射炉</td><td>（1）装料<br>①第一次使用的新炉子，在装料前应向炉内装入适量的木柴或木炭（连续使用的炉子可以不加）。<br>②加料顺序：先装边角余料、残料、废块和废棒，然后装电解铜，如无边角余料则先装一层电解铜或残料，然后再装废块或废料。<br>③装料的同时堵液口（必须堵严实），堵液口的封料为 80# 以上耐火黏土 50%左右，60～80# 焦粉 50%左右和适量水。<br>（2）熔化<br>①熔化阶段，炉内温度应为 1300～1400℃，并保持微氧化性气氛。<br>②温度在 1200～1220℃时铜液沸腾，熔化阶段以铜液沸腾彻底而告终，沸腾彻底的标志为铜液表面全部冒泡。<br>（3）氧化<br>①先将风管在炉壁内预热 2min 左右，然后插入铜液内，吹入压缩空气，风管插入深度为铜液深度的 2/3。<br>②氧化时风压最低不得小于 0.08MPa，并应保持氧化性气氛。<br>③氧化阶段，铜液温度的变化如下：氧化开始 1200～1220℃；氧化终了 1150～1170℃。<br>④氧化末期取样观察断口以判断氧化终点，氧化终点的标志为：<br>原材料为电解铜时试样断口必须见砖红色 10%以上；<br>原材料为 $T_2$ 旧料时试样断口必须见砖红色 30%以上；<br>原材料为 $T_3$ 旧料或废电线、杂铜时试样断口必须见砖红色 80%以上。<br>⑤氧化达终点，温度符合要求时除净熔渣，放下装料炉门，并用湿黄泥封死。<br>（4）还原<br>①向炉内投入能覆盖全部铜液表面的木炭，然后将还原用青木用吊车或卷扬机卷起放入炉内，停止片刻后插入铜液中进行还原。<br>②还原阶段，炉内应保持强还原性气氛。<br>③还原末期应勤取试样进行肉眼观察，至试样凝固、表面平整且呈细皱纹时还原即告结束</td><td>1200～1220</td><td>1100～1150</td><td>①风管为 25.4mm（lin）直径和适当长度的铁管，将一端 0.6～1.2m 处弯曲成 60°～80°，其表面涂一层耐火黏土加水玻璃的混合物，厚度为 8～10mm，打制好的风管放在炉顶上烘烤；<br>②出炉时铜液表面应保持盖满木炭；<br>③试样表面呈凸形表示还原过度，呈凹形则表示还原不足</td></tr>
</table>

注：成分含量和配料比例皆指质量分数。

### 3.4.3 用青铜回炉料等熔制铸造青铜实例

用青铜回炉料等熔制铸造青铜实例1～实例4见表3-9～表3-12。

表3-9 用青铜回炉料等熔制铸造锡青铜ZCuSn5Pb5Zn5的实例(实例1)

<table>
<tr><td>铸件名称</td><td colspan="9">连杆孔衬套(船用机械类船用6250系列柴油机零件)</td></tr>
<tr><td>铸件特点</td><td colspan="9">铸件为圆筒状，轮廓尺寸为$\phi$120mm×110mm，铸件毛重3.75kg，内外圆及上下平面均需加工。铸造工艺采用湿型铸造，压边式浇口；<br>要求铸铜牌号：铸造锡青铜ZCuSn5Pb5Zn5</td></tr>
<tr><td>合金成分控制/%</td><td colspan="9">Sn 4.0～6.0，Pb 4.0～6.0，Zn 4.0～6.0，其余为Cu</td></tr>
<tr><td colspan="10">配料</td></tr>
<tr><td rowspan="2">合金成分</td><td colspan="2">标准含量</td><td colspan="2">烧损量</td><td colspan="2">炉料中应有含量</td><td colspan="2">添加20kg同牌号回炉料</td><td>新加金属锭</td></tr>
<tr><td>%</td><td>kg</td><td>%</td><td>kg</td><td>%</td><td>kg</td><td>%</td><td>kg</td><td>kg</td></tr>
<tr><td>Cu</td><td>85</td><td>85</td><td>1.5</td><td>1.275</td><td>84.8</td><td>86.3</td><td>85</td><td>17</td><td>69.30</td></tr>
<tr><td>Sn</td><td>5</td><td>5</td><td>1.5</td><td>0.075</td><td>5.0</td><td>5.08</td><td>5</td><td>1</td><td>4.08</td></tr>
<tr><td>Zn</td><td>5</td><td>5</td><td>5</td><td>0.25</td><td>5.2</td><td>5.25</td><td>5</td><td>1</td><td>4.25</td></tr>
<tr><td>Pb</td><td>5</td><td>5</td><td>2</td><td>0.10</td><td>5</td><td>5.1</td><td>5</td><td>1</td><td>4.10</td></tr>
<tr><td>合计</td><td>100</td><td>100</td><td>10</td><td>1.7</td><td>100</td><td>101.73</td><td>100</td><td>20</td><td>81.73</td></tr>
</table>

注：1. 熔炉类型：焦炭坩埚炉，每炉熔化100kg，炉内Cu烧损1.5%、Sn烧损1.5%、Zn烧损5%、Pb烧损2%。

2. 配料采用80%的新金属锭料和20%的同牌号回炉料。

3. 炉前，由于采用炉底加锌新工艺熔炼，因而只用少量磷铜(含P 17%)进行脱氧处理，加入量0.1%～0.2%。

4. 炉前，熔炼完毕后先浇一个工艺断口试样，冷却后敲断，观察断面组织，断面组织应以晶粒细小，组织均匀，无气孔，无杂质为合格。不合格时，对青铜补加磷铜再脱氧。

5. 炉前，在断口试样检验合格后，再烧两个弯曲试样，冷却后用虎钳夹紧，打断观其折断面，弯角$\alpha \geqslant 50°$为合格。

6. 检测结果：化学成分，Sn 4.83%，P 5.15%，Zn 4.77%，Cu含量不做化验，即余量；力学性能，抗拉强度$\sigma_b \geqslant$200MPa，屈服强度$\sigma_{0.2} \geqslant$100MPa，硬度≥60HBW，断后伸长率$\delta_5 \geqslant$13%。

7. 成分含量和配料比例皆指质量分数。

8. 此外，传动轮也用铸造锡青铜ZCuSn5Pb5Zn5铸造。

表3-10 用青铜回炉料等熔制铸造锡青铜ZCuSn6Zn6Pb3(实例2)

<table>
<tr><td>铸件名称</td><td colspan="10">铜套(石油机械类、安装于修井机液压系统零件)</td></tr>
<tr><td>铸件特点</td><td colspan="10">铸件为圆环形，轮廓尺寸为$\phi$96mm×100mm，内孔为$\phi$40mm，毛坯重5.58kg，平均壁厚28mm，此铸件是修井机井架起升液压缸内部件，全部加工，离心铸造<br>要求铸铜牌号：铸造锡青铜ZCuSn6Zn6Pb3</td></tr>
<tr><td>合金成分控制/%</td><td colspan="10">Sn 5～7，Pb 2～4，Zn 5～7，杂质总和≤1.0，Cu 87～81</td></tr>
<tr><td colspan="11">配料</td></tr>
<tr><td rowspan="2">合金成分</td><td colspan="2">标准含量</td><td colspan="2">烧损量</td><td colspan="2">炉料中应有含量</td><td colspan="2">添加20kg同牌号回炉料</td><td>元素总和</td><td>应加元素量</td></tr>
<tr><td>%</td><td>kg</td><td>%</td><td>kg</td><td>%</td><td>kg</td><td>%</td><td>kg</td><td>kg</td><td>kg</td></tr>
<tr><td>Sn</td><td>6.3</td><td>6.3</td><td>1.5</td><td>0.095</td><td>6.395</td><td>6.29</td><td>6.3</td><td>1.26</td><td>1.26</td><td>5.135</td></tr>
<tr><td>Zn</td><td>6.5</td><td>6.5</td><td>5</td><td>0.325</td><td>6.825</td><td>6.71</td><td>6.5</td><td>1.3</td><td>1.3</td><td>5.525</td></tr>
</table>

续表

| 合金成分 | 配料 | | | | | | | | | |
|---|---|---|---|---|---|---|---|---|---|---|
| | 标准含量 | | 烧损量 | | 炉料中应有含量 | | 添加 20kg 同牌号回炉料 | | 元素总和 | 应加元素量 |
| | % | kg | % | kg | % | kg | % | kg | kg | kg |
| Pb | 3 | 3 | 2 | 0.06 | 3.06 | 3 | 3 | 0.6 | 0.6 | 2.46 |
| Cu | 84.2 | 84.2 | 1.5 | 1.263 | 85.463 | 84 | 84.2 | 16.84 | 16.84 | 68.623 |
| 合计 | 100 | 100 | 10 | 1.743 | 101.743 | 100 | 100 | 20 | 20 | 81.743 |

注：1. 炉型：采用 100 号石墨质坩埚焦炭炉和必要工具熔炼 100kg ZCuSn6Zn6Pb3。

2. 炉料由金属料、回炉料、熔剂及辅助料等组成。除回炉料来自本厂外，其余均由外厂、矿业部门供给。其成分如下：Sn 98.35%，Zn 98.7%，Pb 99.5%，Cu 99.5%。

3. 炉料总量 101.743kg，其中，加锡锭 5.135kg，锌锭 5.525kg，铅锭 2.46kg，铜锭 68.623kg，回炉料 20kg。

4. 炉前，首先对石墨坩埚及其炉料加热，预热到所需温度，然后按顺序入炉，并且要迅速压入埚内合金溶液之中，而且在冶炼过程中观察、调剂、分析、掌握好炉况，均合格后出炉浇铸。

5. 检测结果：力学性能，抗拉强度 $\sigma_b$ 210MPa，硬度 650HBW；杂质总和为 0.512%≤1%。

6. 成分含量和配料比例皆指质量分数。

7. 适合本配料的还有石油机械类的填料、轴承、轴套等。

## 表 3-11 用青铜回炉料等熔制铸造锡青铜 ZCuSn10P1 的实例（实例 3）

| 铸件名称 | 轴套（石油机械类、用于抽油机游梁系统之中的零件） |
|---|---|
| 铸件特点 | 铸件为圆环形，轮廓尺寸为 $\phi$100mm×64mm，内孔为 $\phi$56mm，该部件壁厚 22mm，毛坯重 3.1kg。金属型、离心铸造。此铸件是抽油机游梁系统中轴套件，全部进行加工，退火处理；<br>要求铸铜牌号：铸造锡青铜 ZCuSn10Zn2 |

| 合金成分 | 配料 | | | | | | | | | |
|---|---|---|---|---|---|---|---|---|---|---|
| | 标准含量 | | 烧损量 | | 炉料中应有含量 | | 回炉料同牌号 30kg | | 元素总和 | 应加元素量 |
| | % | kg | % | kg | % | kg | % | kg | kg | kg |
| Sn | 10 | 10 | 1.5 | 0.15 | 10.15 | 9.99 | 10 | 3 | 3.0 | 7.15 |
| Zn | 2 | 2 | 5 | 0.1 | 2.1 | 2.07 | 2 | 0.6 | 0.6 | 1.5 |
| Cu | 88 | 84.2 | 1.5 | 1.32 | 89.32 | 87.94 | 88 | 26.4 | 26.4 | 63.92 |
| 合计 | 100 | 96.2 | 8 | 1.57 | 101.57 | 100 | 100 | 30 | 30 | 72.57 |

注：1. 炉型：用 100 号石墨质坩埚焦炭炉和所需工具进行熔炼。熔炼 100kg ZCuSn10Zn2。

2. 配料：炉料由金属料、回炉料、熔剂、辅助材料等组成，除回炉料来自本厂外、其余均由单位、外部门供给。成分（%）如下：Sn 98.35，Zn 98.7，Cu 99.5。

3. 炉料总和重 101.57kg，其中：加锡锭 7.15kg，锌锭 1.5kg，铜锭 62.92kg，回炉料 30kg。

4. 炉前：首先石墨坩埚及其炉料均需加热到要求温度，且按入埚顺序加料，同时迅速压入炉内的合金熔液之中，冶炼过程中要观察，掌握好炉况，均合格后出炉浇铸。

5. 检测结果：力学性能，抗拉强度 $\sigma_b$ 260MPa，硬度 800HBW；杂质总和为 0.45%≤1.5%。

6. 成分含量和配料比例皆指质量分数。

7. 适合本配料的石油机械类的还有旋塞、泵、阀、齿轮、叶轮、轴套等。

## 表 3-12 用青铜回炉料等熔制铸造 ZCuAl9Mn2 的实例（实例 4）

| 铸件名称 | 收缩管（汽轮机类 1.25×$10^5$kW 汽轮机零件） |
|---|---|
| 铸件特点 | 铸件在 250℃以下的蒸汽中工作，需具有耐冲击，耐腐蚀，不允许有铸造缺陷存在于内壁；<br>要求铸铜牌号：铸造铝青铜 ZCuAl9Mn2；<br>该牌号的结晶温度范围小，约 30℃，属于层状凝固，流动性好，体积收缩大，容易形成集中缩孔；疏松枝晶偏析倾向小，易氧化成 $Al_2O_3$ 悬浮性夹渣；浇铸过程中也易形成二次氧化渣，以及吸气倾向大，易产生气孔；为此采用离心铸造，取得了较好的效果；毛重为 150kg；<br>力学性能要求：抗拉强度 $\sigma_b$ 390MPa，断后伸长率 $\delta_5$ 20%，硬度 850HBW |
| 合金成分控制/% | Al 8.0～10.0，Mn 1.5～2.5，杂质总和≤1.5，Cu 余量 |

续表

| 配料 | | | | | | | | | | |
|---|---|---|---|---|---|---|---|---|---|---|
| 原材料 | 炉料成分/% | | | | 配料比例/% | 添加20kg同牌号回炉料元素总和/% | | | | 配料/kg |
| | Al | Mn | Cu | Fe | | Al | Mn | Cu | Fe | |
| 回炉料 | 8.77 | 2.27 | 88.96 | | 90 | 7.83 | 2.04 | 80.1 | | 234 |
| 锰铁 | | 80 | | 20 | 0.5 | | 0.4 | | 0.10 | 1.3 |
| 铝锭 | 99.5 | | | | 1.5 | 1.5 | | 0.6 | | 3.9 |
| 电解铜 | | | 99.9 | | 8.00 | | | | | 20.8 |
| | | | | | 100 | | | | | 260 |
| | | | | | 成品 | 9.17 | 2.18 | | 0.15 | |
| 炉前操作 | ①元素烧损以上、下限来调整，简化计算，总炉耗以5%计；<br>②HGTJ-1精炼剂于900～1180℃，出炉前加入（0.5%）；<br>③测温控制；<br>④扒渣，出炉温度控制在1180～1200℃；<br>⑤浇铸试样：浇铸温度为1050℃ | | | | | | | | | |

注：1. 采用熔炼炉类型：燃油回转干锅炉。

2. 检测结果：力学性能，抗拉强度 $\sigma_b$ 509MPa，断后伸长率 $\delta_5$ 41.4%，硬度1490HBW；化学成分，Al 9.17%，Mn 2.18%，Cu余量。

3. 成分含量和配料比例皆指质量分数。

4. 本配料适用于直接蒸馏的汽轮机零件，如收缩管、盖、喷嘴、导流板等同牌号零件。

### 3.4.4 铜精炼反射炉、转炉处理废铜实例

云南铜业（集团）是以铜为主业，集采、选、冶、加、科、工、贸为一体的跨地区大型集团公司，由云南铜业股份有限公司及云南区域铜矿山整合组建。截至2025年，公司已形成西南（昆明）、东南（宁德）、北方（赤峰）三大冶炼基地，具备年产电解铜152万吨（含再生铜28万吨）、电工用铜线坯15万吨、黄金8t、白银600t、硫酸536.4万吨的生产能力，同时可综合回收铅、锌及铋、硒、铂、钯等多种稀贵金属。

21世纪初，云南铜业启动核心技术改造，引进澳大利亚MIMP公司艾萨熔池熔炼工艺，配套建设备料、烟气处理、贫化吹炼及制酸系统，于2002年5月一次投产成功，奠定技术升级基础。历经多轮迭代，原有的 $\phi$4.4m艾萨熔炼炉、旧型转炉等设备已完成升级，当前主力装备包括顶吹熔炼炉、升级后的顶吹转炉系统、回转式阳极炉及动态分级制酸系统等国际先进设施，铜冶炼综合能耗降至250kgce/t，较2007年下降42%，各项环保指标均优于国家一级标准。通过并购凉山矿业及开发红泥坡铜矿，公司自产铜精矿含铜量提升至10万吨/年，虽仍以铜精矿为主要原料，但废杂铜资源化利用已成为重要补充方向，2025年滇中有色再生铜试点已实现5万吨废杂铜处理量。

传统反射炉处理废杂铜的核心矛盾仍集中于热平衡与处理效率的平衡，但随着装备升级已形成差异化解决方案。

① 工艺局限与改进　在保证热平衡的前提下，反射炉搭配处理热粗铜时同步加入废

杂铜，吨标煤耗可控制在35～40kg；若废杂铜占比超过20%（按单炉总物料150t计，单炉冷料超30t），需额外补充燃料，煤耗将增至60～80kg/t，且耐火材料损耗增加30%以上，炉时延长15%～20%。针对燃粉煤反射炉渣率高、直收率低的问题，目前已普遍配套高效除尘与渣铜分离系统，铜直收率较传统工艺提升2～3个百分点。

② 原料适配与设备转型　反射炉仍以处理Cu>95%的高品位紫杂铜为主，低品位废杂铜已逐步转向转炉系统或专用再生铜生产线。2025年滇中有色再生铜项目投产后，原有3台150t/炉固定式阳极炉已完成改造，通过配套RGV智能转运与自动化温控系统，单炉年处理废杂铜能力提升至4.5万吨，2台并联运行可实现9万吨/年处理量，较原设计增长21%。

PS转炉是铜锍吹炼核心设备，传统间歇式作业分为造渣期（第一周期）和造铜期（第二周期）两个阶段。在造渣阶段，铜锍中的FeS与鼓入的空气中的氧发生强烈的氧化反应，生成FeO和$SO_2$，FeO与吹炼过程中加入的二氧化硅溶剂反应造渣，$SO_2$随烟气逸出，铜锍被吹炼成含铜品位高达75%的白锍（白冰铜主要是$Cu_2S$）；一般在造渣期，热量有富裕时，可处理一定量含铜冷料（自产冷料或品位低的粗铜、废杂铜等）。在造铜期，白冰铜（$Cu_2S$）被氧化成$Cu_2O$，$Cu_2O$与$Cu_2S$发生互换反应，生成金属铜。第二周期不加入溶剂，不造渣，在热量富裕时，也可以处理一定量的含铜较高的冷料（如残极铜、品位高的粗杂铜等）。铜锍（冰铜）吹炼过程既是铜和铁与硫的分离过程，也是冰铜中杂质脱除过程。在吹炼过程中，冰铜中的杂质以氧化造渣或以金属或以化合物的形态挥发脱除。

目前，PS转炉的作业方式已升级为“智能调控+高效除杂”的现代化工艺，其核心特征如下。

① 工艺原理与参数优化　转炉是将铜锍（冰铜）吹炼成粗铜的关键设备，吹炼热量来源于铜、铁、硫的氧化放热，属间歇式周期作业，分为造渣期与造铜期两个阶段。造渣期内，铜锍中的FeS与富氧空气（氧气浓度提升至25%～30%）反应生成FeO和$SO_2$，FeO与石英砂反应生成$FeSiO_3$渣，铜锍转化为含铜75%的白锍（$Cu_2S$）；造铜期内，$Cu_2S$氧化为$Cu_2O$，二者进一步反应生成含铜98.5%～99.5%的粗铜，全程无需额外加溶剂。通过采用碱性脱杂剂（含钠钙的高活性碳酸盐），杂质脱除效率显著提升，As、Sb、Bi脱除率分别达96.17%、96.64%、92.80%，Zn脱除率维持≥95%，仅Ni脱除率仍在50%～60%区间。

② 废杂铜处理的安全与环保升级　针对传统加料方式的安全隐患与污染问题，目前已实现三大改进：一是原料预处理环节新增智能分拣与低温干燥系统，塑料、橡胶等易燃物剔除率达99%，油污残留量控制在0.1%以下；二是采用侧部连续加料装置替代吊车吊运料包加料，避免炉口燃烧与“喷炉”风险，黑烟排放量减少90%；三是烟气收集系统与动态分级制酸工艺联动，$SO_2$吸收率达99.9%，尾气排放浓度低于$50mg/m^3$。

③ 原料适配与热量利用　造渣期可处理Cu含量在85%～95%的中品位废杂铜，造铜期则适配残极铜等Cu>95%的高品位冷料，处理量取决于冰铜品位（一般要求45%～55%）与富氧浓度。升级后的5台顶吹转炉系统，通过精准调控热平衡，单炉周期废杂铜处理量提升至8～10t，年总处理能力达（6～8）万吨。在转炉吹炼的整个过程中，各杂质的脱除率见表3-13，且提高操作温度，对杂质的脱除是非常有利的。

表 3-13 转炉吹炼过程各杂质脱除率

| 元素 | As | Pb | Sb | Bi | Ni | Zn |
| --- | --- | --- | --- | --- | --- | --- |
| 脱除率/% | 95～96 | 83～85 | 96～97 | 92～93 | 50～60 | ≥95 |

随着2025年滇中有色再生铜资源循环利用项目建成投产，云南铜业废杂铜处理体系已形成“转炉协同＋专用线主力”的新格局。

① 现有系统能力 5台升级转炉年处理中低品位废杂铜（6～8）万吨，3台改造后反射炉年处理高品位废杂铜9万吨，合计（15～17）万吨。

② 新增产能释放 滇中有色项目配备2条年处理96万吨炼铜废渣的浮选生产线及专用再生铜冶炼系统，其中21万吨/年高杂阳极铜电解系统投产后，可新增废杂铜处理能力（18～20）万吨，公司总处理能力将突破35万吨/年，成为西南地区再生铜资源化核心基地。

上述升级不仅破解了传统工艺的安全与环保瓶颈，更实现了废杂铜从“补充原料”到“战略资源”的转型，为铜冶炼行业循环经济发展提供了实践范本。

## 3.5 二次铜再生利用技术的发展与展望

### 3.5.1 技术创新趋势

当前二次铜再生利用技术正经历多维度革新，其核心驱动力源于对资源效率与低碳目标的系统性追求。

（1）二次铜精炼技术的应用与发展

一段式处理技术能够处理的废杂铜品为铜含量92%及以上，如果采用混合一段式精炼技术就可以将这个要求降低到80%左右。这样就有更多的废杂铜能够利用该技术进行冶炼，有效提升了设备应用的覆盖面，对于提升冶炼技术的应用与推广效果都具有重要的作用。此外，在二次铜预处理过程，基于物质特性差异的分选方法取得突破性进展，例如：微波热解技术的工程化应用革新了传统焚烧法，通过2.45GHz微波对漆包线表皮聚合物的选择性加热，在300～400℃温域内实现漆层碳化剥离，较传统热解脱漆工艺节能40%以上，且避免了二噁英类污染物的生成。在冶金环节，富氧侧吹熔炼技术通过多通道氧枪矩阵设计，将鼓风氧浓度提升至85%～90%，显著强化了熔池传质效率，阳谷祥光铜业有限公司应用该技术后，再生粗铜单位能耗降至287kW·h/t，较传统反射炉工艺降低35%。

（2）大规模处理二次铜资源技术与装备

低品位铜的处理技术在应用时普遍存在能耗高、系列规模小的特征，再加上一些规模较大的企业在进行建设时往往需要一次性购置多套设备，大大影响了行业的发展。除此之外，投资成本较高会导致行业门槛提升，对于推进二次铜资源的回收利用事业也具有不利的影响。结合当前冶炼低品位杂铜技术工艺参数现状来看，采用操作制度、炉渣渣型与烟气净化相结合的方式对于提升铜精矿处理效果具有一定作用。值得注意的是，随着人工智能的不断发展，构建全流程的数字智能化系统也是促进大规模处理低品位二次铜资源的重要举措。例如，在冶炼优化方面，通过机器学习实时调整熔炼温度、氧浓度，江西铜业集团有限公司炼厂应用后，阴极铜纯度达99.999%，能耗降12%；在设备预测性维护方面：基于振动、温度数据的故障预警系统，使冶炼设备非计划停机减少50%，云南铜业试点后年维修成本下降2000万元；在供应链智能调度方面，江西铜业集团有限公司构建铜精矿-粗铜-精铜的全球物流模型，海运成本优化8%，库存周转率提升20%。这些技术创新正在重塑再生铜产业的技术经济性，为规模化应用奠定了坚实基础。

(3) 再生铜伴生金属回收技术

在再生铜中，复合铜材料通常是最难以处理的，而复合铜材料的处理也逐渐成为目前再生铜冶炼技术研发的重点。根据再生铜中复合材料的元素与含量方面的差异，一般需要采用不同的冶炼方式进行处理。常见的金属包括铁、锑、砷、铅等，通过将各种元素进行有效回收，并对贵金属和其他金属进行分离，可提升伴生金属的回收率。常规条件下选择单一金属回收法更适合再生铜伴生金属的回收，而随着新型设备的开发，多金属元素的同时回收也逐渐成为现实，例如：X射线荧光分选机（XRF）与高分辨率CCD成像系统的联用，可对混杂废料中铜、铝、塑料等组分进行毫米级空间定位，结合气动喷射装置实现多金属元素的回收，回收率可达95%以上[29]。虽然这些高端设备（如X射线管、硅漂移探测器等）成本较高，应用范围较小，但未来具有广大的推广潜力，将大大提升多金属元素的资源利用率。

### 3.5.2 政策与市场趋势

(1) 政策环境全面升级

① 政策体系日趋完善　近年来我国再生铜产业政策体系呈现“中央定方向、地方抓落实”的鲜明特征。在国家层面，工信部等三部门联合发布的《有色金属行业碳达峰实施方案》设定了明确的量化指标：到2025年再生铜产量达到400万吨，再生金属供应占比24%以上。这一目标较“十三五”时期显著提升，体现了国家对再生金属产业的重视。在地方层面，各省市积极响应国家政策。浙江省出台《推动大规模设备更新和消费品以旧换新若干举措》，重点完善“互联网＋二手”服务标准体系；山东省发布专项实施方案，着力构建完善的废弃铜回收网络；南宁市则通过建设再生资源产业园，打造区域性循环经济示范基地。这种上下联动的政策体系为行业发展提供了有力支撑。

② 政策导向与时俱进　当前政策呈现三个显著转向：一是从单纯鼓励发展转向标准规范建设，如浙江推行的二手商品交易标准；二是从粗放管理转向精细调控，通过产能、环保等指标实施精准管理；三是从产业扶持转向全链条培育，涵盖回收、加工、应用等各个环节。特别是碳达峰碳中和目标的提出，使再生铜产业的环保属性得到进一步强化[30]。

(2) 市场发展进入新阶段

① 规模持续扩张　行业数据显示，我国再生铜市场规模从2016年的1080.84亿元增长至2024年的2854亿元，年均复合增长率达12.9%，远超同期GDP增速。虽然2024年增速小幅回落至4.51%，但仍保持稳健增长态势，表明行业已从高速增长期进入高质量

发展阶段。

② 区域格局深度调整　华东地区凭借完善的产业配套和旺盛的下游需求，市场份额高达65.68%。华南地区以18.2%的占比位居第二，主要受益于珠三角制造业集群的带动。值得注意的是，中西部地区正在加速追赶，南宁再生资源产业园等项目的建设，预示着未来区域格局可能重新洗牌。

③ 产业结构持续优化　2024年再生铜产量已达415万吨，提前完成政策目标。其中再生精炼铜占比77.11%，主要应用于高端制造领域；直接利用再生铜占22.89%，多用于建筑、电力等传统行业。这种结构反映出我国再生铜产业正在向高附加值方向转型[30]。

### 3.5.3 可持续发展战略下废铜再生利用技术展望

面向碳中和时代的系统变革，二次铜产业正在突破单一资源循环的范畴，向能源-材料-环境协同优化的生态系统演进。既要"金山银山"，又要"绿水青山"，这对于正着力打造绿色、智能化的再生铜企业而言，既是机遇也是挑战。在碳减排维度，再生铜生产的碳优势正通过技术创新持续放大。例如，瑞典开发的绿电熔炼系统将风电直接接入150t电弧炉，配合储能装置平抑电网波动，使吨铜生产碳排放降至0.3t $CO_2$e，仅为原生铜的8%。氢能冶金技术的突破更具颠覆性，德国的试验项目，利用等离子体炬产生3000℃氢等离子体直接还原铜氧化物，省去了传统还原剂焦炭的使用，实验室数据表明该工艺可减少89%的工艺排放。此外，城市矿产开发模式呈现分布式与集中式结合的创新架构。例如，北京市试点建设的社区智能回收站配备近红外光谱仪，可在0.8s内识别出废旧电器中的含铜部件，并通过区块链技术记录回收数据，形成可交易的碳资产凭证。更具战略意义的是产业代谢网络的构建，例如，加拿大建立的铜-锂协同回收体系，将电解工序产生的硫酸废液用于浸出废旧锂电池中的钴镍金属，实现危废资源化率100%。然而，国际可再生能源署的预测表明，到2040年再生铜将满足全球62%的铜需求，但需要突破三大技术瓶颈：建立覆盖全品类的废铜快速检测标准；开发耐受杂质波动的新型电解液体系；构建跨国界的再生材料认证互认机制。因此，只有在全人类的共同努力下，才能真正实现"城市矿山"对自然矿山的系统性替代。

我国再生铜资源循环利用在未来发展中应注重以下几个方面的问题：

① 重视先进技术和设备的开发利用　目前，国内外使用的一段法处理废铜资源工艺，对铜的品位要求较高，仅能搭配少量的低品位废杂铜一起处理。未来应加大技术创新力度，淘汰落后产能和生产工艺，开发混合铜品位再生技术，进一步规范废铜回收再生利用产业，促进行业高质量绿色发展。加强对生产用水的循环利用，对烟气余热的回收发电，以及对烟尘净化、固体废物处置技术的开发应用。与此同时，引进吸收更多自动化、智能化程度高的再生铜处理设备，提高生产的科学管理水平。

② 完善再生铜资源伴生金属的综合回收与利用　随着再生铜资源中复合铜材料与铜基材料的不断增加，单纯从这些材料中回收铜已难以满足目前的需求。因此，应综合考虑有价金属的回收，例如，先使用火法冶炼对废铜中含有的锡、镍、硒、铂、钯等金属进行富集，而后采用分离技术实现对单一金属的回收[31]。

# 参考文献


[1] 湖南省工业和信息化厅．2020年铜行业运行情况［EB/OL］．(2021-2-18)．https：//gxt.hunan.gov.cn/

[2] 王彦明．“铜”奋进“铅”帆竞“锌”出发［EB/OL］．中国有色网(2024-01-022)，https：//www.cnmn.com.cn/

[3] 沈涛．铜磨削料回收铜的工艺研究［D］．沈阳：东北大学，2009.

[4] 中国海关总署《进出口商品贸易统计》(2020—2023).

[5] 周明文．我国废杂铜工业的现状与发展趋势［J］．有色冶金设计与研究，2010，06：29-32.

[6] 周俊．废杂铜冶炼工艺及发展趋势［J］．中国有色冶金，2010，(04)：20-26.

[7] 郭小刚．再生铜产业技术浅谈［J］．科技风，2012，08：141.

[8] 张雅蕊，彭频．我国废杂铜回收利用的现状分析及对策研究［J］．铜业工程，2011，(04)：86-89.

[9] 王冲，杨坤彬，华宏全．废杂铜回收利用工艺技术现状及展望［J］．再生资源与循环经济，2011，08：28-32.

[10] 卢建．中国再生铜行业发展现状与展望［J］．资源再生，2010，(01)：20-22.

[11] 刘小军，卢燕妮，崔花莉．废弃印刷线路板回收处理技术的研究进展［J］．广州化工，2011，(14)：42-44.

[12] 刘承帅，王晓明，刘方明．涡流分选原理及皮带式分选机的研制［J］．有色设备，2009，01：4-7.

[13] 李明波，孙宜华，李德容，等．我国废钢加工装备发展现状与展望［J］．再生资源与循环经济，2015，(07)：32-36.

[14] 高安江，王刚，曲信磊，等．废铝再生预处理过程中的杂质分离和分类分选技术研究［J］．再生资源与循环经济，2015，(02)：33-36.

[15] 张俊，宋平西．回收利用铝工艺综述［J］．金属世界，2009，05：61-65.

[16] 叶春葆．环保型电线和电缆及其回收利用［J］．世界橡胶工业，2003，03：25-30.

[17] 许冠浩．废杂铜拆解工艺概述［J］．有色金属加工，2014，06：6-8.

[18] 叶石柱．废旧家电回收处理工艺过程及环境因子评价研究［D］．兰州：西北师范大学，2012.

[19] 卢建．关注再生铜［J］．中国金属通报，2010(6)：14-15.

[20] 宋运坤，沈强华，钟忠．我国废杂铜的回收利用现状与对策［J］．云南冶金，2006，06：36-39.

[21] 瑞林．FRHC废杂铜精炼工艺技术的发展［J］．资源再生，2009，09：48-50.

[22] 陈波．低品位杂铜冶炼新工艺的发展与评述［J］．有色冶金设计与研究，2010，03：16-18，22.

[23] 李卫民．利用艾萨熔炼技术进行的吹炼［J］．世界有色金属，2008，11：28-31.

[24] 李立清，杨丽钦．浅谈铜资源的综合利用问题［J］．金属矿山，2010，(07)：169-172.

[25] 秋菊．湿法炼铜中铜萃余液和浸出液高效处理技术研究［D］．长沙：中南大学，2012.

[26] 廖辉伟．铜盐生产技术及研究进展［J］．无机盐工业，2002，01：24-26，38.

[27] 贺慧生．废杂铜直接电解精炼的研究进展［J］．世界有色金属，2010，09：25-27.

[28] 吴道洪，王敏，曹志成，等．从铜渣中分离有价金属的方法［P］．北京：CN104404260A，2015-03-11.

[29] 中华人民共和国工业和信息化部．《智能检测装备产业发展行动计划(2023—2025)年》［R/OL］．北京，2023.

[30] 华经产业研究院．2025—2031年中国再生铜行业市场调查研究及投资战略研究报告［R］．北京，2025.

[31] 黄敏，邵龙彬．再生铜资源的利用状况与发展趋势［J］．有色冶金设计与研究，2021，42(1)：7-9.

第4章

# 铝的再生利用技术

## 4.1 废铝再生利用概况

铝是最重要的有色金属品种，根据美国地质调查局（USGS）年报告，全球已探明铝土矿储量约为320亿吨（金属铝含量约70亿吨），铝土矿是提炼铝的主要原料。金属铝由于质量轻、耐腐蚀、良好的导电性和传热性，使它广泛用于国防、建筑、运输、包装等行业和日常生活领域。由于金属铝质量轻这一特点，其在汽车工业的应用日益受到重视，欧美国家的汽车公司，如美国通用汽车公司、福特汽车公司和德国大众汽车公司、宝马汽车公司都在强化和开发铝部件在汽车上的应用，全铝汽车已经成功研制出来了，其减轻汽车自重、节省燃料、有利环保的优势令人瞩目。铝工业之所以能成为一种可持续发展的工业，不仅在于铝具有良好的性能（密度小、塑性变形性能好等），而且在于它是最具有可回收性与再生利用价值的工程金属，其回收节能效果甚佳，且废铝的回收率相当高，又能反复循环利用，实现循环经济所提倡的目标[1]。

铝不仅具有可回收性，而且是一种可反复使用、永不消失的金属。自1886年以来人类所生产的6.9亿吨原铝中，约有4.8亿吨目前仍在被利用，并且以后仍将被重新利用。目前每年约有1160万吨废铝通过回收再生，满足了全球铝市场的40%。再生铝的能耗仅为制取原铝的3%～5%。与原铝生产相比，用17.5%品位的铝矾土生产铝与用废杂铝生产再生铝所做的对比看，每再生1t铝，除节能95%，还节水10.5t，少用固体材料11t，少排放二氧化碳0.8t，少排放硫氧化物0.06t，少处理废液、废渣1.9t，免剥离地表土石0.6t、免采掘脉石6.1t，优势明显，因此，废杂铝的回收再生是实现可持续发展的首选[2]。

铝的回收和再生利用不仅节能效果显著，而且可以减免铝生产中$CO_2$和CO的排放量。这对于防治大气污染有重要意义，所以铝的生产被称为绿色金属生产[3]。

废铝回收和再生利用可以节约铝矿和石焦油、萤石等资源。我国优质铝矿并不丰富，一部分氧化铝还要从国外进口，回收利用废铝经济价值很大，应予以足够重视[4]。图 4-1 为铝的循环流程简图。

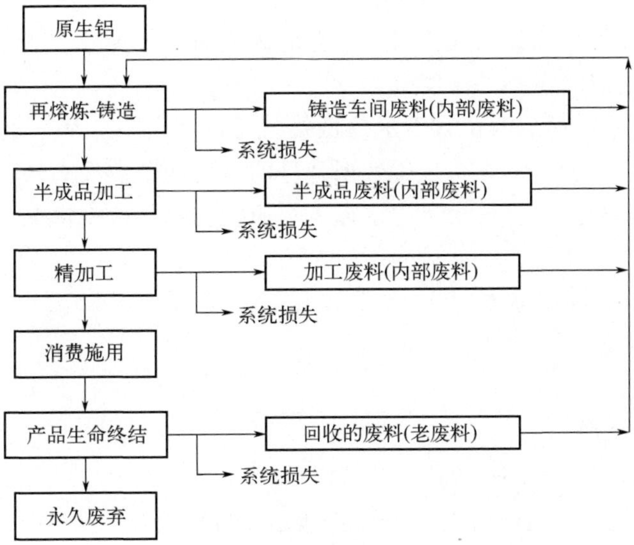


图 4-1 铝的循环流程

## 4.1.1 铝和铝合金产品

### 4.1.1.1 纯铝

纯铝按其纯度分为高纯铝、工业高纯铝和工业纯铝三类。焊接主要是工业纯铝，纯度为 98.8%～99.7%，其牌号有 L1、L2、L3、L4、L5、L6 六种。

### 4.1.1.2 铝合金

往纯铝中加入合金元素就得到了铝合金。根据铝合金的加工工艺特性，可将它们分为形变铝合金和铸造铝合金两类。

形变铝合金塑性好，适宜于压力加工。形变铝合金按照其性能特点和用途可分为防锈铝（LF）、硬铝（LY）、超硬铝（LC）和锻铝（LD）四种。铸造铝合金根据加入主要合金元素的不同分为铝硅系（Al-Si）、铝铜系（Al-Cu）、铝镁系（Al-Mg）和铝锌系（Al-Zn）四种。

主要铝合金牌号有 1024、2011、6060、6063、6061、6082、7075。

(1) 铝的牌号

1×××系列为：纯铝（铝含量不小于 99.00%）。

2×××系列为：以铜为主要合金元素的铝合金。

3×××系列为：以锰为主要合金元素的铝合金。

4×××系列为：以硅为主要合金元素的铝合金。

5×××系列为：以镁为主要合金元素的铝合金。

6×××系列为：以镁为主要合金元素并以 $Mg_2Si$ 相为强化相的铝合金。

7×××系列为：以锌为主要合金元素的铝合金。

8×××系列为：以其他元素为主要合金元素的铝合金。

9×××系列为：备用合金组。

牌号的第二位字母表示原始纯铝或铝合金的改型情况，牌号的最后两位数字以标识同一组中不同的铝合金或表示铝的纯度。

1×××系列牌号的最后两位数表示最低铝含量的百分点，牌号的第二位字母表示原始纯铝的改型情况。2×××～8×××系列牌号的最后两位数没有特殊意义，仅用来区分同一组中不同的铝合金。牌号的第二位字母表示原始纯铝的改型情况。

（2）铝和铝合金的状态

代号F××：自由加工状态。

O××：退火状态。

H××：加工硬化状态。

W××：固熔热处理状态。

T××：热处理状态（不同于F、O、H状态）。

H××的细分状态：H后面的第一位数字表示获得该状态的基本处理程序，如下所示。

H1：单纯加工硬化状态。

H2：加工硬化及不完全退火的状态。

H3：加工硬化及稳定化处理的状态。

H4：加工硬化及涂漆处理的状态。

H后面的第二位数字表示产品的加工硬化程度。从0至9代表加工硬化程度越来越大。

## 4.1.2 废铝的来源及分类

铝的主导产品为铝及铝合金管、棒、型、线、排、板、带、箔、铝粉、镁粉、铝镁合金粉、水性铝膏、铸造铝材和深度加工产品14大类，近百种合金，上万种规格。产品特点为多品种、多合金、多规格、附加值高、技术密集性强。产品广泛应用于机械制造、仪器仪表、家用电器等行业。

### 4.1.2.1 废铝的来源

（1）来自铸造企业自身的铝合金旧废料

铸造企业自身的铝合金旧废料主要有：a. 铝合金废铸件、浇冒口、剩余铝合金液锭等；b. 废铸造工艺装备，如铝合金制的模样、模板、芯盒、砂箱、压砂板、砂箱托板、浇铸系统模具、烘芯板等；c. 废铸造设备中的铝制零件；d. 其他。如图4-2所示。

其中铝合金废铸件、浇冒口、剩余铝合金液锭等又称铸造返回料（回炉料），是铸造企业生产铸造铝合金件的最主要的铝合金旧废料来源。

（2）来自铸造企业外部的铝合金旧废料

① 来自铸造产业链下游的铝合金旧废料，主要有机械加工时的废铝合金铸件、废铝屑和机器产品永久废弃时的铝合金零部件等。

② 来自冶金产业链下游的铝合金旧废料，主要有冶金铝轧制品的废料头和边角料、

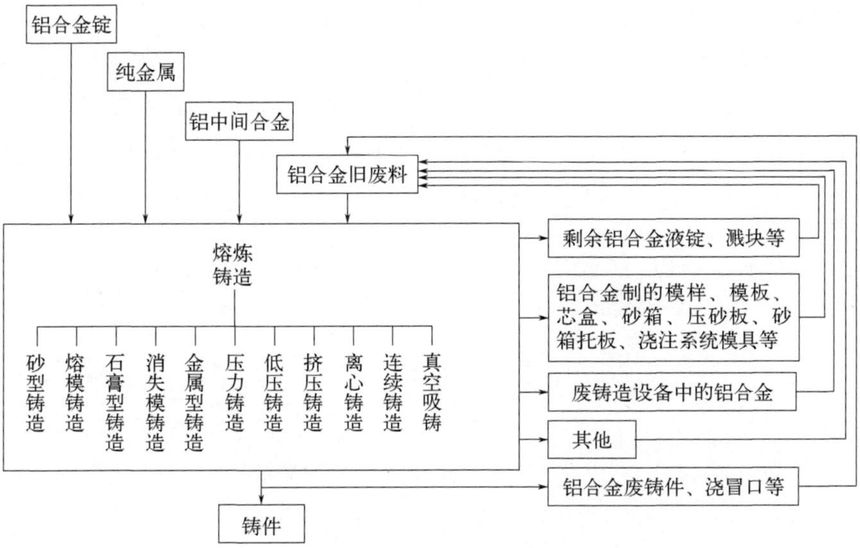


**图 4-2　来自铸造企业自身的铝合金旧废料示意**

注：纯金属主要有 Al、Cu、Mg、Si、Zn、Mn、Ni 等；铝中间合金主要有 Al-Si、Al-Cu、Al-Mg、Al-Be、Al-Ni、Al-Ti、Al-Cu-Ni、Al-B、Al-Zr、Al-Cr、Al-Re 等。

铝锻件废料头和边角料等。

③ 来自废物回收产业的国内外铝合金旧废料，主要有：a. 废旧铝门窗；b. 汽车、摩托车、机械、电器、电力线路报废后的含铝废料、铝导线等；c. 航空航天飞行器报废后的含铝废料；d. 饮料用的废铝易拉罐等。

④ 报废汽车中的铝合金零部件，主要有铝合金汽缸体、曲轴箱、转向体、油泵壳、轮毂、保杆、散热器、覆盖件等，其回收系统可参见图 4-3。报废汽车在拆除所有的液体物质后进行解体，解体后的车体、动力系统和散热器再分解。除散热器外，铜-铝混合物直接送回冶炼厂用作合金材料，其他的切碎物料用重介质分离法回收铝。轧制和铸造铝合金之间目前还没有什么分离办法，这部分物料全都用于铸造铝合金生产原料。

2023 年我国平均每辆小汽车用铝合金平均为 230kg（新能源主流车型），假定今后每辆车用铝合金量平均为 240kg 计，每年约需报废 750 万辆车，则每年从报废汽车中就可回收 172.5 万吨废铝合金。实际上，2023 年发达国家每辆燃油汽车用铝合金量平均已达 200kg，新能源汽车平均达 350kg，预计 2030 年主流车型将突破 450kg，不仅铝合金的需求量大大提高，而且可回收的铝合金量也大大增多。

按废铝模型估算的 2020 年世界铝工业物流，如图 4-4 所示。从图 4-4 中可见：2020 年获得的铝合金新老废料可达 51000kt。如果废铝合金的收集率不变的话，估计到 2030 年世界未回收的废铝合金将增加到 50%以上。

#### 4.1.2.2　废铝的分类

铝合金废旧料可分为铸造铝合金旧废料、变形铝合金旧废料、铝合金屑等。

（1）铸造铝合金旧废料

① 铸造铝合金旧废料主要包括：a. 杂质含量超标而报废的铝合金铸件；b. 因化学成分报废的铝合金铸件；c. 铝合金浇冒口；d. 熔炼铸造铝合金坩埚底料；e. 剩余铝液浇铸

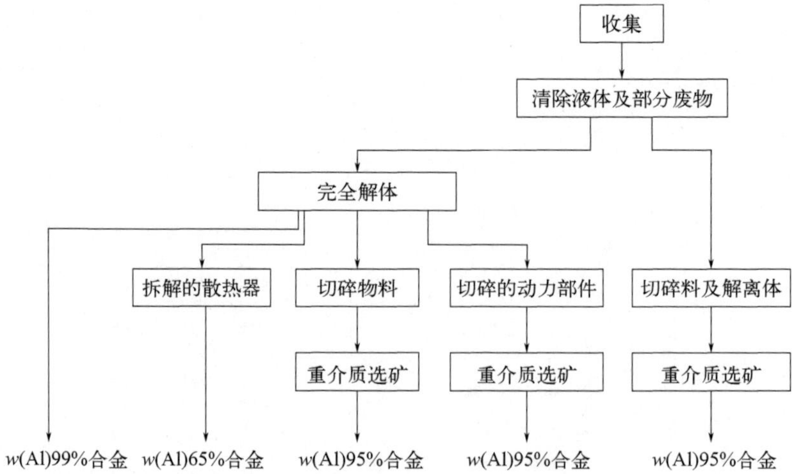


图 4-3　报废汽车铝合金回收系统

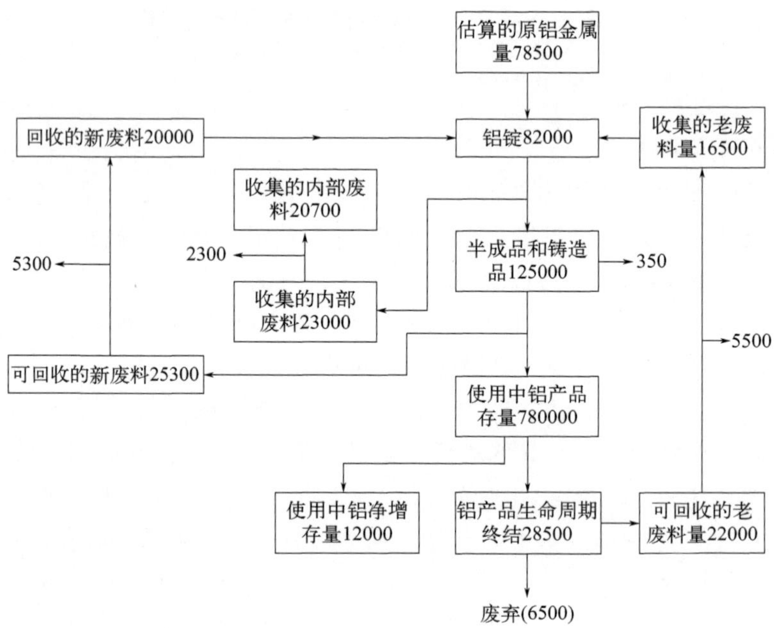


图 4-4　2020 年世界铝工业的物流（单位：kt）

的铝合金锭等。

② 铸造铝合金旧废料切碎机处理时，断口在显微镜下观察会有尖锐的边缘。

③ 铸造铝合金旧废料分为重力铸造铝合金旧废料和压铸铝合金旧废料两种。

重力铸造铝合金旧废料常含有 Si、Cu、Mg、Zn、Sn 及 Cr、Mn、Ni、Be、Zr、Ti 等，按合金所含基本元素的不同，可以将重力铸造铝合金旧废料分为下列 4 大组：a. 铸造铝-硅合金旧废料；b. 铸造铝-铜合金旧废料；c. 铸造铝-镁合金旧废料；d. 铸造铝-锌合金旧废料等。在压铸铝合金旧废料中常含有 Si、Mg、Cu 等。

按合金所含基本元素的不同，可以将压铸铝合金旧废料分为下列 2 组：a. 压铸铝-硅合金旧废料；b. 压铸铝-镁合金旧废料。

铸造铝合金旧废料的化学成分参考值见表 4-1。

**表 4-1 铸造铝合金旧废料的化学成分参考值**

| 类型 | | 化学成分（质量分数）/% | | | | | | | |
|---|---|---|---|---|---|---|---|---|---|
| | | Si | Cu | Mg | Zn | Mn | Ti | 其他 | Al |
| 重力铸造 | 铸造铝-硅合金旧废料 | 4.0～13.0 | 0～8.0 | 0～1.3 | 0～1.8 | 0～0.9 | 0～0.35 | Ni 0～1.5<br>Be 0～0.4<br>Sb 0～0.25<br>Cd 0～0.25 | 余量 |
| 重力铸造 | 铸造铝-铜合金旧废料 | 0～2.0 | 3.0～5.3 | — | — | 0～1.2 | 0～0.35 | Cd 0～0.25<br>V 0～0.3<br>Zr 0～0.25<br>B 0～0.06<br>Ni 0～0.3<br>Re 0～5.0 | 余量 |
| 重力铸造 | 铸造铝-镁合金旧废料 | 0～1.3 | — | 4.5～11.0 | 0～1.5 | 0～0.4 | — | Be 0～0.1 | 余量 |
| 重力铸造 | 铸造铝-锌合金旧废料 | 0～8.0 | — | 0.1～0.65 | 5.0～13.0 | — | 0～0.25 | Cr 0～0.6 | 余量 |
| 压铸 | 压铸铝-硅合金旧废料 | 7.5～18.0 | ≤5.0 | ≤0.9 | ≤1.2 | ≤0.9 | ≤0.1 | — | 余量 |
| 压铸 | 压铸铝-镁合金旧废料 | 0.8～1.3 | ≤0.1 | 4.5～5.5 | ≤0.2 | 0.1～0.4 | ≤0.2 | — | 余量 |

④ 废设备中的铸造铝合金废件的合金类型有以下几种。

a. 铸造铝-硅合金类型：航空用油泵壳体、增压器盖、配件等；汽车传动箱等；气冷发动机的曲轴箱等；水冷发动机的汽缸滑块、汽缸头、汽缸盖等；内燃发动机的活塞、汽缸头等；起重机滑轮等。

b. 铸造铝-铜合金类型：小型内燃发动机的活塞、汽缸头等；曲轴箱、支架、飞轮盖等。

c. 铸造铝-镁合金类型：海伦配件及其壳等；航空配件等。

d. 铸造铝-锌合金类型：高空飞行氧气调节器等；飞机起落架等；空压机活塞等。

（2）变形铝合金旧废料

① 变形铝合金旧废料主要是指用变形铝合金制品（厚板、薄板、带材、箔材、厚壁管、薄壁管、棒材、型材、线材、自由锻件、模锻件等）加工的废零件和边角料、料头等。

② 变形铝合金用切碎机处理时，断口在显微镜下观察粒子变得圆滑。

③ 变形铝合金旧废料中常含有 Cu、Mg、Zn、Mn、Li、Ni、Cr 等。按照合金所含基本元素的不同，可以将变形铝合金旧废料分为下列 8 大组：a. 1×××系铝合金（工业纯铝）旧废料；b. 2×××系铝合金［Al-Cu-（Mg)］旧废料；c. 3×××系铝合金（Al-Mn）旧废料；d. 4×××系铝合金（Al-Mg-Si）旧废料；e. 5×××系铝合金（Al-Cu、Al-Zn-Mg）旧废料；f. 6×××系铝合金（Al-Mg-Si）旧废料；g. 7×××系铝合金（Al-Cu、Al-Zn-Mg）旧废料；h. 8×××系铝合金（Al-Li、Al-Sc、Al-Fe-V）旧废料。

变形铝合金旧废料的化学成分参考值见表 4-2。

表 4-2　变形铝合金旧废料的化学成分参考值

| 类型 | 化学成分（质量分数）/% | | | | | | | | |
|---|---|---|---|---|---|---|---|---|---|
| | Si | Fe | Cu | Mn | Mg | Zn | Ti | 其他 | Al |
| 1×××系铝合金（工业纯铝）旧废料 | 0.003～0.08 | 0.003～0.10 | 0.01～0.05 | — | — | — | — | — | 余量 |
| | 0.15～0.35 | 0.15～0.60 | 0.01～0.20 | 0.01～0.05 | 0.01～0.05 | 0.03～0.1 | 0.02～0.1 | Cd 0～0.03<br>V 0～0.05 | 余量 |
| 2×××系铝合金［Al-Cu-(Mg)］旧废料 | 0.06～1.2 | 0.2～1.6 | 1.8～7.0 | 0～1.2 | 0.02～2.6 | 0～0.3 | 0～0.4 | V 0～0.14<br>Ni 0～2.3 | 余量 |
| 3×××系铝合金（Al-Mn）旧废料 | 0.3～6.0 | 0.6～0.7 | 0.05～0.30 | 0～1.6 | 0～1.3 | 0.1～0.4 | 0～0.15 | Cr 0～0.2 | 余量 |
| 4×××系铝合金（Al-Mg-Si）旧废料 | 4.5～13 | 0.5～1 | 0.15～1.3 | 0～0.5 | 0.05～2 | 0～0.25 | 0～0.2 | Ca 0～0.1 | 余量 |
| 5×××系铝合金（Al-Cu、Al-Zn-Mg）旧废料 | 0.005～0.8 | 0.01～0.7 | 0.005～0.2 | 0～1 | 0.5～10.5 | 0～1.5 | 0～0.3 | Cr 0～0.2<br>Ni 0～0.10 | 余量 |
| 6×××系铝合金（Al-Mg-Si）旧废料 | 0.2～1.7 | 0.1～0.7 | 0.05～0.6 | 0～1 | 0.35～1.2 | 0～0.25 | 0～0.2 | Cr 0～0.35<br>Sn 0～0.35 | 余量 |
| 7×××系铝合金（Al-Cu、Al-Zn-Mg）旧废料 | 0.12～0.5 | 0.12～0.6 | 0.01～2.6 | 0～0.7 | 0.5～4.0 | 0.9～7.0 | 0～6.2 | Cr 0～0.35<br>Zr 0～0.25 | 余量 |
| 8×××系铝合金（Al-Li、Al-Sc、Al-Fe-V）旧废料 | 0.2～0.9 | 0.3～1 | 0.1～1.6 | 0.1～0.2 | 0.05～1.3 | 0.1～0.25 | 0～0.1 | Li 0～2.7<br>Zr 0～0.16 | 余量 |

④ 废设备和生活用品中的变形铝合金废件类型有以下几种。

a. 1×××系铝合金（工业纯铝）类型：铝电导体件等；铝日用器皿等；铝铭牌等；五金铝件等；铝散热器等；石油化工设备铝零件等；油罐上的铝件等。

b. 2×××系铝合金［Al-Cu-（Mg）］类型：飞机压气机铝叶轮、框架等；飞机发动机铝活塞等；飞机铝螺旋桨叶片、铆钉、螺塞等；飞机铝蒙皮、结构件翼梁等；汽车铝轮毂等；铝切屑加工件等。

c. 3×××系铝合金（Al-Mn）类型：铝制易拉罐等；铝炊具等；食品加工设备铝零部件；化工设备铝零部件；飞机铝油箱等；建筑铝配件等；铝容器制品等；油路铝导管等。

d. 5×××系铝合金（Al-Cu、Al-Zn-Mg）类型：电缆铝套等；铆接镁合金结构的铝铆钉、筛网、拉链等；舰船结构用各种铝配件等；电视塔用铝零部件等；钻井设备用铝零部件等；导弹用铝零部件等；飞机蒙皮骨架等。

e. 6×××系铝合金（Al-Mg-Si）类型：汽车用结构零部件等；铁路车辆用结构零部件等；家具用铝件等；栅栏用铝管等；各类建筑铝型材等；飞机起落架等；装甲车用铝零部件等；浮桥用铝零部件等；飞机用高强度结构件等；塑料成形模具等；铆钉等；舰船用高强度结构件等。

（3）铝合金屑

铝合金屑包括变形铝合金型材和铸造铝合金件加工成零部件时的切屑或锯屑。

根据不同状态的废铝，给予不同的废铝名称，如表 4-3 所列。

**表 4-3　不同状态废铝的不同名称**

| 废铝名称 | | 要求 |
|---|---|---|
| 铝电线、铝电缆、铝导电板 | 光亮铝线 | 新的、洁净的纯铝电线、电缆组成的废铝；<br>不允许混入铝合金线、毛丝、丝网、铁、绝缘皮和其他杂质 |
| | 混合、光亮铝线 | 新的、洁净的纯铝电线、电缆与少量 6×××系铝合金电线、电缆混合组成的废铝；<br>6×××系铝合金电线、电缆低于废铝总量的 10%，表面氧化物及污物不超过废铝总量的 1%；<br>不允许混入毛丝、丝网、铁、绝缘皮和其他杂质 |
| | 旧铝线 | 旧的纯铝电线、电缆组成的废铝；<br>表面氧化物及污物低于废铝总量的 1%；<br>不允许混入铝合金、毛丝、丝网、铁、绝缘皮和其他杂质 |
| | 旧混合铝线 | 旧的纯铝电线、电缆与少量 6×××系铝合金电线、电缆混合组成的废铝；<br>6×××系铝合金电线、电缆低于废铝总量的 10%，表面氧化物及污物不超过废铝总量的 1%；<br>不允许混入毛丝、丝网、铁、绝缘皮和其他杂质 |
| | 废电线 | 带有绝缘皮的各类铝电线组成的废铝、旧的钢芯铝绞线，无夹杂物 |
| | 新钢芯铝绞线 | 制造过程中产生的废钢芯铝绞线，无夹杂物 |
| | 旧钢芯铝绞线 | 旧的钢芯铝绞线，无夹杂物 |
| | 导电板 | 各种电器设备和设施中的铝导电板组成的废铝；<br>不允许混带夹杂物 |
| 铝箔 | 新铝箔 | 洁净的、新的、无涂层的 1×××和/或 3×××和/或 8×××系列铝箔组成的废铝；<br>不允许混入电镀箔、涂铝铝箔、纸、塑料和其他杂质 |
| | 旧铝箔 | 无涂层的 1×××、3×××和 8×××系列旧的家用包装铝箔和铝箔容器组成的废铝；<br>材料可以被电镀，有机残留物低于废铝总量的 5%；<br>不允许混入涂铝铝箔条、化学腐蚀箔、复合箔、铁、纸、塑料和其他非金属杂质 |
| 铝易拉罐 | 新易拉罐 | 新的、洁净的、低铜的铝易拉罐（表面可覆盖印刷涂层）及其边角料组成的废铝；<br>油脂不超过废铝总量的 1%；<br>不允许混入罐盖、铁污物和其他杂质 |
| | 旧易拉罐 | 盛过食物或饮料的铝罐构成的废铝；<br>不允许混入其他非金属、箔、锡罐、塑料瓶、纸、玻璃和其他非金属杂质 |
| | 易拉罐碎片 | 易拉罐碎片组成的废铝（$\rho=190\sim275kg/m^3$）；<br>通过孔径 $\phi4599\mu m$ 网筛的碎片小于废铝总量的 5%；<br>废铝必须经过磁选，不允许混入其他任何铝制品、铁、铅、瓶盖、塑料罐及其他塑料制品、玻璃、木料、污物、油脂、垃圾和其他杂质 |

续表

| 废铝名称 | | 要求 |
|---|---|---|
| 铝易拉罐 | 易拉罐压块 | 易拉罐压块组成废铝（$\rho=562\sim802kg/m^3$）；<br>块的两边应有易于捆绑的捆绑槽，每块重量要不超过27.2kg，建议块的公称尺寸范围为（254mm×330mm×260mm）～（508mm×159mm×229mm）；<br>合成一捆的所有块的尺寸必须相同，建议捆的尺寸范围为（1040～1120mm）×（1300～1370mm）×（1370～1420mm），捆绑方法水平方向最少捆两道，不得使用滑动垫木或任何材料的支撑板；<br>废铝必须经过磁选，不允许混入铝易拉罐以外的任何铝产品，不允许混入废钢、铅、瓶盖、玻璃、木料、塑料罐及其他塑料制品、污物、油脂和其他杂质 |
| | 打捆易拉罐 | 打捆的、未压扁的易拉罐（$\rho=225\sim273kg/m^3$），或打捆的、压扁的易拉罐（$\rho=353kg/m^3$）组成的废铝；<br>捆的最小规格为$0.86m^3$，建议尺寸为（610～1020mm）×（760～1320mm）×（1020～2135mm），捆绑方法为4～6条16mm×0.5mm的钢带，或6～10条13号钢线（允许使用同等强度和数量的铝带或铝线），不用滑动的垫木和任何材料的支撑板；<br>废铝必须经过磁选，不允许混入铝易拉罐以外的任何铝产品，不允许混入废钢、铅、瓶盖、玻璃、木料、塑料罐及其他塑料制品、污物、油脂和其他杂质 |
| 铝板 | 新PS基板 | 1×××和3×××系列牌号的印刷用铝板（表面无油漆涂层）组成的废铝；<br>铝板的最小尺寸为80mm×80mm；<br>不允许混入纸、塑料、油墨和其他杂质 |
| | 旧PS基板 | 1×××和3×××系列牌号的印刷用铝板组成的废铝；<br>铝板的最小尺寸为80mm×80mm；<br>不允许混入纸、塑料、含过多油墨的薄板和其他杂质 |
| | 涂漆铝板 | 洁净的低铜铝板（一面或两面有涂料，不含塑料涂层）组成的废铝；<br>不允许混入铁、污物、腐蚀物、泡沫、玻璃纤维等其他非金属物质 |
| | 飞机铝板 | 飞机用铝板组成的废料 |
| | 低铜铝板 | 由多种牌号的低铜铝板（厚度大于0.38mm）混合组成的新的、洁净的、表面无涂层、无油漆的废铝板；<br>油脂低于废铝总量的1%；<br>不允许混入2×××或7×××系铝合金板，不允许混入毛丝、丝网、直径小于1.27mm的冲屑、污物和其他非金属物质 |
| | 同类铝板 | 同牌号的铝板材，厚度>0.38mm |
| | 混合新铝板 | 由多种牌号的铝板（厚度大于0.38mm）混合组成的新的、洁净的、表面无涂层、无油漆的废铝板；<br>油纸低于废铝总量的1%；<br>不允许混入毛丝、丝网、直径小于1.27mm的冲屑、污物和其他非金属物质 |
| | 杂旧铝板 | 由多种牌号的洁净铝板混合组成的废铝；<br>涂漆铝板低于废铝总量的10%，油脂低于废铝总量的1%；<br>不允许混入箔、百叶帘、铸件、毛丝、丝网、易拉罐、散热器片、飞机铝板、瓶盖、塑料、污物和其他非金属物质 |
| 散热器片 | 散热器铝片 | 洁净的热交换铝片或铜管上的铝翅片组成的废铝；<br>不允许混入铜管、铁和其他杂物 |
| 边角料 | 新边角料 | 新的、洁净的、无涂层的、同种牌号的变形铝及铝合金边角料、废次材、切头、切尾料组成的废铝；<br>油污和油脂不超过废铝总量的1%；<br>不允许混入箔、毛丝、丝网和其他杂质 |
| | 混合边角料 | 由多种牌号的变形铝及铝合金边角料、块组成的新的、洁净的、无涂层的混合废铝；<br>油污和油脂不超过废铝总量的1%；<br>不允许混入7×××系铝合金、油、毛丝、丝网和其他杂质 |

续表

| 废铝名称 | | 要求 |
|---|---|---|
| 器具 | 铝器具 | 锅、盆、瓶等组成的废铝；<br>不允许混带夹杂物 |
| 其他 | 同类铝材 | 同种牌号的铝锻件、挤压件（表面可覆盖涂层）组成的废铝；<br>主要包括铝门窗型材、铝管、铝棒及其他工业用铝型材；<br>不允许混入铝箔或其他夹杂物 |
| | 杂铝材 | 多种牌号的铝锻件、铝挤压件（表面可覆盖涂层）组成的废铝；<br>不允许混带夹杂物 |

铸造铝合金废材包括铸锭、活塞、汽车铝铸件、飞机铝铸件等。

根据不同铸造铝合金废材的状态，给予不同的名称。如表 4-4 所列。

**表 4-4 不同状态铸造铝合金废材的名称**

| 废铝名称 | | 要求 |
|---|---|---|
| 铸锭 | 杂铝铸锭 | 以废铝熔铸成的锭或块；<br>不允许混带夹杂物 |
| 活塞 | 无拉杆铝活塞 | 洁净的铝活塞（不含拉杆）组成的废铝；<br>油污和油脂不超过废铝总量的 2%；<br>不允许混入轴套、轴、铁环和非金属夹杂物 |
| | 带拉杆铝活塞 | 洁净的铝活塞（含拉杆）组成的废铝；<br>油污和油脂不超过废铝总量的 2%；<br>不允许混入轴套、轴、铁环和非金属夹杂物 |
| | 夹铁铝活塞 | 由含铁活塞组成的废铝 |
| 汽车铝铸件 | 汽车铝铸件 | 各种汽车用铝铸件组成的废铝；<br>铸件尺寸应达到目视容易鉴别的程度；<br>油污和油脂不超过废铝总量的 2%，含铁量不超过废铝总量的 3%；<br>不允许混入轴套、轴、铁环和非金属夹杂物 |
| 飞机铝铸件 | 飞机铝铸件 | 各种洁净的、飞机用铝铸件组成的废铝；<br>油污和油脂不超过废铝总量的 2%，含铁量不超过废铝总量的 3%；<br>不允许混入轴套、轴、铁环和非金属夹杂物 |
| 其他 | 同类铝铸件 | 同种牌号的、新的、洁净的、无涂层的铝铸件、锻件和挤压件组成的废铝；<br>不允许混入铝合金碎屑和其他金属杂屑、不锈钢、锌、铁、污物、油、润滑剂和其他非金属夹杂物 |
| | 混合铝铸件 | 各种洁净的铝铸件（包括汽车或飞机铝铸件）混合组成的废铝；<br>油污和油脂不超过废铝总量的 2%，含铁量不超过废铝总量的 3%；<br>不允许混入铝锭、黄铜、污物和其他非金属夹杂物 |

## 4.1.3 废铝循环利用现状

### 4.1.3.1 世界铝循环利用的现状

再生铝行业是世界铝工业的必要组成部分，是世界铝工业可持续发展不可缺少的资源，是有着巨大市场潜力和发展前景的行业，正因如此，废旧铝的回收与再生已成为世界各国十分重视的工作，并已成为一项重要的产业。再生铝在主要发达国家铝生产中的地位日益突出，发达国家原铝与再生铝的占有比例已接近或超出 1∶1，如美国 2023 年再生铝产量约 580 万吨，显著超过同期原铝约 330 万吨的产量；日本因本土原铝产能有限，再生铝几乎成为铝供应的核心支撑。目前，美国、日本、德国、法国、英国、意大利等工业发达国家，再生铝消费量占铝总消费量的比例进一步提升：美国约 70%，日本高达 95%左右，德国约 65%、法国约 60%、英国约 55%、意大利约 60%。以废旧易拉罐回收为例，2023 年全球罐料带材消费量约为 680 万吨，回收量达 420 万吨，平均回收率约 61.8%；其中美国回收率约 75%、日本约 85%、巴西约 98%。

为了提高铝再生的经济效益，世界上先进发达国家的企业不断研究回收率高、烧损少、节约能源、污染小、产品质量好的先进的铝再生工艺，其中比较有代表性的有流化床法和脉冲雾化回收法。流化床法是由加拿大铝业公司开发的，它可以处理各种废杂铝，并且回收效率高、节约能源、排放物少。脉冲雾化回收法主要用于回收废汽车件，其优点是成本低廉，能耗与雾化气体消耗量低，适用于高合金化的复杂铝合金再生[5]。

目前，世界再生铝行业的主要产品是铸造件，而对于利用废铝再生技术生产变形铝合金的技术也是目前各国重点研究与开发的方向。国外大型铝业集团公司正在加大对高品质再生铝材料、再生铝工艺和新技术、新设备的研究与开发，如海德鲁北美公司对其再生变形铝合金生产厂进行技术改造后，再生铝的质量已达到原生铝的水平。业内人士预测，到 2030 年将会有 15%～20%的再生铝应用于高端科技领域。采用先进生产工艺、提高技术水平是世界再生铝行业的主要发展趋势。目前发达国家已形成完善的废杂铝收集、管理、分拣系统，以适应不断扩大的市场需求，发达国家在生产中不断推出新技术，如低成本的连续熔炼和处理工艺、使低品位废杂铝升级的工艺等，已能大量生产供铸造、压铸、轧制及作母合金用的再生铝锭，最大的铸锭重 13.5t。这对我们国家应该是一个非常好的启示。

#### 4.1.3.2 我国铝循环利用状况

我国铝再生起步较晚，目前还处在初级阶段。虽然我国是铝生产和消费大国，但废铝的回收利用并未标准化、规范化，再生铝生产还存在许多问题[6]。

（1）再生铝企业规模小，技术力量薄弱

据调查，目前我国大大小小的再生铝生产厂有 2000 多家，大部分铝再生企业是家庭作坊式小企业，规模小，没有形成规模化的产业集群[7]。同国外再生铝企业平均年产 5 万吨的规模相比，我国目前再生铝企业的生产规模确实小，平均年产只有 50t 左右；我国很多废铝回收企业采用“土法”熔炼，工艺落后、技术力量薄弱、技术含量低、工人劳动强度大、生产率低、铝烧损大，铝的实际收得率只有 70%～80%，有的还不足 60%，而发达国家则在 90%以上，有的高达 98%；另外，在再生铝科研方面投入少、从事这方面的研究人员少、生产规模较小、技术实力不足造成我国再生铝行业竞争力弱、经济效益差。

（2）装备水平低，生产成本相对较高

虽然再生铝生产的技术工艺并不是十分复杂，但由于人类对于再生铝产品的质量要求越来越严，相应地对再生铝的生产、技术管理要求也越来越高。目前，我国大多数再生铝生产企业所普遍采用的铝熔炼设备是普通的反射炉（燃油或燃气），由于此类设备使用明火对铝进行接触式加热熔化，熔炼过程中金属烧损现象严重，特别是熔炼薄壁、废屑等废铝金属，铝的回收率相当低。同时由于熔炼技术落后，产品能耗高，以燃轻柴油为例，目前国内再生铝企业的吨产品油耗一般在 80kg 以上，有的甚至超过 100kg（目前世界先进水平在 45～50kg）。另外，由于设备自动化程度不高，劳动强度大，生产效率低，生产成本高，因此产品的市场竞争力大受影响。

（3）预处理技术水平很低，产品质量较差

目前我国尚没有形成比较完善的废铝回收系统，废铝的回收处理很原始，管理比较混乱，不同品质、不同类型的废旧金属材料相互混杂的现象十分普遍。我国目前废铝破碎、筛分、挑选、分类等预处理技术水平很低，大部分靠人工挑选与分类，甚至有些乡镇企业和个体企业不挑选、不分类，只要是铝废料就一起往炉子里装，这使再生铝成分变得极为混杂，污染严重，大大降低了再生铝的利用价值。条件好一些的再生铝生产企业也只是对铝废料进行简单的人工拆解、分拣后就进行熔炼生产，成分难以控制，导致其铝合金产品质量往往达不到要求[8]。

（4）生产过程污染较为严重

由于在熔炼生产过程中企业没有对废铝进行科学的预处理，加上熔炼设备及烟尘处理技术落后，对铝废料所携带的油污、塑料包装等外来杂物的处理能力不足，废料中的油污、塑料等杂物在高温下裂解，产生大量有毒物质，不仅造成对铝液的二次污染，同时也对周边环境造成严重污染。再生铝是我国铝工业可持续发展不可缺少的资源，因此，快速、高效地发展废铝回收与再生行业，对于矿产资源匮乏的我国铝生产行业具有非常重要的意义。

要改变我国再生铝行业企业的现状、提高再生铝企业的市场竞争力、获取更多的经济效益，必须加强废铝回收与再生技术的科技投入，不断开展铝再生技术的研究与开发，进一步提高我国再生铝企业的技术实力，充分发挥再生铝在经济发展中的作用[9]。

#### 4.1.3.3 我国铝再生技术的发展与对策

铝合金的回收及再生是一项十分复杂的技术工作，各种铝制品使用范围宽广、使用分散，如何使回收集中、分类，再实现再生加工等均是十分繁杂庞大的工程。同时，全世界不同成分、不同性能的铝合金数以百计，其中许多合金中的成分元素相互排斥、互不兼容，以最简易的方法、最低的成本、最有效的工艺使废弃铝再生成分合乎理想合金要求、性能满足使用要求、质量能达到或接近原生材料水平的再生利用技术，是世界各国铝再生行业的追求目标。因此，我国企业应在废铝破碎、分选、表面除漆等预处理技术，提高装备水平以降低铝的烧损率为目标的熔炼设备，熔炼过程中的杂质元素分离技术等方面开展广泛的技术探讨，实现废铝再生过程中的基本化学成分控制和无污染生产，为废铝再生工艺生产高性能产品打下良好的技术基础，实现“循环经济、绿色经济”的生产方式[10]。

（1）提高再生铝企业的规模化发展，促进再生铝企业技术实力的提升

再生铝企业具有固定投资相对较小、工艺流程相对简单、原材料来源较为广泛、连续性生产较强等特点，其行业特点决定了再生铝企业必须向着规模化的道路发展。把企业的规模做大，可以在废料采购上以有利条件建立稳定的废料采购渠道，可最大限度地降低原材料成本；规模化生产将大大提高生产效率，实现规模经济条件下的良好经济效益；同时，规模化生产也可以促使企业更有力度地增加科技投入，进一步提高技术水平和生产效率，有利于企业生产的稳定与发展[11]。

（2）重视并加强废铝再生预处理技术的发展

熔炼技术及设备的研究、废铝的预处理是再生铝生产过程中的一个重要环节。使非铝物质与废铝及其合金完全分离，减少非铝物质的影响，提高熔炼效率，是再生铝技术中预处理技术研究的发展方向。在生产前做好废铝材料的预处理，对废铝中不同品种、不同合金成分的杂铝进行分选、分类，去除废杂铝表面所附着的有害污染物以及废铝中含有的水分等有害杂质，有利于生产配料及合金成分的控制，确保生产过程的安全，并获得质量达到规定要求的产品。但是，目前国内很多再生铝生产企业尤其是小企业在对废铝进行预处理时主要还是采用简单的人工拆解与分拣，难以达到废铝预处理的效果。虽然近几年在再生铝工业炉的设计、制造等方面取得了很大进步，但由于国内再生铝行业起步较晚，至今还不是很成熟。因此，要达到良好的预处理目的，企业还应从不同铝合金材料的物理特性等入手，加强对预处理设备、技术的研究，如采用磁性的差异进一步研究磁选机、利用密度的不同研究重力分选机以及相关的烘干设施、除漆设备等，实现不同废铝合金的有效分离，为生产高性能变形铝合金打下良好基础。

（3）熔炼技术及熔体处理设备的研究与开发是实现高性能铝合金的基础

为了获得高质量铝液，对其熔炼工艺必须严格把关，并采取措施从各方面加以控制。再生铝熔炼的主要难点在于其原料来源比较杂、组成相对比较复杂，其中含有较多的外来杂质，包括各种有机杂质，如塑料类物质、水分等，如果在熔炼过程进行之前不清理干净这类物质，就会造成合金熔体严重吸气，在随后的凝固过程中产生气孔、疏松等缺陷。有些非铝金属的混入会使材料的性能恶化；各种非金属矿物的混入造成的非金属夹杂，会使材料的综合性能下降。因此，再生铝生产流程中的一个重要环节就是废杂铝的熔体处理、去除杂质元素，这就要求结合再生铝熔炼夹杂物多而复杂的特点，研究与开发合理的熔体处理剂，充分利用有害元素和非金属元素的反应特征进而有效地造渣，把不利于再生铝质量的因素降至最低程度。同时还要加强对熔炼设备和熔体处理工艺方法及其设备的研究，如林德气体公司、Hertwich 工程公司和 Carus 铝公司共同开发的通用可倾式回转炉（UIRTF），其把两种氧气技术燃烧器和喷枪结合起来，形成新的炉子概念；LARS（TM）是 20 世纪 90 年代中期开发成功的一种新型在线铝液精炼系统，它采用的独特技术包括净化气体原位预热、净化气体与铝熔体的摩擦搅拌、反应室的体积变化，以防止气泡聚集、保护气体覆盖等，使 LARS 系统有效消除铝熔体内的杂质，达到铝熔体纯净化的目的[12]。

（4）积极采用先进的再生铝生产技术

针对废铝再生工艺过程中原料杂、化学成分不稳定等特点，需要深入研究铝液中各种元素的存在方式，通过分析其物理与化学特性，进而研究与开发杂质元素的分离技术，达到利用废铝再生工艺生产高质量、高性能铝合金铸锭的目的；提高再生铝产品的深加工能力、向终端产品靠拢成为先进国家企业的追求目标。由于废铝回收系统不完善，我国的再生铝资源浪费比较严重，主要体现在废铝材料的混杂程度比较高，造成废铝材料的分离及预处理难度增大，而且化学成分无法控制，只能作为辅料或制成要求不高的铸件。我国应借鉴欧美国家废铝再生的生产运营经验，加强企业间的合作与交流，使废铝材料更加单一化，实现循环利用的良好基础，对提高废铝材料的利用率和产品质量、获得更好的经济效益是非常有帮助的[13]。

## 4.2 废铝原料预处理

废杂铝预处理的目的：一是除去废杂铝中夹杂的其他金属和杂质；二是把废杂铝按其成分分类，使其中的合金成分得到最大程度的利用；三是将废杂铝表面的油污、氧化物及涂料等处理掉。预处理最终的目的是将废铝处理成符合入炉条件的炉料，使含铝废料中的铝（含氧化铝）得到最经济、最合理的利用。国内废杂铝预处理技术还十分简单和落后，即使在大型的再生铝厂，对废杂铝的预处理也没有比较先进的技术。从目前看，主要采用以下几种预处理技术[14]。

① 品种单一或基本不含其他杂质的废杂铝一般不做复杂的预处理，只是按废料的品种和成分分类，单独堆放。单一品种的废铝在利用时只要抽查化验出一个成分即可知晓批量的成分，优质的再生铝原料一般不需做任何预处理即可入炉熔炼。在熔炼某一种铝合金时，可选用相应成分和品种的废铝直接加入大型反射炉熔炼，并很容易地熔炼成相应牌号的铝合金。一些含铜、锌高的废铝，还可作为调整成分用的中间合金。在采用小型反射炉或坩埚炉的企业，则要根据需要将体积大的废铝破碎（剪切或其他方法）成符合入炉规格的料块。

② 对于档次较高的废铝切片，其中主要成分有铸造铝合金、合金铝、纯铝等，其中前两项的牌号众多，目前还很难按牌号分类，在大型再生铝厂，一般只经过筛分除去混入的泥土等即可直接入炉熔炼。在小再生铝企业，对此类废铝则要利用人工将其分成铸造铝合金、合金铝和纯铝，然后再分别利用。

③ 对于低档次的切片和焚烧过的碎废铝料（后者大型再生铝厂一般不用）要进行较复杂的分选，因其成分极为复杂，除废铝之外还含有废钢、废铜、废铅等金属，并含有其他废弃物，对此类废料的分选主要靠人工，先筛分出泥土和垃圾，然后用手工分选。手工分选大多在操作台上进行，主要靠工人目测和经验进行挑选，先分选出非金属废料，然后分选废金属，其中对废铜和废纯铝的挑选格外细心，因废铜可增加产值，纯铝废料比如废铝线等，都是再生铝熔炼中调整成分的上等原料。分出的废铝是混杂的，一般不再细分。

目前国内废铝的预处理基本上还没有实现机械化和自动化，主要靠廉价的人工，使用的工具是磁铁、钢锉，这种分选方法效率低、质量差、成本高，且废铝中的铜等大部分都被污染，手工分选难度大，已远远落后，故急需研究先进的废铝预处理技术。

废杂铝预处理技术的目的是实现废杂铝分选的机械化和自动化，最大限度地除去金属杂质和非金属杂质，并使废杂铝得到有效的分选。其中废杂铝能按合金成分分类，最理想的分选办法是按主合金成分将废铝分成几大类，如合金铝、铝镁合金、铝铜合金、铝锌合金、铝硅合金等。这样可以减少熔炼过程中的除杂技术和调整成分的难度，并可综合利用废铝中的合金成分，尤其是含锌、铜、镁高的废铝，都要单独存放，可作为熔炼铝合金调整成分的原料。

### 4.2.1 风选法

各种废铝中或多或少地含有废纸、废塑料薄膜和尘土，较为理想的工艺是风选法。风选法的工艺很简单，能够高效率地分离出大部分轻质废料，但要配备较好的收尘系统，避免灰尘对环境的污染。分选出的废纸、废塑料薄膜一般不宜再继续分选，可作燃料使用。

### 4.2.2 磁选法

采用磁选设备分选出废钢铁等磁性废料。铁及其合金是铝及其合金中的有害杂质，对铝及其合金性能的影响也最大，因此应在预处理工序中最大限度地分选出夹杂的废钢铁。对废铝切片和低档次的废铝料，分选废钢铁的较为理想的技术是磁选法，这种方法在国外已被大量采用。磁选法的设备比较简单，磁源来自电磁铁或永磁铁，工艺的设计有多种多样，比较容易实现的是传送带的十字交叉法。传送带上的废铝做横向运动，当进入磁场后废钢铁被吸起而离开横向皮带后，立即被纵向皮带带走，运转的纵向皮带离开磁场后，废钢铁失去了引力而自动落地并被集中起来。磁选法的工艺简单，投资少，很容易被采用。磁选法处理的废铝料的体积不宜过大，一般的切片和碎铝废料都比较适合，大块的废料要经过破碎之后才能进入磁选工艺。

磁选法分选出的废钢铁还要进一步处理，因一些废钢铁器件中有机械结合的以铝为主的有色金属零部件很难分开，如废铝件上的螺母、电线、水暖件、小齿轮等，对这部分的分选是非常必要的，因为分选出的有色金属可以提高产值和废钢铁的档次，但分选难度较大，一般采用手工拆解和分选，但效率低。为提高生产效率，对于分选出的难拆解的铝和钢铁的结合件，最有效的处理方法是在专用的熔化炉中加热，使铝熔化后捞出废钢铁。

### 4.2.3 浮选法

废铝原料的浮选法工艺流程如图 4-5 所示。含介质的浮选法分选轻质废杂铝中夹杂的废塑料、废木头等轻质物料，可以采用以水为介质的浮选法。该法的主要设备是螺旋式推进器，废杂铝随螺旋式推进器被推出，轻质废料被一定流速的水冲走，在水池的另一端被螺旋式推进器推出。风选过程中剩余的泥土等易溶物质大量溶于水中，并被水冲走，进入沉降池。污水在经过多道沉降、澄清之后，返回并循环利用，污泥被定时清除。此种方法可以分离密度小于水的轻质材料，是一种简便易行的方法。

从废铝中分选铜等重有色金属的技术，废铝中的铜等重有色金属基本上都被油污所沾污，用人工分选的方法从废铝中分选出重有色金属的难度较大。从国内外报道的资料看，研究的方案主要有以下几个方面。

（1）重介质选矿法

该法利用重介质重选的办法分选出密度大于铝的铜等重有色金属，其利用了铝的密度比其他重有色金属小的原理，使废铝浮在介质上面，而重有色金属沉在底部，从而达到分离的目的。但该法的关键是筛选一种密度大于铝而小于铜的介质，这种介质不是水或其他

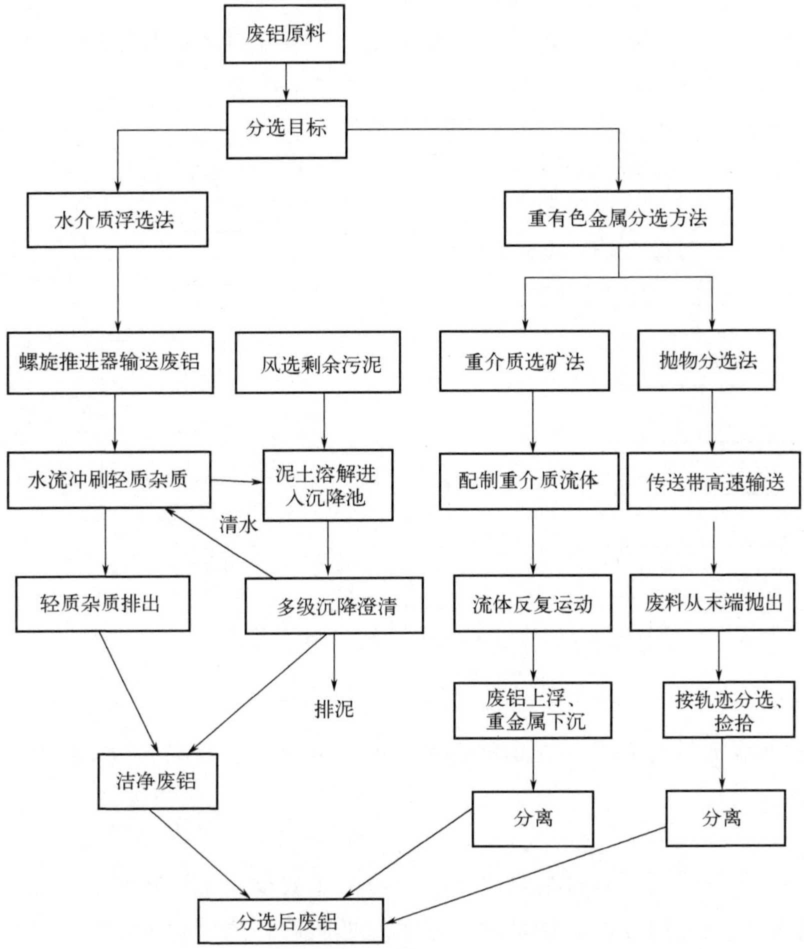


图 4-5 浮选法工艺流程

液体，而是一种流体。工作时流体在做往复运动，废铝即浮在介质上面被分开。

（2）抛物分选法

该法利用各种体积基本相同的物体在受到相同力被抛出时落点不同的原理，可以把废杂铝中密度不同的各种废有色金属分开。用相同的力沿直线射出密度不同而体积基本相同的物体时，各种物体沿抛物线方向运动，它们落地时的落点不同。最简单的实验可以在水平的传送带上进行，混杂废料在传送带上随传送带高速运转，当运转到尽头时，废杂铝沿直线被抛出，由于各种废弃物的重力不同，分别在不同点落地，从而达到废杂铝分选之目的。此种方法可使废铝、废铜、废铅和其他废物均匀地分开。根据此原理制造的设备已在国外采用，但昂贵的价格使人望而生畏，国内正处于研究阶段。

### 4.2.4 废铝表面涂层的预处理技术

许多废铝的表面都涂有涂料等防护层，尤其是废铝包装容器，数量最大的是废易拉罐等包装容器和牙膏皮等。在小型冶炼厂，对此类废料一般不做任何预处理就直接熔炼，涂料在熔炼过程中燃烧掉，但此类废料都是薄壁，涂料在燃烧过程中会使部分铝氧化，并增加了铝中的杂质和气泡。比较先进的再生铝工艺一般在熔炼之前都要经预处理将涂层处理掉，主要技术有干法和湿法。其主要工艺流程如图 4-6 所示。

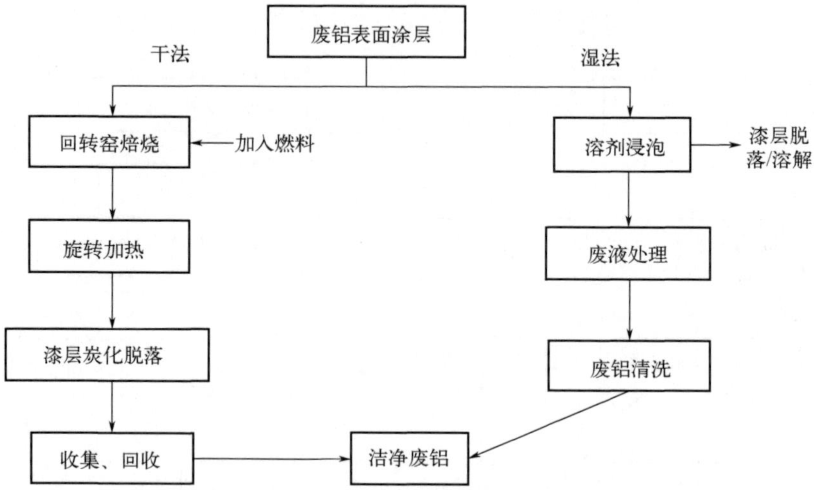


图 4-6　废铝表面涂层预处理技术工艺流程

（1）湿法

就是用某种溶剂浸泡废铝，使涂层脱落或被溶剂溶解掉，此法的缺点是废液量大，一般不宜采用。

（2）干法

即火法，一般都采用回转窑焙烧法。焙烧法的主要设备是回转窑，其最大优点是热效率高，便于废铝与炭化物分离。焙烧的热源来自加热炉的热风和废铝漆层炭化过程中产生的热。生产时，回转窑以一定速度旋转，废铝表面的涂层在一定温度下逐渐炭化，由于回转窑的旋转，使得物料之间相互碰撞和震动，最后炭化物从废铝上脱落，脱落的炭化物一部分在回转窑的一端收集，还有一部分在收尘器中回收。

加热炉的燃料有煤炭、焦炭、油等。以油为燃料的加热炉设备较复杂，投资也大；以煤为燃料的加热炉投资低廉，燃料便宜，但大量的灰尘进入废铝中，增大了废铝与炭化物分离的难度。最理想的燃料是焦炭，产生的热风基本不带灰分，是加热炉理想的燃料。废杂铝的预处理是废铝再生利用工艺的重要组成部分，随着再生铝技术的提高，预处理技术越来越重要。从目前的发展看，废杂铝最理想的预处理技术是使非铝物质与废铝及其合金完全分离，而且要高效率地使废杂铝按照合金的牌号分类，达到废杂铝综合利用的目的，这正是再生铝技术研究的发展方向。

## 4.3　废铝的再生利用技术

铝合金旧废料的利用方法主要有直接利用和间接利用两种方法。

① 直接利用　是将铝合金旧废料按一定比例配入在正常炉料中一起重熔，即在焦炭

坩埚炉、燃油坩埚炉、电阻坩埚、中频电炉、工频电炉、燃油反射炉、电阻反射炉内熔炼和处理，并直接浇铸它所能满足要求的铸造铝合金件。

② 间接利用　是将铝合金锭，供铸造炉料或锻造锻料使用。通过火法精炼技术和电解技术对废铝进行再生利用。

### 4.3.1　废铝的火法精炼技术

废铝再生火法精炼工艺一般包括原料预处理、配料、熔炼、精炼、调整合金成分、浇铸 6 个步骤。

（1）预处理

含铝废杂物料在熔炼前的预处理阶段，包括分类、解体、切割、磁选、打包和干燥等工作。预处理的目的是清除易爆物、铁质零件和水分，并使之具有适宜的块度。

（2）配料

主要是根据熔炼产品的不同，经配料计算后确定所需配加的熔炼辅料，尽可能合理而有效地利用杂铝中的成分，考虑到元素的烧损率，补充配入不足的合金元素，包括配加熔剂、纯铝等。

（3）熔炼

最常用的方法是反射炉熔炼，该法适应性强，可以处理任何原料，如旧飞机、铝屑、带钢铁构件的块状杂铝等。工业上采用的反射炉有一室的、两室的、三室的，带“侧井”（副熔池）反射炉，顶部加料反射炉。常用的是两室炉，它一方面具有熔化炉的作用，另一方面又有调整成分和浇铸前容纳金属的双重作用。根据熔体和炉气的流动方向不同，还有逆流式的两室炉。

电坩埚炉是用来处理小块物料和不含钢铁构件的金属屑和边角余料的。熔炼时先加块料，后加屑料。电炉有中频炉和工频炉，工频炉又分无铁芯的和熔沟式的两种。此外还有带活动烟道的回转炉，由于传热好且可旋转，炉料位于熔体里，金属损失小。

（4）精炼

精炼是熔炼过程要完成的重要环节。废杂铝熔炼过程中，铝液中不可避免地含有气体及非金属夹杂物等杂质，必须用精炼方法予以去除，其中包括往熔化的铝液或合金液表面添加熔剂覆盖，以免铝液受空气氧化，同时通入气体对液体施加搅拌作用，促使其中的夹杂物和氢气分离出来。常用的方法是吹气法和过滤法，通入气体将氢气赶走，过滤法除去氧化铝。有时也采用既通气又过滤的联合净化法。精炼用的气体有氯气、氮气、氨气和其他混合气体，例如氯气的体积分数为 12% 的氯氮混合气体。精炼用的熔剂有 $ZnCl_2$、$MnCl_2$、$C_2Cl_6$ 和碱金属盐类的混合物，例如，质量分数为 30% NaCl+25% KCl+45% $Na_3AlFe_6$ 组成的混合物。气体或熔剂的用量，视铝料被污染程度而异。精炼温度一般高于铝或铝合金熔点 75～100℃。温度过低，氧化物夹杂物不易分离出来；温度过高，则铝合金和铝中溶解的氢气量增加。

（5）调整合金成分

由于某些合金成分在熔炼过程中有损失，在精炼处理后要向液态铝合金中添加合金元素，使熔炼后的铝合金符合产品标准要求。含铝废料熔炼、精炼后，经炉前快速分析、调整成分，以产出合格的产品。

（6）浇铸

根据铝及铝合金产品的工艺要求，调整好温度以后，将铝液浇铸成合格的铝锭。

再生铝的生产一般根据废铝原料的组成，采用火法熔炼生产不同牌号的铝合金。我国生产厂规模较小，大部分仍采用感应电炉和单室反射炉。如长沙铝厂采用坩埚感应电炉熔炼生产再生铝，金属回收率为91%～95%，热效率为65%，电能消耗为600～700kW·h/t（合金）。上海宝华冶炼厂采用单室反射炉熔炼生产铸铝合金，金属回收率为90%，热效率为25%～35%。

含铝废料除了直接生产粗铝和铝合金外，根据原料特点还可以生产铝粉和铝合金粉、铝-硅-铁脱氧剂、硫酸铝和氯化铝以满足各部门的需要。后两种产品可以利用含铝的粉状物料生产。

#### 4.3.1.1 废铝原料预处理

除铸造、压延及专业铝合金冶炼厂家自身的铝及铝合金废料外，其他的铝及铝合金废料都不同程度地混夹了其他物质，其化学成分、晶相组织、杂质含量都很复杂，对重熔后所得合金的品质（成分、不纯物、夹杂物及氢的含量）、成分合格率（即合金的损耗）及熔化中产生的公害（冒烟、冒臭气等）都有很大影响，因此，重熔前，首先对废铝进行初级分类，分级堆放，如变形铝合金、铸造铝合金、混合料等。对于废铝制品应进行拆解，去除与铝料连接的钢铁及其他有色金属件，再经清洗、破碎、磁选、烘干等工序制成废铝料。对于轻薄、松散的片状废旧铝件，如汽车上的锁紧臂、速度齿轮轴套以及铝屑等，要用液压金属打包机打压成包。对于钢芯铝绞线，应先分离钢芯，然后将铝线绕成卷。处理完成后，要对铝及铝合金废料分门别类地处理，其主要工艺流程如图4-7所示，具体方法如下。

① 分选出废杂铝中夹杂的废塑料、废木头、废橡胶等轻质物料；对于导线类废铝，一般可采用机械研磨或剪切剥离、加热剥离、化学剥离等措施去除包皮。目前国内企业常用高温烧蚀的办法去除绝缘体，烧蚀过程中将产生大量有害气体，严重污染空气。如果采用低温烘烤与机械剥离相结合的办法，先通过热能使绝缘体软化，机械强度降低，然后通过机械揉搓剥离下来，这样既能达到净化目的，又能够回收绝缘体材料。

② 废铝中经常含有涂料、油类、塑料、橡胶等有机非金属杂质，在回炉冶炼前必须设法将它们加以清除。废铝器皿表面的涂层、油污以及其他污染物，可采用丙酮等有机溶剂清洗，若仍不能清除，就应当采用脱漆炉脱漆。脱漆炉的最高温度不宜超过566℃，只要废铝料在炉内停留足够的时间，一般油类和涂层均能够清除干净。

③ 采用离心分离机对废铝料进行除油，为彻底除油，在使用离心分离机时还可添加各种不同的溶剂，如四氯化碳等。

④ 使用转筒式干燥机对废铝料进行干燥。

⑤ 对表面积大的碎片、薄板（如饮料罐、食品罐、板材冲剪后的角余料等），在除油、漂洗、烘干后，将其捻压成球（坨）或块状，使其表面积与质量之比比炉料块小，以降低合金元素在熔化过程中的氧化烧损，并提高熔化率及熔化速度；对于铝箔纸，用普通的废纸造浆设备很难把铝箔层和纸纤维层有效分离，有效的分离方法是将铝箔纸首先放在

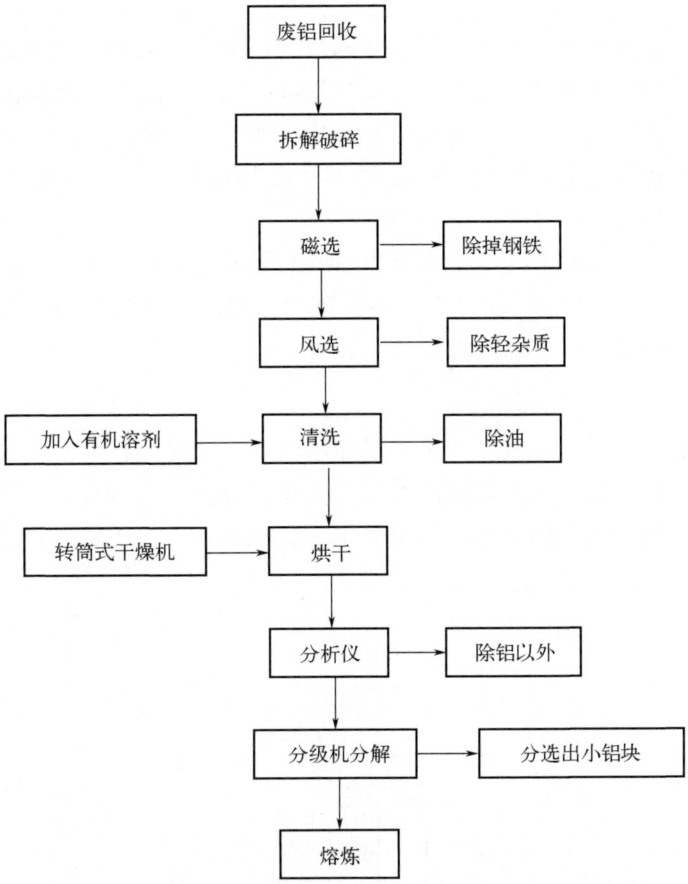


**图 4-7　废铝原料预处理工艺流程**

水溶液中加热、加压，然后迅速排至低压环境减压，并进行机械搅拌。这种分离方法既可以回收纤维纸浆，又可以回收铝箔。

⑥ 铁类杂质对于废铝的冶炼是十分有害的，铁质过多时会在铝中形成脆性金属结晶体，从而降低其力学性能，并减弱其抗蚀能力。含铁量一般应控制在 1.2%以下。对于含铁量在 1.5%以上的废铝，可用于钢铁工业的脱氧剂，商业铝合金很少使用含铁量高的废铝熔炼。目前，铝合金回收中还没有很成功的方法能令人满意地除去废铝中的过量铁，尤其是以不锈钢形式存在的铁。对含铁、砂等杂物多的废料，用人工分选法除去其中的铁、钢成分及其他金属成分。

⑦ 在这些废料中，还可能混入氧化铁等不纯物，此时则可与铁一样，选取适合铁还原的熔化温度来排除在废料熔液中混入的铁。

⑧ 废铝的液化分离是今后回收金属铝的发展方向，它将废铝杂料的预处理与重新熔铸相结合，既缩短了工艺流程，又可以最大限度地避免空气污染，而且使净金属的回收率大大提高。废铝液化分离装置中有一个允许气体微粒通过的过滤器，在液化层，铝沉淀于底部，废铝中附着的涂料等有机物在 450℃以上分解成气体、焦油和固体炭，再通过分离器内部的氧化装置完全燃烧。废料通过旋转鼓搅拌，与仓中的溶解液混合，砂石等杂质分离到砂石分离区，被废料带出的溶解铝通过回收螺旋桨返回液化仓。

#### 4.3.1.2 配料

根据废铝料的制备及质量状况，回收金属按照再生产品的技术要求选用搭配并计算出各类料的用量。配料应考虑金属的氧化烧损程度，硅、镁的氧化烧损较其他合金元素要大，各种合金元素的烧损率应事先通过实验确定。废铝料的物理规格及表面洁净度将直接影响到再生成品的质量及金属实收率，除油不干净的废铝，最高将有20%的有效成分进入熔渣。

再生变形铝合金，用废铝合金可生产的变形铝合金有3003、3105、3004、3005、5050等，其中主要是生产3105铝合金。为保证合金材料的化学成分符合技术要求及压力加工的工艺需要，必要时应配加一部分原生铝锭。

#### 4.3.1.3 熔炼

含铝物料经预处理后，直接生产粗铝或相应的铝合金是最简便且经济的方法，只需将化学成分相近的物料熔化，加入适当的熔剂，调整成分就可得到粗铝或铝合金。含铝物料的处理，一般采用火法冶金的方法，其主要工艺流程如图4-8所示。再生铝的熔炼方式主要有以下几种。

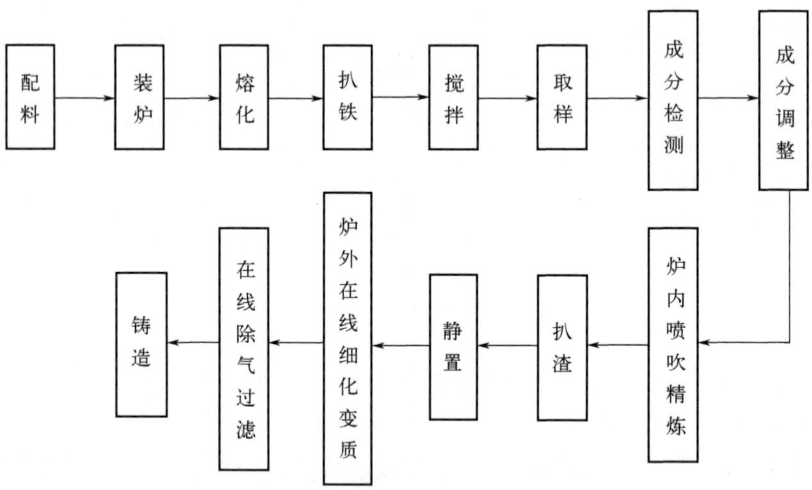


图4-8 废铝熔炼再生技术常规工艺流程

（1）用反射炉熔炼

国内外主要用反射炉熔炼废杂铝原料。反射炉适应性强，可以处理铝屑、旧飞机、带钢铁构件的块状废杂铝等原料。世界上80%～90%的再生铝是在反射炉内熔炼出来的。工业用反射炉有一室、二室和三室。中国多采用单室反射炉，以卧式火焰反射炉为主，炉身为长方形，炉顶沿火焰方向倾斜，熔池容铝量为4～8t，反射炉的热效率为25%～30%。

（2）用感应电炉熔炼

在工业生产中常用熔沟型感应电炉和坩埚感应电炉。感应电炉特别适合于熔炼铝屑，可减少氧化损失，提高金属的回收率。熔沟型感应电炉由竖炉身和可拆的感应加热系统两部分组成，熔沟型感应电炉的主要缺点是氧化铝沉积在熔沟内表面上，使熔沟迅速变小，恶化了合金熔体的循环，改变了炉子的电气特性，这不仅降低了炉子的生产能力，而且减少了炉底内衬的寿命。熔沟型感应电炉的热效率为65%～70%，合金电能单耗约为

450kW·h/t 合金。可处理氧化率低且不含铁构件的打包废铝、制成团的废铝屑、包装废铝屑和管材等炉料。

坩埚感应电炉可以熔炼不含钢铁构件的块状铝废料、干燥的散粒铝屑和压块及原生金属或铸锭形式的准备合金，熔炼时先加块料，后加小料、屑料。感应坩埚处理废铝屑的金属回收率为 91%～92%，处理废铝和高品位的废铝料，金属的回收率为 97%～98%。

(3) 用回转炉熔炼

回转炉多用于熔炼打包的废易拉罐、炉渣以及质量较小的铝废料，回转炉带有活动烟罩，由于传热好且可旋转，炉料处于熔体里，金属损失小。条件适宜时，铝的回收率可达 93%～94%。

(4) 用竖炉熔炼

这种炉型国内外均已使用。在竖炉的基础上，在其后又加一平炉。竖炉主要是炉料预热及熔化，熔体流入平炉保温并做精炼。该炉型是利用竖炉与平炉的优点，并将二者优点结合起来，可用于块状及压块废铝的熔炼。工作原理是基于 200～300m/s 的高速、高温气流向待熔化的铝对流传热和对余热的充分利用，炉子一般由预热区、熔化区和前炉组成。它结构紧凑、占地面积小，可实现机械化加料，熔化速度快，单位热耗低，在节能和快速熔化上有突出优点。但也存在对物料烧损大、炉子内部耐火材料寿命短、易发生拱料现象、只适用于熔炼单一铝合金或纯铝等缺点。

(5) 用干燥床式炉熔炼

这种炉子能熔炼各种类型的废铝，包括被污染的废料。在炉前可检出废料中夹杂的其他金属废料（如铁），但由于火焰直接冲击废料，能耗高，金属的回收率低，因此对薄型、屑状废料不宜使用这种炉子。

#### 4.3.1.4 洁净铝生产

由于再生铝原料来源不纯净的特点，使得无论用什么炉子，在熔炼、浇铸过程中都表现出容易吸气、氧化的特点，进而会导致其中的气体和非金属夹杂物超标。主要的非金属夹杂物有 $H_2$、$Al_2O_3$、$SiO_2$ 等，金属杂质有 Fe、Mg、Zn 等[15]。气体和非金属夹杂物会直接影响铝及铝合金产品的冶金质量，显著降低材料的强度、塑性、韧性、耐腐蚀性能等，严重的会造成产品的报废。所有杂质中，$H_2$ 和 Fe 的危害最大，必须尽量去除。

严格来说，想通过熔炼废杂铝而得到洁净的再生铝，必须对熔炼后的铝液进行金属杂质、气体和非金属夹杂物的去除。

(1) 金属杂质的去除

由含铝废料生产的铝合金往往含有超过规定标准的金属杂质，必须精炼脱除，其工艺流程如图 4-9 所示。主要方法如下。

① 氧化精炼　从铝液中精炼去除金属杂质，利用的是选择氧化原理，即将对氧亲和力比铝大的各种杂质选择性氧化，以氧化物的形式进入熔渣，从而达到从铝液中脱除的目的。例如，镁、锌、钙、锆等生成氧化物转入渣中而与熔体分离。

② 氮化精炼　该法是利用氮与钠、锂、钛等杂质反应生成稳定的氮化物而被除去。

③ 氯化精炼法　该法是利用铝合金中的杂质对氯的亲和力比铝大，当氯气在低温鼓入铝镁合金时发生反应，生成的氯化镁溶于熔剂而被除去。用氮和氯的混合气体也可以完

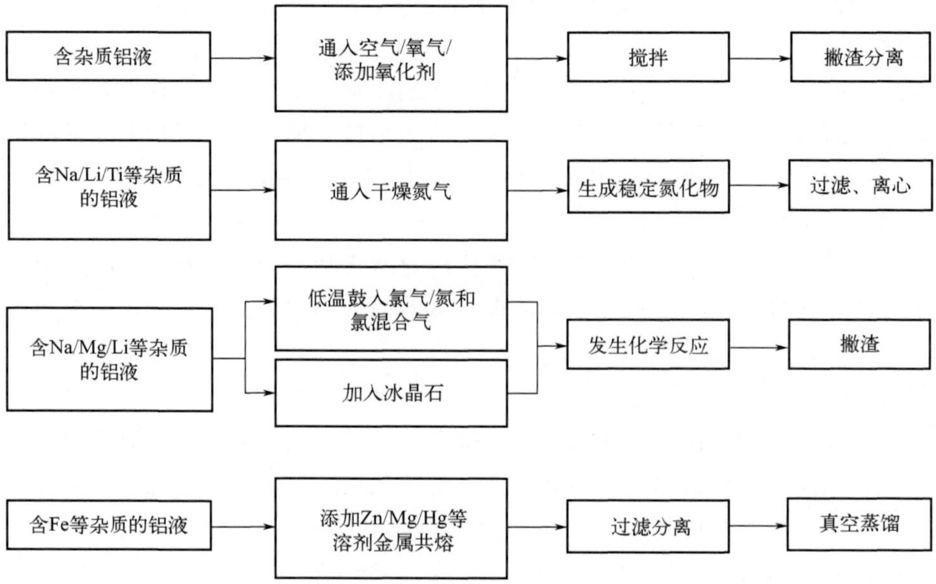


**图 4-9　洁净铝生产中金属杂质的去除工艺流程**

全除去钠和锂。

例如，往铝液中鼓入氯气：

$$3AlCl_3+3MgCl_2 = 3Mg+3Al+\frac{15}{2}Cl_2$$

工业上广泛采用冰晶石脱 Mg：

$$2Na_3AlF_6+3Mg = 2Al+6NaF+3MgF_2$$

冰晶石的理论消耗量为 6kg/kg 镁。实际用量为理论用量的 1.5～2.0 倍。冰晶石除镁，可将铝中的镁含量降至 0.05%。上述反应在 850～900℃下进行，为了降低过程温度，有时将 20% KCl、40% NaCl、40% $Na_3AlF_6$ 的混合物加到被精炼的熔体表面。

④ 熔剂-结晶法　该法借助于溶解度的差异来精炼、除去合金中的金属杂质。工艺上通常是将被杂质污染的铝合金与能很好溶解铝而不溶解杂质的金属（如镁、锌、汞除去铝中的铁和其他杂质）共熔，然后用过滤法分离出铝合金液体，再用真空蒸馏法从此合金液体中将加入的金属除去。

(2) 气体及非金属夹杂物的去除

进入铝液中的气体绝大部分是氢气，分析表明，氢气占铝合金气体的 85%以上。由于大气中的氢气分压极低，并且氢气不能以分子态形式溶入铝液中。可见，大气（炉气）中的氢气分子不是铝中氢气的来源。铝中氢气的来源是 $H_2O$ 中分解出来的原子氢，即：

$$2Al+3H_2O = Al_2O_3+6[H]$$

冶炼过程中能接触到铝液的水来源有随炉料带入的附着水和铝表面的腐蚀产物 $Al(OH)_3$、设备和工具带入的附着水、炉料中的油污（$C_mH_n$）分解产生的［H］等。

再生铝合金冷却时气体的溶解度减小，原来溶解在熔体中的氢气呈独立相析出，在铸件中生成气孔，会降低铸件的力学性能。此外，固体非金属夹杂物分布在晶界上，也会降低合金的力学性能。为使再生合金的性能与原生金属配置的合金性能无大的差别，需要精炼、除去合金中的杂质。其工艺流程如图 4-10 所示，方法简述如下。

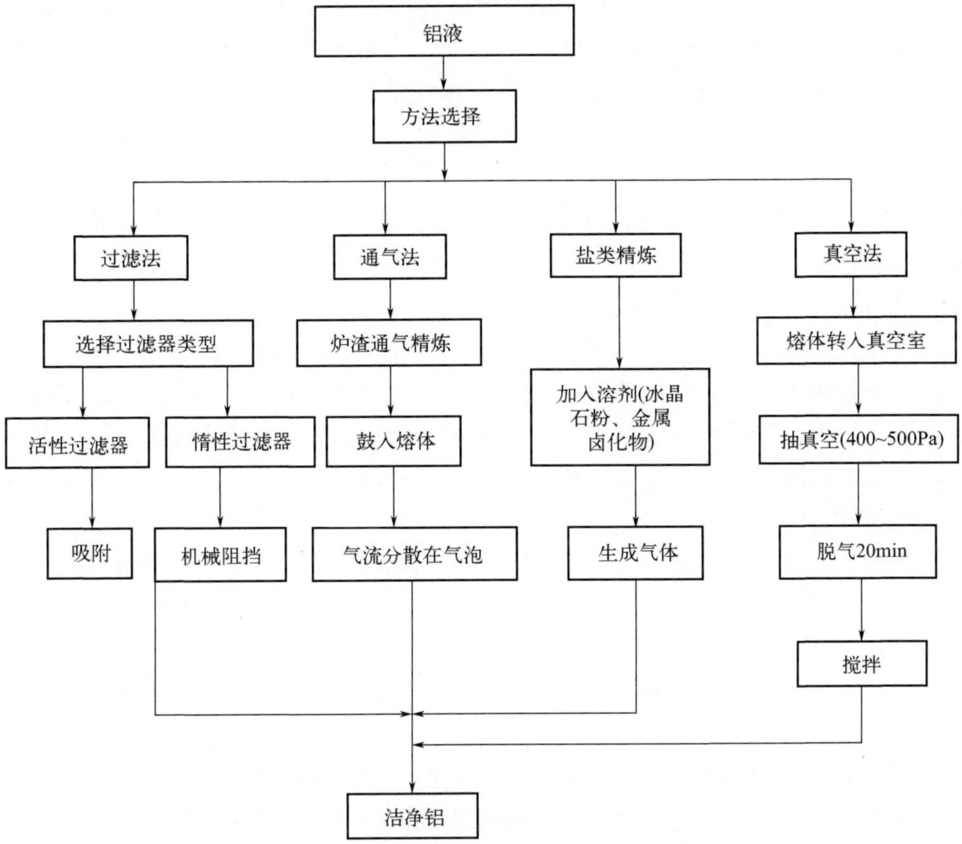


图 4-10　洁净铝生产中非金属杂质的去除工艺流程

① 过滤法　该方法是将铝合金熔体通过活性或惰性的过滤材料除去杂质。合金熔体通过活性过滤器时，固体夹杂颗粒与过滤器发生吸附作用而被阻挡除去；合金熔体通过惰性过滤器时则是机械阻挡作用除去杂质。有网状和块状两种惰性过滤器：惰性网式过滤器通常用无碱的铝硼玻璃制成，它可以过滤掉 2/3～1/2 的固体非金属夹杂物；用块状过滤器较网状过滤器有效得多，块状过滤器是用黏土熟料、镁砂、人造金刚石、氯化盐和氟化盐熔合体的碎块制成的。过滤器又可分为浸润型和不浸润型两种；其中浸润是指惰性材料在上述盐液中进行浸渍，浸润型的吸附力强，对分离夹杂固体起很重要的作用，浸润型过滤器比不浸润型过滤器的效率高 2～3 倍。

② 通气法　即向炉渣中通入氯气、氮气、氢气进行精炼，当通入的气体呈分散状鼓入熔体时，原溶于合金液中的氢气扩散到鼓入气体的小气泡中而发生脱气作用，同时也脱除氧化物和其他不溶杂质。正如浮选一样，气体吸附在固体夹杂物上，随后上浮到熔体表面。精炼气体经浸没在合金液中的石英或石墨管鼓入熔体，再通过装在坩埚底部的多孔元件式填料将气流分散在直径 0.1mm 以下的气泡中，以增大气体与合金熔体的接触面。氯气的精炼效果最好，但其毒性大，其应用受到限制。广泛应用的是含氯气 5%～10%的惰性气体，除气效果与纯氯气相近，但精炼时间较长。精炼时用含 15%$Cl_2$、11%CO、74%$N_2$ 的混合气鼓风（称为气法），能保证每 100g 合金中溶解的氢气含量从 0.3$cm^3$ 降为

$0.1cm^3$，含氧量从 0.01%降为 0.0018%。

③ 盐类精炼　该法是用盐类熔剂处理合金体以脱除熔体中的气体和非金属夹杂物。常用的盐类有冰晶石粉及各种金属卤化物。它们作为熔剂进入铝熔体后，生成卤化铝气体逸出。另一种精炼除气剂的主要成分为硝酸钠和石墨粉，在铝合金的熔化温度下产生的氮气和碳氧化合物气体可达到除气、精炼的目的。由于氮气和碳氧化合物（$CO_2$）无毒，故又称无毒精炼。

④ 真空法　该法是在 400～500Pa 真空下，铝熔体脱气 20min，使铝熔体脱除氢气。一般每 100g 液体铝合金含氢量可从 $0.42cm^3$ 降为 $0.06～0.08cm^3$。此脱气法速度快，可靠性大，费用低，优于其他脱气法。

铝及铝合金的脱气很大程度上取决于氢气的传质过程，因此搅拌熔体可大大缩短脱气时间。另外，熔体表面上氧化膜的存在会阻碍脱气的过程。真空脱气与向熔体鼓入惰性气体的方法结合使用，就可使鼓入的惰性气体吹散、破坏氧化膜，并缩短固体夹杂物上浮至熔体表面进入渣层的距离，从而促进脱气速度，增强脱气效果。

（3）熔剂精炼法

向铝液中添加某种精炼剂（熔剂），把合金熔体的夹杂物溶解并随熔剂上浮到渣层的方法[16]。

1）熔剂的作用

熔剂广泛用于原铝和再生铝的生产，以提高熔体的质量和金属铝的回收率。熔剂的作用有以下 4 个。

① 改变铝熔体对氧化物（氧化铝）的润湿性，使铝熔体易于与氧化物（氧化铝）分离，从而使氧化物（氧化铝）大部分进入熔剂中而减少了熔体中的氧化物的含量。

② 熔剂能改变熔体表面氧化膜的状态。这是因为它能使熔体表面上那层坚固致密的氧化膜破碎为细小颗粒，因而有利于熔体中的氢气从氧化膜层的颗粒空隙中透过、逸出，进入大气中。

③ 熔剂层的存在能隔绝大气中的水蒸气与铝熔体的接触，使氢气难以进入铝熔体中，同时能防止熔体氧化烧损。

④ 熔剂能吸附铝熔体中的氧化物，使熔体得以净化。

总之，熔剂精炼除去夹杂物主要是通过与熔体中的氧化膜及非金属夹杂物发生吸附、溶解和化学作用来实现的[17]。

2）熔剂的分类和选择

铝合金熔炼中使用的熔剂种类很多，可分为覆盖剂（防止熔体氧化烧损及吸气的熔剂）和精炼剂（除气、除夹杂物的熔剂）两大类，不同的铝合金所用的覆盖剂和精炼剂不同。但是，铝合金熔炼过程中使用的任何熔剂，必须符合下列条件：a. 熔点应低于铝合金的熔化温度；b. 密度应小于铝合金的密度；c. 能吸附、溶解熔体中的夹杂物，并能从熔体中将气体排出；d. 不应与金属及炉衬起化学作用，如果与金属起作用时，应只能产生不溶于金属的惰性气体，且熔剂应不溶于熔体金属中；e. 吸湿性要小，蒸气压要低；不应含有或产生有害杂质及气体；f. 要有适当黏度及流动性；g. 制造方便，价格便宜。

3）熔剂的成分及熔盐的作用

铝合金用熔剂一般由碱金属及碱土金属的氯化物及氟化物组成，其主要成分是 KCl、

NaCl、NaF、$CaF_2$、$Na_3AlF_6$、$Na_2SiF_6$ 等。熔剂的物理、化学性能（熔点、密度、黏度、挥发性、吸湿性及与氧化物的界面作用等）对精炼效果起决定性作用。

① 氯盐　氯盐是铝合金熔剂中最常见的基本组元，而 45% NaCl+55% KCl 的混合盐应用最广。由于它们对固态 $Al_2O_3$、夹杂物和氧化膜有很强的浸润能力（与 $Al_2O_3$ 的润湿角>20°），且在熔炼温度下 NaCl 和 KCl 的密度只有 1.55g/$cm^3$ 和 1.50g/$cm^3$，显著小于铝熔体的密度，故能很好地铺展在铝熔体表面，破碎和吸附熔体表面的氧化膜。但仅含氯盐的熔剂，破碎和吸附过程进行得缓慢，必须进行人工搅拌以加速上述过程的进行。氯化物的表面张力小，润湿性好，适于作覆盖剂，其中具有分子晶型的氯盐，如 $CCl_4$、$SiCl_4$、$AlCl_3$ 等可单独作净化剂，而具有离子晶型的氯盐，如 LiCl、NaCl、KCl、$MgCl_2$ 等适于作混合盐熔剂。

② 氟盐　在氯盐混合物中加入 NaF、$Na_3AlF_6$、$CaF_2$ 等少量氟盐，主要起精炼作用，如吸附、溶解 $Al_2O_3$。氟盐还能有效地去除熔体表面的氧化膜，提高除气效果。这是因为：a. 氟盐可与铝熔体发生化学反应生成气态 $AlF_3$、$SiF_4$、$BF_3$ 等，它们以机械作用促使氧化膜与铝熔体分离，并将氧化膜挤破，推入熔剂中；b. 在发生上述反应的界面上产生的电流亦使氧化膜受“冲刷”而破碎，因此氟盐的存在使铝熔体表面的氧化膜的破坏过程显著加速，熔体中的氢气就能较轻易地逸出；c. 氟盐（特别是 $CaF_2$）能增大混合熔盐的表面张力，使已吸附氧化物的熔盐球状化，便于与熔体分离，减少固熔渣夹裹铝造成的损耗，而且由于熔剂-熔体表面张力的提高，加速了熔剂吸附、夹杂的过程。

4）铝合金熔炼中常用熔剂

熔剂精炼法对排出非金属夹杂物有很好的效果，但是清除熔体中非金属夹杂物的净化程度，除与熔剂的物理、化学性能有关外，还在很大程度上取决于精炼工艺条件，如熔剂的用量，熔剂与熔体的接触时间、接触面积、搅拌情况、温度等。

① 常用熔剂　为精炼铝合金熔体，人们已研制出上百种熔剂，以钠、钾为基的氯化物熔剂应用最广。对含镁量低的铝合金广泛采用以钠、钾为基的氯化物精炼剂，含镁量高的铝合金为避免钠脆性则采用不含钠的以光卤石为基的精炼熔剂。

铝合金熔炼过程中常用熔剂的成分及作用如表 4-5 所列。

表 4-5　铝合金熔炼过程中常用熔剂的成分及作用

| 熔剂种类 | 组分含量/% | | | | | 适用的合金 |
|---|---|---|---|---|---|---|
| | NaCl | KCl | $MgCl_2$ | $Na_3AlF_6$ | 其他成分 | |
| 覆盖剂 | 39 | 50 | | 6.6 | $CaF_2$ 4.4 | Al-Cu 系、Al-Cu-Mg 系、Al-Cu-Si 系、Al-Cu-Mg-Zn 系 |
| | | | | | $Na_2Co_3$ 85，$CaF_2$ 15 | 一般铝合金 |
| | 50 | 50 | | | | 一般铝合金 |
| | | | | | KCl、$MgCl_2$ 80，$CaF_2$ 20 | Al-Mg 系、Al-Mg-Si 系合金 |
| | 31 | | 14 | | $CaF_2$ 10，$CaCl_2$ 44 | Al-Mg 系合金 |
| | 8 | | 67 | | $CaF_2$ 10，$MgF_2$ 15 | Al-Mg 系合金 |
| | 25～35 | 40～50 | 5～8 | | $CaF_2$ 12～15 | 除 Al-Mg 系、Al-Mg-Si 系以外的其他合金 |
| | 8 | | 67 | | $MgF_2$ 15，$CaF_2$ 10 | Al-Mg 系合金 |

续表

| 熔剂种类 | 组分含量/% | | | | | 适用的合金 |
|---|---|---|---|---|---|---|
| | NaCl | KCl | $MgCl_2$ | $Na_3AlF_6$ | 其他成分 | |
| 精炼剂 | | | | | KCl、$MgCl_2$ 60，$CaF_2$ 40 | Al-Mg系、Al-Mg-Si系合金 |
| | 46 | 42 | 8 | | $CaF_2$ 4（2号熔剂） | Al-Mg系合金 |
| | 22 | 56 | | 22 | | 一般铝合金 |
| | 50 | 35 | | 15 | | 一般铝合金 |
| | 40 | 50 | | | NaF 10 | 一般铝合金 |
| | 50 | 35 | | 5 | $CaF_2$ 10 | 一般铝合金 |
| | 60 | | | | $CaF_2$ 20，NaF 20 | 一般铝合金 |
| | 36～45 | 50～55 | | 3～7 | $CaF_2$ 1.5～4 | 一般铝合金 |
| | | | | | $NaSiF_6$ 30～50，$C_2Cl_4$ 50～70 | 一般铝合金 |
| | 40.5 | 49.5 | | | KF 10 | 易拉罐合金 |

从表4-5中可以看出，有些熔剂组分的含量变化范围较大，可以根据实际情况来确定。首先要根据合金元素的含量来确定，因为大多数铝合金中主要元素的含量都可在一定范围内变化，其次要根据所除杂质成分及含量来确定。因此，使用厂家除使用熔剂厂生产的熔剂外，最好根据所熔炼铝合金的成分调整熔剂组分的比例，以找出最佳熔剂的组成。

综合以上各种熔剂，不难看出，当要熔制的铝合金成分确定后，熔剂成分的设计首先是主要成分（如氯化物）用量配比的选择，其次是添加组分（如氟化物）的选择。熔剂配好后，最好是经熔炼、冷凝成块、再粉碎后使用，因为机械混合的效果不好。

② 熔剂用量　熔炼铝合金废料时，废料的质量不同，覆盖剂及精炼剂的用量也不同。

③ 主覆盖剂用量　熔炼质量较好的废料，如块状料、管、片时覆盖剂的用量（表4-6）。

**表4-6　覆盖剂的种类及用量、炉料及制品**

| 炉料及制品 | | 覆盖剂的用量（占投料量的百分数）/% | 覆盖剂的种类 |
|---|---|---|---|
| 电炉熔炼 | 一般制品 | 0.4～0.5 | 普通粉状溶剂 |
| | 特殊制品 | 0.5～0.6 | 普通粉状溶剂 |
| 煤气炉熔炼 | 原铝锭 | 1～2 | KCl∶NaCl按1∶1混合 |
| | 废料 | 2～4 | KCl∶NaCl按1∶1混合 |

注：对高镁铝合金，应一律用不含钠盐的熔剂进行覆盖，避免和含钠的熔剂接触。

熔炼质量较差的废料，如由锯、车、铣等工序下拉的碎屑及熔炼扒渣等时，覆盖剂的用量见表4-7。

**表4-7　质量较差的废料覆盖剂的用量**

| 覆盖剂的类别 | 覆盖剂的用量（占投料量的百分数）/% | 覆盖剂的类别 | 覆盖剂的用量（占投料量的百分数）/% |
|---|---|---|---|
| 小碎片 | 6～8 | 炉外渣子 | 15～20 |
| 碎屑 | 10～15 | | |

④ 精炼剂的用量　不同铝合金、不同制品，精炼剂的用量也各不相同（表4-8）。

表 4-8　不同铝合金制品精炼剂的用量

| 合金及制品 | 熔炼炉 | 静止炉 |
|---|---|---|
| 高镁合金 | 2 号熔剂 5～6kg/t | 2 号熔剂 5～6kg/t |
| 特殊制品（除高镁合金） | 普通熔剂 5～6kg/t | 普通熔剂 6～7kg/t |
| LT66、LT62、LG1、LG2、LG3、LG4 | | 出炉时用普通熔剂 |
| 其他合金 | | 普通熔剂 5～6kg/t |

注：1. 在潮湿地区和潮湿季节，熔剂用量应有所增加。
2. 对大规模的圆锭，其熔剂用量也应适当增加。

5）熔剂使用方法

熔剂精炼法熔炼铝合金生产中常用以下几种方法：

① 熔体在浇包内精炼　首先在浇包内放入一包熔剂，然后注入熔体，并充分搅拌，以增加二者的接触面积。

② 熔体在感应炉内精炼　熔剂装入感应炉内，借助于感应磁场的搅拌作用，使熔剂与熔体充分混合，达到精炼的目的。

③ 在浇包内或炉中用搅拌机精炼　使熔剂机械地弥散于熔体中。

④ 熔体在磁场搅拌装置中精炼　该法依靠电磁力的作用，向熔剂-金属界面连续不断地输送熔体，以达到铝熔体与熔剂间的活性接触。熔体的旋转速度越高，其精炼效果越好。

⑤ 电熔剂精炼　此法是使熔体通过加有电场（在金属-熔剂界面上）的熔剂层进行连续精炼。

在这 5 种方法中电熔剂精炼效果最好。

#### 4.3.1.5　炉渣处理

废杂铝再生熔炼、精炼过程中，必然要产生大量炉渣。炉渣中含有铝和其他有用组分，其组成很不均匀，含有金属铝 10%～30%，氧化铝 7%～15%，铁、硅、镁的氧化物 5%～10%，钾、钠、钙、镁和其他金属的氯化物 55%～75%。由此可以看出，再生铝过程中产生的炉渣也是一种资源，必须加以回收。

为了回收其中的铝和有用成分，一般采用湿法和干法两种处理方法。

湿法处理炉渣可使渣中的所有成分得到完全利用。湿法处理流程如图 4-11 所示。

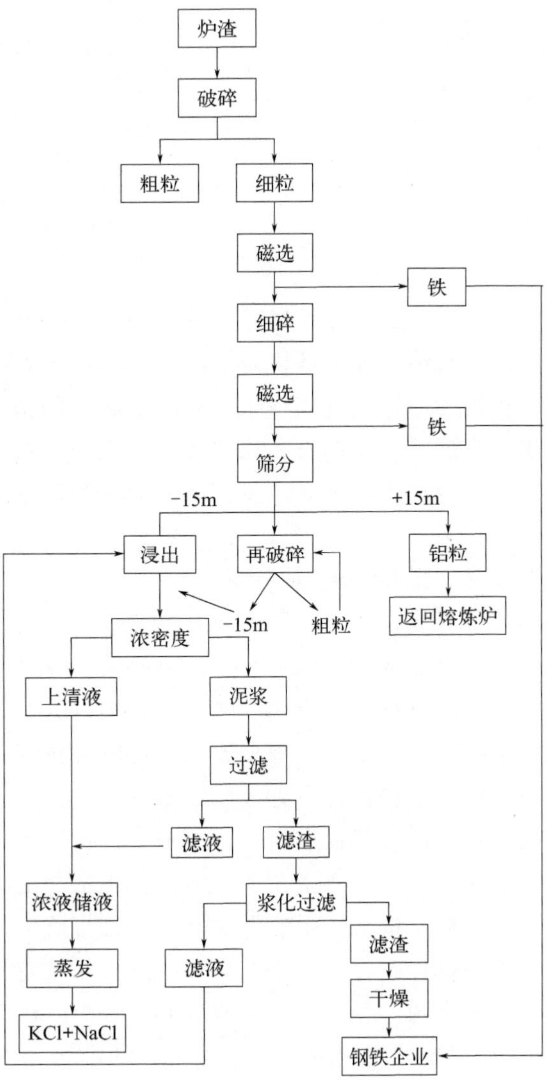


图 4-11　再生铝熔渣回收处理流程

滤渣的干法处理是将渣破碎磨细，使其中的氯化物成粉末状，过筛后用抽风机将细粒级抽走，经旋风收尘器收下细粒，粗粒级含 60%～70%合金铝，返回熔炼成铝合金。处理流程中多次采用磁选工艺，为的是分离渣中的金属铁，回收的金属铁经干燥后可用于钢铁生产。

#### 4.3.1.6 环保

反射炉排出的废气中约含有 0.15%硫酸、0.3g/$m^3$ 氯化氢和 2g/$m^3$ 灰尘。废气用苏打溶液在淋洗塔和文氏管中淋洗。反射炉工业废气的净化流程如图 4-12 所示。气体净化系统的净化效率：捕集灰尘 99.3%～99.4%；氯化氢 91.7%～97%；硫酐 99.3%～99.7%。净化后的气体中有害物质的含量低于允许浓度的范围。

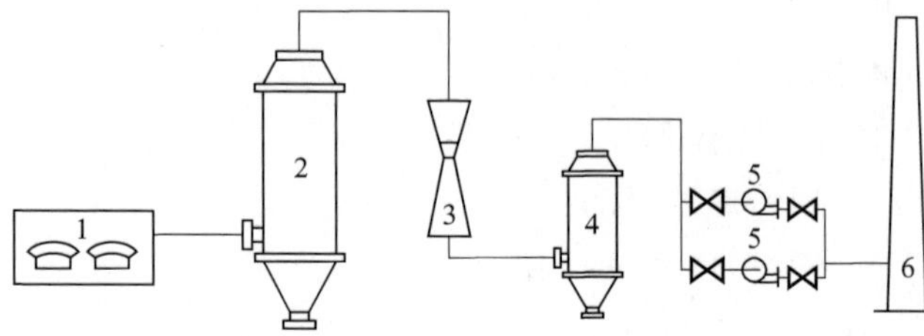


**图 4-12 反射炉工业废气净化装置**

1—反射炉；2—洗涤塔；3—文氏管；4—漩涡液滴捕集器；5—风机；6—烟囱

最近几年，新发展起来的用稀土合金对铝回收进行变质、细化和精炼的工艺，有望使废铝回收冶炼业的环境污染问题得到彻底解决[18]。该工艺充分运用稀土元素与铝熔体相互作用的特性，发挥稀土元素对铝熔体的精炼、净化和变质功能，能够实现对铝熔体的净化、精炼及变质的一体化处理，不仅简洁高效，而且能够有效地改善再生铝的冶金质量。在处理全程中均不会产生有害的废气和其他副产品。

### 4.3.2 废铝的电解技术

原铝电解精炼原理与废铜电解精炼原理相同，所不同的是用废铝代替原铝配成阳极合金。在电解过程中废铝中电位负于铝的元素在阳极上首先溶解，转入电解液中变为离子，但这些离子并不在阴极上放电；而电位正于铝的元素（如 Si、Fe、Cu、Mn 等）依旧集聚于阳极合金内，并不进入电解液中。因此，原则上只有铝才在阴极上析出。至于 Zn，虽然它的电位正于铝，但是它的蒸气张力很大，因而在电解过程中会进入阴极铝中。由于废铝的成色不一，通常在电解前先行挑选与处理。

一般飞机残体中混有铁件（机械混合），必须先以磁选将其清除，因为含铁高的合金在精炼过程中容易生成沉淀（结晶）妨害正常生产。

含镁的合金同样不宜直接应用，因为当阳极合金中镁的含量超过 0.1%～0.2%时，则引起 $Mg^{2+}$ 在阴极液中的富集，生成难溶 $MgF_2$ 沉淀，这样就破坏了电解液的组成及三层体系的稳定性。因此镁含量很高的废铝应预先净化，在生产过程汇总这一操作称为“去镁”。在“去镁”时用 30% $Na_3AlF_6$+15% KCl+55% NaCl 组成的熔剂，在 740～750℃下与镁发生下列反应：

$$3Mg+2AlF_3 \xlongequal{} 3MgF_2+2Al$$

含于废铝中的镁变成 $MgF_2$，而 Al 被置换出来。

清除了镁的合金在三层液精炼电解槽中电解。精炼电解槽的构造及操作大致与原铝精炼所用者相仿。图 4-13 为精炼废铝用的 14000A 电解槽，这种电解槽的特点为槽膛深而料室大，可以一次装入大量阳极合金，以保证电解过程的稳定性。在表 4-9 中列出废铝精炼电解槽的工作指标。

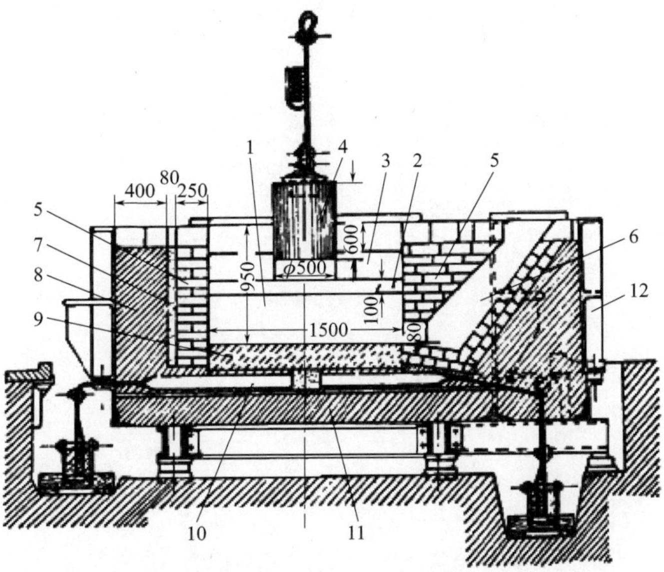


图 4-13　精炼废铝用的 14000A 电解槽（单位：mm）

1—阳极合金；2—电解槽层；3—阴极铝液层；4—石墨阴极（外铸铝套）；5—镁砖砌体；6—料室；7—捣固的烧结镁砂；8—耐火砖砌体；9—电解槽的碳素槽底；10—铁制导电棒；11—底部绝缘；12—10mm 厚的铁壳

表 4-9　废铝精炼电解槽的工作指标

| 项目 | 数值 | 项目 | 数值 | 项目 | 数值 |
| --- | --- | --- | --- | --- | --- |
| 电流密度（阳极与阴极）/($A/cm^2$) | 0.36 | 每昼夜生产量（精铝 99.99%）/kg | 100 | 电解质消耗率/% | 10 |
| 电流强度/A | $1.4\times10^4$ | 电流效率/% | 95 | 废铝用量/kg | 120～130 |
| 电解槽截面积/$m^2$ | 2.5×1.5 | 电能消耗率/(W·h/kg) | 20～22 | 阳极沉淀物量/kg | 20～30 |
| 槽电压/V | 6.5 | 石墨电极消耗率/% | 5～8 | 阴极铝温度/℃ | 740～760 |
| 料室中金属温度/℃ | 700～720 | 阴极精铝水平/cm | 20～25 | 槽膛深度/cm | 95 |
| 阳极合金水平/cm | 35～40 | 电解液水平/cm | 10 | 镁砖层厚度/cm | 25 |

所用的电解质通常为氟化物混合盐，其组成为：36% $AlF_3$ + 30% $Na_3AlF_6$ + 18% $BaF_2$ + 16% $CaF_2$。电解液预先在母槽中熔融与净化，而后加入槽内。所得精铝中 Al 含量可达 99.99%。

从料室中取出的阳极合金沉淀在 800℃下熔析出其中的易熔部分（20%Cu+8%Zn+5%Si+1%Fe+66%Al）可重新返回槽内电解，残留的沉淀物还含铝 50%以上，可应用于合金钢生产上。图 4-14 为电解精炼废铝制取高纯铝的生产流程。

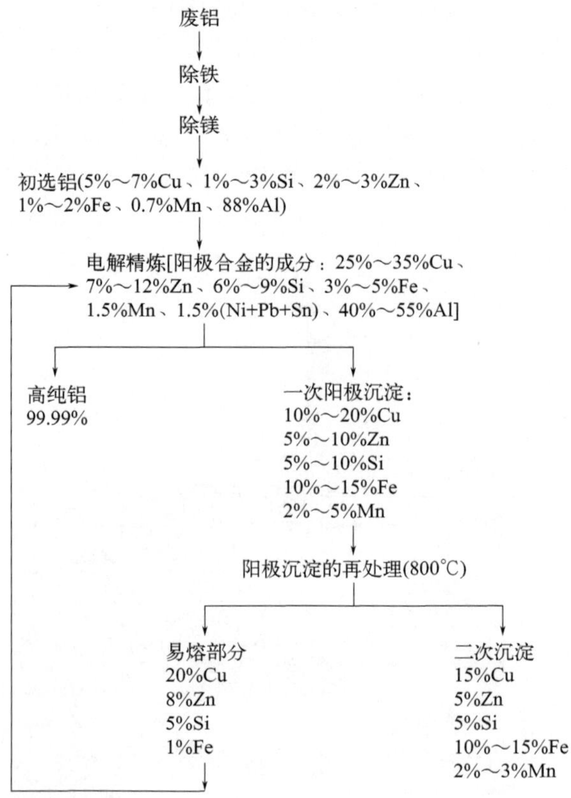


图 4-14 电解精炼废铝制取高纯铝的生产流程

在废铝精炼中，含 Si 高的合金应与含 Si 低的合金配合，因为高 Si 合金的密度小，在精炼过程中会浮上来影响精铝的质量。

# 4.4 废铝再生利用工艺实例

## 4.4.1 铝屑处理工艺及自动化生产线

这条铝屑处理生产线由地下料仓与螺旋输送机、刮板输送机、铝屑粉碎机、铝屑烘干回转窑、磁选机、储料斗与喂料斗、螺旋喂料机、0.6t/h 侧井式圆形铝屑熔化炉等设备组成（图 4-15）。同时还配有供油供风系统、氩气精炼系统、水膜除尘系统和 PLC 电气自动控制系统。所有设备的开动、运行、停止实现程序控制和实时监控，机械化、自动化水平相当高[19]。

铝屑处理的关键在于最大限度地减少铝屑的烧损，提高铝的实收率。使铝屑不直接接触火焰，浸泡在铝液中被铝液烫化，是减少铝屑烧损的基本要领[20]。侧井式圆形铝屑熔化炉就是基于这一原理设计的。圆形炉内是保持室，侧井内暗渠使熔化室与保持室相通，在暗渠的一端装有铝液循环泵，另一端装有涡流器，当铝液循环泵旋转时，铝液在暗渠与保持室进行闭路循环，并在涡流器端产生旋涡，当铝屑落到旋涡里，被卷入循环的铝液中

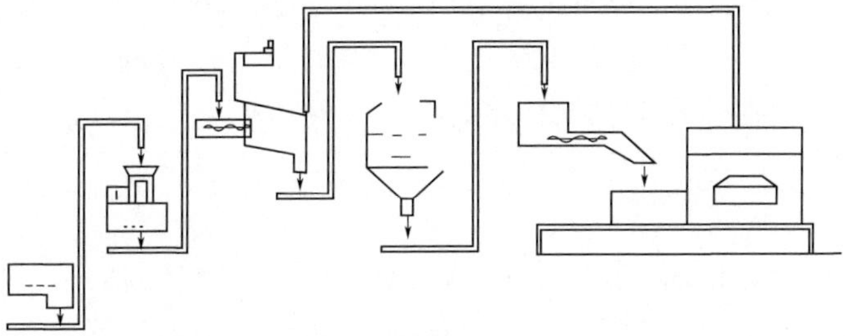

图 4-15　铝屑自动化生产线设备流程

进入保持室。

#### 4.4.1.1　生产前主要准备

① 设备准备　检查确认铝屑生产线所有设备正常。

② 原辅材料准备　准备铝屑、低铁铝锭、镁锭、Al-Si 10%、无毒精炼剂、除渣剂、0# 柴油、高纯氩气、硅酸铝堵塞等。

③ 生产工、器具准备　准备铝液密度测定仪、电子秤、铝液转运包、运铝渣斗车、扒渣搅拌耙、清炉铲、取样勺等。

④ 炉子升温　检查炉况完好具备生产条件后，便可点火升温。铝屑炉升温包括保持室升温和熔化室升温两部分，一般是先保持室升温，后熔化室升温。

⑤ 保持室升温分两种情况　一种是双休日后的炉子升温为 5～6h；另一种是长时间停炉后的炉子升温需要 20h。

熔化室升温是在铝屑投入位置安装升温烧嘴，操作顺序是将涡流循环装置提升起来，移到检修位置，再将铝屑喂料嘴移开，取出涡流调整板，取下铝屑熔化室烧嘴接头和配管接头的保护罩，与烧嘴接通。将烧嘴对准预热位置的防热罩孔中心安装好。将烧嘴空气蝶阀开到 1/5 左右，打开燃气开关，按点火按钮。升温 2～4h，将气压调到 0.98kPa 升温，此后渐渐增加燃烧量和风量，将铝屑熔化室升到 800℃。在投铝屑前将升温烧嘴撤掉。依次安装涡流循环装置、涡流调整板、铝屑喂料嘴。

#### 4.4.1.2　铝屑生产工艺流程

铝屑生产工艺流程：保持室内加底液→铝屑前处理→铝屑熔化与保持→取样分析→化学成分调整→搅拌→取样分析→熔剂精炼→扒渣→放合金液→铝水包内氩气精炼→铝液密度检测→低压铸造。

（1）保持室加底液

保持室加底液有两种方式：一是直接加 A356.2 合金液；二是用原铝配制 A356.2 合金液。

① 直接加 A356.2 合金液　保持室升温后，将炉内渣滓扒净，炉膛温度设定为 750℃，用铝水包从 A356.2 熔炼炉接铝液，用叉车把铝水包叉到铝屑炉前，再用天车吊着铝水包从铝屑炉喂料斗将合金铝液注入铝屑炉内，铝屑炉容量为 6t，炉内加底液量为 2t。

② 用原铝配制 A356.2 合金液　按 2t A356.2 料量配料计算，得出 A00 铝锭、镁锭、工业硅的用量。备料后先熔铝，将铝锭加到保持室后，开始升温，铝锭完全熔化后再熔硅，将铝液温度升到 750℃，加硅，关炉门熔化，每隔 10～15min 搅拌一次，连续搅拌 3 次，

使化学成分均匀，取样前加镁，充分搅拌后取样分析，扒净表面浮渣，撒上覆盖剂。

生产时把熔化室铝液的温度设定为750℃，保持室内铝液的温度设定为700℃，启动温度自动控制。铝屑炉在熔化室和保持室各有一支热电偶，铝液的温度是通过温度传感器和PLC自动控制的。

（2）铝屑前处理

向料仓内加入铝屑，按前处理设备启动按钮，前处理时铝屑的运行路线是铝屑从料仓下口经螺旋输送机给入刮板输送机，再由刮板输送机给入铝屑粉碎机，把铝屑中混入的较重杂物沿管路甩出，掉入承接桶中。经过粉碎的铝屑从粉碎机下方排出，进入刮板输送机给入回转窑，在回转窑内温度为350℃，铝屑得到烘干处理。回转窑里的废烟气经过水膜除尘后排出。干燥铝屑从回转窑尾端排出，通过刮板输送机进入磁选机，经过磁选机时，铝屑中的螺母、螺栓、垫片、电焊条头、铁丝等均被选出并沿着管壁下滑到承接桶里。纯净的铝屑从磁选机下口进入储料斗中，经储料斗下方的螺旋输送机给入刮板机，由刮板机输送到喂料斗里，再由喂料斗下方的螺旋输送机通过喂料嘴把铝屑点入铝屑炉侧井暗渠的旋涡里。

（3）铝屑熔化与保持

铝屑掉入侧井暗渠的旋涡里，立即被卷入循环的铝液中熔化，进入铝屑炉的保持室。铝屑加入量的大小可通过调节板调节。随着铝屑的不断加入，保持室里的液位不断升高，当达到炉子容量时，由于液位检测棒的作用，控制柜面板的“液位上限”信号灯亮，自动停止铝屑的供给。

（4）扒渣

铝屑熔化的过程中，由于铝液不停循环流动，在保持室铝液上面产生不少浮渣，因此要把这些浮渣扒出。

（5）取样分析

扒渣后进行取样分析。用取样勺在熔池中间熔体深度1/2处舀取铝液，倒入试样模中。待试样完全凝固冷却后，送到质检部门进行化学成分分析。

（6）化学成分调整

化学成分调整按A356.2合金化学成分标准进行，见表4-10。合金化学成分调整，是根据取样分析所发的化学成分分析报告，与合金化学成分标准表相对照，并通过计算确定补料或者冲淡。

**表4-10　A356.2合金化学成分表**

| 成分 | 含量/% | 成分 | 含量/% |
| --- | --- | --- | --- |
| Si | 6.8～7.4 | Zn | <0.01 |
| Mg | 0.30～0.35 | Cu | <0.01 |
| Ti | 0.05～0.10 | Pb | <0.05 |
| Mn | 0～0.05 | Sn | <0.05 |
| Sr | 0.015～0.030 | Cr | <0.05 |
| Fe | ≤0.12 | Ni | <0.005 |
| Ca | <0.003 | 杂质 单个 | <0.01 |
| P | <0.001 | 杂质 总和 | <0.10 |

（7）合金化学成分控制

A356.2 合金是可热处理强化的铸造铝合金，合金主要强化相为 $Mg_2Si$，合金化学成分中主成分硅按中上限 7.0%～7.2%控制，镁按上限 0.34%控制，锶变质剂按中限 0.025%控制，杂质成分铁按 0.11%控制。

（8）合金液的搅拌

化学成分调整时，每加一种合金元素，熔化后都要进行搅拌。将所有合金元素加完后，取样做最终化学成分分析（取样操作同前）。

（9）炉内熔剂精炼与扒渣

合金元素全部加完后进行炉内熔剂精炼。A356.2 合金用无毒精炼剂精炼，精炼温度为 700℃，精炼剂用量为 2～3kg/t。

（10）合金变质

A356.2 合金采用 Al-Sr 5%中间合金变质。将铝锶中间合金放到炉门口预热后推进炉内熔体中，关上炉门熔化 10～15min，打开炉门将搅拌耙预热后进行搅拌，5～10min 后扒净表面浮渣，撒上覆盖剂后关闭炉门。

（11）放铝液

在合金化学成分合格、精炼、变质后可放铝液。铝水包加热后推动铝水包小车，对准铝屑炉流口，然后按流口堵塞打开按钮，待铝水包接近注满铝液时，将流口堵塞塞头清理干净，套上硅酸铝帽套，按流口堵塞关闭按钮。

（12）铝液在浇包内氩气精炼

铝水包注满铝液后，将铝水包小车推到除气机附近，对位后将除气机旋转头对准铝水包中，打开氩气阀使石墨转子插入熔体中进行精炼，氩气的纯度为 99.99%，精炼 10～20min，将石墨转子提起并转到离开铝水包的位置，关闭氩气阀，精炼结束。

（13）铝液密度检测

提取铝水包中放入的铝液试样，使用密度检测仪测得铝液密度＞2.3g/$cm^3$ 为合格。

（14）运送铝液

铝液密度检测合格后运送至低压铸造机，供压铸铝合金车轮毂使用。

### 4.4.2 废杂铝生产工艺与实践

#### 4.4.2.1 A356.2 重熔锭水平铸造生产线

从国外引进的水平铸造生产线，由熔炼炉、中间罐、水平铸造结晶器、引锭头、辊道、牵引机、同步锯、铸锭打印机、码垛机、打捆机等组成，配有 PLC 控制系统、水冷却系统、温度控制系统等。

A356.2 重熔铝锭生产工艺流程是：炉料分选→检斤备料→清炉→装炉→熔化→搅拌→取样分析→成分调整→取样分析→精炼→扒渣→合金变质→调整温度→给铸造水→打开流口供液→启动铸造机、同步锯→铸锭打印→铸锭锯切→铸锭码垛→铸锭打捆→质量检查→入库。

与生产铝屑的生产工艺不同，这里投的是废车轮毂及铸造合金，把合金液用连续铸造机铸成 80mm×80mm 的合金锭，在铸造过程中同步锯将铸锭锯成 700mm 长的长条铸锭，之后码垛机将铸锭码成垛，最后由打包机将铸锭打成捆，整个操作过程均是由设备自动完成的。

#### 4.4.2.2 再生 Al-Si 合金锭生产工艺与生产线

Al-Si 合金锭生产使用的铸铝废料结构复杂，有些是废铝组合件，与钢或铜镶嵌在一起，人工无法拆卸，因此使再生铝的生产工艺也变得比较复杂。

再生 Al-Si 合金铸锭的生产工艺流程是：炉料预处理→过磅→装料架→加料→熔化→扒铁或铜→取样分析→化学成分调整→取样分析→精炼→扒渣→变质处理→调整温度→铸造→铸锭打印→铸锭码垛→入库。

实际生产过程如下所述。

① 保持室内配合金原液　投料前将保持室配合金原液 15t，同时将熔化室温度设定为 800℃，保持室温度设定为 750℃。

② 加料　将炉料先装入料架中，再将料架推入四导轨翻斗式上料机中，启动上料机至上限位后，燃烧室上盖板自动打开，将炉料扣入燃烧室里，加料完成后上料机下降，将料架返回地面，燃烧室盖板自动关闭。

③ 熔化　加到熔化室里的铝料，上半部被预热，下半部在火焰作用下熔化，边熔化边流入保持室中。当保持室内铝液达到上限位时，火焰调小，打开炉门，搅拌耙预热后进行彻底搅拌。搅拌后进行取样并送到质检部门分析。

④ 化学成分调整　铸造铝硅合金的用途，一般用来制造汽车、拖拉机发动机活塞、汽缸体、汽缸头、汽缸盖、内燃机活塞等。所用铸造铝合金的合金牌号为 ZL104、ZL105、ZL108、ZL109、ZL110 等。化学分析结果出来后，根据合金牌号调整成分。

⑤ 精炼　化学成分调整合格后，对铝熔体进行精炼。用熔剂喷粉机将粉状精炼剂喷入熔体中。熔剂用量为 0.3%，精炼气体为高纯氮气，时间为 20min。

⑥ 扒渣　精炼完成后进行扒渣。

⑦ 合金变质　因为铸造重熔合金锭不是最终产品，所以采用 Na 变质。使用以碳酸钠为主的变质剂，变质剂的用量为 0.2%，变质的温度为 750℃，变质时间为 10～15min，压入时间为 3～5min。

⑧ 温度调整　合金精炼变质结束要把烧嘴调小，使铝液温度降到铸造温度（690℃）。

⑨ 铸造　当炉内铝液温度降到 690℃时，便可进行铸造。先给铸模冷却水，然后开动链带铸造机，接着打开流口向铸机浇壶供铝液，浇壶铸嘴与铸模同步运行，连续铸成 6.5kg 的铸锭。在铸机的运行过程中，铸锭经过自动打印、振打、脱模而脱离铸造机。

⑩ 铸锭码垛　铸锭脱模后落到码垛机的传动带上，由码垛机将铸锭码成垛，之后由打捆机打成捆，每捆重 1t。铸成的铸锭可供汽车、内燃机、铝铸件厂生产使用。

#### 4.4.2.3 6061（6063）合金铸棒生产工艺与生产线

该生产线由 60t 铝熔炼炉、35t 保温炉配竖井式铸造机、水平热顶铸造工装、过滤器等组成。见图 4-16。

生产工艺过程是：炉料分选归类→配料计算→备料→装炉→配制合金原液→再生铝加料→熔化→搅拌→扒渣→取样分析→成分调整→搅拌→取样分析→熔剂精炼→扒渣→转炉→气体精炼→扒渣→熔体覆盖→合金静置→调温→铸造开始→过程控制→铸造结束→吊铸棒→放铸棒。

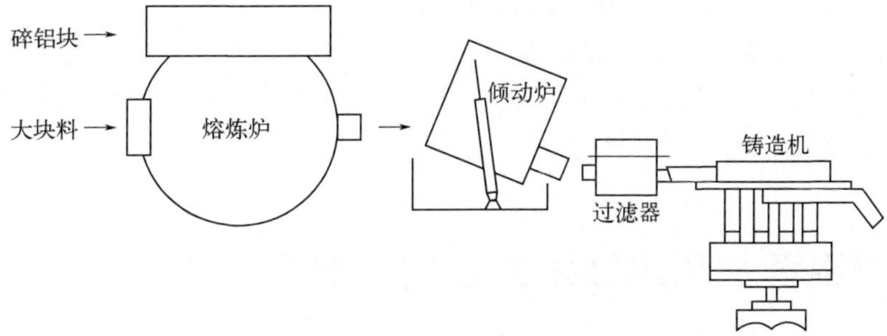


图 4-16 6061（6063）合金铸棒生产工艺与生产线

实际生产工序如下所述。

① 炉料分选归类 将 6061、6063 合金铝废料分别挑选出来，各分成两部分：一部分为大块铝和压包；另一部分是小块碎料，均单独存放。

② 配料计算 分合金按大块铝与铝碎料 5∶1 的比例计算炉料，每炉料按 35t 计算，如果是首次开炉还须配合金原液料。

③ 备料 按照配料卡片将各种炉料分别吊放到炉前。

④ 装炉 装炉前将炉子升温，炉膛温度达到 800℃，清炉后装炉，装炉有两种情况：一是首次开炉装配制合金原液料；二是正常生产中往炉内加料，分两部分向熔炼炉投再生铝，其中一部分是从大炉门加入大块铝废料和压包，另一部分是从侧井加入边角碎料。

⑤ 配制合金原液 首次开炉配制合金原液 20t。配制方法是：从大炉门将配制合金原液料加到炉内，关炉门升温，炉料完全熔化后进行搅拌，取样分析，按照分析结果调整化学成分，使合金液符合所生产的 6063、6061 合金成分要求。成分合格后将炉内浮渣扒净。

⑥ 加料与熔化 合金原液配制好后，便可向炉内加废铝熔化。为减少铝的烧损，将废铝加在合金原液中，因为熔炼炉的容量为 60t，所以采取多次加料方式，即加一次料熔化一段时间，再加一次料再熔化一段时间。一炉料要加料 3～5 次。6063、6061 合金的熔炼温度为 740℃。

⑦ 搅拌 整炉料全部熔化后，用搅拌车进行均匀搅拌。

⑧ 扒渣 因为投入的炉料全部是废铝，所以搅拌后要进行扒渣。

⑨ 熔剂精炼 用 0.3% 1# 粉状熔剂精炼，将溶剂撒入炉内后，用搅拌车进行搅拌。

⑩ 取样分析 取 2～3 个样品做化学成分分析。

⑪ 成分调整 根据化学分析结果与合金化学成分标准对照，进行成分调整。

⑫ 转炉 化学成分合格后，扒净熔体表面浮渣转炉。熔炼炉内 60t 铝液转 35t 到倾动保温炉，剩下的留在炉内作底液，继续化铝。

⑬ 气体精炼 转炉结束后用高纯氮气精炼，精炼温度为 740℃，时间为 20min。精炼后扒渣。

⑭ 合金静置 保温炉内精炼结束后进行合金静置，静置时间为 30min。

⑮ 调整温度 6063、6061 合金的铸造温度为 710～730℃。铸造前将保温炉内铝液温度调整到铸造工所要求的温度。

⑯ 铸造 铸造前要做好铸造准备，流槽、铸造盘、引锭头充分预热，铝过滤的泡沫陶瓷板要充分烘烤，铸造工具准备齐全。铸造前先给冷却水。铸造机是 PLC 自动控制，

将所铸造合金工艺配方，输入控制系统后再进行铸造。

⑰ 吊铸棒　铸造结束后，将铸造盘翻起，引锭平台上升使铝铸棒尾端超出地面 1m，用天车和专用吊具将铸棒从铸造井内吊出，放到指定存放场地。经均火处理后，锯切成短毛料，打成捆，质检合格入成品库。

# 4.5 二次铝再生利用技术的发展与展望

## 4.5.1 技术创新趋势

废铝再生利用技术正经历从粗放式回收向精细化、低碳化方向的范式转变。在预处理领域，基于物理特性差异的分选技术取得显著突破，例如，采用涡电流分选与高精度激光诱导击穿光谱（LIBS）联用系统，可对混杂铝废料中的不同合金系列（如 3000 系与 6000 系）实现毫秒级识别与分类，金属回收率提升至 97%以上。针对含有机涂层的废铝材，德国 ALUTECH 公司开发的超临界二氧化碳剥离技术，在 30MPa 压力与 50℃条件下，通过调控溶剂极性实现涂层的高效脱除，较传统热解工艺节能 62%且无二噁英排放。熔炼环节的技术革新更为深刻，印度诺贝丽斯公司研发的封闭式双室熔炼炉通过氮气保护与电磁搅拌技术，将铝液氧化烧损率控制在 0.8%以下，同时集成蓄热式燃烧系统（RTO）使吨铝能耗降至 550kW·h，较传统反射炉降低 40%。针对高杂质含量的低品位废铝，日本轻金属公司开发的“三步电解精炼法”结合熔盐电解与真空蒸馏技术，可去除铁、硅等杂质至 50mg/kg 级，产出纯度达 99.95%的电解铝。智能化转型则体现在全产业链的数字孪生应用，美国铝业构建的“EcoSource”平台通过机器学习算法分析全球 2.3 万个回收点的废铝成分数据，动态优化区域熔炼配方，使再生铝合金的性能一致性提升至航空材料标准。

## 4.5.2 政策与市场趋势

全球废铝产业的政策框架与市场结构正形成深度联动的演进格局。欧盟《绿色新政》将铝列为关键循环材料，要求 2030 年包装领域再生铝使用比例不低于 50%，并实施“铝足迹”数字标签制度，强制企业披露产品中再生铝含量。美国《基础设施法案》则为再生铝在汽车轻量化中的应用提供每吨 150 美元的补贴，刺激福特、通用等车企将单车再生铝用量提升至 180 kg。在市场维度上，据统计全球再生铝市场规模预计从 2023 年的 760 亿美元增长至 2030 年的 1280 亿美元，年复合增长率达 7.8%，其中交通运输领域贡献主要增量，新能源汽车电池托盘与车身结构对再生铝需求增速高达 23%。此外，铝市场贸易格局呈现显著的区域专业化特征：中东地区依托能源成本优势成为初级重熔铝锭主要出口地，占全球贸易量的 41%；东南亚则凭借劳动力红利承接废铝拆解业务，越南海防港年处理废铝量突破 280 万吨，其中 60%经预处理后输往日韩精炼厂。值得注意的是，伦敦金属交易所于 2023 年推出再生铝期货合约，首年交易量达 45 万手，标志着再生铝正式纳入全球大宗商品定价体系。

我国再生铝行业的政策演变与市场发展呈现出明显的阶段性特征和未来增长潜力。中国《"十四五"原材料工业发展规划》明确提出再生铝产量突破1150万吨的目标，通过增值税即征即退30%的政策激励，推动长三角、珠三角形成12个百亿级再生铝产业集群。在国家层面，政策体系以环保为前提，通过规范电解铝、支持再生铝发展双轨并行。国家发展改革委、工信部等部门近年来连续出台政策，如《铝行业规范条件》强化行业标准，《再生资源回收管理办法》优化回收体系。地方政府也积极响应国家导向，北京、天津等地聚焦垃圾分类与再生资源回收体系衔接；河南、广西等省、自治区依托产业集聚区打造再生铝产业集群；重庆、广东等地则通过技术升级和产业链延伸提升附加值。在市场趋势方面，再生铝行业正迎来三重机遇：一是"双碳"目标下，再生铝较电解铝可降低95%的碳排放，成为有色金属行业减排的关键路径；二是循环经济政策推动回收体系完善，如"两网融合"和区域交易中心建设，预计2025年再生资源产业产值将突破1.5万亿元；三是下游汽车、航空航天等领域对高品质再生铝需求增长，刺激企业加快技术研发，如废铝预处理、杂质分离等技术的应用[21]。挑战则集中在回收渠道分散、中小企业技术落后及进口原料标准提升等方面。未来，随着碳交易市场完善和生产者责任延伸制度推进，再生铝行业将加速向规模化、高值化、低碳化方向发展，逐步成为我国铝工业的主流供给方式。

### 4.5.3 可持续发展战略下废铝再生利用技术展望

在碳中和与循环经济双重目标驱动下，废铝再生技术将朝着"零碳化、高值化、系统化"方向跨越式发展。在技术研发层面，通过再生铝高效工程化预处理技术与装备的突破，实现Fe、Cu、Zn等非铝物质及铸造铝合金与变形铝合金的精准分离，减少人工分拣的不确定性；低能耗、低烧损再生铝熔化工艺技术与装备的应用，将大幅降低生产过程中的能源消耗和材料损耗；再生铝超纯净化熔炼工艺技术可有效去除杂质元素，提升产品质量；多能场铸锭组织及宏微观缺陷调控技术，能够制备出高冶金质量的再生铝铸锭；高性能交通用铝合金材料及构件制备技术则为交通运输领域提供轻量化、高性能的材料解决方案，推动绿色出行。回收体系方面，完善废铝回收系统、建立覆盖广泛的回收网络，可显著提高废铝回收率，减少资源浪费，同时促进铝循环利用技术的革新，例如，宝马集团建立的"闭环铝轮毂回收体系"，通过射频识别技术追踪每件产品的合金成分，在报废阶段精准分拣后直接重熔用于新轮毂制造，使材料循环利用率达到100%；政府与行业协会加强对废铝原料市场及回收分类的管理，规范行业秩序，确保原料初级分类质量，为后续加工提供优质基础。

碳减排路径上，再生铝生产的碳排放强度（0.5～0.8t $CO_2$/t）仅为原生铝的5%～8%，未来通过绿电熔炼与惰性阳极技术的结合，如挪威海德鲁试点项目将水电直接接入80kA电解槽，配合陶瓷基阳极替代传统碳素材料，可使吨铝碳排放降至0.2t $CO_2$以下。在产业发展维度，设定严格的行业标准，淘汰小规模、作坊式生产方式，鼓励大中型企业参与，促进产业结构优化升级，实现规模化、集约化发展，提高资源利用效率与行业整体竞争力。通过技术创新、体系完善与标准规范的协同推进，废铝再生利用产业将成为践行可持续发展战略的重要力量，为经济社会的绿色转型提供有力支撑[22]。据国际铝协预测，到2040年再生铝将满足全球62%的铝需求，但需突破三大瓶颈：建立覆盖2000余种铝合金的快速检测标准，开发耐高温腐蚀的新型熔炼炉衬材料，构建跨国界再生铝成分数据库，才能真正实现“城市铝矿”对铝土矿资源的战略替代。

## 参考文献


[1] 杨忠敏．废铝回收再生是当代受益惠及子孙的绿色工程［J］．铝加工，2007，06：52-57.

[2] 王胜兰．关于铝的再生利用探讨［J］．河南冶金，2005，(02)：22-23，28.

[3] 张化冰．嬗变之中国铝业——中国铝、再生铝产业现状与展望［J］．资源再生，2015，(06)：13-18.

[4] 孙德勤．废铝再生利用技术的发展与应用［J］．新材料产业，2010，06：33-36.

[5] 肖军．低碳经济驱动：废铝回收再生，未来前景广阔［J］．资源再生，2012，09：40-41.

[6] 姜玉．中国再生铝工业发展的新趋势［J］．中国金属通报，2017，(02)：10.

[7] 陈英发．我国再生铝生产的现状及发展思路［J］．世界有色金属，2005，08：9-12.

[8] 蔡艳秀，成肇安，张希忠．废杂铝预处理技术［J］．有色金属再生与利用，2006，(06)：37-39.

[9] 范安胜．再生铝成本控制要点和方法［J］．轻金属，2012，06：3-5，13.

[10] 张俊，宋平西．回收利用铝工艺综述［J］．金属世界，2009，05：61-65.

[11] 陈瑞丰．废铝屑熔炼工艺及组织性能的研究［D］．保定：河北农业大学，2013.

[12] 李艳．添加剂在 $AlCl_3$-BMIC 离子液体电解精炼铝中的作用机理研究［D］．昆明：昆明理工大学，2011.

[13] 孙永泰．废铝箔的回收利用［J］．上海包装，2011，(04)：38-39.

[14] 王祝堂．废杂铝再生现代预处理技术与冶金处理工艺（1）［J］．轻金属，1991，04：51-55.

[15] 刘媛媛．废杂铝合金真空蒸馏除锌的研究［D］．昆明：昆明理工大学，2006.

[16] 徐明英，吴一平，许玉贤，等．废飞机铝合金重熔的熔剂和精炼工艺［J］．轻金属，1994，11：59-61.

[17] 钟熊伟，熊婷，陆俊，等．离子液体电解质体系铝及铝合金电沉积与铝精炼研究进展［J］．有色金属科学与工程，2014，(02)：44-51.

[18] 付英祥．A356.2合金熔炼铸造工艺与实践［J］．资源再生，2010，07：62-65.

[19] 付英祥．再生铝典型生产工艺与实践（上）［J］．资源再生，2009，08：66-67.

[20] 付英祥．再生铝典型生产工艺与实践（下）［J］．资源再生，2009，09：76-77.

[21] 前瞻产业研究院．2025—2030年中国再生铝（废铝回收再生利用）行业发展前景与投资战略规划分析报告［R］．北京，2025.

[22] 黄莫一杰，任贤魏．浅谈再生铝回收及利用技术［J］．铝加工，2015，(06)：51-57.

第5章

# 其他废旧金属的再生利用技术

## 5.1 铅的再生利用技术

中国铅的再生利用生产起步于20世纪50年代初，但产量长年在几千吨徘徊，直到1990年才达2.82万吨。1995年发展较快，当年循环铅产量达17.53万吨，占铅总产量的28.8%。但以后几年循环铅的发展缓慢，低于原生铅的发展速度，到1999年和2000年循环铅产量降至仅为10%左右，2001年后则有所回升。全国循环铅企业数量多，规模小。例如，我国有循环铅厂300余家，产能从几十吨到上千吨，2万吨/年以上的企业只有两三家，家庭作坊式有30家以上。循环铅的生产几乎遍布全国各省、市、自治区。江苏、安徽、河北三省有20家以上；山东、湖北、河南、四川、陕西五省有10家以上。全国已形成江苏的邳州、金坛、高邮，河北的保定、徐水、清远，山东的临沂，湖北的襄樊、宜昌，安徽的界首、太和等几个循环铅集散和生产区。循环铅产量的80%以上集中在江苏、山东、安徽、河北、河南、湖北、湖南和上海等地[1]。与中国的情况相反，在美国等一些发达国家，基于铅的剧毒性，从环保、技术和经济观点出发，循环铅的生产只允许集中在少数大型企业手中，表5-1是中国和某些国外循环铅生产企业规模的比较。

表5-1 一些国家循环铅生产企业规模比较

| 国家 | 美国 | 法国 | 英国 | 德国 | 中国 |
|---|---|---|---|---|---|
| 企业数/个 | 13 | 5 | 5 | 2 | 300 |
| 平均产能/（$10^4$t/a） | 约7.5 | 约3.5 | 约4.0 | 约8.0 | 约0.075 |

当前，占中国企业总数95%以上的非国有小型企业中，主要采用落后的小反射炉、冲天炉等熔炼工艺，铅极板和浆料混炼，铅的回收率低[2]，一般只有80%～85%，每年约有10000多吨铅在混炼过程中流失，且合金成分损失严重，综合利用程度低。国内一般循环铅企业吨铅能耗为500～600kg标煤，国外吨铅能耗平均为150～200kg标煤，中国循环铅生产能耗是国外的3倍以上。此外，许多小型企业没有完善的除尘设施，熔炼过程中

大量铅蒸气、含铅烟尘、二氧化硫等有害物排入大气中，不仅导致作业现场劳动条件恶劣，也造成严重的环境污染。假设以全国这些小企业年处理 30 万吨废铅酸蓄电池（金属量）计，仅能产出约（24～25.5）万吨循环铅，但年排放的烟尘就将达 2.4 万吨。烟尘中约含有大量铅、锑和有害物质砷等。大约每年有 1.8 万吨铅、锑，1.05 万吨二氧化硫排入大气。此外，还将耗水 168 万立方米，产出有害弃渣 6 万吨。这些弃渣中含有铅 6000t、砷 600t、锑 2000t[3]。

针对循环铅行业的严重环境局面，国家出台了《废电池污染防治技术政策》[4]，明确指出废铅酸蓄电池应当进行回收利用，禁止用其他方法处置。其收集、运输、拆解、循环铅企业应当取得危险废物经营许可证后方可进行经营或运行，鼓励集中回收处理废铅酸蓄电池。在废铅酸蓄电池的收集、运输过程中应保持外壳的完整，并采取必要措施防止酸液外流。收集、运输单位应当制订必要的事故应急措施，以保证在发生事故时能有效地减少酸液外流，防止其对环境的污染。废铅酸蓄电池的回收拆解应当在专门设施内进行，在回收拆解过程中应该将塑料、铅极板、含铅物料、废酸液分别回收、处理，其中的废酸液不得排入下水道或环境中，也不能将带壳的电池和酸液直接进行冶炼。回收冶炼企业的铅回收率应大于 95%，回收冶炼企业的规模应大于 5000t/a。此技术政策发布后，新建企业生产规模应大于 10000t/a；循环铅熔炼应采用密闭鼓风炉，防止废气逸出；废水、废气排放应达到国家有关标准；生产过程中产生的粉尘和污泥应得到妥善、安全地处置；逐步淘汰不能满足条件的土法冶炼工艺和小型循环铅企业。

发达国家对循环铅产业早已制订了许多法律文件，特别对环境问题有颇为严格的规定，使该行业的发展踏上了法治轨道，促进了行业和产业的发展。从 20 世纪 60 年代以来，世界原生铅的产量逐渐下降，循环铅的产量逐渐上升。相对于其他金属，铅的回收与循环要容易些，因此，世界原生铅和循环铅的生产约各占半壁江山。铅是所有金属生产中循环率最高的。在 20 世纪 80—90 年代，世界循环铅的产量就超过了原生铅产量。2020 年世界循环铅产量已达到 1198 万吨，占铅总产量的 60%，循环铅工业在世界铅工业中占有重要地位。

从 2018 年到 2023 年，美国循环铅产量由 126 万吨增至 135 万吨；欧洲从 112 万吨增至 125 万吨；日本从 29 万吨增至 35 万吨；2022 年，美国的总铅产量为 150 万吨，循环铅产量约为 120 万吨，占总产量的 75%，美国循环铅的原料 98%以上均来自废铅酸蓄电池的回收铅。

世界循环铅的生产主要集中在北美洲、欧洲和亚洲，北美洲循环铅产量占世界循环铅总产量的 47.3%；循环铅生产主要分布在美国、中国、英国、法国、德国、日本、加拿大、意大利、西班牙等国，说明循环铅产量受汽车工业和汽车保有量的影响较大。表 5-2 是 2022 年世界一些国家铅的生产情况，中国循环铅量占铅总消费量的 72.72%。

表 5-2 2022 年一些国家铅的生产情况

| 国家 | 铅产量/$10^4$t | 循环铅量/$10^4$t | 铅消费量/$10^4$t | $\frac{循环铅量}{铅消费量}$/% |
|---|---|---|---|---|
| 美国 | 112 | 118 | 155 | 76.13 |
| 中国 | 655 | 480 | 660 | 72.72 |
| 德国 | 36 | 28 | 58 | 48.28 |

续表

| 国家 | 铅产量/$10^4$t | 循环铅量/$10^4$t | 铅消费量/$10^4$t | $\frac{循环铅量}{铅消费量}$/% |
|---|---|---|---|---|
| 日本 | 3 | 17 | 20 | 85 |
| 韩国 | 7.5 | 7.5 | 15 | 50 |
| 印度 | 24 | 10 | 34 | 29.41 |

从各国循环铅产量在铅总消费量中所占比例看，可分为 3 种情况：a. 不生产原生铅的国家，只产出少量循环铅，这类国家有西班牙、爱尔兰、葡萄牙、瑞士、尼日利亚、新西兰等；b. 循环铅量与铅消费量之比超过 50%的国家有美国、中国、日本等；c. 循环铅的消费比低于 50%的国家有德国和印度等。与 2014 年的各国铅总消费量相比，中国已成全球铅金属的最大生产国，这主要受新能源汽车和通信基站建设推动，而德国、印度等消费大国，在汽车电池和工业领域的飞速发展下，铅消费量逐渐增加，从而导致循环铅量占比的降低。

### 5.1.1 再生循环铅资源的来源

铅的用途广泛，西方世界近期铅的消费结构大致为：蓄电池 72%、化学品 11%、铅板/锻件 6%、子（炮）弹 2%、合金 2%、电缆护套 2%、其他 5%。1997 年日本用于蓄电池生产的铅就已超过了 71%，2000 年已达 76%。表 5-3 为 20 世纪末至 21 世纪铅的消费领域所占比例，其数据说明世界铅的消费中，近几十年来蓄电池的生产用铅在迅速上升。

表 5-3　20 世纪末至 21 世纪铅的消费领域所占比例　　单位：%

| 年代 | 蓄电池 | 化工 | 军工 | 电缆护套 | 焊料等 | 四乙基铅 | 其他 |
|---|---|---|---|---|---|---|---|
| 20 世纪 70 年代 | 38 | 12 | 16 | 12 | 8 | 11 | 4 |
| 20 世纪 80 年代 | 48 | 15 | 11 | 8 | 6 | 7 | 4 |
| 20 世纪 90 年代 | 64 | 14 | 9 | 4 | 3 | 2 | 5 |
| 2000—2009 年 | 72.6 | 13.2 | 3.8 | 2.5 | 2.1 | 1.5 | 4.3 |
| 2010—2019 年 | 80.3 | 10.5 | 2.1 | 1.2 | 1.0 | 0 | 4.9 |
| 2020—2023 年 | 85.7 | 8.4 | 1.5 | 0.8 | 0.7 | 0 | 2.9 |

应当指出，并非所有的废铅资源都能回收，如处理核废料用的铅容器使用期限上万年，电缆护套约 40 年，铅管约 50 年，这些废铅难以回收。目前，循环铅的主要来源是废铅酸蓄电池。汽车用的蓄电池的使用期限为 3～4 年，牵引用的蓄电池为 5～6 年，固定用的蓄电池为 5～15 年，这些蓄电池都有回收的可能性。

车用蓄电池是废铅回收最大的来源，占循环铅原料的 80%以上。车用蓄电池大致分为三类：汽车启动-照明-点火用的蓄电池（SJI）；电动汽车用的蓄电池（BPV）；作为备用不间断电源用的蓄电池（UPS）。其中，SJI 约占 70%，BPV 和 UPS 约各占 15%。2023 年全球汽车产量为 8902 万辆（OICA 数据），必须配相应数量的蓄电池。而 2023 年全球汽车保有量增至 14.5 亿辆，每年需替换蓄电池 4.8 亿个，因启停电池普及，平均每辆汽车蓄电池用铅量升至 15～22kg，由此推算每年车用蓄电池的铅消费量达（480～520）万吨。再计入非车用领域（电动自行车/储能/工业备用电源等），全球蓄电池年铅消费总量约（680～700）万吨，为循环铅生产提供超90%的原料来源。

循环铅的原料比较集中。当前中国循环铅原料85%以上也来自废铅酸蓄电池。过去，中国的汽车工业不发达，所以循环铅的原料基础薄。“七五”以来，国家把汽车工业作为国民经济的支柱产业之一，随着汽车工业的发展，车用蓄电池的产量将迅速增长[5]。2023年我国精铅消费达720万吨（中国有色金属工业协会数据），按88.2%的铅消费集中于蓄电池工业计算，且汽车启停电池平均寿命缩短至2～2.5年，每年可回收废铅酸蓄电池含铅量约（635～650）万吨，为循环铅生产提供核心原料来源。2023年我国再生铅产量510万吨（占全球总产量62%），产能利用率85.2%，基本实现废蓄电池全量化回收利用。截至2024年，我国具备铅蓄电池拆解处理规模约为1600万吨，具备冶炼处理能力的规模约为1500万吨。次要的循环铅原料有电缆包皮、化工用耐酸衬铅板、铅管、印刷合金、铅锡焊料、轴承合金、含铅碎屑和下脚料、冶炼厂的含铅渣、烟尘和阳极泥等。但通常我们所说的循环铅主要指从废蓄电池回收的铅。

### 5.1.2 废铅酸蓄电池的回收及预处理

发达国家对废铅酸蓄电池的回收利用和管理有一套严格的程序，它是靠法律系统保障的。废铅酸蓄电池的回收及处理宗旨是综合利用全部有价成分[6]。通常废铅酸蓄电池的回收利用包括以下主要步骤。

（1）收集

通常先由车主将废蓄电池从汽车上拆下，再送到汽车服务站，在服务站用旧蓄电池换新蓄电池。从服务站将旧蓄电池送旧蓄电池处理站，在这里旧蓄电池被解体，或直接将旧蓄电池送回收厂处理。

（2）运输

铅是有毒物质，故蓄电池的运输必须按有毒物对待，在运输过程中不能和其他物质一起混合运输，要防止蓄电池的破损和漏酸。

（3）储存

蓄电池可储存在室内外，但通常在室内。在室内外，蓄电池都必须储存在无反应、不透水的地面上，防止铅和酸污染环境。

（4）蓄电池的拆解、破碎和分选

在冶炼之前，必须用一种或几种技术将蓄电池破碎。最普通的方法是先锤碎，锤碎后的物料用破碎机进行破碎。现代蓄电池的破碎、分拣及分选过程是将铅分成金属、氧化物和硫酸盐等部分，将有机物分成壳体和隔板部分。有机物中的聚丙烯可回收利用，硫酸中和后弃之，或销售给当地硫酸市场。膏糊（$PbO_2$、Pb、$PbSO_4$）泵送到装有蓄电池废酸的反应器中，加苛性钠溶液中和，然后压滤，滤液经处理后弃掉，滤饼经洗涤除去硫酸盐后用作炼铅原料。

发达国家主要采用机械破碎分选，并进行脱硫等预处理，具有代表性的有两种：意大利Engitec公司开发的CX破碎分选系统和美国MA公司开发的工艺。后一种工艺是根据废铅酸蓄电池各组分的密度与粒度的不同将其分开，分为橡胶、塑料、废酸、金属铅、铅膏等几大部分，然后分别回收利用。该技术均有成套设备在世界许多国家运行。在中等发达国家主要采用锯切预处理技术，将废铅酸蓄电池在低速锯床上解体，取出铅极板，该技术与鼓风炉对物料的要求相对应；在发展中国家，大部分只是进行手工解体，进行去壳倒酸等简单的预处理分解，劳动强度大，污染严重。

中国江苏徐州春兴合金（集团）有限责任公司曾从美国引进了两台（套）MA 废铅酸蓄电池破碎分选系统，后来将这两台破碎分选设备运用到该公司在泰国建立的一个循环铅生产企业，目前在徐州的工厂则采用他们自己通过对引进的 MA 破碎分选技术设备的消化吸收、自行开发的一套废铅酸蓄电池破碎分选系统，据称在技术性能和使用效果上不比美国的 MA 破碎分选设备差。

### 5.1.3 含铅废料的再生冶炼

含铅废料的再生冶炼方法有 3 种。

（1）在原生铅冶炼厂处理

蓄电池碎料在原生铅冶炼厂与铅精矿混合处理，生产技术和设备与原生铅冶炼没有多大区别。河南豫光金铅集团有限责任公司是中国的一个典型实例。

（2）废蓄电池火法冶炼

蓄电池的废料大部分采用这种处理方式，主要设备有鼓风炉、竖炉、回转炉和反射炉，多数情况是这些设备的两种甚至三种联合应用。鼓风炉还可处理含有硅渣、石灰、焦炭、氧化物、铅精炼浮渣、反射炉炉渣等物料，生产硬铅。图 5-1 为火法熔炼原则流程示意。

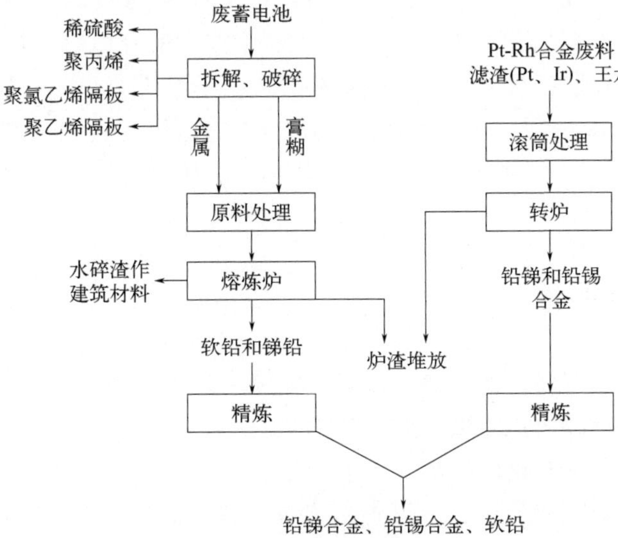


图 5-1 火法熔炼原则流程示意

循环铅的新生产技术和设备主要有瑞典的布利登（Boliden）公司的卡尔多炉熔炼法，澳大利亚的奥斯墨特（Ausmelt）和艾萨（Isasmelt）法，这些工艺都有环境条件好、产能高等优点，已有较广泛工业应用[7]。以艾萨法为例，其主体设备为立式圆柱形熔炼炉，炉体内衬耐火材料以抵御高温腐蚀，核心设计在于浸没式喷枪-可将燃料（天然气、石油或煤）、熔炼粉料与空气（或富氧空气）精准喷入熔池，通过强烈搅拌强化气-固-液三相反应，大幅提升反应速率与热效率；通过灵活调节喷枪内燃料与氧气的配比，能精准控制炉内氧化或还原性气氛，适配不同含铅废料的处理需求，同时避免传统工艺的烟气污染问题，硫利用率显著提升。当前采用这些先进技术的代表性循环铅项目呈现规模化、绿色化升级趋势：在欧洲，瑞典 Boliden 公司的 Rönnskär 冶炼厂作为全球首个铅卡尔多炉应用基地，经过技术升级后，依托卡尔多炉技术实现电子废弃物与废铅酸蓄电池的协同处理，年产再生铅及合金产品超 8 万吨，且推出低碳再生铅产品，碳足迹远低于全球行业平均水平；德国欧洲冶金公司采用 Ausmelt 炉处理高品位含铅废料，铅直收率超 80%，吨铅能耗较传统工艺降低 43%，产出的高铅渣实现资源化利用。在亚洲，中国曲靖有色基地引进艾萨法建成规模化循环铅生产线，年处理含铅废料能力达 15 万吨，配套高效烟气治理系统实现 $SO_2$ 转化率超 99%；湖北金洋冶金股份有限公司采用改良型顶吹熔炼技术（源于 Ausmelt/艾萨法核心原理），年处理废旧蓄电池 5500 万只，产出再生铅合金 25 万吨，原料利用率达 100%，实现废水循环利用、废渣资源化的全流程绿色生产。此外，河南豫光金铅集团通过技术集成创新，将卡尔多炉与自主研发的液态高铅渣还原工艺结合，建成年处理 80 万吨废铅酸蓄电池的生产线，吨铅综合能耗降至 200kg 标煤以下，成为行业技术升级标杆。

（3）固相电解法循环铅的生产

1997 年，中国科学院化工冶金研究所研制成功了从废铅酸蓄电池回收铅的固相电解法，并将该技术转让给了马来西亚的一家公司。该公司投资 1000 万马来西亚元，建立了一家产能为 1.2 万吨/年的循环铅厂，获得了良好的经济效益和环境效益。该工艺先将废铅酸蓄电池用分离机分成塑料、隔板、板栅和铅泥四部分。塑料可直接出售；隔板无害化焚烧处理；板栅进行低温熔化并调配其成分，制成六元铅合金锭，用于生产新铅酸蓄电池；铅泥经处理后涂在阴极板上进行电解，从 $PbSO_4$、$PbO_2$、PbO 等还原出铅，再经熔化、铸锭，供给蓄电池生产厂用。该法生产 1t 铅耗电 600kW·h，铅的回收率达 95%，电铅的纯度大于 99.99%，废水中含铅小于 $0.5\times10^{-6}$，是一种回收铅的清洁生产工艺。

### 5.1.4 铅循环利用的生产实例

河南豫光金铅集团有限责任公司（以下简称豫光公司）是亚洲最大的铅冶炼企业，其电铅年产量超过 20 万吨。自 20 世纪 80 年代中后期以来，该公司连续四次进行了大规模技术改造，特别是进行了“铅冶炼烟气（尘）综合治理工程”的改造后，企业规模大幅扩大，技术水平迅速升级，使公司步入可持续发展轨道。目前除铅的生产外，年产硫酸 10 余万吨，白银 300t，黄金 2t；“豫光”牌电铅已在伦敦金属交易所注册。随着规模的扩大，对生产原料的需求也迅速增加，除国内原料外，自 2001 年以来，公司开始大量进口铅精矿；与此同时也开始寻求循环铅资源，2004 年月处理废旧铅酸蓄电池约 4000t（金属量），年产循环铅 3 万余吨。其他企业对发展循环铅也有准备，正在筹建氧气底吹炉，许多大型原生铅企业，如株冶集团、水口山有色金属公司等都在发展循环铅生产。

循环铅的生产与原生铅的生产相结合是豫光公司在工艺技术和经营管理上的又一大进

步，并取得了良好效果[8]。

铅再生利用的工艺过程见图 5-2，图中虚线以上是废铅酸蓄电池的预处理过程。目前预处理工艺是采用自行开发的拆解工艺，即以拆解分级设备为主，辅以人工作业。将电池彻底解剖分离后，分解为塑料、格栅、铅膏、隔板等。该工艺可将塑料完全分离出来并回收利用。格栅与铅膏分别进行处理，铅膏用熔炼法回收铅，格栅采用低温熔铸处理，使铅得到了充分回收利用。

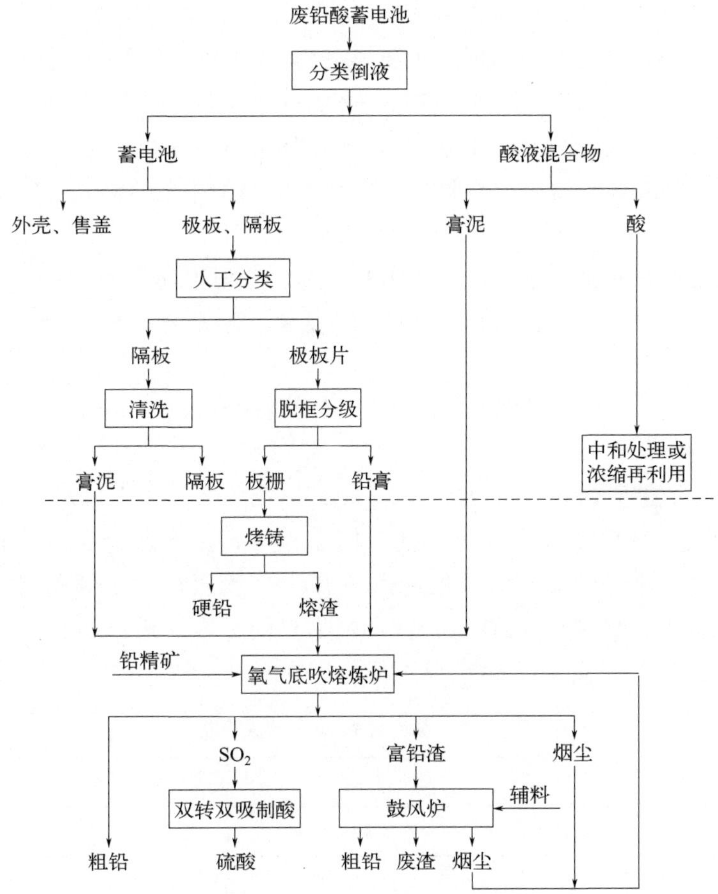


图 5-2 循环铅工艺流程图

该公司从意大利安吉泰公司引进 CX 废铅酸蓄电池的预处理系统，实现自动化和全封闭无污染预处理作业[9]。未来的预处理流程如图 5-3 所示。

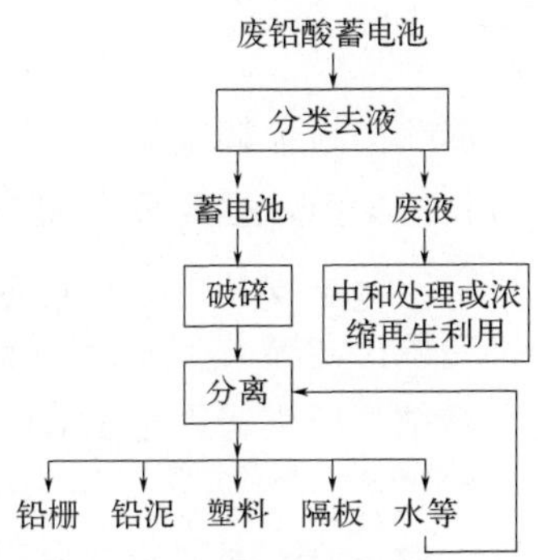


图 5-3 铅酸蓄电池预处理工艺

由于在原生铅的生产工艺中结合了循环铅的生产，未来的工艺较单一的循环铅生产企业更有它的优势，主要表现在：

① 通常单一的循环铅生产企业（包括国外）是将铅膏加碱（如碳酸钠）脱硫后再用熔炼炉熔炼，而在豫光公司是将铅膏和铅精矿一起直接配料，加入氧气底吹炉进行熔炼，产出粗铅，氧气底吹炉的烟气送去制酸，省去了铅膏

脱硫工序。

② 板栅经低温熔铸生成硬铅，硬铅可电解，也可配制合金铅，产品形式更灵活。

③ 该工艺的另一优点是实现氧气底吹熔炼炉处理低硫原料。通常，原生铅生产企业处理的原料含硫约为 22.5%，最高可达 44%，而在豫光公司的生产中氧气底吹炉入炉原料最低含硫量可在 11%左右。由于采用了富氧技术，照样能达到炉子的热平衡并使烟气中的 $SO_2$ 浓度满足制酸要求。加上制酸采用双转双吸制酸技术，解决了低浓度 $SO_2$ 的制酸问题。

氧气底吹炉处理铅泥过程中铅泥的主要成分为 $PbSO_4$，发生的主要反应为：

$$2PbO + PbS \xlongequal{} 3Pb + SO_2$$

$$PbSO_4 + PbS \xlongequal{} 2Pb + 2SO_2$$

式中，PbS 主要来自铅精矿，在氧气底吹炉中，铅泥中的主要成分有利于沉淀反应生成金属铅。

目前，氧气底吹炉的总处理量已达 25t/h 以上，公司拟建年产 10 万吨循环铅的企业，必须处理铅泥近 10 万吨。为适应循环铅的发展规模，豫光公司拟再建一条 8 万吨粗铅的生产线。

引进预处理系统后，蓄电池预处理产品指标大大改善（表 5-4），其硬橡胶和隔板可以直接回收利用。

采用氧气底吹炉进行熔炼，弃渣中含铅 2.0%～2.5%，铅回收率大于 98%，总硫的回收率在 97%以上；环保指标均符合或优于国家标准，污水达标排放，车间粉尘及铅尘含量低于国家规定的标准。工艺的其他优点还有：a. 投资少，不到引进工艺（如奥斯麦特和艾萨法）的 50%；b. 综合能耗低，循环铅物料的加入又进一步降低了能耗；c. 环保效果好；d. 金属的回收率高；e. 生产成本低。

表 5-4 蓄电池预处理产品指标

| 铅栅和电极 | 铅泥 | 聚丙烯 |
| --- | --- | --- |
| 金属含量大于 96% | 含水小于 98%，金属含量大于 76% | 纯度为 98%～99%，铅含量小于 0.1% |

## 5.2 锌的再生利用技术

据美国地址调查局（USGS）数据，2024 年全球锌资源储量为 1.9 亿吨，全球锌资源分布相对集中，主要分布在澳大利亚、中国、俄罗斯、墨西哥和秘鲁五个国家。前五个国家锌资源储量分别占全球总储量的 75.2%。近年来，全球冶炼产能扩张步伐较快，特别是锌冶炼产能显著增长，对精矿的需求持续增加。2024 年全球精炼锌产量为 1354.5 万吨，其中，原生锌产量 1168.1 万吨，较十年前下降 8.9%，再生锌产量 186.4 万吨，较十年前增长 125.4%[10]。

在锌金属方面，国际铅锌研究组（ILZSG）对部分发达国家历年的锌金属总产量和循环锌金属产量进行了统计，2022—2024 年的统计结果见表 5-5。

**表 5-5 部分发达国家循环锌产量**

| 国家 | 2022 年总产量 | 2023 年总产量 | 2024 年预测 | 循环锌特征 |
|---|---|---|---|---|
| 美国 | 112 | 115 | 110 | 再生锌占比>100%，依赖进口废料加工 |
| 德国 | 36 | 30 | 32 | 再生锌占比 77.8%，欧洲 Boliden 公司减产 25%影响显著 |
| 日本 | 24 | 23 | 22 | 再生锌占比 75%，消费量持续下滑（电动化替代） |
| 韩国 | 42 | 43 | 42 | 再生锌占比 71.4%，净出口国（产能集中于韩国 Korea Zinc 公司） |
| 澳大利亚 | 35 | 37 | 40 | 80%矿产锌出口，再生体系较弱 |

在北美和西欧一些发达国家中，既有一批专业的从二次原料中回收锌的企业，还有许多传统的原生锌生产企业也处理部分二次锌原料。世界原生锌原料日趋紧张，而二次锌资源却越来越多，加上二次锌资源给环境造成的压力，也迫使锌的生产格局进行重大变革，特别是为处理二次锌资源，世界上相继出现了一批大型联合或跨国锌公司，著名的如欧洲金属公司（Metalearop）、联合矿业公司（Union Miniere）、不列颠尼亚锌公司（Britannia Zinc）以及大河锌公司（Big River Zinc）等。随着现代世界钢铁工业的发展，特别是用废镀锌钢电弧炉生产不锈钢的比例不断上升，含锌电弧炉烟尘（FAF dust）产生量也在不断增加，使近十几年来锌的生产原料结构发生了变化，从过去以各种含锌渣（如热镀锌渣、电锌厂的浸出渣）和废锌合金为主，变成了以含锌电弧炉烟尘为主，即含锌电弧炉烟尘的重要性超过了上述含锌渣，一些大型联合或跨国公司便应运而生[11]。

（1）欧洲

在欧洲，除了部分专业的从二次原料中回收锌的企业外，几乎所有大型锌冶炼厂都从事锌二次资源的回收和处理。

德国的 Berzelius Umwelt Service AG（B. U. S）是欧洲最大的二次资源锌生产者，其在德国、西班牙、法国和意大利共拥有五家威尔兹法处理电弧炉烟尘的工厂。

表 5-6 是 B. U. S 集团处理电弧炉烟尘的实例。该集团总处理能力近 40 万吨，占欧洲电弧炉烟尘总处理能力的 60%以上。产出的氧化锌出售给锌冶炼厂生产锌产品，其中 Pontenossa S. P. A 和 Aser S. A 产出的氧化锌经洗涤、净化后可送原生锌生产系统的浸出工序处理，最后产出电锌。

**表 5-6 B. U. S 集团处理电弧炉烟尘工厂实例**

| 工厂 | 国家 | 年处理能力/$10^4$t | 后续工序 |
|---|---|---|---|
| B. U. S Metal Buisburg | 德国 | 6 | 无 |
| B. U. S Freberg GmbH | 德国 | 5 | — |
| Recytech S. A | 法国 | 8 | 无 |
| Pontenossa S. P. A | 意大利 | 9 | 洗涤、净化 |
| Aser S. A | 西班牙 | 10 | 洗涤、净化 |
| 合计 | | 38 | |

欧洲金属公司是一家从事铅锌及特种金属生产、加工和回收的集团公司，拥有 Recvtech S. A 和 Harz-Metall 两家处理电弧炉烟尘回收锌的工厂，烟尘处理能力分别为 8

万吨/年和5万吨/年。世界著名的锌公司联合矿业集团在比利时有两家锌冶炼厂。一家以锌精矿和电弧炉烟尘为炼锌原料，另一家则是全部从二次原料中回收锌的工厂(Overpelt)。后者处理（热）镀锌和电镀锌过程中的废料、汽车碎片、电弧炉烟尘等，产出的高纯氧化锌送该集团在比利时和法国的电锌厂作原料。2000年12月，该集团又收购了澳大利亚Normandy Mining公司的Larvik Pigment锌厂，这样该公司又增加了一套13万吨/年的蒸馏法处理锌二次原料生产锌粉及氧化锌的装置。

英国的Britannia Zink公司是世界上用帝国熔炼炉（ISF）处理混合铅锌精矿的开创者。最近，该公司又开发了用ISF处理电弧炉烟尘、火法炼铜含锌烟尘、锌合金生产过程产生的含锌烟尘等回收锌的工艺，该公司锌的产能为10万吨/年，年处理的总物料量为30万吨，其中8万吨为锌二次原料。不久，该公司又建立了一个用ISF处理废旧锌锰电池的工业试验厂，年处理22万吨废弃锌锰电池，可产出4000t精馏锌。

葡萄牙的Befesa公司是一家专业的从电弧炉烟尘中回收锌的公司。最近，该公司与Basque Country钢铁公司达成了协议，每年后者的约13万吨电弧炉烟尘送给Befesa公司处理。2001年Befesa公司处理了23.3万吨电弧炉烟尘。

（2）美国

美国是锌二次原料回收利用较好的国家之一，表5-7为21世纪美国锌循环利用的情况。从表中可看出，美国锌的循环利用量已占锌总产量的28%以上，锌的循环利用中约1/4的锌来自电弧炉烟尘和镀锌渣。

表5-7　21世纪美国锌的循环利用情况

| 年份 | 2018 | 2019 | 2020 | 2021 | 2022 |
|---|---|---|---|---|---|
| 锌循环利用量/万吨 | 58.3 | 56.7 | 52.1 | 63.4 | 68.9 |
| 占总锌产量比/% | 31.2 | 30.5 | 28.9 | 33.8 | 35.6 |

1984年，美国的电弧炉烟尘的回收利用率仅为30%左右，当年《资源保护与再生法》重新修订后，电弧炉烟尘的废弃成本大幅度提高，促使电弧炉烟尘的回收利用率也迅速提高，至2022年，美国电弧炉烟尘回收利用率达92%。2020—2023年间，美国每年产出电弧炉烟尘约95～105万吨（含锌18～20万吨），其中90%以上得到资源化利用（火法/湿法回收锌、铁），约6%经无害化固化填埋，4%用于建材骨料或铺路。

Horsehead Resources Development（HRD）是美国最大的电弧炉烟尘生产公司，采用威尔兹法，年处理能力约38万吨，回收锌6.5万吨。美国的IMCO及ZCA也是世界知名的锌回收公司。1998年IMCO收购了全球最大的二次资源锌回收公司U.S.Zink Corp.，后者包括位于伊利诺伊、得克萨斯和田纳西州的5个二次资源锌生产厂，每年二次锌原料的处理能力达10万吨。另外，ZCA（Zink Corp. of America）也是处理电弧炉烟尘回收氧化锌的公司。

（3）亚洲

在亚洲，二次锌资源回收利用较好的国家是日本和印度。

由于日本资源匮乏，20世纪70年代锌的生产就开始考虑了二次锌原料问题。2023年，日本电炉炼钢产出烟尘约45万吨（受粗钢减产影响），其中92%得到资源化回收(锌提取率>95%)，5%经无害化固化填埋，3%用作水泥掺合料。参与回收的企业包括锌生产巨头（如三井矿业、DOWA 控股）、专业烟尘处理公司（Eco-System Recycling）及钢铁企业（JFE Steel Corporation）。

印度锌的循环利用起自 20 世纪 70 年代末，至 2023 年，再生锌占印度锌总产量的 28%，冶炼产能达 18.5 万吨/年，拥有 58 家合规再生锌企业。由于本土钢铁工业规模有限（电弧炉钢占比仅 25%），65%的二次原料依赖进口（2023 年进口锌浮渣、黄铜渣、热镀锌渣等 82 万吨）。然而。2018 年印度《固体塑料废物管理条例》一度严控废料进口资质，导致 30%中小回收厂停产；2021 年实施 BIS 认证体系后解除限制，现在印度的锌循环利用行业又再度活跃起来。

韩国和日本在废旧锌锰电池回收处理技术方面处于领先地位。韩国的资源回收技术公司开发的等离子体处理锌锰电池回收铁锰合金和金属锌，年处理锌锰电池能力达 6000t；日本 ASK 工业株式会社采用分选、焙烧、破碎、分级、湿法处理等技术，年处理锌锰电池达数千吨。总体来讲，2023 年全球再生锌占锌总产量的 28%（2010 年仅 15%），其中电池回收贡献率从 5%升至 18%，湿法冶金技术升级使回收成本降低 30%。此外，2024 年锌价稳定在（2.1～2.3）万元/吨，废旧三元电池回收价值超 4 万元/吨，经济可行性增强。目前，全球锌回收产业正从“成本困境”转向“效率优化”阶段，技术迭代与政策协同将持续驱动资源循环利用。

中国从二次资源中回收的锌产量比例逐渐提升。2020 年我国矿产锌产量 643 万吨，再生锌产量 145 万吨，再生锌占全部锌产量的 22.5%。同年我国精锌进口量 54.1 万吨，锌精矿进口量 382 万吨，含锌量 50%，即 191 万吨金属锌。从这些数字可以看出，我国是一个锌的净进口国家，出口很少。同年，我国锌的消费量约为 660 万吨，并长期大量进口锌和锌精矿。

中国是世界第一钢铁、锌锰电池生产和消费大国，又是汽车和金属锌的生产和消费大国，有非常丰富的二次锌资源，与之极不相称的是中国锌的循环利用量却很低。目前，我国专业的锌再生厂约为 130 户左右，但年产万吨以上的大型企业仍不足 10 家，头部企业单厂产能普遍提升至（5～10）万吨/年，在国内外激烈的市场竞争中，不占优势和核心竞争力，缺乏抵御市场风险的能力。2023 年全国再生锌产量为 130 万吨（同比持平），占精炼锌总产量比重约 12%。此外，锌资源再生量中实际被回收利用的比例仅 13%～15%，仍有超过 85%的含锌废料未被高效回收（如镀锌钢材渣、烟尘等），每年流失锌金属量超 200 万吨，这说明国内二次锌资源的回收利用率很低。从事该行业的主要是一些私人小冶炼厂。

### 5.2.1 含锌废料的来源及再生利用现状

含锌废料主要是钢铁厂产生的含锌烟尘、热镀锌厂产生的浮渣和锅底渣、废旧锌和锌合金零件、化工企业产生的工艺副产品和废料、次等氧化锌等，这类废料属于旧废料。而牛产锌制品过程中产生的废品、废件及冲轧边角料，则属新废料范畴[12]。

锌灰、锌浮渣、熔剂撇渣和喷吹渣是钢板或钢管在不同镀锌操作中产生的主要二次锌原料。锌灰是干镀锌过程中由熔融锌氧化而产生的，浮在熔融锌的表面。锌灰主要是锌氧化物，也有少量金属锌以及其他杂质，组成通常为：Zn 60%～85%、Pb 0.3%～2.0%、Al 0～0.3%、Fe 0.2%～1.5%、Cl 2%～12%。在湿镀锌过程中，熔剂是为了降低熔融锌的氧化，熔剂撇渣的主要组成是金属锌、氧化锌、氯化锌、氯化铵等，典型组成为 Zn 5.6%、$ZnCl_2$ 48.1%、ZnO 27.4%、$AlCl_3$ 3.1%，其余为 Fe、Cd、Al 等氯化物或氧化物。此外，在镀锌过程中，由于镀锌槽底钢锅壁和钢部件与熔融锌反应，形成一种 Zn-Fe 合金，沉淀在槽底，称为底渣，典型成分为 Zn 96%、Fe 4%。喷吹渣是钢管镀锌中表面清渣时得到的，典型组成为（金属）Zn 81%、Fe 0.3%、ZnO 16%、Pb 0.3%、Cd 0.1%。

电弧炉炼钢时往炉中加入各种钢铁废料，有的废料可能含有锌或其他金属，一些易挥发的金属（如锌）在冶炼过程中就会挥发进入烟尘，电弧炉烟尘（EAFD）主要含氧化锌、铁酸锌以及其他金属氧化物等（视入炉原料不同而有所不同），典型组成为 Zn 19.4%、Fe 24.6%、Pb 4.5%、Cu 0.42%、Cd 0.1%、Mn 2.2%、Mg 1.2%、Ca 0.4%、Cr 0.3%、Si 1.4%和 Cl 6.8%。

然而，截至 2006 年，我国钢铁工业从电弧炉烟尘中回收锌还是空白，这不仅造成了锌资源的浪费，还导致重金属对环境的污染。2006—2020 年，一些传统技术，如火法工艺、湿法工艺等在工业中逐渐应用，显著提升了从电弧炉烟尘中回收锌的效率。据统计，2019 年再生锌产量为 202.7 万吨，而烟尘成为第三大锌资源来源。值得注意的是，2020 年至今，我国从烟尘中对锌的回收正迈向技术创新与绿色转型。例如：针对重度污染烟尘（如 Cr＞800mg/kg），通过生物淋滤-电动力学耦合技术，6d 内实现 Cu、Zn、Cr 溶出率＞70%，电流密度优化至 $1mA/cm^2$，能耗降低 30%；利用烟尘自身吸波特性，通过微波加热还原，无需碳还原剂，在低温下选择性脱锌，减少 $CO_2$ 排放 50%以上，脱锌率＞85%。

硫化锌精矿湿法冶金中产生的含锌渣主要有浸出渣、净化渣和熔锅撇渣，其中浸出渣是最主要的回收锌原料。其他的二次锌原料还包括废电池、汽车含锌废料等。

中国的二次锌原料主要为热镀锌渣和各种锌合金。一些硫化锌精矿湿法冶炼厂的浸出渣用威尔兹法回收的部分氧化锌，通常直接在本厂处理。

### 5.2.2 废锌的循环利用技术

从含锌废料回收锌的方法有火法和湿法两种，其中以火法为主。锌废料一般在炼锌厂或锌制品厂内部处理，经仔细分类的纯废锌或合金锌可直接重熔；含锌杂料（包括氧化物）可采用还原蒸馏法或还原挥发法使其富集于烟尘中处理。回收锌的冶炼设备有平罐或竖罐蒸馏炉、电热蒸馏炉等。这些火法冶炼设备用于处理二次原料时，操作条件与处理原生锌原料类似。

#### 5.2.2.1 火法冶金

与原生锌的生产不同，二次锌原料的利用主要以火法为主。许多二次锌原料可在原生锌的生产过程中同时处理，如电热法、帝国熔炼法、QSL 法等在生产过程中都可以处理部分锌废料。威尔兹法主要处理锌浸出渣及钢铁工业的含锌烟尘等。

#### 5.2.2.2 湿法冶金

从二次锌原料中采用湿法生产循环锌的量不及火法，却有某些独特的优势，如在处理钢铁工业废镀锌板以及电弧炉烟尘时，用火法处理也很不理想，而现在用湿法处理却有较大的进展，特别是湿法处理中采用溶剂萃取技术分离和提纯，得到了业内许多人士的认同，预计未来10年内将会有较大的发展。目前先用火法从烟尘中产出粗氧化锌，经净化后再将较纯的氧化锌加入电锌厂的湿法系统进行处理，最终产出高纯电锌。此外，湿法处理环境条件好。

### 5.2.3 废锌再生利用的生产实例

上海锌厂用平罐蒸馏法处理热镀锌浮渣、锅底渣及其他含锌废料。金属锌的直收率为71.4%～84%，锌的总回收率为95%，蒸馏锌的品位为97%～99.9%，罐渣含锌量为10%～15%。该方法的缺点是热效率低，劳动强度大。

广西柳州市有色金属冶炼厂用电炉熔炼处理锌浮渣，蒸馏锌粉。原料先进行烘焙，同时加入焦炭、石灰和石英，烘焙后炉料的水分小于0.4%。烘焙料呈热态加入电弧炉，经还原产出锌蒸气，再经冷凝器冷却制取锌粉。锌的回收率为85%～90%，渣含锌量为5%～10%。

北京矿冶研究总院用氨法生产活性氧化锌，1991年北京冶炼厂曾进行了处理干电池的湿法冶金工艺工业试验，废锌锰干电池经球磨、过筛、分级、摇床分选，可分别获得金属锌、铜、铁、二氧化锰和氯化铵溶液。

在世界锌的消费中，约有1/2用于镀锌。目前，从废旧锌锰电池中回收锌的发达国家主要是日本和韩国，回收的锌总量在1万吨左右，在循环锌中所占比例很低。在60万吨循环锌中，钢铁业锌的回收占很大比例。随着世界钢铁生产中越来越多地采用废钢以及用电弧炉碱性炼钢的小型钢铁企业的数量在不断增加，电弧炉烟尘（EAFD）量也在不断上升。镀锌废钢材数量的增长又加剧了这种趋势。在美国，镀锌废钢材被认定为有害废料，小型钢铁企业在处理这种电弧炉烟尘时存在着许多技术、经济和法律方面的问题。在欧洲和世界其他地方也存在类似问题。钢铁行业中绝大多数电弧炉烟尘是碳钢生产时产生的，不锈钢生产的烟尘约占20%，还有高炉含锌烟尘等。从电弧炉烟尘中回收锌，在经济、环境保护和资源回收方面都有很重要的意义。过去，大多数EAFD的处理工艺都是设计用来回收碳钢EAFD中的锌，而对不锈钢EAFD，因其含锌少而含镍、铬和钼较多，生产者要回收这些合金元素，过去的工艺基本不适合不锈钢EAFD的处理，必须对这些工艺加以改造。现已开发了许多EAFD处理工艺，如火法、湿法、联合法、稳定和固化法、玻璃化法等。

日本川崎钢铁公司开发了一种含一个焦炭填充床和两组风眼的熔炼还原工艺，用于处理吹氧炉（blast oxygen furnace）烟尘，这种烟尘的化学成分和物理性质很类似于电弧炉烟尘，铁和镍的金属回收率达100%，铬达98%。该工艺从1994年5月起已应用于工业。

Inmetoco公司开发了一种用回转炉从生产碳钢的废料中回收铁的工艺，并于1978年开始处理不锈钢生产的轧钢皮、屑和EAFD。后来对工艺又进行了改革，可用于从其他废料中（如酸洗液、镍和铬电镀废液等）回收镍和铬。在美国Ellwood市建立了一个日处理150t废料的工厂，年产出2kt含锌和铅的氧化物半成品。

J&L特种钢公司和Dereco公司于1988年联合开发了一种Dereco法，并进行了不锈钢电弧炉烟尘的处理试验。烟尘、金属碎屑与10%黏合剂、10%的焦末（或硅铁作还原剂）制团，用电弧炉熔炼。连续进行了550d的试验，产出的电弧炉烟尘含锌量达到30%以上，通过这种烟尘再进一步回收锌。用焦炭作还原剂时，金属的回收率较低，如铬不到70%；如果用硅铁作还原剂，则Fe、Cr和Ni的回收率几乎达100%。Daido钢公司用铝浮渣作还原剂研究了不锈钢电弧炉烟尘的直接回收方法。铝浮渣是铝工业中的一种废料，含有金属铝，是一种很强的还原剂。公司用一个80t的电弧炉进行了工业试验，试验结果为铁和镍的回收率很高，但铬的回收率低，不超过60%。往炉渣中加入适量石灰提高炉渣的碱度，可使铬的回收率提高到85%～90%。

可以将各种含锌废料和循环料看作是易于开采的富锌矿，但是，目前这部分原料仅少部分得到回收利用，大多数被填埋，还无回收利用的良策。近些年来，已开发了许多从这类物料中回收锌的工艺（主要是火法），大多是用热蒸馏法使锌转化成锌氧化物，这种锌氧化物含有大量重金属和卤化物杂质。要将这种锌氧化物转化成金属锌，现在主要采用两种工艺，即硫酸浸出-电积和密闭鼓风炉（ISP）法。图5-4是ISP法示意，Ezinex法的流程如图5-5所示。

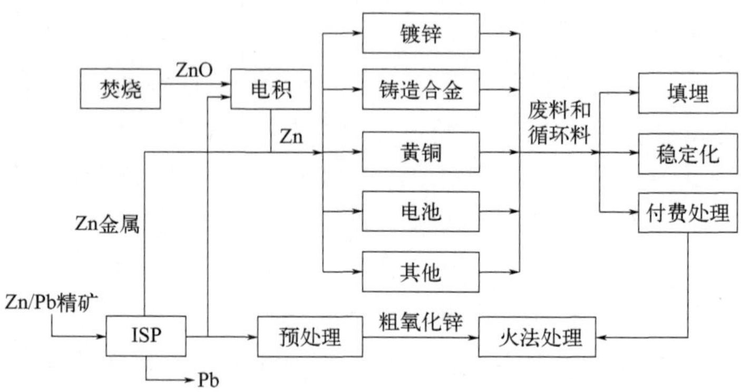


图5-4 ISP法示意

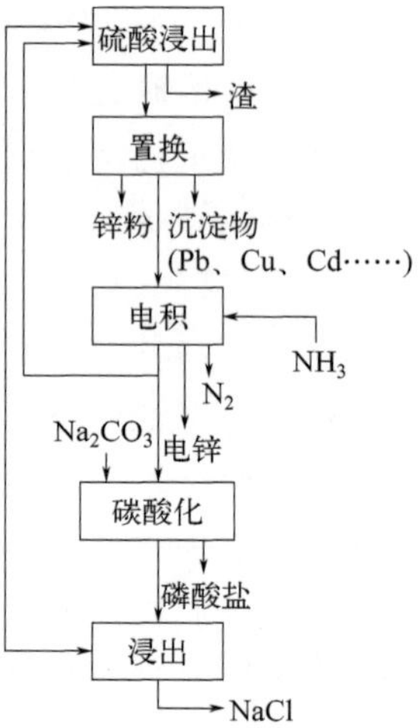


图5-5 Ezinex法的流程

20世纪90年代初，意大利Engitec公司首次开发出了Ezinex工艺，然后又于1993年开发出了主要用以处理电弧炉烟尘的Indutec法。Indutec是火法工艺，主设备是无芯低频感应炉。1993年建成和投产了一个从电弧炉烟尘中产锌能力为500t/a的半工业试验厂。一年以后着手设计一个2000t/a规模电锌的工业厂，并建成投产。

Ezinex法是用来将锌氧化物转化成金属锌的，工艺是基于氯化铵电积不会有氯气放出，当然，这种电解质对锌氧化物中存在的杂质（特别是卤化物）是不敏感的。过程主要由5个部分组成。

（1）浸出

锌氧化物以氨络合物形式被浸出，铁不被浸出，铅也以络合物形式浸出。

（2）置换

为了防止其他金属与锌在阴极上共沉积，必须将溶液中比锌更正电性的金属除去，方法是通过往溶液中加锌粉置换来实现。置换出的杂质包括银、铜、镉和铅。置换出的沉淀物送铅冶炼厂处理以回收有价金属。

(3) 电积

电解液为氯化铵溶液，采用钛制的阴极母板，阳极为石墨。阴极上沉积锌，阳极反应放出氯气。但放出的氯气立即与溶液中的氨气反应放出氮气，而氯气则转化成氯化物返回使用。往电解液中通入空气搅拌，加强溶液中离子的扩散作用。电积溶液中的锌浓度从20g/L 降至 10g/L。

(4) 碳酸化

在该单元作业中通过添加碳酸盐以控制溶液中的钙、镁和锰含量。这些杂质沉淀物送 Indutec 工艺处理后，钙、镁造渣，锰进入生铁中。

(5) 结晶

在该单元作业有两个主要任务：一是维持系统水平衡；二是碱金属氯化物结晶。该单元作业也很重要，因为绝大多数锌废料和循环料都含有碱性氯化物。碱性氯化物会对锌氧化物转化成金属锌的其他工艺，如硫酸盐电积和 ISP 工艺造成干扰，所以必须进行锌氧化物的预处理以除去碱金属氯化物。

Indutec 和 Ezinex 两种工艺联合，将为含锌废料和循环料的处理提供更有效的工艺和更多机遇，可使这类原料直接产出金属锌，并避免了其他工艺所需采用的多余作业，如洗涤。联合工艺的流程如图 5-6 所示。

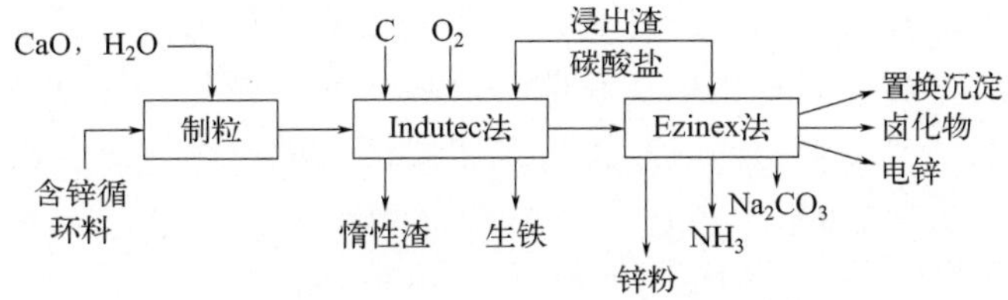


图 5-6　联合工艺的流程

这种联合在很大程度上扩大了整个工艺的灵活性，拓宽了原料的处理范围，使过去许多填埋的废料可再度被处理。研究表明，许多工业部门的含锌废料都可用这种联合工艺处理，例如，可以处理碱性或锌碳电池、镀锌行业的含锌废料等。可将联合工艺中的 Indutec 看作是 Ezinex 的前阶段作业，联合使过程更简化，提高了生产效率，原料中存在的氯化物、氟化物和金属杂质问题很容易得到解决。在联合工艺中，原来废料中的一些有害元素成了有价元素，提高了经济效益。

# 5.3　镍的再生利用技术

## 5.3.1　概述

镍为银灰色，具有磁性，在大气中不易生锈，能抵抗苛性碱的腐蚀，镍的熔点为1453℃，沸点约为 2800℃。镍有 3 种氧化物，即 NiO、$Ni_3O_4$、$Ni_2O_3$，镍能溶于 $FeCl_3$ 和 $NaClO_3$ 溶液中，硫对镍有很强的腐蚀性，在高温下与氯气生成挥发性的 $NiCl_2$，HCl 和稀 $H_2SO_4$ 对镍作用比铁慢，浓 $HNO_3$ 可使镍钝化，$Ni_2O_3$ 在 500℃时离解成 $Ni_3O_4$，若温度升高则生成NiO，NiO易被氢气、碳和CO还原，NiO也能溶于$H_2SO_4$、$H_2SO_3$、HCl及$HNO_3$，用碱中和后可生成$Ni(OH)_2$沉淀，$Ni(OH)_2$可氧化成$Ni(OH)_3$，它是一种氧化剂；$NiCO_3$和$Ni(NO_3)_2$可分解成$Ni_2O_3$。镍可与砷化合生成NiAs或$Ni_2As_3$。因此，物料中存在砷和镍，镍将与砷化合入黄渣中，可在黄渣中提取Ni，$NiSO_4$是制造电镀液的材料，$Ni(NO_3)_2$可在陶瓷工业作棕色颜料。

镍主要用于制造各种类型的合金，如各种镍铁合金，镍铬合金，硬质合金，耐热、耐酸合金，不锈钢等，纯镍还用于电视、雷达、原子能、遥控技术等，镍粉还可作粉末冶金材料和石化工业的催化剂。

镍的废杂物料主要包括各种合金材料废弃料、废催化剂，以及有色金属冶金净化液中的副产品——净化溶液产生的各种盐类、渣类，如$NiSO_4$渣、NiS渣、$Ni_2As_3$渣、电化工业废水净液中和沉淀渣等[13]。

### 5.3.2 从含镍渣和电镀液沉淀物中回收镍工艺技术

含镍渣和电镀液沉淀物中除了含量不等的镍外，也含有铜、铬及少量金、银、硫，硫主要是以硫化沉淀法带进的硫。这种废杂物料一般含水在60%～80%。因此，若采用火法熔炼，必须先脱水，若采用湿法熔炼，一般要用化学法氧化，由于水分太多，经济上不合算，湿法处理之前，要进行氧化焙烧脱硫，焙烧之前，也要进行脱水。因此，采用火法熔炼较为经济、简易，即脱水的物料要进行制团或烧结成块料，然后在熔炼炉中熔炼成低镍冰铜（又称低冰镍），铜和金、银也富集于低冰镍中。这种低冰镍含镍可达7%～15%以上，高的可达25%，铜也可达10%以上。可出售给炼镍厂进行加工，将铜、镍分离，生产金属镍和金属铜，而金、银则可在阳极泥中回收。炼低冰镍与炼铜一样，均是造硫，但炼低冰镍的熔炼温度比炼铜要高些，一般焦炭熔炼达不到较高温度。因此，在熔炼过程中加部分石墨炭块，石墨炭块不易快速燃烧完毕，而是停留在焦点高温区，不断被空气中的氧气所氧化放热，因而可提高熔炼炉熔炼区的温度，致使低冰镍过热，与渣很好地分离，提高其回收率。

技术条件控制包括下面两个方面。

① 对物料进行烘干，在1150～1200℃下进行焙烧，物料焙烧之前，按渣型配料，加入部分黄铁矿烧渣粉代替铁使用。另外，根据物料中的$SiO_2$、CaO情况给予补充。然后混合进行焙烧。其目的一是让其结块；二是使矿粉中的$Fe_2O_3$或$Fe_3O_4$离解成FeO，使FeO和$SiO_2$以$FeO \cdot SiO_2$形式形成硅酸盐渣，使物料中的$Ni_2S_3$离解成NiS，部分氧化成NiO存在于焙烧块中。

② 焙烧块若用鼓风炉熔炼，在熔炼温度1300～1380℃下，烧结块中的镍被还原硫化，使镍进入冰铜，其反应为：

$$3NiO + 9CO + 2SO_3 = Ni_3S_2 + 9CO_2$$

$$3NiO \cdot SiO_2 + 9CO + 2SO_3 = Ni_3S_2 + 3SiO_2 + 9CO_2$$

$$FeO + 4CO + SO_3 = FeS + 4CO_2$$

$$1/2Fe_2SiO_4 + 4CO + SO_3 = FeS + 1/2SiO_2 + 4CO_2$$

在熔炉的本床中，也有交互反应，反应如下：

$$2FeS+3NiO+Fe \longequal Ni_3S_2+3FeO$$

$$NiO+Fe \longequal Ni+FeO$$

$$2NiO \cdot SiO_2+2Fe \longequal 2Ni+Fe_2SiO_4+SiO_2$$

由上述反应说明产生的低冰镍有部分金属化，能成为金属化冰镍。用鼓风炉处理上述废杂物料，与炼铅鼓风炉基本相同，只不过熔炼低冰镍要求炉温高一些，而还原气氛要求低一些。

### 5.3.3 从镍渣或净化硫酸镍渣中回收硫酸镍的工艺技术

铜电解或镍钴提取均有镍渣或净化硫酸镍渣产生，这些副产品中均有铜、铁伴生，镍渣或硫酸镍渣含 Ni 10%～17%，含 Cu 8%～10%，含 Co 0.2%～1.2%，含 Fe 1.2%～3%，含 S 5%～12%。处理镍渣，若是熔融渣，必须在球磨机中磨碎，若是粉料，含硫高，则应氧化焙烧脱除部分硫。对于上述物料，先磨碎成粉状，然后经焙烧脱硫，再进行浸出，浸出作业在搪瓷釜中进行。

#### 5.3.3.1 主要技术条件

主要技术条件包括以下几点。

① 液固比为 4∶1，温度为 60～80℃。

② 机械搅拌，其转速为 200r/min。

③ 标准状态下鼓风量为 250～300$m^3$/h。

④ 酸度根据物料含酸量确定，最终 pH 值为 4 左右，加 $H_2SO_4$ 时，应慢慢滴入，使其过程缓慢反应。过程中发生的反应如下：

$$CuO+H_2SO_4 \longequal CuSO_4+H_2O$$

$$NiO+H_2SO_4 \longequal NiSO_4+H_2O$$

$$Ni_3S_2+H_2SO_4+1/2O_2 \longequal NiSO_4+2NiS\downarrow+H_2O$$

$$NiS+H_2SO_4 \longequal NiSO_4+H_2S$$

$$Ni+CuSO_4 \longequal NiSO_4+Cu$$

提高 pH 值到 4 时，其反应为：

$$4FeSO_4+2H_2SO_4+O_2 \longequal 2Fe_2(SO_4)_3+2H_2O$$

$$Fe_2(SO_4)_3+6H_2O \longequal 2Fe(OH)_3\downarrow+3H_2SO_4$$

$$3CuSO_4+4H_2O \longequal CuSO_4 \cdot 2Cu(OH)_2\downarrow+2H_2SO_4$$

浸出过程中应有效控制酸度和强鼓风氧化，使溶液杂质含量降至很小，浸出时间约为 4～6h，然后加热将溶液过滤静置、冷却，第二次过滤将 $Ca^{2+}$、$Mg^{2+}$ 除去。

#### 5.3.3.2 萃取分离铜

溶液中含有一定铜，用 P204-Na 萃取铜，萃取铜后，萃余液分离镍、钴，先用 P507-Na 萃钴，萃铜、萃钴均用 $H_2SO_4$ 反萃，反萃之前用 0.5mol/L 盐酸反萃铁后再反萃铜和钴，反萃液浓缩结晶，得 $CuSO_4 \cdot 7H_2O$ 和 $CoSO_4 \cdot 7H_2O$。有机相皂化后再返回利用。

萃钴后用 P204-Na 萃镍，用 $H_2SO_4$ 反萃得硫酸镍，经浓缩结晶得工业硫酸镍出售。

此类 $NiSO_4 \cdot 7H_2O$ 可用于电镀工业，也可进一步除杂质，制取精制硫酸镍，用于电子工业。

### 5.3.4 从低冰镍中提取硫酸镍的工艺技术

鼓风炉熔炼含镍废杂物料，可得到低冰镍，其含镍在7%～15%左右，也含有5%～6%的铜，这种低冰镍在熔炼炉中进一步吹炼，除去部分铁和其他杂质，低冰镍中的镍含量得到提高，可达35%～45%，铜含量也相应提高，由于这种高冰镍是脆性的，因此可水淬后进行球磨得粉料，然后进行浸出，获得工业级 $NiSO_4 \cdot 7H_2O$。

高冰镍中，若金属Ni已形成金属化冰镍，含金属镍高，因此其反应过程如下：

$$Ni+H_2SO_4+1/2O_2 = NiSO_4+H_2O$$

$$2Cu+O_2+2H_2SO_4 = 2CuSO_4+2H_2O$$

浸出pH值控制在3.8以下，铜起传递氧的作用，加速金属相中镍的溶解，因而有：

$$Ni+CuSO_4 = NiSO_4+Cu\downarrow$$

由此，铜进入渣中，简化了工艺，有效控制溶液酸度pH值为4.5～5，强化鼓风。使浸出终点含杂量很低，可一次完成作业，获得硫酸镍溶液，其成分为：Ni 60～80g/L，Co 0.5～0.7g/L，Cu 0.001～0.0005g/L；Fe 0.001g/L，Pb小于0.0003g/L，Zn小于0.003g/L。除Co外，都能满足电镀 $NiSO_4$ 的要求。蒸发浓缩按常规进行。

浸出渣的成分：Ni 30%～40%；Cu 9%～10%；Co 0.7%；Fe 3%～4%；S 25%。

工艺流程如图5-7所示。

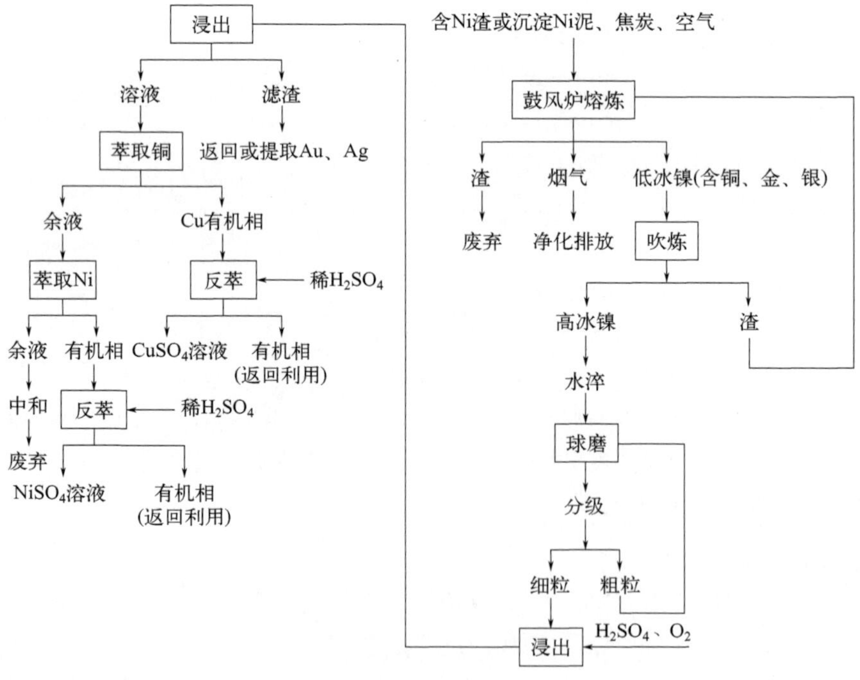


图5-7 从低冰镍中提取硫酸镍的工艺流程

### 5.3.5 含镍废杂物料生产高冰镍直接电解金属镍的工艺技术

高冰镍又称金属化镍锍，主要由 Ni-Cu 合金、$Ni_2S_3$、$Cu_2S$ 组成。其中含镍 30%～53%，含铜 33%～50%，含硫 9%～15%，含铁 0.5%～1%。

从废杂物料中获取低冰镍是通过镀镍废液净化沉淀物或以镍渣及其他含镍物料为原料，在鼓风炉或电炉中熔炼得到低冰镍，经过吹炼除铁、脱硫，得到金属化高冰镍，此高冰镍若含铜高，则通过磨浮选铜，得到铜精矿送炼铜厂回收铜，镍精矿直接熔化浇铸成阳极板，作为电解金属镍的原料，若含铜低（2%～3%），也可直接将高镍冰铜浇铸成阳极板进行电解。图 5-8 所示为含镍废杂物料回收镍的工艺流程。

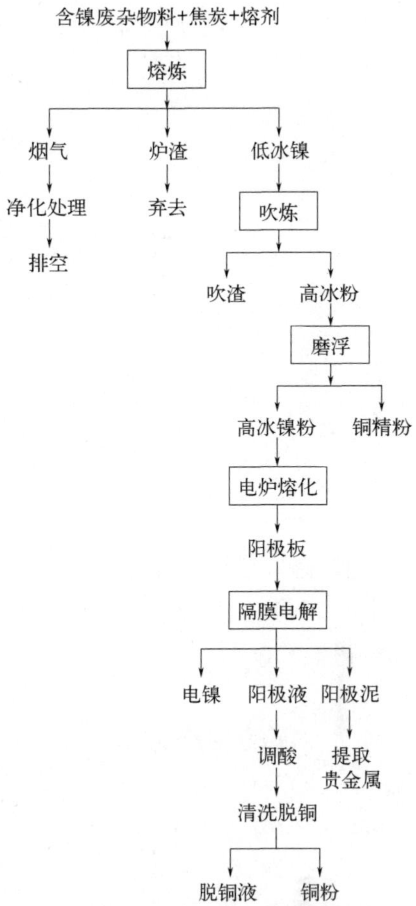


图 5-8 含镍废杂物料回收镍的工艺流程

## 5.4 镉的再生利用技术

### 5.4.1 概述

镉为银白色带蓝色光泽的金属，熔点 320℃，沸点 767℃，镉比锌易挥发，镉为负电性金属，富有延展性，可制成薄片和拉成丝，但在 80℃时却变得很脆，易锤成粉末。镉能溶于所有酸中，特别是在硝酸中的溶解速度大于在硫酸和盐酸中的。

镉主要用在制造合金、镀镉工业及生产各种镉盐等方面，如硝酸镉用于制造催化剂、电池、医药，碳酸镉用于制造涤纶中间体、塑料增塑、稳定剂，硫酸镉用于制造电池及电子、医药工业，氧化镉用于电镀、合金、涂料、玻璃等，硫化镉用于荧光粉等，特别在原子能和半导体工业中得到发展。

镉没有单独的矿床，它常以硫化镉矿物与铅锌矿共生，含量一般在 0.1%～0.7%，高的可达 1.5%，并随铅锌选矿进入铅锌精矿中。由于镉及其化合物易挥发，在有色金属冶金过程中，镉便富集于冶金烟尘中，湿法炼锌与锌一起进入溶液，在溶液净化过程中进入铜-镉渣。火法炼锌时，镉随锌蒸馏挥发进入蓝粉中。

### 5.4.2 镉渣中镉的回收利用

收购的冶金废杂物料中，除了铜、铅、锌、锡外，也有镉，镉品位不高，但在物料浸出锌时，镉以 $CdSO_4$ 的形式转入溶液中，在净液时，随其他金属离子被置换沉淀于铜-镉渣中，因此，铜-镉渣成为提取镉的原料。图 5-9 所示为铜-镉渣回收镉工艺流程。

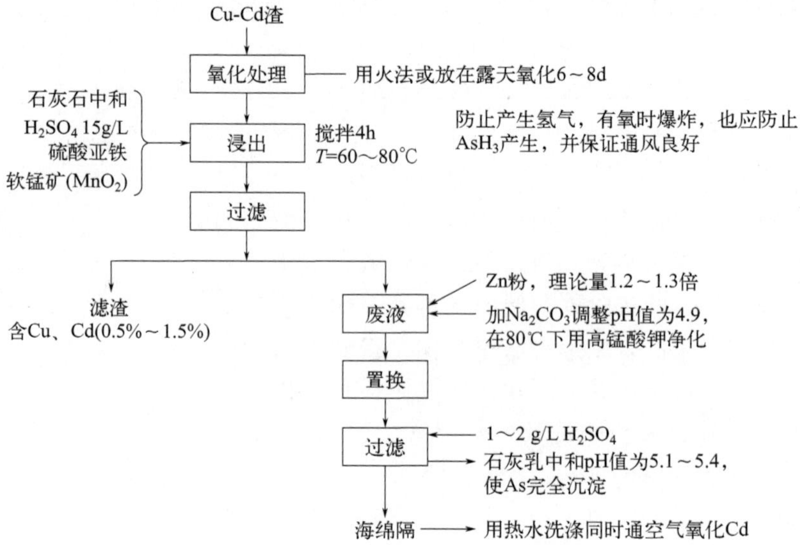


图 5-9　铜-镉渣回收镉工艺流程

铜-镉渣提镉可分为：贫渣，含镉 2%～5%；中等渣，含镉 5%～8%；富镉渣，含镉 8%～12% 以上。铜-镉渣中主要是 Zn-Cu-Cd，此外还有数量不多的 As、Sb、Co、Ni、In、Pb、$SiO_2$ 等。

## 5.4.3　镉的生产方法

### 5.4.3.1　浸出

浸出前将铜-镉渣氧化，镉变成氧化物，以利于酸浸，氧化的方法为用火法焙烧或将物料放在潮湿且有温度的地方氧化 7～8d，然后经球磨，用硫酸浸出，始酸为 250～300g/L，软锰矿作氧化剂，机械搅拌，在温度 60～80℃下浸出 4h，此时应防止 $AsH_3$ 毒气和氢气产生，因有氧会发生爆炸，因此要强制通风排气。

浸出过程涉及的反应式为：

$$Cd+H_2SO_4+1/2O_2 = CdSO_4+H_2O$$

$$Cd+H_2SO_4 = CdSO_4+H_2\uparrow$$

$$ZnO+H_2SO_4 = ZnSO_4+H_2O$$

$$Zn+H_2SO_4 = ZnSO_4+H_2\uparrow$$

$$CuO+H_2SO_4 = CuSO_4+H_2O$$

$$Cd+CuSO_4 = CdSO_4+Cu\downarrow$$

$$Zn+CuSO_4 = ZnSO_4+Cu\downarrow$$

从反应式中可以看出过程中有氢气放出，氢气与 As 化合产生 $AsH_3$ 毒气，氢气遇到氧气化合发生爆炸，因此加大强制通风是非常重要的。

### 5.4.3.2　溶液净化和用锌粉置换沉淀海绵镉

净化时，应控制一定酸度，用新鲜镉渣加入溶液中脱铜。

镉渣：

$$Cd + CuSO_4 = CdSO_4 + Cu\downarrow$$

经过滤得到含镉溶液和二次铜-镉渣，铜-镉渣返回处理，溶液可用锌粉置换：

$$Zn + CdSO_4 = ZnSO_4 + Cd\downarrow$$

此时沉淀的海绵镉中还含有较多杂质，应进一步氧化-酸浸-净化-置换得到较纯海绵镉。也可用萃取剂 N235 萃取溶液中的镉。用稀硫酸反萃，萃取率为 99%，反萃率为 99.9%，纯净的 $CdSO_4$ 溶液既可进行电积，也可用锌粉置换成纯净的海绵镉，根据产品精度选择工艺。造液时，用镉电解后的废液或硫酸溶解，再经净化除铜及其他杂质后，制成合格的电解液（含 Cd 为 180～250g/L）进行电积。图 5-10 所示为用海绵镉生产金属镉的工艺流程。

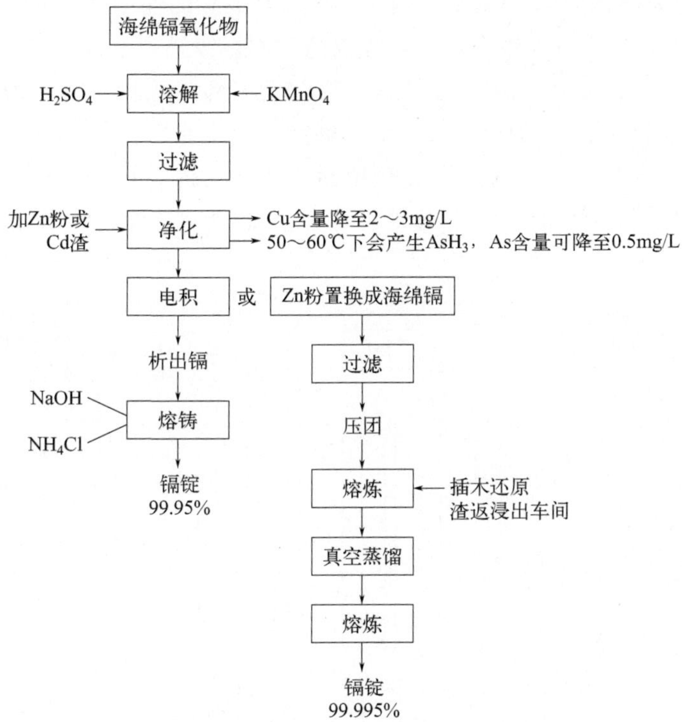


**图 5-10　用海绵镉生产金属镉的工艺流程**

#### 5.4.3.3　镉的电积

由于从废杂物料浸出液中沉淀的铜-镉渣，一般含有的杂质成分较多，也很难深度净化，常规电积很难顺利生产因此只能采用低酸低电流密度作业。

电积槽为矩形，阴极为铝板，阳极为不溶铅银合金板；电解液的温度为 28～30℃；电流密度为 50～60A/$m^2$；槽压为 2.4～2.5V；同极距为 100mm；电解液开始含 $H_2SO_4$ 80～90g/L，含镉 60～70g/L；正常生产含酸 100～110g/L，含镉 40～50g/L；溶液循环为 15～24L/(min・槽)；每 1kg 镉添加碳酸锶 0.01～0.015kg，分 4 次加入，明胶 0.03～0.04kg，析出周期 24h，电效为 60%～92%，阴极每吨金属电耗为 1250kW・h。电积液的杂质成分为：Zn 25～30g/L，Fe 小于 50mg/L，Cu 小于 0.5mg/L，As+Sb 小于 1mg/L。铸锭：析出的阴极镉加热熔化，除杂后便可浇铸成精镉锭。

#### 5.4.3.4 镉的真空蒸馏精炼

镉的真空蒸馏精炼比电解法精炼成本低约 30%，操作简单，过程监测与控制不复杂，技术水平没有特殊要求，对于粗镉中的杂质，除锌外，没有严格要求，这是基于大多数杂质的沸点比镉高的原理，但锌与镉的蒸气压差异使得蒸馏过程不是很理想，因此必须先用苛性钠-浮渣法除锌。

(1) 真空蒸馏作业

先将海绵镉在熔炼炉中进行熔炼，之前用苛性钠覆盖压团镉块，防止熔体飞溅，熔化将造渣除去，倒入一个带有搅拌器的插木还原炉内，通空气或加硝石进一步除锌，当苛性钠-浮渣因镉的氧化呈深暗色时，标志着锌已完全除去，然后插木还原，将还原好的镉熔体装入位于其下的蒸馏储槽内。

真空蒸馏作业是连续的，它是在一个螺旋形的 U 形部件中进行的，如图 5-11 所示，其开口的底管接到加热的粗镉槽中，用来吸取槽中的粗镉进入蒸馏器内蒸馏，槽的充满度不大于 70%，否则就会发生溢流，为了阻止杂质回流到粗镉槽中，升液管应高出蒸发室液面。另一底管容纳真空蒸馏残渣，与残渣槽相连。蒸馏的精镉通过倾斜冷却段流入精镉槽，管内与抽真空泵相通，均由燃气烧嘴加热并自动控制每个环节所要求的温度，为保证均匀蒸发量，每 2h 加入一定粗镉量，真空蒸馏的生产能力由烧嘴控制，蒸馏温度为 480～500℃。

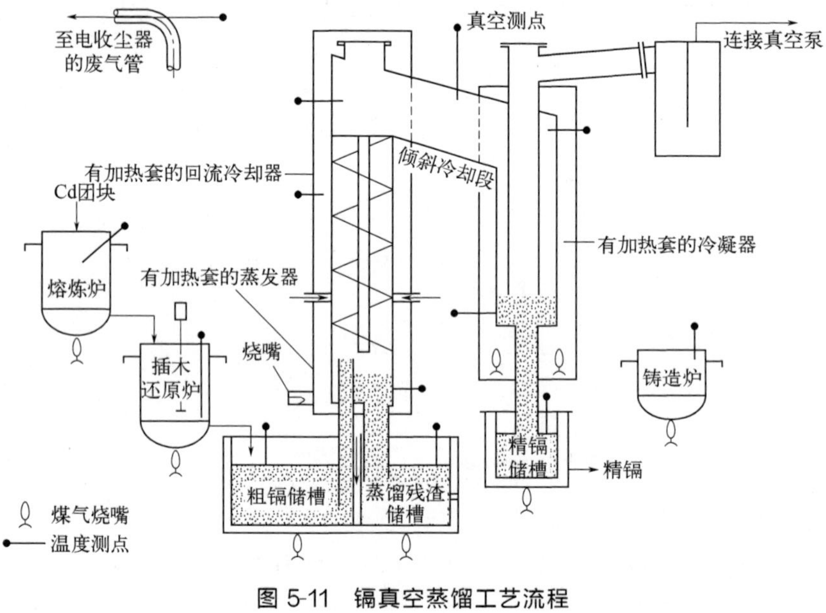


图 5-11 镉真空蒸馏工艺流程

(2) 温度控制

各部位温度控制：a. 粗镉槽为 400～450℃；b. 蒸馏残渣槽为 450～460℃；c. 精镉槽为 440～450℃；d. 回流冷却器（加热外管）为 490～500℃；e. 回流冷却器为 480～500℃；f. 冷凝器为 440～450℃；g. 冷凝器的精镉槽为 400～420℃。

为了减少镉的蒸气压力，所有的熔池表面均用苛性钠覆盖，作业环境保持洁净，场地空间含镉不超过 1～2mg/m$^3$，车间不断连续通过过滤器净化空气。

(3) 生产成本组成

原材料费占 2%；能源费占 24%；维修费占 23%；其他为人工、管理费用。

(4) 处理量

日产 2t 精镉，品位大于 99.95%。

### 5.4.4 含镉烟尘、合金、镉-镍电池中镉的回收

#### 5.4.4.1 含镉烟尘中镉的回收

铅、锌精矿的焙烧与熔炼以及其他有色金属冶金烟尘中的镉成分复杂。在回收镉前，应先将烟尘进行熔炼富集其他金属。在熔炼过程中，镉进一步挥发，第二次进入烟尘而得到 8～9 倍的富集，富集了的镉是以镉的氧化物存在于烟尘中，可以用硫酸进行直接浸出，但由于物料中硫的存在，也有相当部分镉以硫化物形态存在。因此，用此种物料直接浸出效果不佳，必须进行氧化焙烧，或硫酸化焙烧，然后用硫酸浸出，浸出率可达 99%。浸出溶液所用锌粉置换得海绵镉，并进一步净化电积得纯金属镉。

#### 5.4.4.2 含镉合金、镉-镍电池中镉的回收

镉在合金中的消费比例约占 5%，早些年由于镉-镍电池的大量使用，几乎 80%的镉以氧化镉的形态用于电池。以前一个年产 $5\times10^6$ 只镉-镍电池的工厂要用镉 150t 左右，因此流于社会上的镉-镍电池和各种镉合金，数量相当可观，从上述废旧物料中回收镉也是一个重要资源。回收镉的方法是，充分利用镉易挥发、溶于酸的特点，采用火法或湿法处理，如金属镉的熔点为 593.7K，沸点为 1038.15K，液态镉的蒸气压与温度的关系为：

$$\lg p=144\lg T-36.56\lg^2 T-601950/T+777.8$$

由上式可知，金属镉熔化后，其蒸气压是相当大的，因此金属态合金中的镉可用火法熔炼，将镉挥发进入烟气中回收镉烟尘，若为氧化物形态可用硫酸浸出，以硫酸镉进入溶液中，然后用锌粉置换得海绵镉，再提纯为金属镉。

## 5.5 稀散金属的再生利用技术

### 5.5.1 硒的回收

#### 5.5.1.1 概述

硒在地壳中的含量约为 $7\times10^{-5}$%，硒伴生于铜矿、硒镍矿、硒铋铅矿，少量的硒还与硫等共生，据称，每生产 1t 铜，可从铜阳极泥中回收 0.26～0.56kg Se 及 0.06kg Te，因此硒的资源主要来自铜、镍、铅的电解阳极泥以及生产硫酸的酸泥、烟尘等物料中。另外，废弃硒产品，如硒鼓、硒渣、废发光材料硒化锌等也是二次提取硒的资源。

硒主要用于电子工业，如硒整流器，其次是光电管、日光电池、化学工业玻璃、陶瓷、医药、动物营养添加剂、染料、制冷剂。近年来，国内还将硒用在电解锰中作为抗氧化的添加剂，生产 1t 金属锰要消耗 1.5～2kg $SeO_2$，国内电解锰年产已达到 $6\times10^5$t，用

量相当可观。

硒的熔点为217℃，沸点为680℃，密度为4.82g/$cm^3$。硒的化学性质与硫相似，硒与酸作用生成亚硒酸（$H_2SeO_4$），与碱作用生成亚硒酸钠，与卤素元素作用，如与$Cl_2$作用生成$SeCl_4$，与氧气生成$SeO_2$等，利用这些生成物与其他金属进行分离达到提取硒的目的。

硒的回收主要利用硒的熔点低、易氧化、易挥发的特点进行。阳极泥通常含硒2%～12%，含Te 0.8%～3.6%不等，以及含Cu 18%，含Pb 12%，含Au 0.2%～0.23%，含Ag 9.2%。

#### 5.5.1.2 硫酸化焙烧铜阳极泥中回收硒

据称世界上50%的阳极泥是用硫酸化焙烧脱硒、碲、铜的，主要原因如下。

① 原材料来源方便，如硫酸，价格便宜，它既可作氧化剂（加酸氧化焙烧），又可作硒的还原剂（焙烧产生的$SO_2$），通入酸性溶液将$SeO_2$还原成硒粉。

② 硒的回收率高达93%～95%，粗硒的品位可达95%～98%。

③ 酸化焙烧后，脱铜方便，水浸将$CuSO_4$转入溶液中，含杂质少，易于回收$CuSO_4$。

④ 硫酸化过程中不形成硒酸盐和亚硒酸盐，不要用HCl酸化，可直接还原硒，比较经济。

⑤ 焙烧过程中，不会发生硒及其化合物的升华，烟气量少，对作业环境影响较小，因此对人类的身体基本无毒害作用。

⑥ 水浸铜渣后可用碱浸回收碲，少量溶解在$CuSO_4$溶液中的硒、碲也可加铜屑置换或加还原剂还原回收硒、碲。

⑦ 对含有多金属的贵金属阳极泥均可通过氧化酸化焙烧得到回收，其工艺如图5-12所示。

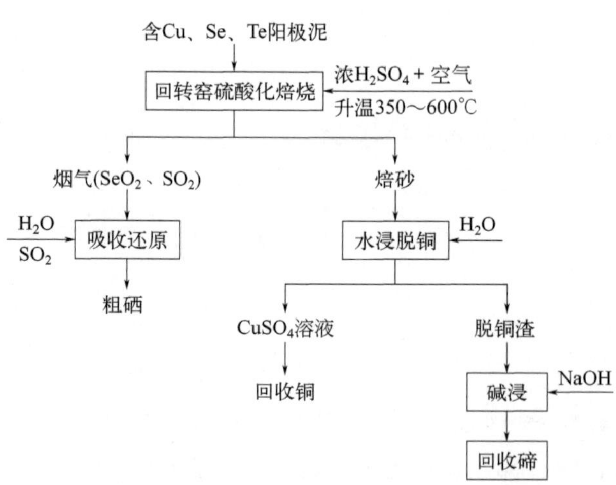


图5-12 铜阳极处理回收硒、碲、铜工艺流程

作业过程：将阳极泥干燥至含水分5%左右，然后在混合槽中拌入50%～70%的浓硫酸（高泥酸比）均匀搅拌，用机械勺很均匀地定量、定时自动加入回转窑中，窑头控制温

度 350℃，缓慢提升温度至窑尾达 600℃，硫酸化焙烧过程，硒氧化形成 $SeO_2$ 随烟气挥发进入多级鼓泡塔中，被含 $H_2SO_4$ 400g/L 的水溶液吸收，转变成 $H_2SeO_3$。

硫酸化焙烧过程主要反应为：

$$Se+2H_2SO_4 = H_2SeO_3+2SO_2\uparrow+H_2O$$

$$Se+2H_2SO_4 = SeO_2\uparrow+2SO_2\uparrow+2H_2O$$

$$Te+2H_2SO_4 = TeO_2+2SO_2\uparrow+2H_2O$$

$$2MeSe+6H_2SO_4 = 2MeSO_4+2SeO_2\uparrow+3SO_2\uparrow+1/2S_2+6H_2O$$

$$2MeTe+6H_2SO_4 = 2MeSO_4+2TeO_2+3SO_2\uparrow+1/2S_2+6H_2O$$

Me 为重金属与硒、碲的化合物。

生产实践证明，采用较高的泥酸比，有利于物料的酸化和杂质的除去。

#### 5.5.1.3 从 KALDO 炉熔炼阳极泥烟气中回收硒

KALDO 炉（卡尔多炉）处理铜阳极泥是先脱铜、碲，然后将脱铜、碲的阳极泥烘干，加入熔剂如 $Na_2CO_3$、石英、铅、氧化铅、焦炭粉等在 KALDO 炉内与脱铜、碲阳极泥一起熔炼造渣，放渣后，开始吹炼，硒和其他金属一起氧化（如 Pb、Sb、Bi，硒被氧化成 $SeO_2$），随烟气离开卡尔多炉，直接进入文丘里系统，被文丘里循环液捕收。最后用 $SO_2$ 还原得粗硒。

#### 5.5.1.4 从含硒废杂物料酸泥、烟尘中回收硒

（1）用 $CaCl_2+HCl+Cl_2+$氧化剂浸出回收硒

硫酸生产厂的酸泥、冶炼过程产生的含硒烟尘、粗硒处理的硒渣、硒元器件和硒合金（ZnSe）等均是从中提取硒的原料。其提取方法是利用硒溶于酸碱的性质，将物料中的硒以 $H_2SeO_3$ 或 $H_2SeO_4$ 转入溶液，然后除杂，中和除碲，用普通廉价的 $SO_2$ 从水溶液中还原硒，获得粗硒，其工艺流程如图 5-13 所示。

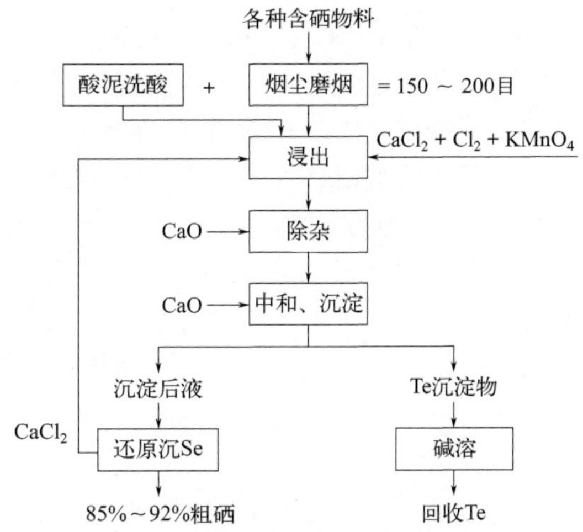


图 5-13 用 $CaCl_2$+ HCl+ $Cl_2$+ 氧化剂浸出回收 Te、Se 工艺流程

由于冶炼过程中获得的含硒酸泥、烟尘往往含有砷及其他金属元素，用硫酸或盐酸浸出，为加速溶解常加入氧化剂，如 $MnO_2$、$KMnO_4$、$H_2O_2$ 等，控制酸浸温度在 80～90℃，过程中为了脱除部分砷，用 CaO 调整 pH 值为 4.5 左右，产生 $Ca_3(AsO_4)_2$。沉淀在盐酸体系中发生如下一些反应：

通氯气：

$$Cl_2+H_2O = HCl+HClO$$

$$Me_2Se+4HClO = H_2SeO_3+2MeCl_2+H_2O$$

$$Se+2HClO+H_2O = H_2SeO_3+2HCl$$

$$Ag_2Se+3HClO = H_2SeO_3+2AgCl\downarrow+HCl$$

$$As_2O_3+O_2+3H_2O=\!=\!=2H_3AsO_4$$

$$2H_3AsO_4+3CaO=\!=\!=Ca_3(AsO_4)_2+3H_2O$$

或

$$2H_3AsO_4+3CaCl_2=\!=\!=Ca_3(AsO_4)_2+6HCl$$

除了 Ag 以 AgCl 沉淀与 $Ca_3(AsO_4)_2$ 一起进入渣中，其他重金属元素进入溶液中，过滤后，用 CaO 继续中和溶液至 pH 值为 3.8 左右，此时溶液中有 $TeO_2$ 沉淀，过滤后回收碲，再用 $SO_2$ 还原硒得粗硒，将母液中的 $CaCl_2$ 返回作浸出剂。

(2) 用回转窑焙烧法回收硒

酸泥中或烟尘中往往富集有硒和汞，酸泥含酸较高，经洗涤后得酸泥渣，此渣有时硒高达 8%～15%，汞达 40%，硫达 4%～7%，Fe 达 0.8%～3.5%。此渣与烟尘一起加入石灰石充分拌匀，投入回转窑在 700～800℃下进行挥发焙烧，汞得到挥发，在冷凝室得到 99%金属汞，而料中的硒与氧化钙形成难挥发的 $CaSeO_3$ 被固定在窑渣中。反应如下：

$$HgSe+CaO+O_2=\!=\!=CaSeO_3+Hg\uparrow$$

窑渣含硒 7%～10%，含汞 0.1%～0.2%，用稀硫酸浸出窑渣除钙，反应为：

$$CaSeO_3+H_2SO_4=\!=\!=H_2SeO_3+CaSO_4\downarrow$$

过滤后含 Se 7.2g/L，Hg 0.03g/L，Ca 0.9g/L，然后在酸性溶液中通 $SO_2$ 还原硒沉淀，获得 99.5%的粗硒。

#### 5.5.1.5 从硒残渣、硒合金（Zn-Se）中回收硒

硒残渣一般含硒 5%～20%不等，Zn-Se 合金中含硒 30%～40%，Zn-Se 合金性脆。硒残渣中还有少量铅、铜、金、银等，处理前先要将物料磨细至 150～200 目，然后可在硫酸体系中进行氧化酸浸。

浸出过程温度控制在 75～80℃，溶液 pH=4，氧化剂计算为理论量的 1.5～1.8 倍，氧化搅拌时间为 5～6h，将物料中的 Se 氧化成亚硒酸盐进入溶液，过滤后的残渣作为提取 Pb、Au、Ag 的原料，滤液分析若有碲，则用 10%的 NaOH 调 pH=6 左右，沉碲，再过滤，将溶液酸化，用 3mol/L HCl 酸化后，用 $Na_2SO_3$ 还原硒成粗硒粉，然后用水洗涤至中性，烘干得成品硒，其工艺流程见图 5-14。

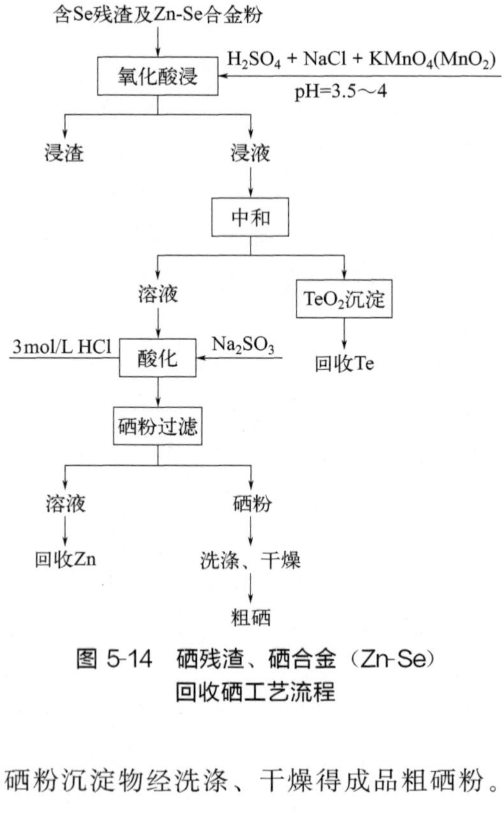


图 5-14 硒残渣、硒合金（Zn-Se）回收硒工艺流程

若单独处理硒化锌合金，将合金（Zn-Se）磨细至 150～200 目，然后在盐酸体系中通氯气，使水溶液成为次氯酸，即：

$$Cl_2+H_2O=\!=\!=HClO+HCl$$

$$2Se+HClO+HCl=\!=\!=Se_2Cl_2+H_2O$$

$$Se_2Cl_2+ZnSe=\!=\!=ZnCl_2+3Se\downarrow$$

浸出料液过滤得硒粉沉淀物和 $ZnCl_2$ 溶液，硒粉沉淀物经洗涤、干燥得成品粗硒粉。

$$ZnCl_2 + Na_2CO_3 \xlongequal{} ZnCO_3 \downarrow + 2NaCl$$

过滤得 $ZnCO_3$ 沉淀物，洗涤、烘干、焙烧、分解得氧化锌产品。

## 5.5.2 碲的回收

### 5.5.2.1 概述

碲在地壳中的含量为 $1\times10^{-6}\%$，比 Se 少，但比 Ag、Sb、Hg 多，碲与 Au-Ag 矿、铜、铅、镍、铋、汞、砷等矿物共生，目前还没有工业实践从上述矿物中直接回收碲，但我国已有研究者于 2004 年提出用微生物提取碲的方法来回收某独立碲铋矿中的碲，并做了大量基础理论工作。目前，矿铜电解精炼的阳极泥、硫酸铅泥、铅阳极泥、铅火法精炼碱性浮渣、铅烟尘以及制冷合金、其他含碲废渣、废料均是提取碲的原料，近年也有从辉铋碲矿精选料中提取铋碲的。

碲的用途：碲主要用于冶金和电子工业。用微量的碲作添加剂，可改善钢铁及有色金属的性能，如强度、硬度、可切削性、晶粒细化、导电、导热、抗疲劳性、抗腐蚀等，据称 55%以上的碲用于金属材料，化工占 25%，其次是电子和电气工业。Se-Te 合金用于光电感受器、复印机生产等。新型的含碲热电偶对能用来发电或制冷，即将电流从外部通过不同金属的连接处产生制冷效应。用作制冷材料的金属有 Te、Se、Bi、Sb，其中最好的材料是 Bi-Te，这种材料含 Bi 47%～51%、Te 40%～50%、Se 2%～3%、Sb 8%～12%。如某制冷商品，其热端温度为 27℃，冷端温度为－50.5℃，热差为 77.5℃。

另外，可用作石油、化工工业中的催化剂，橡胶的硫化剂，且在玻璃、颜料及医药等方面也有应用。

碲的性质：碲是一种半金属，熔点为 449.5℃，沸点为 989.8℃，密度为 $6.24g/cm^3$，常温下具有脆性，高温下才有塑性，碲较硫和硒更具有碱性，稀硫酸、盐酸对碲不起作用，但其能溶于硝酸、浓硫酸中，能溶于热浓碱液中。碲能与氟气、氯气发生激烈的反应，碲在常温下不与氧气起反应，在空气中加热产生蓝色火焰，生成 $TeO_2$。碲不与硫、硒反应，$FeCl_3$ 的热溶液与 Te 作用生成 $TeCl_4$，Te 也可与 KCN 共溶产生 $K_2Te$。

碲的氧化物、亚碲酸及碲酸可用来提取金属碲的重要化合物和盐类。

碲的原料主要来自矿铜电解精炼阳极泥，其含量通常在 1%～10%，其他来自含碲铅阳极泥、硫酸厂酸泥、各种含碲烟尘以及碲合金制品废渣和制冷废弃品等。其提取工艺，对于矿铜电解精炼的阳极泥中的碲，国内通常采用酸化焙烧脱铜后，碱浸分碲，众所周知：碲有＋2、＋4、＋6 价之分，碱浸-电积法回收的碲主要是以四价形态存在的碲物料，而对于生产碲过程中产生的单质碲和六价碲，用碱浸不适用。

### 5.5.2.2 从硫酸化焙烧铜阳极泥回收碲

目前国内从铜电解精炼阳极泥中提取碲主要是依据阳极泥中碲的含量和经济上的合理性考虑的，阳极泥中含碲量高，则采用碱浸分碲的方法。

碱浸分碲是将阳极泥脱硒、铜后形成含碲渣，渣中的碲经氧化以四价态离子存在于水浸铜渣中，将此渣用碱浸出，得到含碲浸出液和浸渣，浸渣为提取贵金属的原料，从浸液中提取碲。其工艺流程如图 5-15 所示。

硫酸化焙烧过程使铜、碲转变成 $CuSO_4$ 和 $TeO_2$，用水浸焙砂中的铜，大幅度抑制 Te、Bi、As 等浸出，可降低 $CuSO_4$ 溶液中的杂质量，易于处理，同时避免碲的分散，其反应为：

$$CuSO_4+8H_2O \xlongequal{} CuSO_4\cdot 7H_2O+H_2O$$

用碱水浸铜渣浸碲，其反应为：

$$TeO_2+2NaOH \xlongequal{} Na_2TeO_3+H_2O$$

用稀 $H_2SO_4$ 中和得 $TeO_2$ 沉淀，其反应为：

$$Na_2TeO_3+H_2SO_4 \xlongequal{} TeO_2\downarrow+Na_2SO_4+H_2O$$

沉淀的 $TeO_2$ 为白色，是电积金属碲的原料。

技术条件控制如下。

① 碱浸分碲，在碲渣中加入 8%的碱溶液搅拌浸出，温度为 60～65℃，液固比为 4∶1。

② 浸出液加稀 $H_2SO_4$ 中和，pH 值控制在 3～4，溶液中则有白色 $TeO_2$ 沉淀，若有色，则有杂质，此时应加少许 $Na_2S$，将杂质除去。硫化之前，应加碱使 $TeO_2$ 重溶，然后再硫化除杂，过滤，再用稀硫酸中和得白色 $TeO_2$ 沉淀物，为电积金属碲原料。

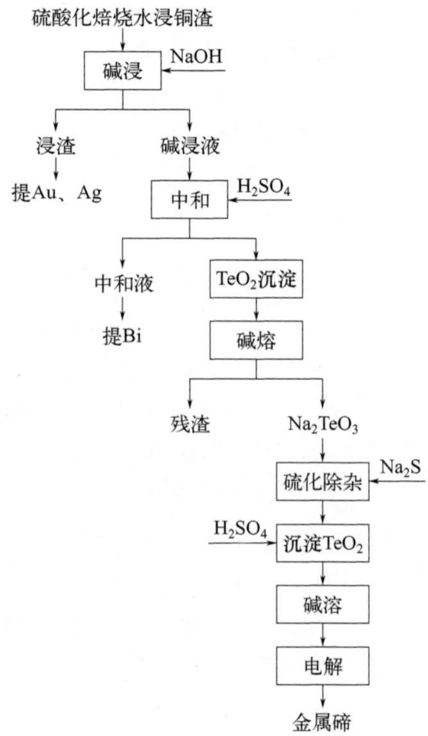


图 5-15　硫酸化焙烧水浸铜渣回收碲的工艺流程

采用较高的泥酸比进行酸化焙烧，焙烧渣用水浸出就可以减少 Te、Bi、As 的大量浸出。表 5-8 所列为不同酸度下浸铜液成分。

表 5-8　不同酸度下浸铜液成分

| 浸铜液成分 | $H_2SO_4$ | Cu | Se | Te | As | Bi | Sb |
|---|---|---|---|---|---|---|---|
| 加酸浸铜/（g/L） | 120～150 | 45 | 0.9～1.5 | 3～6.0 | 1.5～2.0 | 1.0～2.0 | 0.04～0.1 |
| 水浸铜/（g/L） | 8～12 | 40～45 | 0.2～0.4 | 0.3～0.9 | 0.5～0.6 | 0.05～0.2 | 0.015～0.03 |

### 5.5.2.3　从 KALDO 炉熔炼铜阳极泥脱铜、碲渣中回收碲

某厂铜阳极泥含碲 1.5%，采用硫酸加温常压搅拌条件下脱铜，待阳极泥中剩下 6%～10%的铜后，再送至反应釜进行高压浸出，获 Cu、Te 渣，渣中含 Te 39.19%～58.15%，含 Cu 41.61%～58.15%，含 Ag 0.1047%～0.291%，含 Se 0.905%～2.805%[14]。

Cu、Te 渣的处理：先脱铜，用浓硫酸拌进 Cu、Te 渣，在 250℃下蒸干，使铜转化为 $CuSO_4$，碲氧化为 $TeO_2$，然后用热水浸出 $CuSO_4$ 进入溶液，$TeO_2$ 留在渣中，再用 NaOH 溶液浸出，硫酸沉淀得 $TeO_2$，用此法蒸酸有 $SO_2$ 气体排放，污染环境，劳动条件恶劣。因此，研究者用 Cu、Te 氧化酸浸分离含 Cu、Te 渣的金属铜，如图 5-16 所示，浸出过程用抑制剂抑制碲的溶出（抑制剂可用 $FeSO_4$ 或 $CuSO_4$ 等）。

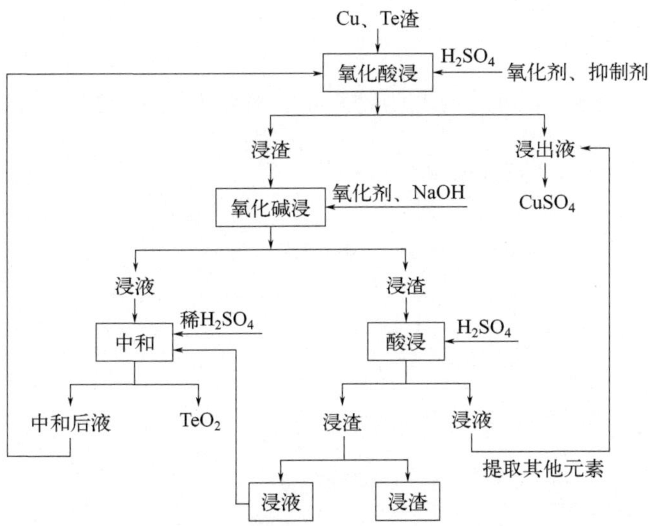


图 5-16　铜碲渣处理回收铜碲工艺流程

#### 5.5.2.4　硫酸和氯化钠体系中氧化酸浸回收碲

众所周知，硫酸化焙烧过程中要产生 $SO_2$ 烟气，对环保和作业有害，而用高压釜浸铜碲，投资量大，有一定规模时才合算。因此，在常压下用硫酸、氧化剂、抑制剂除铜，然后将除铜渣在 $H_2SO_4$-NaCl 体系中加入 10%的 $H_2O_2$（理论量的 200%），温度为 75℃，溶液酸度 pH=4，氧化时间为 6h，将渣中的 Se、Te 氧化成亚硒酸盐和亚碲酸盐，贵金属留于渣中，然后液固分离，用 10%NaOH 调 pH=6，使亚碲酸盐沉淀，过滤、分离 Se、Te，将亚硒酸钠溶液用 3mol/L 的 HCl 酸化后，用 $Na_2SO_3$ 溶液还原成单质硒，沉淀的硒用水洗涤并干燥得粗硒粉。碲酸沉淀物用 0.1mol/L 的 HCl 和 $H_2SO_4$ 溶解，过滤、分离后用 4mol/L HCl 酸化，再用 $Na_2SO_3$ 溶液还原成单质碲，用水洗涤并干燥得碲粉，工艺流程如图 5-17 所示。

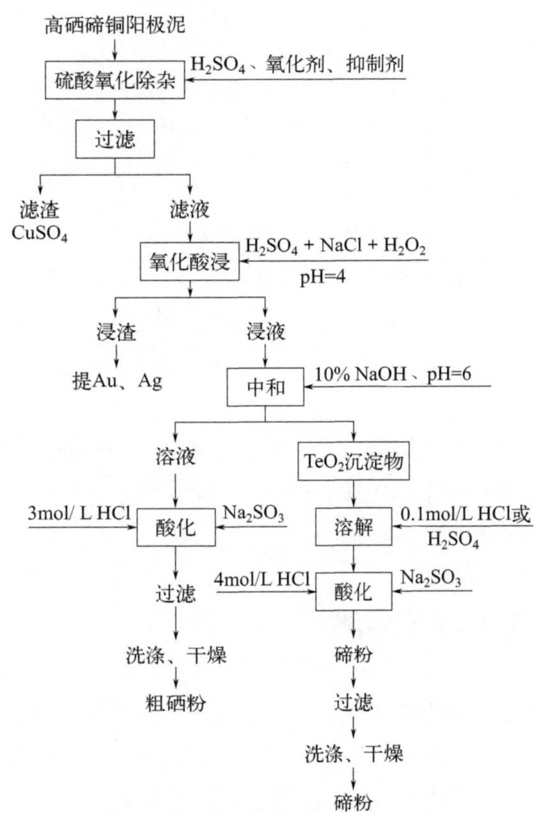


图 5-17　铜阳极泥在 $H_2SO_4$-NaCl 体系中回收 Se-Te 工艺流程

#### 5.5.2.5　从各种含碲废杂物料中回收碲

各种含碲烟尘、碲产品生产时产生的碲渣、含碲铅阳极泥、硫酸厂酸泥、铜碲渣等，这些含碲物料，除 Cu、Te 渣外，一般含碲量都较低。因此，只有通过碱性熔炼，将碲富集在碱渣中，然后再从碱渣中提取碲，而其他贱金属、贵金属大部分进入铅合金中。

提取工艺流程如图 5-18 所示。

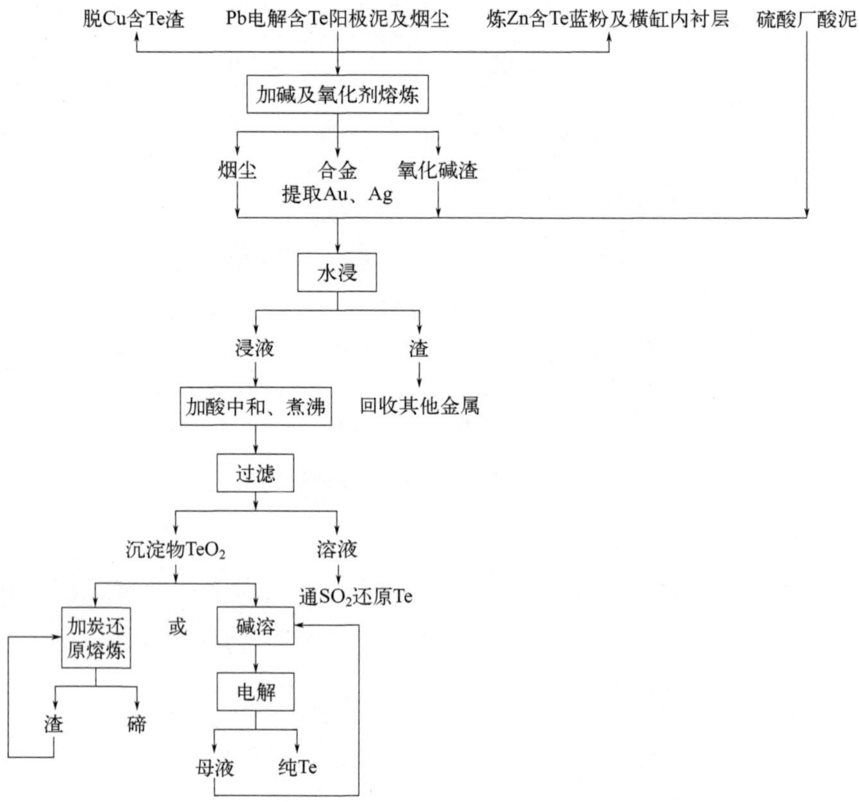


图 5-18 综合处理各种含碲物料工艺流程

作业流程及技术条件如下。

① 将各种物料混合配以 1.5～2 倍于 Se-Te 理论量的 $Na_2CO_3$，在电炉内加温至 550～650℃下进行氧化熔炼，使物料中的硒、碲转化为易溶于水的 Se-Te 酸盐或亚 Se-Te 酸盐。

② 熔炼获得合金、熔炼渣和烟尘。合金提取贵金属及铅，熔炼渣与烟尘用来回收 Se-Te。

③ 用热水浸出熔炼渣和烟尘，将硒、碲转入溶液，过滤，得滤液和滤渣，滤液用 $H_2SO_4$ 中和使碲以 $TeO_2$ 沉淀，然后过滤通入 $SO_2$，将溶液中的硒还原为硒粉，$TeO_2$ 碱溶通过电解得金属碲。

## 5.5.3 铟的回收

### 5.5.3.1 概述

铜、铅、锌、锡、锑、铁等矿物中，伴生有铟矿物，通过对其进行选矿，富集于精矿之中。通过有色金属冶炼或高炉冶炼，并经多次反复富集，有较多的铟存在于冶炼烟尘中或高炉瓦斯灰、硫酸酸泥中。如炼铜烟尘中含铟 50～100g/t，炼铅的电解液和烟尘或炼铅浮渣中含铟 500～2000g/t，炼锌烟尘浸出渣中含铟 1000～2000g/t，立德粉生产浸出渣含铟 1000～1500g/t，高炉瓦斯灰中有些含铟 100～300g/t。上述这些烟尘或渣中除铟外，往往含锌也较高。因此，有些可进一步富集锌或铅等，如高炉瓦斯灰含锌 6%～8%，炼铅高锌炉渣也含有 8%～15%的锌及少量铟。还有含 Zn、In 较低品位的炼铜、炼铅、炼锡等烟尘均必须通过富集，才能进一步回收有价元素。因此，国内一些厂家利用上述资源在回转窑中进一步处理，将有价元素锌、铟、铅、铋等挥发进入二次烟尘中，将二次烟尘浸取，控制 pH 值在 2.5 左右，让锌、铟、铋进入溶液，然后调整 pH 值在 5 左右，此时铟、铋水解，连同铅进入浸出渣，将硫酸锌分离，铟进一步得到富集，成为提取铟的原料。

近年来，我国从这些资源中提取金属铟达数百余吨，经济可观。

铟广泛应用于合金、电子工业、原子能、化工工业、电视光纤、通信、医疗牙科等方面，特别应用在平板显示器、太阳能光电行业，发展迅速。

铟的性质：铟为银白色，质软，是易熔金属，熔点为 156.61℃，沸点为 2080℃，密度为 7.31g/cm$^3$。铟与 HCl、$H_2SO_4$、$HNO_3$ 作用能生成 $InCl_3$、$In_2(SO_4)_3$、$In(NO_3)_3$。铟有 $In_2O$、InO 和 $In_2O_3$。$In_2O$、InO 在空气中加热易氧化且易溶于水生成氢氧化物，$In_2O_3$ 不溶于水，但在 700～800℃易还原成金属。

#### 5.5.3.2 从含铟物料中回收铟

(1) 含铟物料浸出前的准备

含铟物料中，铟的含量很低，每吨物料含铟量一般在几百克至 2000g。通常从经济角度考虑，含铟物料最好在 800g/t 以上为宜，除此外，还有其他金属元素如铅、锌、铜、锡、砷、铁、铝等。铟在物料中主要以氧化物或硫酸盐、砷酸盐、氯化物等形式存在。因此，对物料浸出前的准备是重要的。根据工厂多年的实践，将物料中的各类金属离子酸化处理，有利于下一步浸出、过滤作业。

通过硫酸化焙烧，使物料中的铟及其他有价金属离子均转变为硫酸盐状态，由于冶金废杂物料中一般含硫很少，因此必须在物料中拌入适当的工业浓硫酸，添加部分硫酸亚铁盐，加入沸腾焙烧炉或回转窑或马弗炉中，控制温度在 500～600℃下进行焙烧。此时各金属离子转变为硫酸盐，物料中结合状的 $SiO_2$ 也被破坏了，浸出时应防止硅胶产生。

(2) 浸出

经熟化后的物料，投入浸出槽中，以清水或浸出渣洗涤水作为溶浸剂，液固比为 3∶1，控制终酸并升温。在机械强力搅拌下，根据物料性质，有时通空气增加氧化气氛，使各种有价金属以硫酸盐的形式转入溶液中或留于渣中。其主要反应式为：

$$In_2O_3+3H_2SO_4 \longrightarrow In_2(SO_4)_3+3H_2O$$

$$2InAsO_4+3H_2SO_4 \longrightarrow In_2(SO_4)_3+2H_3AsO_4$$

$$ZnO+H_2SO_4 \longrightarrow ZnSO_4+H_2O$$

$$CuO+H_2SO_4 \longrightarrow CuSO_4+H_2O$$

$$CdO+H_2SO_4 \longrightarrow CdSO_4+H_2O$$

$$PbO+H_2SO_4 \longrightarrow PbSO_4\downarrow+H_2O$$

1) 浸出技术条件

一段浸出：溶液含始酸（$H_2SO_4$）60～80g/L 或加 NaCl 40～50g/L，$T>80$℃或加

5% $MnO_2$，液固比为 5∶1，浸出时间为 3h。

二段浸出：溶液含酸（$H_2SO_4$）100～120g/L，NaCl 40～50g/L，浸出时间为 3h。

由于物料中有 $In_2S_3$ 存在，$MnO_2$ 与 NaCl 起氧化与溶解作用，因而可提高金属回收率。

浸出效果：一段浸出率为 65%；二段浸出率为 26%；总浸出率为 91%。

2）浸出设备

浸出设备视规模大小而定，有关厂家实践，日处理 3t 物料，浸出容积为 $15m^3$，体积为 $\phi$2800mm×2750mm，充满系数为 0.8。

（3）从浸出溶液中回收铟

1）萃取法回收铟

萃取是将水溶液中的金属离子在不同 pH 值条件下，用适宜的萃取剂有机相与溶液充分混合，有机相与金属离子相螯合生成萃合物而进入有机相，由于密度的不同，有机相很快分层，与萃余液分离成为负载有机相，负载有机相用水洗涤，使进入负载有机相中的金属杂质离子被清水洗入水相，此过程称为负载有机相洗涤。此时，负载有机相在反萃相中与反萃剂充分混合，使被萃取的金属离子进入反萃剂中，澄清分离后，有机相与负载反萃剂得到分离，分离后的有机相调整 pH 值再返回使用，负载反萃剂中的金属离子与母液中的金属混合离子得到分离，而成为很纯净的金属离子，将此金属离子从水溶液中置换或沉淀出来，经过加工处理成为单一金属产品，不同的金属有不同的反萃剂，如 $H_2SO_4$、HCl 等。

有机溶剂萃取的优点：平衡速度快、选择性好、分离和富集效果好、产品纯度高、试剂消耗少、易于连续作业和自动化生产等。

2）萃取剂

① 萃取剂。萃取剂种类很多，分酸性、中性、胺类等萃取剂。

酸性萃取剂有：P204，学名 2-乙基己基膦酸；P507，学名单 2-乙基膦酸、单 2-乙基己基酯。

中性萃取剂有：TBP，学名磷酸三丁酯；MIBK，学名甲基异丁基酯；N503，学名二仲辛基乙酰胺。

胺类萃取剂有：TOAN204，学名三辛胺；N235，学名三烷基胺。

② 稀释剂。稀释剂是能溶解萃取剂的有机溶剂，属惰性溶剂，萃取过程不参与反应，只能改变萃取剂的浓度，降低黏度。工业上常用煤油、苯、甲苯、二乙苯、氯仿、四氯化碳等作稀释剂。因煤油较便宜，通常用煤油作稀释剂，使用时应先用硫酸洗涤，将煤油中的不饱和烃除去，此为磺化处理，所得磺化煤油是一种浅黄色的液体，其成分为 $C_{13}H_{28}$～$C_{15}H_{32}$ 的烷烃混合物。

③ 协萃剂。在萃取过程中，为提高萃取速度，加入的试剂称为动力协萃剂，根据需要才加入。

④ 添加剂。在萃取过程中，希望是两相纯正的，但往往在液相与有机相之间有一夹层，称为第三相，主要是萃取剂和金属形成的配合物像棉絮一样夹在其中，为消除此现象，将水相排除后，往两种有机相内滴加添加剂并混合，直到消除。添加剂是醇类，包括异癸醇、辛醇、仲辛醇，二乙基己醇、对壬基酚或 TBP，用量通常为有机相体积的 2%～5%，萃取铟时使用 P204，加入 2%～3%的仲辛醇和 TBP、效果很好。

3）萃取铟工艺及技术条件

萃取技术条件如下。

① 萃取。料液要清亮，温度小于35℃，水相酸度 $H_2SO_4$ 为 30～35g/L，有机相配比为 30% P204+65%煤油+5%仲辛醇，萃取相比 O/A=1/4，4 级搅拌。

② 酸洗。150g/L $H_2SO_4$，2 级搅拌，相比 O/A=5/1。

③ 反萃。反萃剂 6mol/L HCl，相比 O/A=1/30，有机相再生，加 7%草酸，相比 O/A=1/3，1 级搅拌。

图 5-19 所示为萃取铟工艺流程。

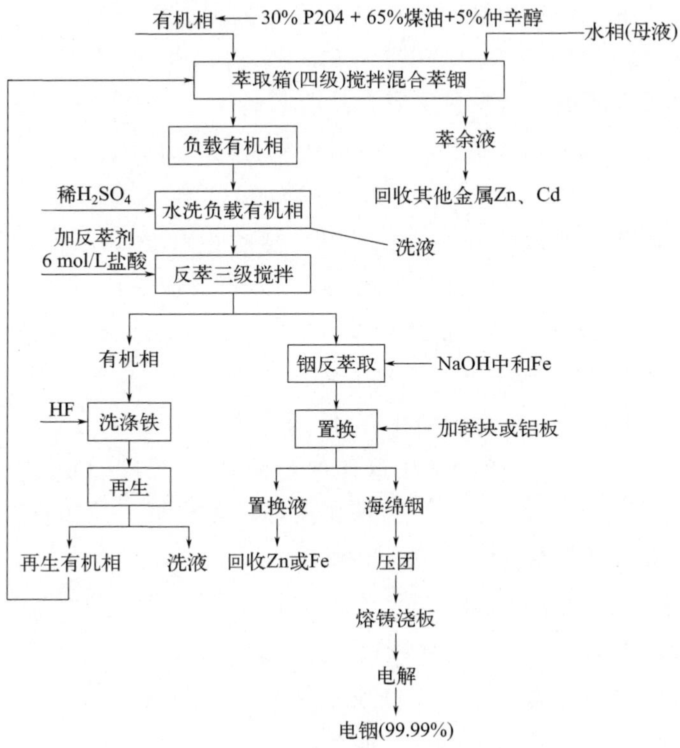


图 5-19 萃取铟工艺流程

有机溶剂萃取是一种从溶液中分离、净化、富集、提取有价金属的有效办法，早已应用在工业生产中，它具有平衡速度快、选择性强、效果好、产品纯、容量大、试剂消耗少、易于连续作业和实现自动化等优点，因而受到冶金厂家的广泛使用，但也有体积大，占地面积多，生产效率低，物料和溶剂的积压量也大等不足。

## 5.5.4 镓的回收

### 5.5.4.1 概述

镓在地壳中的含量为 $15\times10^{-6}$，镓比锑、银、铋等都丰富，但浓度极小，不能单独开采。镓存在于铝土矿中，镓和锌的结合是由于 ZnS 和 GaS 是同晶形的。镓具有亲硫的性质，所以镓与铝土矿、闪锌矿、硫化铁矿、硫镓铜矿、锗石等伴生。镓的熔点为

29.78℃，沸点为2403℃，密度为$5.907g/cm^3$。镓能溶于硫酸、盐酸，室温下不溶于硝酸，王水是镓较好的溶剂，也能与碱作用生成镓酸钠。镓有$Ga_2O$、GaO、$Ga_2O_3$三种氧化物。镓有毒性，伤肾、坏骨髓。电解提镓时，用HCl处理粗镓，要通风良好，防止镓的化合物接触皮肤，污染食物。镓主要是半导体的基础材料，其化合物砷化镓、磷化镓、镓铝砷等应用广泛，砷化镓可作成功率高的激光器、发光二极管、太阳能电池，在大规模集成电路、原子能工业、合金以及光学仪器、催化剂、特殊热电偶等领域广泛应用。高纯镓需求迅速增加，目前年消耗量已达200t，日本年耗量已超过120t，全球消费量每年以20%的速度增长。

#### 5.5.4.2 从铝土矿中回收镓

大量镓主要是从生产氧化铝的过程中回收得到的。众所周知，用拜耳法处理铝土矿时，压煮铝土矿，矿中的镓和铝被碱溶解，分别以镓酸钠（$NaGaO_2$）和铝酸钠（$NaAlO_2$）的形式进入溶液。其主要反应为：

$$Al_2O_3+2NaOH = 2NaAlO_2+H_2O$$

$$Ga_2O_3+2NaOH = 2NaGaO_2+H_2O$$

然后在晶种分解液中抽取部分溶液回收镓，或在电解$Al_2O_3$的阳极合金、电解尘、煤末中回收镓。当用$Na_2CO_3$烧结法处理铝土矿时，其反应为：

$$Al_2O_3+Na_2CO_3 = 2NaAlO_2+CO_2\uparrow$$

$$Ga_2O_3+Na_2CO_3 = 2NaGaO_2+CO_2\uparrow$$

烧结料经浸出，脱硅后，进行碳酸化分解，84%的镓富集于分解的母液中，此后，抽取部分母液回收镓。拜耳法处理铝土矿返回的母液一般含$Na_2O$ 150～200g/L、$Al_2O_3$ 70～100g/L、Ga 0.18～0.24g/L。回收母液中的镓，方法很多，如石灰乳-电解法、碳酸化法、中和溶解法等，有关专著已有详细介绍。

#### 5.5.4.3 从湿法炼锌浸出渣中回收镓

（1）从回转窑挥发烟尘、窑渣磁选铁精矿富集镓

众所周知，锌精矿中除含有55%～60%锌外，还含有镓、锗、铟，焙砂通过中性浸出，浸出渣还含有锌，并以$ZnO\cdot Fe_2O_3$形态存在，占有55%～68%，其次是$ZnSO_4$和ZnO，Ga、Ge、In大部分进入此渣中，将浸出渣配入焦炭粉，控制$m(CaO)/m(SiO_2)\leqslant 1$，投入回转窑。在1250℃下，进行还原、挥发，大部分Ga、Ge、In和Zn、Pb、Bi一起挥发进入烟尘中。此烟尘也含有氯气和氟气，将此烟尘投入$Na_2CO_3$水溶液中，在pH值为8的条件下洗涤脱氯后得脱氯烟尘，回转窑渣送出磨矿（细度200目以下占90%）——磁选得含Ga铁精砂。

表5-9所列为物料成分分析，表5-10所列为物料物相分析，表5-11所列为窑渣磨矿-磁选结果分析。

表5-9 物料成分分析

| 物料 | $w(Zn)/\%$ | $w(Fe)/\%$ | $w(Ga)/(g/t)$ |
|---|---|---|---|
| 焙砂 | 55.2 | 8.33 | 351 |
| 浸出渣 | 18.3 | 20.35 | 543 |
| 窑渣 | 8.2 | 26.38 | 554 |

表 5-10　物料物相分析

| 物料 | 焙砂中 | 浸渣中 | 窑渣中 |
| --- | --- | --- | --- |
| $w$(Fe 氧化物)/% | 55.84 | 56.72 | 53.97 |
| $w$ (硫化物)/% | 2.85 | 4.6 | 8.66 |
| $w$(硅酸盐)/% | 41.31 | 38.67 | 37.36 |

表 5-11　窑渣磨矿-磁选结果分析

| 磁选物料 | 产率/% | Fe 品位/% | Fe 回收率/% | Ga 品位/(g/t) | Ga 回收率/% |
| --- | --- | --- | --- | --- | --- |
| Ga Fe 精矿 | 57.76 | 92 | 86.59 | 1379 | 92.62 |
| 尾矿 | 42.24 | 19.49 | 13.41 | 150 | 7.38 |
| 原矿 | 100 | 61.37 | 100 | 860 | 100 |

锌浸出渣经回转窑还原挥发焙烧得到烟尘和窑渣，窑渣经磨细至 200 目以下，进行磁选得到含镓铁精矿，含镓品位为 1500g/t，镓的回收率不小于 90%，该铁精矿用 100%的硫酸溶浸 7h，镓的浸出率可达 98%。

(2) 烟尘和磁选铁精矿氧化酸浸回收镓

回转窑还原挥发的烟尘，经 $Na_2CO_3$ 溶液脱氯后，其中的重金属氯化物，如 $CuCl_2$、$ZnCl_2$、BiOCl、$CdCl_2$、SbOCl 等与 $Na_2CO_3$ 作用生成碳酸盐沉淀进入洗渣中，将此脱氯烟尘在硫酸中浸出，并加入少量 $K_2SO_4$ 和 $FeSO_4$，pH 值控制在 5.5，完成中性浸出，得滤渣，工艺如图 5-20 所示。溶液中的 Zn、Cd 与渣分离，送去回收 Zn、Cd，中性渣用稀硫酸浸出。过程中加入 $CaSO_4$，将高价铁还原为低价铁，终点控制 pH 值为 1，经过滤获得铅渣，Ga、Ge、In 及其他少量金属离子进入溶液，然后用锌粉置换，得到含 Ga、Ge、In 的置换渣，采用逆流酸浸，即液固比为 10，温度为 90℃，最终酸度为 0.56～0.66mol 下浸出 2～3h，置换渣中 96%以上 Ga、In、Ge 进入溶液，其化学反应为：

$$Ga_2O_3 + 6H^+ \longrightarrow 2Ga^{3+} + 3H_2O$$

$$2Ga(OH)_3 + 6H^+ \longrightarrow 2Ga^{3+} + 6H_2O$$

$$ZnO \cdot GaO_2 + H_2SO_4 \longrightarrow H_2GaO_3 + ZnSO_4$$

$$FeO \cdot GaO_2 + H_2SO_4 \longrightarrow H_2GaO_3 + FeSO_4$$

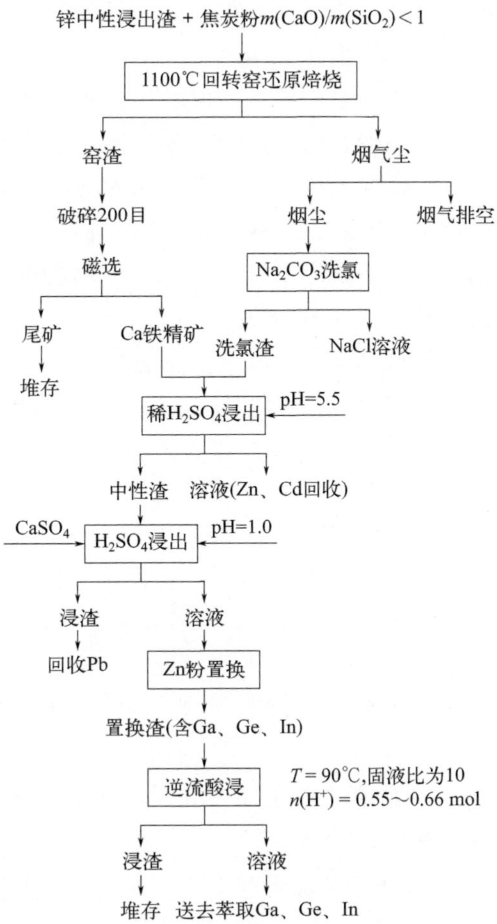


图 5-20　锌中性浸出渣还原焙烧磁选浸出工艺流程

$$ZnO \cdot GaO_2 + 2H_2SO_4 = GaO \cdot (SO_4) + ZnSO_4 + 2H_2O$$

$$GaO + H_2SO_4 = GaSO_4 + H_2O$$

## 5.5.5 锗的回收

### 5.5.5.1 概述

锗在地壳中的含量为 $7\times10^{-6}$，比金、银、铂多得多，但分布非常分散，没有单独的天然矿石提炼。锗具有亲硫性，它与铜、锌、铅伴生，以锗石存在于硫化矿中，也具亲铁性，氧化铅锌矿、氧化铁矿是它的寄生矿物。二氧化锗稍溶于水，因而在煤、有机物中，以及植物，甚至矿泉水中都含有锗。锗是脆性金属，但温度高于 600℃时，锗单晶可以承受塑性变形，一切加工与玻璃和石英相似。锗是重要的半导体材料。锗溶于加热的浓硫酸中，不溶于稀硫酸中，在王水中容易溶解，也能被硝酸氧化，熔融碱在有空气存在的条件下很快溶解锗并放出氢气。在室温下，氯气能和锗剧烈反应生成 $GeCl_4$，锗不生成碳化物，所以锗可在石墨坩埚里熔化而不污染。锗的化合物有 GeO 和 $GeO_2$，是生产金属锗的原始化合物。锗的化合物一般是低毒性，氢化锗与砷化氢一样，是血溶性毒物，毒性比砷化氢小，毒性限在 8h 以内。

锗主要用于半导体，但近年来在红外光学和光导纤维方面的应用更为广泛，可制造光学透镜、棱镜，用于热像仪扫描而广泛装备于军事、航空领域。光通信就是利用激光在光导纤维中传递各种信息。半导体的锗二极管、锗晶体管应用量下降，但锗半导体辐射探测器广泛用于国防、宇航、原子能、石化、医疗等领域。锗和铂的卤化物可作石油精制的催化剂，另外锗还用于温差电池、太阳能电池、超导、荧光体、激光器、热敏电阻、医药、保健食品、抗癌等用途。

回收锗的有用资源及含量包括以下几个方面。

① 锗石经浮选得含锗 0.25%的锗精矿。

② 氧化铅锌矿一般含锗 0.004%～0.008%，经竖炉熔炼或烟化，烟尘含锗 0.04%～0.06%，锌浸出渣经回转窑还原挥发，烟尘含锗 0.003%～0.005%，含铟 0.05%～0.06%。

③ 煤中的锗主要在煤灰中，含煤灰少，则锗多；含煤灰多，则锗少。前者含锗一般为 0.0219%～0.0223%，后者含煤灰在 13%～15%，含锗为 0.0061%～0.0071%。氨水、炼焦油含锗 0.003%～0.004%。

④ 铁矿中的锗一般在氧化铁矿中为 0.002%～0.01%，炼铁过程中锗全部进入铁水中，只有铁水吹炼或将铁矿石在高炉中 1350℃下还原挥发熔炼得到的烟尘含锗可达 0.3%～2%。

⑤ 铜矿石中的锗在熔炼过程中，40%的锗入烟尘，42%入炉渣，18%入冰铜，烟尘仅含锗约 0.12%～1.18%。

⑥ 半导体器件中的锗从百分之几到 99%，约有 30%可利用。

### 5.5.5.2 从锗石精选矿或铅、锌氧化矿中回收锗

（1）锗精矿或氧化铅锌矿挥发熔炼回收锗

锗石矿通过浮选得锗精矿，含锗 0.25%，氧化铅锌一般含锗为 0.004%～0.008%，

这些矿石均可以通过鼓风炉或悬浮熔炼炉、烟化炉还原挥发熔炼。矿砂中的锗当温度在600℃时开始氧化，发生下列反应：

$$Ge+1/2O_2 \xlongequal{} GeO$$

当炉内产生 $CO_2$，温度上升至 800～900℃，锗强烈氧化挥发矿物中的硫化锗，在中性气氛中 800℃下氧化挥发得慢，但在 CO 还原气氛中，锗的挥发率可达 90%～98%，上述熔炼炉正是利用焦炭燃烧创造强还原气氛的有利条件，将矿物中的锗还原挥发，经冷凝、布袋除尘进入烟尘中。其中含有氧化物锗，也有少量硫化物锗、$As_2O_3$、氯、氟、镉、铅、硫等有害杂质。因此，应将此烟尘在多膛炉或回转窑中在 500～600℃下进行焙烧，并加入 1%～1.5%的木炭粉，干粉料可制粒，通过焙烧处理，脱氟率 90%，脱氯率可达 80%～85%，脱砷锑率可达 60%～70%，此焙烧渣含锗可达 4%～8.5%，其可作为湿法提取锗的原料，脱砷烟尘含砷高达 75%，并有少量铅和锗，在此作业中锗的损失约为 0.5%。

（2）脱氯焙砂在盐酸体系中浸出、蒸馏回收锗

将焙砂用 9mol/L 的盐酸溶解并加入硫酸、$FeCl_3$ 或氯气进行浸出。在浸出的同时，加热至 85～130℃，浸出与锗的蒸馏同时进行，使锗进入馏出物，这是因为锗的氯化物（$GeCl_4$，沸点为 84℃）与共存于溶液的其他成分氯化物的沸点差异很大，将馏出物 $GeCl_4$ 冷却到－10℃下为盐酸所吸收，吸收后的废气经碱液吸收后排空，在收得的 $GeCl_4$ 中加入其 4～6 倍体积的 5～8MΩ 电导纯水，随后搅拌发生水解而产生纯 $GeO_2$。反应如下：

$$GeCl_4+2H_2O \xlongequal{} GeO_2\downarrow+4HCl$$

滤出 $GeO_2$，在 200℃下干燥，然后用氢气还原得金属锗。反应如下：

$$GeO_2+2H_2 \xlongequal{} Ge+2H_2O$$

蒸馏后的残液经过滤，残渣用于提取铅和银，残液加锌粉净化，得净化渣，用于提取 Cd、Ga、In，净化液用于浓缩提取 $ZnCl_2$ 或加 $Na_2CO_3$：

$$ZnCl_2+Na_2CO_3 \xlongequal{} ZnCO_3+2NaCl$$

碳酸锌焙烧分解生产 ZnO 出售。

工艺流程如图 5-21 所示。

## 5.5.6 铼的回收

### 5.5.6.1 概述

铼在地壳中的含量约为十亿分之一，没有自然形态的铼存在。德国人首先发现并从炼铜厂的残渣中（炉壁结块）生产出铼，1942 年，美国从辉钼矿焙烧烟尘中生产出铼。据调查，辉钼矿是铼唯一的宿主矿物，另外，还有最重要的斑岩铜钼矿，铼是与铜矿溶解物共生的，其他矿物的铼为痕迹量。据称：99%的铼来源于斑岩铜钼矿、辉钼矿。同时，在钼-铼废催化剂、铜铼合金废料中可回收二次资源铼。赞比亚是生产铼的主要国家之一。

铼的主要用途是用作石油重整催化剂，也用作醇类脱氢制造醛、酮及其他有机合成工业的催化剂。在航天工业中广泛用于人造卫星和火箭的外壳，铼的合金用于新式军用飞机的涡轮上和民用飞机的关键部位上，钨铼、钼铼合金用于制造热电偶、加热元件、温控器、真空管、X-射线管和靶、金属镀层、电触点等，价格非常昂贵[15]。

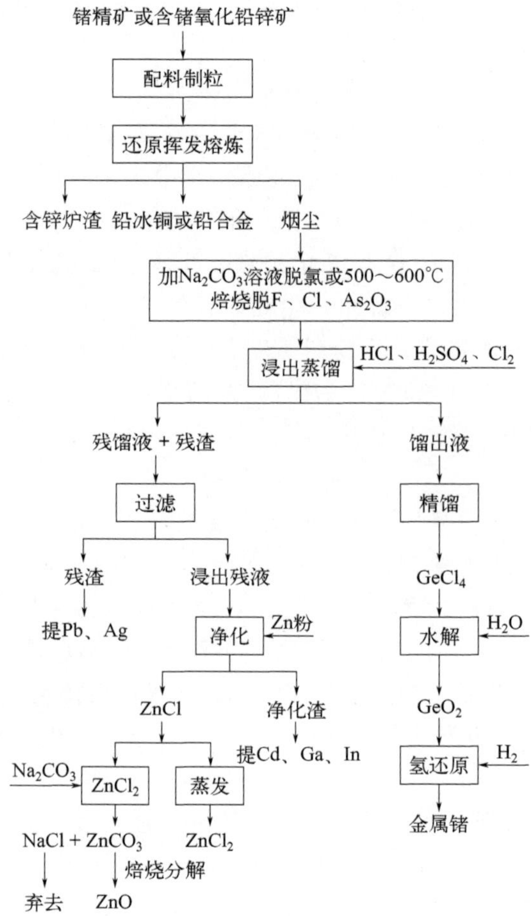


**图 5-21 锗精矿或含锗氧化 Pb-Zn 矿回收锗工艺流程**

铼的密度为 $21g/cm^3$，熔点为 3180℃，仅次于钨和碳。在合金中铼能使铂硬化，能使铬、钨、钼软化，铼能抗盐酸、氢氟酸；冷硫酸对铼的腐蚀也很小，但容易溶解在硝酸中，铼的化合价从－1 到＋7 价。高铼酸铵和高铼酸是铼的主要工业化合物，铼在矿物中以 $Re_2S_7$ 和 $ReS_2$ 存在，在加热条件下易被氧化为 $Re_2O_7$ 和 $SO_2$，$Re_2O_7$ 在溶液中易溶于水，变成 $HReO_4$。

铼的资源主要是斑岩铜钼矿和辉钼矿，还有二次利用的废催化剂、铜铼合金和钨、铜-铼合金等。众所周知，炼铜和炼钼首先是焙烧脱硫和高温下熔炼，在焙烧或熔炼过程中铼进入焙烧或熔炼烟气中，其反应为：

$$2Re_2S_7+21O_2 = 2Re_2O_7+14SO_2$$

熔炼或焙烧的烟气经过收尘（或电收尘）等，烟气要经过稀酸洗涤，将其中的微尘和挥发性气体如 $SO_3$、$Re_2O_7$ 洗涤下来。因此从铜冶炼和钼冶炼的工艺过程中提取铼主要还是从烟尘和烟气的洗涤溶液中回收铼，另外，由于焙烧温度比炼铜的熔炼温度低，炼钼的焙烧砂中也残存有铼，也是回收资源。

铼的原料主要有辉钼矿和斑岩铜钼矿以及一些废旧物料——钨铼、钼铼、铜铼、铂铼等合金或催化剂。从矿物中多是利用铼的硫化物易于被氧化成 $Re_2O_7$ 挥发进入烟气中，

以及 $Re_2O_7$ 易溶于水中的特性，通过在溶液中沉淀析出、有机溶剂萃取或离子交换等方法从溶液中回收铼。由于氧化物易于挥发，在烟气中用水淋洗捕收不易捕收完全，捕收率一般在 60%～70%。因此损失很大，改进从烟气捕收铼的方法是需要研究的重要课题。

#### 5.5.6.2 从炼铜烟气洗涤净化溶液中回收铼

炼铜烟气经收尘后，在制酸前，要经稀酸洗涤，将其中的微尘和 $SO_3$ 转入溶液中。此时，氧化挥发的 $Re_2O_7$ 也随烟气洗涤进入溶液，并溶解成 $HReO_4$ 存在于溶液中。有研究者对某铜冶炼厂的含铼烟气洗涤液进行了分析，溶液中铼的含量为 0.12g/L，含 $H_2SO_4$ 112g/L，经过多次对比试验，提出了用天津南开大学生产的大孔强碱性树脂 D296 进行交换，具有良好的效果。工艺流程如图 5-22 所示。

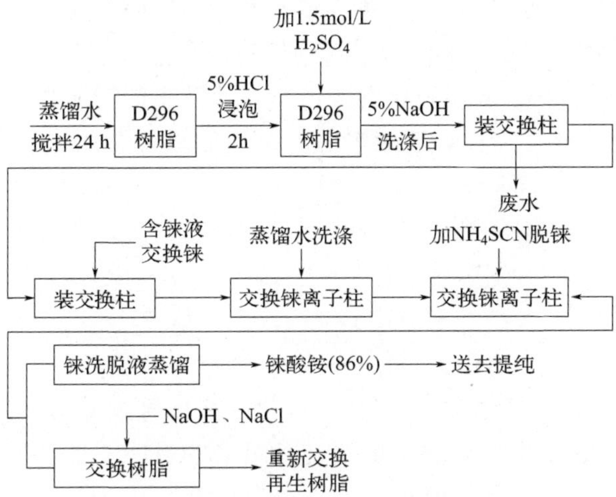


图 5-22 铼离子树脂交换工艺流程

具体过程如下：将离子交换树脂进行预处理，用蒸馏水浸泡 D296 离子交换树脂 24h，并不断搅拌，弃去浸液后，再用 5%盐酸浸泡，并不断搅拌 2h；向含铼溶液中添加一定浓硫酸，以排除溶液中其他离子的干扰，使硫酸含量为 1.5mol/L，并滤去机械杂质。

① 固定床离子交换柱的装置　用湿法把经过上述预处理的 D296 离子交换树脂装入一根直径为 300mm，高 1500mm 的玻璃柱中。注意玻璃柱的底部用玻璃丝作床衬，当装满离子交换树脂后，再用 5%NaOH 溶液洗涤树脂床，直到洗涤液使 $FeCl_3$ 稀溶液呈深红色为止。

② 铼离子交换过程　把预处理的含铼溶液从高位储槽中慢慢流入上述离子交换树脂柱中，流入的速度以 30mL/min 为佳，该交换柱大约可处理 $10m^3$ 溶液。

③ 洗涤工艺　先把交换过铼的树脂用 5 倍于床体积的蒸馏水洗涤，洗涤速度为 60mL/min，洗涤后弃去洗涤液，然后用 2mol/L 的硫氰酸铵（$NH_4SCN$）溶液作洗涤液，洗涤速率为 60mL/min，把 $ReO_4^-$ 洗脱，收集所得洗脱液，当流出液使 $FeCl_3$ 稀溶液变成血红色时，即可停止洗脱。

④ 铼酸铵晶体制备　收集到的洗脱液加热蒸馏，注意溶液温度不宜高于 100℃，最后可析出铼酸铵晶体，所得产品纯度含铼酸铵量仅 86%，还需继续精制才可用于制造铼的有用化合物。

⑤ 离子交换树脂再生　把上述洗脱过的离子交换树脂先用蒸馏水洗两次，每次大约

用 2 倍于床体积的蒸馏水洗涤，然后用 7～8 倍于床体积的 0.1mol/L 的 NaOH 和 2moL/L NaCl 混合液洗交换树脂。洗涤速率为 120mL/min，经上述处理后的离子交换树脂可以循环交换铼。经研究，D296 离子交换树脂再生处理后，可以使用 8 次，且效果没有明显下降。

首先要注意的是在交换、洗脱、再生等工序中控制好液体流速，否则会影响树脂的正常效率。如果流速过快，将导致树脂床过早被穿透。其次是在洗脱树脂中铼的最后阶段，由于洗涤液中 $ReO_4^-$ 浓度不大，故洗涤液可循环使用，避免洗涤液量过多而导致制铼酸铵晶体时能耗过多。

#### 5.5.6.3 从烟气净化溶液硫化沉淀物中回收铼

铜冶炼过程所产生的烟气，在经除尘后，用稀酸洗涤烟气中的微尘和气态 $SO_3$、$As_2O_3$，使它们转入溶液，这些溶液是不能直接排放的，因含有酸和 $As_2O_3$ 及其他重金属离子，必须处理。目前一般采用硫化的办法，使溶液中的有害离子及重金属离子沉淀下来，溶液 pH>7 才能排放，因此，溶液中的 $ReO_4^-$ 也被硫化了，硫化过程中的反应为：

$$Na_2S+H_2SO_4 \longrightarrow Na_2SO_4+H_2S\uparrow$$

$$2HReO_4+7H_2S \longrightarrow Re_2S_7+8H_2O$$

$$As_2(SO_4)_3+3H_2S \longrightarrow As_2S_3+3H_2SO_4$$

$$As_2O_3+3H_2S \longrightarrow As_2S_3+3H_2O$$

$$MeO+H_2S \longrightarrow MeS+H_2O$$

沉淀物中有大量 $As_2S_3$（约 23%～30%）和一些重金属硫化物，铼硫化成人造硫化矿。因此，脱除大量 $As_2S_3$ 是关键，将沉淀物在 NaOH 溶液中鼓空气进行氧化浸出，$As_2S_3$ 很容易溶解成 $HAsO_4^{2-}$ 形态进入溶液中，而 $Re_2S_7$ 难溶于碱金属硫化物溶液中，浸出过滤，得含 $HAsO_4^{2-}$ 的溶液和含 $Re_2S_7$ 的滤渣，$Re_2S_7$ 得到富集，滤液中加入 $Ca(OH)_2$ 生成 $Ca_3(AsO_4)_2$ 沉淀，上清液返回浸出过程，然后向沉淀中加入 $H_2SO_4$ 并通入 $SO_2$，还原得 $As_2O_3$，其纯度可达 99.5%以上，浸渣烘干可用加热氧化焙烧，将渣中的 $Re_2S_7$ 氧化成 $Re_2O_7$，其反应为：

$$2Re_2S_7+21O_2 \longrightarrow 2Re_2O_7+14SO_2$$

由于 $Re_2O_7$ 易挥发，在烟气中不易捕收，影响回收率，因此可将 $Re_2S_7$ 溶于硝酸产生高铼酸及 $SO_2$，其反应为：

$$Re_2S_7+2HNO_3+9O_2 \longrightarrow 2HReO_4+7SO_2+2NO\uparrow$$

将铼转入溶液，利用强碱性离子交换树脂 D296 对铼具有较好的选择性，将溶液中的高铼酸在酸性溶液中进行离子交换，回收铼得铼酸铵晶体，工艺过程与前节阐述相同，其工艺如图 5-23 所示。也可以在溶液中加入 KOH，使高铼酸转化为 $KReO_4$ 沉淀，过滤得 $KReO_4$ 沉淀物，经蒸馏重溶，在 0℃以下反复结晶 2～3 次，得纯 $KReO_4$，反应式为：

$$HReO_4+KOH \longrightarrow KReO_4+H_2O$$

#### 5.5.6.4 从钼精矿氧化焙烧烟尘或烟气淋洗液中回收铼

硫化钼矿含钼品位不高，但通过选矿易于富集，钼精矿含钼均在 20%～48%，含铼一般在 0.025%～0.14%，钼冶金提取钼，首先要在 550～600℃下进行氧化焙烧脱硫。在焙烧过程中，铼易于氧化脱硫成为氧化物（$Re_2O_7$）随烟气进入烟尘中，据文献记载，在

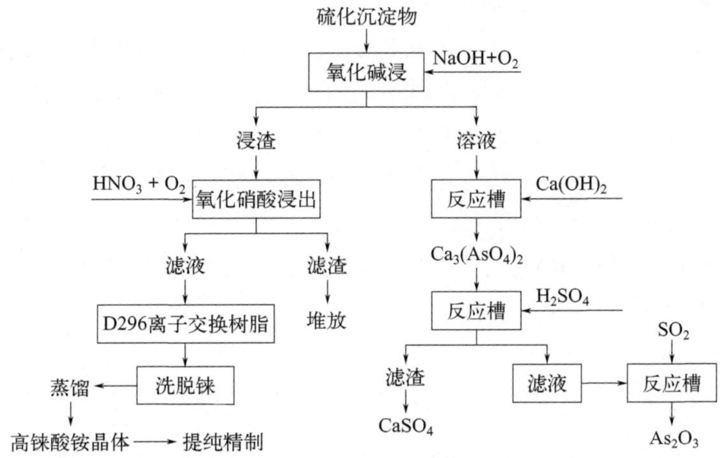


图 5-23 含铼沉淀物中回收铼工艺流程

550℃下，用沸腾炉氧化焙烧辉钼矿，铼的氧化挥发率可达 85%～95%，而用多膛炉或用回转窑作业，其氧化挥发率只能达 60%左右。通过氧化挥发收集的烟尘中含铼通常在 0.3%～1.6%，从烟尘中或烟气经淋洗塔和湿式电除尘器除尘，最终均是以烟气中的 $Re_2O_7$ 溶于水而生成高铼酸。从钼精矿中回收铼的方法有氧化焙烧沉铼法、氧化焙烧萃取法、石灰烧结法等，有关专著已有详细阐述。

## 5.5.7 铊的回收

### 5.5.7.1 概述

铊在地壳中的含量为 0.0003%，比铋、镉、锑多 5 倍，比银、汞多 10 倍，铊有硒铊银铜矿、砷铊铅矿、红铊矿和硫砷锑铊矿，由于比较分散，难以实用。铊是银白色柔软金属，熔点为 303.5℃，沸点为 1457℃，密度为 11.85g/$cm^3$。金属铊能迅速溶于硝酸，在硫酸中溶解缓慢，盐酸中微溶。值得注意的是，铊溶于硝酸后，向所得溶液中加入过量盐酸，随后蒸发溶液，会有白色的氯化铊（TlCl）沉淀析出。此外，铊在空气中氧化，温度高，氧化加快，氧化亚铊（$Tl_2O$）溶于水生成 TlOH，为黑色粉末，能腐蚀玻璃，吸收 $CO_2$ 生成 $Tl_2CO_3$。$Tl_2CO_3$ 为棕色氧化物，氧化亚铊能溶于硝酸、磷酸、硫酸，又可生成各种卤化物，如 TlCl、$TlCl_3$，由于 Ga、In、Tl 处于同一主族，它的氢氧化物有相似之处，也略有差异，$Tl(OH)_3$ 为红褐色，呈碱性，而 $Ga(OH)_3$ 和 $In(OH)_3$ 为白色，属两性。

铊的用途：近年来主要用在电子工业和红外光，以及抗腐合金、硒整流器上，如碘化铊、溴化铊可用作红外棱镜，闪烁发光体及光纤添加剂，用金属铊制 Ag-Tl 合金作耐腐蚀材料，Pb-Tl 作特殊保险丝，Hg-Tl 作低温温度计，氟化铊作光学玻璃，用铊及其化合物作杀虫剂及杀真菌剂，硫酸铊作杀鼠剂，但作杀虫剂应有控制地使用。铊的有用资源主要存在于铅-锌冶炼的烟尘中，一般含铊 0.051%～0.12%，铅电解液中也含有 5～6g/L，湿法炼锌的铜-镉渣含铊 0.1%～0.3%，以及铅、锌精炼的浮渣，火法炼锌的蓝粉，镉冶炼残渣均有铊的富集存在，炼铜烟尘和硫酸厂的酸泥中也有铊，还有其他稀散金属。

### 5.5.7.2 从冶炼烟尘、残渣、浮渣中回收铊

有色金属冶炼过程中，铊主要富集在烧结或熔炼过程的烟尘及精炼浮渣或吹炼烟尘中，这些物料均可作为回收铊的有用原料。回收的方法根据烟尘成分的复杂性来选择。采用烟尘中包括氧化物、硫化物或各种盐类，因此首先应对物料细磨（块料）使混合物均匀，然后加入木炭粉、硫酸混合制粒进行酸化焙烧，温度控制在480～500℃，高于此温度 $Tl_2O$ 挥发。焙烧渣进行硫酸浸出，见图 5-24，使大量铅转变为 $PbSO_4$ 进入浸渣中，浸出液用氧化锌粉中和并加 $KMnO_4$，净化除砷、铁，此时 $Fe^{2+}$ 氧化成 $Fe^{3+}$，pH=5.4，三价氧化铁将砷吸收带入渣中。然后，将溶液加热至50%～60%，用 $(NH_4)_2S_2O_8$ 将一价铊氧化成三价铊：

$$Tl_2SO_4+2(NH_4)_2S_2O_8 = Tl_2(SO_4)_3+2(NH_4)_2SO_4$$

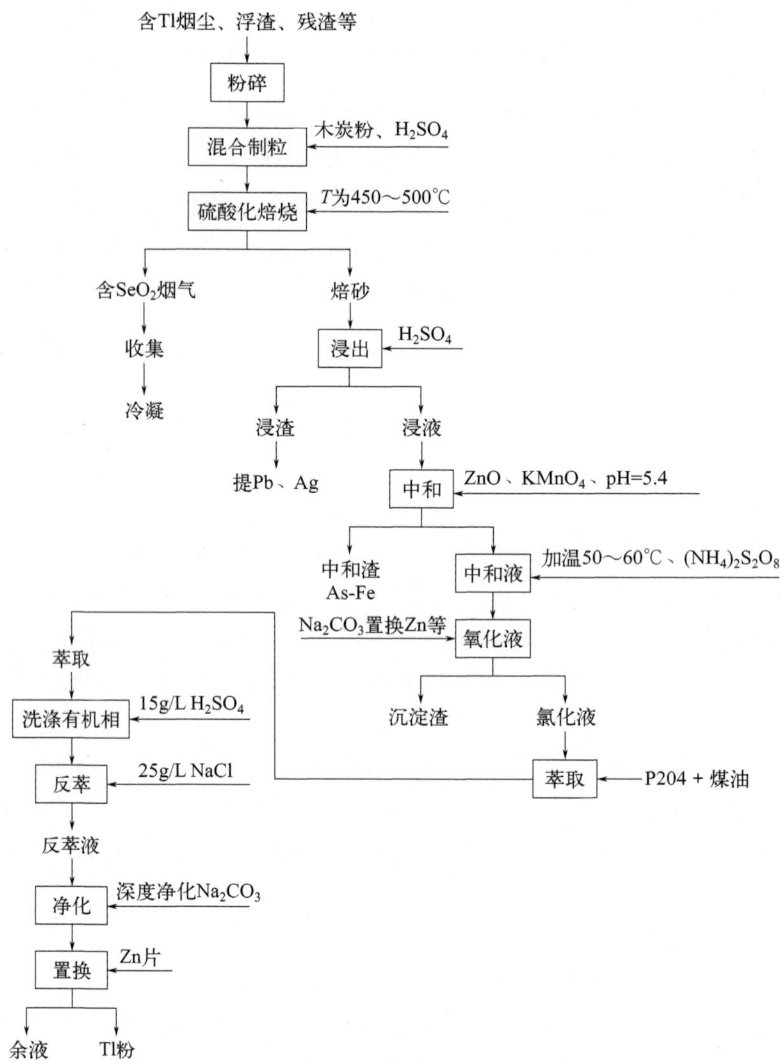


图 5-24 硫酸化焙烧-浸出-萃取回收铊工艺流程

再加入 $Na_2CO_3$ 溶液，使 Zn、Cu 和 Cd 以碳酸盐形式沉淀除去，然后将溶液冷却到室温，用0.3mol/L 的 P204 和煤油，在相比 O/A=10/1 下，进行反萃铊，将负载有机相

用 15g/L 硫酸洗涤，再用 25g/L NaCl（或加入 $Na_2SO_3$）溶液，相比 O/A＝1/10 下反萃，其萃取与反萃机理：

$$Tl^{3+}+3[H_2A_2](有)=[TlA_3\cdot 3HA](有)+3H^+(水)$$

式中，$[H_2A_2]$ 为 P204 代表式。

反萃：

$$[TlA_3\cdot 3HA](有)+4NaCl(水)+3H_2O(水)=3[H_2A_2](有)+3NaOH(水)+NaTlCl_4(水)$$

反萃得到的 $NaTlCl_4$ 水相，含 Tl 达 21g/L 左右，用 $Na_2CO_3$ 进一步除杂、净化后，过滤，溶液控制 pH 值为 2～3。用锌片置换铊得海绵铊，并用压力机压成团块放在水中，防止再氧化，待量足够，取出进行熔化，烧铸成阳极板，进行电解得金属铊。用 P204＋煤油萃取铊具有选择性好和萃取能力强的优点，但它只能在三价铊的情况下实现萃取，因此先要将一价铊氧化成三价铊。

#### 5.5.7.3 从炼铜烟尘浸渣生产电铅的溶液中回收铊

炼铜烟尘为了回收铜、锌，经浸出得浸渣，浸渣含铅 20%～35%，还含铋、铜和少量稀散金属与贵金属等，此渣经熔炼得粗铅，粗铅精炼得含铜浮渣，铊一部分进入精炼粗铅，随着电解，铊进入铅电解液，铅电解液循环使用，铊在铅电解液中有所富集，可达 4～6g/L，因此也可以从铅电解液中回收铊，见图 5-25，据称，月产电铅 900～1000t，可从电解液中回收 60kg 铊。

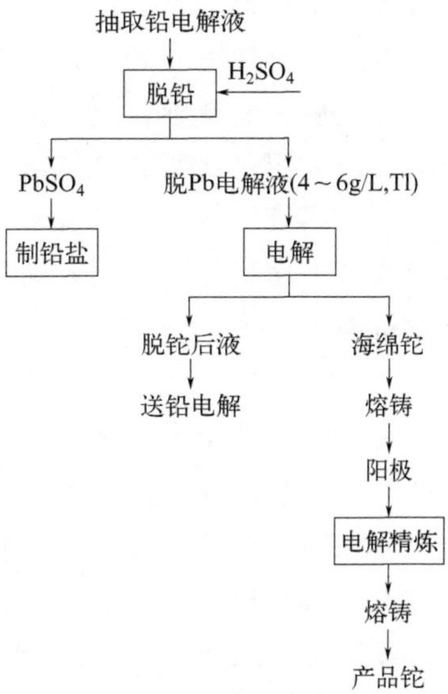


图 5-25 从铅电解液中回收铊工艺流程

回收的海绵铊，其品位约 85%，含 3% Cd，2% Pb，5%Sn；经熔铸成阳极板电解精炼得金属铊，纯度为 99.99%。

## 5.6 贵重金属的再生利用技术

### 5.6.1 含金废料的再生利用

金是化学上最稳定的金属，它具有良好的装饰性、耐蚀性、减磨性、抗变色和抗氧化的能力，还具有接触电阻小和优良的钎焊性。因为它的产量极少，所以非常珍贵。要考虑从废液、废渣、废旧电器等废弃物中通过各种方法来回收金。

#### 5.6.1.1 从含金废液中回收金

（1）含金氰化废液中金的回收

含金氰化废液主要是镀金废液（一般酸性镀金废液含金 4～12g/L，中等酸性镀金废液含金 4g/L，碱性达 20g/L）。尽管世界各国都在开展无氰电镀的研究和试产，但氰化物镀金以其无可替代的镀层光洁度和牢固度，仍然是镀金的最常用方法。一段时间以后，杂质离子在镀液中的量积累到一定程度，镀液就必须处理或回收。回收的目的主要是为了将贵金属提取出来，同时将氰化物处理成对环境没有危害的物质。除氰处理后的尾液达到含氰物排放标准时才能排放，在回收操作中更应特别注意防止中毒。常用的含氰镀金液的金回收方法有电解法、置换法和吸附法等。根据含氰镀金废液的种类和金含量可以选择单种方法处理，也可以采取几种方法联合处理。

1）电解法

将含金废镀液置于一敞开式电解槽中，以不锈钢作阳极，纯金薄片作阴极，控制液温为70～90℃，通入直流电进行电解，槽电压约5～6V。在直流电作用下，金离子迁移到阴极并在阴极上沉积析出。当槽中镀液经过定时取样分析，金含量降至规定浓度以下时，结束电解，再换上新的废镀液继续电解提金。当阴极析出金积累到一定数量后，取出阴极，洗涤后铸成金锭。电解法处理含金废液除了上述开槽电解外，还可以用闭槽电解进行处理。即采用一封闭的电解槽进行电解作业，溶液在系统中循环，控制槽电压为2.5V进行电解。当废镀液含金量低于规定浓度时，停止电解。然后出槽，洗净、铸锭。电解尾液经吸收槽处理达标后，废弃排放。闭槽电解的自动化程度较高，对环境比较友好，但一次性设备投入较大。

2）置换法

含金废镀液中金通常以 $Au(CN)_2^-$ 的形式存在。在废镀液中加入适当还原剂，即可将 $Au(CN)_2^-$ 中的金还原出来。根据镀液的种类和含金量，还原剂可以选用无机还原剂（如锌粉、铁粉、硫酸亚铁等）或有机还原剂（如草酸、水合肼、抗坏血酸、甲醛等）。无机还原剂的价格比有机还原剂的低，但处理废镀液以后，过量无机还原剂必须设法除去。有机还原剂价格较高，但还原金氰配合物后的产物与金很容易分离。由于金在回收过程中首先得到的是粗金，后继提纯在所难免。因此，实际操作中一般采用无机还原剂（特别是锌粉和铁粉）进行还原。将金置换成黑金粉沉入槽底。锌粉还原的反应方程式为：

$$2KAu(CN)_2 + Zn \xlongequal{} K_2Zn(CN)_4 + 2Au\downarrow$$

具体操作步骤为：将含金废镀液取样分析，确定其中的含金量。将废镀液置于塑料容器中，加入约1.5倍理论量的锌粉，搅拌。为了加速置换过程，含金废镀液应适当稀释和酸化，控制pH＝1～2。在酸化废镀液时易放出HCN气体，所以有关作业应在通风橱中进行。置换产物过滤后，浸入硫酸，以去除多余锌粉，再经洗涤、烘干、浇铸即得粗金。滤液经过化验，含金量和游离氰含量低于规定值时可以排放，否则应进一步处理。其工艺流程如图5-26所示。

3）活性炭吸附法

活性炭对金氰配合物具有较高的吸附能力，活性炭吸附的作业过程包括吸附、解吸、活性炭的返洗再生和从返洗液中提金等步骤。含金废镀液经化验含金量后，置于塑料容器中。加入适当粒度的活性炭，充分搅拌。将吸附混合物离心脱水，所得液体收集后集中处理。将所得湿固体加入由10% NaCN和1% NaOH组成的混合液中，加热至80℃，充分搅拌下进行解吸金。过滤或离心脱水，所得滤液即为含金返洗液，将活性炭加入去离子水中，充分搅拌，脱水，反复3次。所得滤液并入含金返洗液中，活性炭经干燥后可以重新使用。返洗液中金的含量已经大大提高。用电解或还原的方法将返洗液中的金提取出来。

用活性炭处理含金废镀液时，废液中［$Au(CN)_2$］活性炭的吸附一般认为是物理吸附过程。活性炭孔隙度的大小直接影响其活性的大小，炭的活性越强对金的吸附能力越

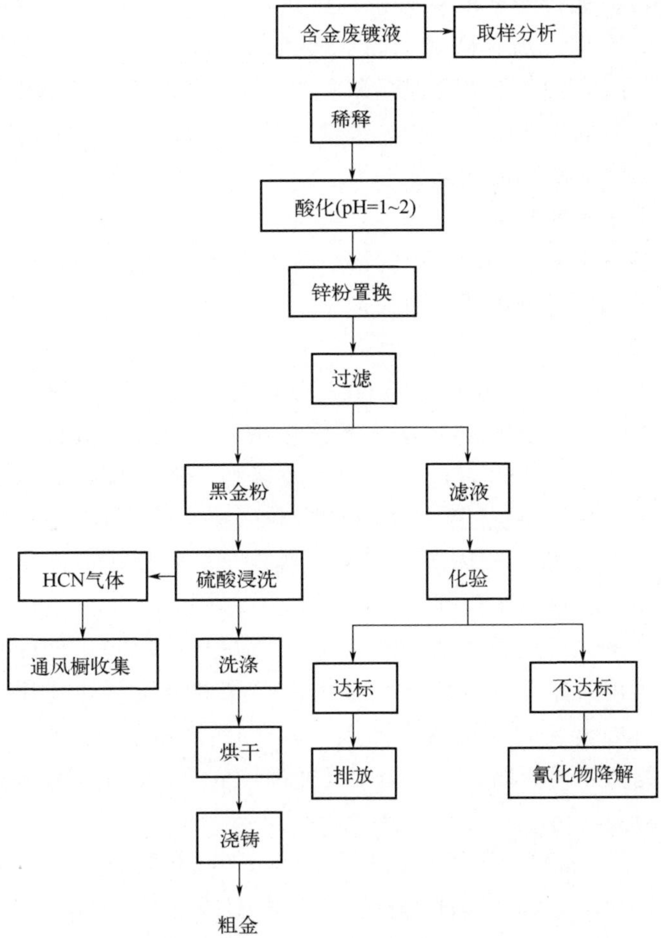


图 5-26　锌置换法从含金氰化废液回收金的工艺流程

大。常用活性炭的粒度为 10～20 目和 20～40 目两种。活性炭对金吸附容量可达 29.74g/kg，金的被吸附率达 97%。南非专利认为，先用臭氧、空气或氧处理废氰化液，再用活性炭吸附可取得更好的效果。此外，解吸剂可选用能溶于水的醇类及其水溶液，也可选用能溶于强碱液的酮类及其水溶液。这类解吸剂的组成为：$H_2O$（0～60%，体积分数），$CH_3OH$ 或 $CH_3CH_2OH$（40%～100%），NaOH（≥0.11g/L），或者 $CH_3OH$（75%～100%），水（0～25%），NaOH（20.1g/L）。

4）离子变换法

由于含金废镀液中的金以 $Au(CN)_2^-$ 阴离子形式存在，因此可以选用适当阴离子交换树脂从含金废镀液中的离子中交换出金，再用适当溶液将 $Au(CN)_2^-$ 阴离子从树脂上洗涤下来。将阴离子交换树脂（如国产 717）装柱，先用去离子水试验柱的流速，调节合适后将过滤后的含金废镀液通过离子交换柱，定时检测流出液的含金量。当流出液的含金量超出规定标准时停止通入含金废镀液。用硫脲盐酸溶液或盐酸丙酮溶液反复洗涤金，使树脂再生。洗涤液含金量大大提高，用电解或还原的方法将洗涤液中的金提取出来。

5）溶剂萃取法

其基本原理是利用含金废镀液中的金氰配合物在某些有机溶剂中的溶解度大于在水相

中的溶解度，而将含金配合物萃取到有机相中进行富集，处理有机相得到粗金。试验表明，可用于萃取金的有机溶剂有许多，如乙酸乙酯、醚、二丁基卡必醇、甲基异丁基酮（MIBK）、磷酸三丁酯（TBP）、三辛基磷氧化物（TOPO）和三辛基甲基胺盐等都可以从含金溶液中萃取金。萃取作业时，含金废镀液的萃取次数一般控制在3～8次，如萃取剂选择适当，萃取回收率一般都能达到95%以上。

（2）从含金废王水中回收金

将含金固体废料溶于王水是最常用的将金转入溶液的方法。所得溶液的酸度较大，常称为含金废王水，可选择以下还原法回收金。

1）硫酸亚铁还原法

$$3FeSO_4 + HAuCl_4 \longrightarrow HCl + FeCl_3 + Fe_2(SO_4)_3 + Au$$

① 操作步骤　将含金废王水过滤除去不溶性杂质，所得滤液置于瓷质或玻璃内衬的容器中加热煮沸，在此过程中可以适当滴加盐酸以利于氮氧化物的逸出。趁热抽入高位槽，在搅拌下滴加到过量饱和硫酸亚铁溶液中，硫酸亚铁溶液可以适当加热。继续搅拌和加热2h，静置沉降。用倾析法分离沉淀下来的黑色金粉，用水洗净后铸锭得到粗金。所得滤液集中起来，用锌粉进一步处理。

② 注意事项　料液在还原前应过滤和加热煮沸赶硝，以提高金的直收率。因硫酸亚铁的还原能力较小，用硫酸亚铁处理含金废王水时除贵金属以外的其他金属很难被它还原，因而即使处理含贱金属很多的含金废液，其还原产出的金的品位也可达98%以上。但此法作用缓慢，终点不易判断，而且金不易还原彻底，因此尚需锌粉进一步处理尾液。

2）亚硫酸钠还原法

$$Na_2SO_3 + 2HCl \longrightarrow SO_2\downarrow + 2NaCl + H_2O$$

$$3SO_2 + 2HAuCl_4 + 6H_2O \longrightarrow 2Au + 8HCl + 3H_2SO_4$$

① 操作步骤　将含金废王水过滤后，所得滤液加热煮沸，在此过程中可以适当滴加盐酸，以利于氮氧化物的逸出。趁热抽入高位槽，在搅拌和加热条件下滴加到过量饱和亚硫酸钠溶液中，加入少量聚乙烯醇（加入量约为0.3～30g/L）作凝聚剂，以利于漂浮金粉沉降。充分反应后静置。用倾析法分离沉淀下来的黑色金粉，用水洗净后铸锭得到粗金。

② 注意事项　在有条件和方便的情况下，直接将二氧化硫气体通入经过过滤和煮沸的含金废王水也可以将金氯配离子还原成单质金。为防止还原产物被王水重新溶解，含金废王水溶液在还原前应加热煮沸，赶尽其中的游离硝酸和硝酸根。还原时适当加热溶液，有利于产出大颗粒黄色海绵金。此法也可以用于生产电子元件时用碘液腐蚀金所产出的含金碘腐蚀废液的回收。当饱和亚硫酸钠溶液加入料液时，碘液由紫红色转变为浅黄色，自然澄清过滤，即得粗金粉。

3）锌粉置换法

与置换废镀金液相似，锌也可将金氯配离子还原。

① 操作步骤　将含金废王水过滤后，所得滤液加热煮沸，在此过程中可以适当滴加盐酸，以利于氮氧化物的逸出。调节溶液的pH=1～2，加入过量锌粉。充分反应后离心分离，所得金锌混合物用去离子水反复清洗到没有$Cl^-$为止。在搅拌下用硝酸溶煮，所得金粉的颜色为正常的金黄色，用水洗净后铸锭得到粗金。

② 注意事项　置换过程中控制pH=1～2，能防止锌盐水解，有利于产物澄清和过

滤。置换产出的金属沉淀物中含有过量锌粉，可用酸将其溶解。选用盐酸溶解时，沉淀中应不含有硝酸根。除银、铅、汞外，其余贱金属都易被盐酸溶解。选用硝酸溶解时，几乎能溶解所有普通金属杂质。为防止金重溶，要求沉淀中不含有氯离子，清洗用硝酸溶解的沉淀后，海绵金颜色鲜黄，团聚良好。另外，还可选用硫酸来溶解锌及其他杂质，沉淀金不易重溶，但钙、铅离子不能与沉淀分离，产品易呈黑色。

4）亚硫酸氢钠（$NaHSO_3$）法

① 操作步骤　将含金废王水过滤后，先用碱金属或碱土金属的氢氧化物（例如，含质量25%～60%的NaOH或KOH）或碳酸盐溶液调整含金废王水的pH值为2～4，并将其加热至50℃，并维持一段时间，加入少量硬脂酸丁酯作凝聚剂。在搅拌下滴加饱和$NaHSO_3$溶液沉淀金。所得金粉经洗涤后可以熔铸成粗金，含量约为98%。

② 注意事项　此法特别适于处理含金量少的废王水，因为它不需要进行赶硝处理。

从含金废王水中回收金，还可用草酸、甲酸以及水合肼等有机还原剂，此类还原剂的最大优点是不会引入新的杂质。各种回收金后的尾液是否回收完全，可用以下方法进行判断：按尾液颜色判断，若尾液无色，则金已基本沉淀提取完全；用氯化亚锡酸性溶液检查，有金时，由于生成胶体细粒金悬浮在溶液中，使溶液呈紫红色，否则说明尾液中的金已提取完全。

#### 5.6.1.2　从含金固体废料中回收金

含金固体废料种类繁多，组分各异，回收方法差异较大。但通常遵循一定的回收思路：回收前挑选分类→溶金造液→金属分离富集→富集液净化→金属提取→粗金→精炼（或直接深加工）。

（1）造液

造液前，含金固体必须经过挑选分类，然后根据废料的性状除去油污和夹杂物，或将大块物料碎化。这一过程花费的人工较多，但可以去除大量贱金属和夹杂物，为后继步骤的顺利进行创造良好条件，同时可以降低生产成本。造液用酸包括王水或盐酸、硝酸和硫酸等单一酸。

① 王水造液　含金固体废料中几乎所有金属都进入溶液，特别适用于含金属量比较少的固体废料，如塑料表面的金属镀层，首饰加工中的抛灰（主要成分为金刚砂）以及电子浆料经过烧结后的固体灰等。如果含贱金属很多，则不能直接用王水造液，必须先将贱金属溶于硝酸等单一酸以后，分离出不溶物，再用王水造液。

② 单一酸造液　盐酸、硝酸和硫酸等单一酸可分别用于不同废料的造液，其目的是将金和铂、铑、铱等铂族金属以外的贱金属（包括银）先行除去，得到富含金和铂族金属的固体物料。这样操作的好处是用单一酸造液所需设备的抗腐蚀性能要求比用王水低，设备容易选型，同时后继提金过程可以得到简化。如用硝酸溶解金、银合金时，造液结果使银和金分别进入溶液和沉淀中，过滤即可实现金、银分离，然后分别处理溶液或不溶性沉淀，即可分别产出单质银和金。

（2）金属分离

富集造液后的溶液中一般含有多种金属。根据所含金属的性质不同，应设计一定分离和富集工艺，将贱金属和贵金属、贵金属相互之间进行分离。对于含贵金属量很少的贵金属混合溶液，在进行后继操作之前通常应对贵金属进行富集操作，即将含贵金属的溶液中贵金属的含量提高到可以进行高效回收的程度。富集的方法很多，如活性炭富集、有机溶剂萃取富集和离子交换富集等。这些方法在前一部分（从含金废液回收金）中已做了介绍。

（3）贵金属的提取

经过分离、富集和净化后的富集液，通常可以采用化学还原或电解还原的方法将贵金属从溶液中提取出来（变成贵金属单质），从而达到与绝大多数杂质分离的目的。所用还原剂的种类和浓度因富集液的种类、贵金属的含量以及贵金属在溶液中的存在形态的不同而不同。具体方法可参见前一部分（从含金废液回收金）。

（4）粗金的精炼

经过还原的粗金一般呈小颗粒。精炼的方法通常是将还原金粉熔铸成大块，然后再进行电解精炼。比较经济的做法是在得到粗金小颗粒后不再进行上述熔铸和电解精炼，而是直接进入贵金属制品的深加工工艺。因为在贵金属制品的绝大多数深加工过程中，贵金属可以得到进一步纯化而不影响贵金属深加工制品的质量。从粗金粉进行深加工是一个很有前途的方法。现举例来说明从含金固体废料中回收金和从粗金粉直接进行氰化亚金钾深加工的过程。

**［例 5-1］**从金锑合金废料中回收金

金锑合金中含金＞99％，可用直接电解精炼的方法回收金，也可用王水溶金法回收。王水溶金法从金锑合金废料中回收金的工艺流程如图 5-27 所示。

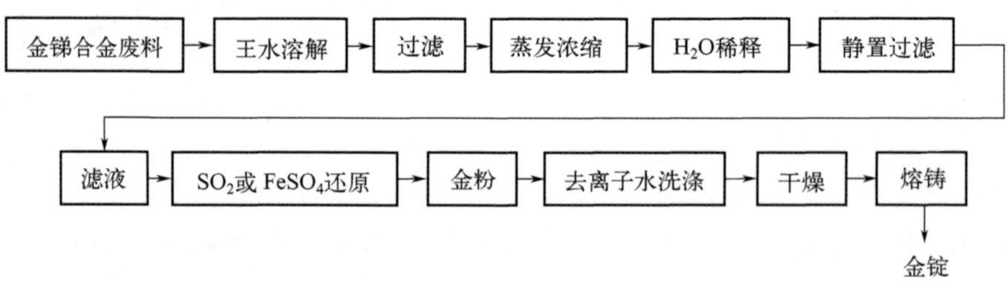


图 5-27　王水溶金法从金锑合金废料中回收金的工艺流程

操作要点如下。

① 王水溶解　王水（3 份 HCl＋1 份 $HNO_3$）的加入量为金属质量的 3 倍，使金完全溶解。

② 蒸发浓缩　加盐酸驱赶游离硝酸，反复蒸发浓缩至不产生 $NO_2$ 或 NO 为止。一般浓缩至原体积的 1/5 左右，将浓缩的原液稀释至含金 50～100g/L 左右，静置使悬浮物沉淀。

③ 过滤　如果在滤渣中有 AgCl 沉淀时，可回收其中的银。滤液则通入 $SO_2$ 或用 $Na_2SO_3$ 或 $FeSO_4$ 还原沉淀金。如果用 $SO_2$ 还原，$SO_2$ 的余气应该用稀 NaOH 溶液吸收。所得金粉经去离子水洗涤、烘干，溶铸成金锭。

#### 5.6.1.3　从镀金废料中回收金

镀金废料与前述含金固体废料的最大差别是镀金废料的金一般处于镀件的表面，许多件镀金废件在回收完表面金层后，其基体材料可以重复使用。因此从这类固体废料回收金的工艺与前述固体废料的金回收工艺有较大差异。常用方法有利用试剂溶解的化学退镀法、利用熔融铅熔解贵金属的铅熔退金法、利用镀层与基体受热膨胀系数不同的热膨胀退镀法和电解退镀法等。

(1) 化学退镀法

化学退镀法的实质是利用化学试剂在尽可能不影响基体材料的情况下，将废镀件表面的金层溶解下来，再用电解或还原的方法将溶液中的金变成单质状态。常用的化学退镀法有碘-碘化钾溶液退镀法、硝酸退镀法、氰化物间硝基苯磺酸钠退镀法和王水退镀法等。

1) 碘-碘化钾溶液退镀法

卤素离子与卤素单质形成的混合溶液对金具有溶解作用，这是本法的理论基础。$HCl+Cl_2$ 溶液、$I_2$-KI 溶液和 $Br_2$-KBr 溶液都能溶解金。不过，$Br_2$-KBr 溶液的危害较大，操作不易控制，因此用在选择卤素离子与卤素单质形成的混合溶液对贵金属造液时一般用氯和碘体系，碘体系使用最为方便。其溶金反应如下：

$$2Au+I_2 = 2AuI$$

$$AuI+KI = KAuI_2$$

产物 $KAuI_2$ 能被多种还原剂，如铁屑、锌粉、二氧化硫、草酸、甲酸及水合肼等还原，也可用活性炭吸附、阳离子树脂交换等从 $KAuI_2$ 溶液中提取金。为便于浸出的溶剂再生，通过比较，认为用亚硫酸钠还原的工艺较为合理，还原后的溶液可在酸性条件下用氧化剂氯酸钠使碘离子氧化生成单质碘，使溶剂碘获得再生：

$$2I^- + ClO_3^- + 6H^+ = I_2 + Cl^- + 3H_2O$$

氧化再生碘的反应，还防止了因排放废碘液而造成的还原费用增加和生态环境的污染。本工艺方法简单、操作方便，细心操作还可使被镀基体再生。研究人员对工艺条件做了不少研究试验工作，找出最佳条件如下。

浸出液成分：碘 50～80g/L，碘化钾 200～250g/L。

溶退时间：视镀层厚度而定，每次约为 3～7min，必须进行 3～8 次。

贵金属液提取：用亚硫酸钠还原。

还原后溶液再生条件：硫酸用量为还原后溶液的 15%（体积比）。氯酸钠用量约为 20g/L。

用碘-碘化钾回收金的工艺中，贵金属液用亚硫酸钠还原提取金的后液，应水解除去部分杂质，才能氧化再生碘，产出的结晶碘用硫酸共溶纯化后可返回使用。用碘-碘化钾溶液退镀法从镀金废料中回收金的工艺流程如图 5-28 所示。

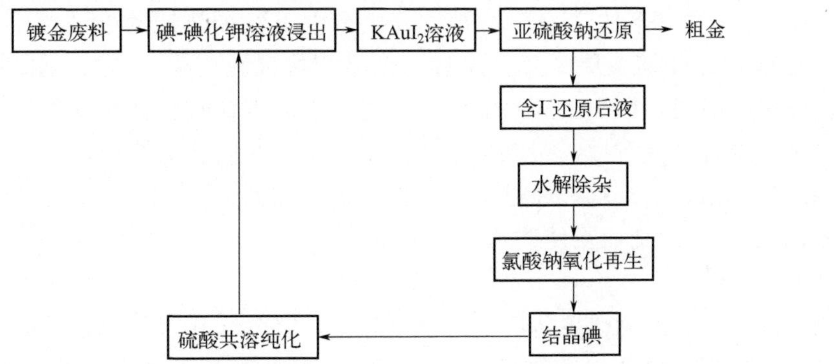


图 5-28 碘-碘化钾溶液退镀法从镀金废料中回收金的工艺流程

2）硝酸退镀法

在电子元件生产中，产生很多管壳、管座、引线等镀金废件，镀件基体常为可伐（Ni 28%，Co 18%，Fe 54%）或紫铜件，可用硝酸退金法使金镀层从基体上脱落，基体还可送去回收铜、镍、钴。

3）氰化物间硝基苯磺酸钠退镀法

① 退镀液的配制　取 NaCN 75g，间硝基苯磺酸钠 75g，溶于 1L 水中，使之完全溶解。

② 操作方法　将退镀液装入耐酸盆（或烧杯）内，升温至 9℃。将镀金废件放入耐酸盆内的退镀液中，1～2min 后立即取出，金很快就被退镀而进入溶液中。如果因退镀量过多或退镀液中金饱和而使镀金退不掉时，则应重新配制退镀液。

退镀金的废件，用去离子水冲洗 3 次。留下冲洗水，以备以后冲洗用。往每升退镀液中另加入 5L 去离子水稀释退镀液，并充分搅拌均匀，调节 pH 值为 1～2。用盐酸调节时一定要在通风橱内进行，以防 HCN 气体中毒。

用锌板或锌丝置换退镀液中的金，直至溶液中无黄色为止，再用虹吸法将上层清水吸出。金粉用水洗涤 2～3 次后，用硫酸煮沸，以除去锌和其他杂质，并再用水清洗金粉，将金粉烘干后熔炼铸锭得粗金。

用化学法退镀的金溶液也可采用电解法从中回收金。电解提金后的尾液，经补加一定量 NaCN 和间硝基苯磺酸钠之后，可再作退镀液使用。电解法的最大优点是氰化物的排除量少或不排除，氰化液还继续在生产中循环使用，也有利于对环境的保护。

（2）铅熔退镀金

本法是将电解铅熔化并略升温（铅的熔点为 327℃），然后将被处理的废料置于铅内，使金渗入铅中。取出退金的废料，将铅铸成贵铅板，再用灰吹法或电解法从贵铅中回收金。

用灰吹法时，将所获得的贵铅，根据含金量补加一定量的银，然后吹灰得金银合金，将这种金银合金用水淬法得金银粒，再用硝酸法分金。获得的金粉，熔炼铸锭后得粗金。

（3）热膨胀法退镀金

该法是利用金和基体合金的膨胀系数不同，应用热膨胀法使镀金层和基体之间产生空隙，然后在稀硫酸中煮沸，使金层完全脱落，最后进行溶解和提纯。生产流程如下：取 1kg 晶体管，在 800℃下加热 1h，冷却，放入带电阻丝加热器的酸洗槽中，加入 6L 25% 硫酸液，煮沸 1h，使镀金层脱落。同时，有硫酸盐沉淀产生。稍冷后取出退掉金的晶体管。澄清槽中的溶液，抽出上部酸液以备再用。沉淀中含有金粉和硫酸盐类，加水稀释直至硫酸盐全部溶解，澄清后，用倾析法使液固分离。在固体沉淀中，除金粉外还含有硅片和其他杂质，再用王水溶解，经过蒸发、稀释、过滤等工序后，含金溶液用锌粉置换（或用亚硫酸钠还原），酸洗而得纯度 98% 的粗金。

（4）电解退镀法

采用硫脲和亚硫酸钠作电解液，石墨作阴极，镀金废料作阳极进行电解退金。通过电解，镀层上的金被阳极氧化呈 Au(Ⅰ)，Au(Ⅰ) 随即和吸附于金表面的硫脲形成络合阳离子 $Au[SC(NH_2)_2]_2^+$ 进入溶液。进入溶液的 Au(Ⅰ) 即被溶液中的亚硫酸钠还原为金，沉淀于槽底，将含金沉淀物经分离提纯就可得到纯金。

① 电解液组成　$SC(NH_2)_2$ 2.5%，$Na_2SO_3$ 2.5%。

② 阳极和阴极　阳极用石墨棒（$\phi$30mm，长 500mm）置于塑料滚筒的中心轴。阴极用石墨棒（$\phi$50mm，长 400mm）并列于电解槽两旁。

③ 电解槽与退金滚筒　电解槽用聚氯乙烯硬塑料焊接而成，容积为 164L。退金滚筒是用聚氯乙烯硬塑料焊接成六面体，每面均有钻孔 3mm，以使滚筒漏水和电解时电解液流通。

④ 电解条件　电流密度 $2A/dm^2$，槽电压 4.1V，电解时间，根据镀层厚度和阴阳极面积是否恰当而定。如果恰当，在合适的电流密度下，溶金速度是很大的，时间可以短一点。一般的电解时间为 20～25min 是适当的。

## 5.6.2 含银废料的再生利用

含银废液品种很多，主要包括废定影液、电镀银废液以及含银废乳剂等。各类含银废液的回收方法较多（表 5-12，图 5-29），现将一些常见方法介绍如下。

表 5-12　银废料回收方法及可处理的相应废料

| 回收方法 | 可处理的相应废料 | 回收方法 | 可处理的相应废料 |
|---|---|---|---|
| 熔炼法 | 合金、电子废料、催化剂、炉灰、废渣 | 置换法 | 废定影液、镀液、剥离液、照相洗液 |
| 焚烧法 | 废胶卷 | 沉淀法 | |
| 精炼 | 优质废料（如坩埚、漏板等） | 电解法 | |
| 酸法 | 催化剂、合金、氧化银电池 | 吸附及交换法 | |
| 剥离法 | 镀银废料、电极 | 浮选法 | 粉类、细粒贵金属废料 |
| | | 机械法 | 银镀层废料 |

### 5.6.2.1 从废定影液中回收银

废定影液中，银常以 $Ag(S_2O_3)_2^{3-}$、$Ag_2(S_2O_3)_3^{4-}$、$Ag_3(S_2O_3)_4^{5-}$ 存在，含银浓度达 0.5～9g/L。常用方法有硫化沉淀法、置换法、次氯酸盐法、硼氢化钠法、连二亚硫酸钠法和电解法等。

（1）硫化沉淀法

该法采用向废定影液中加入硫化钠，使银离子生成硫化银沉淀与溶液分离：

$$Ag_2(S_2O_3)_3^{4-}+S^{2-}=\!=\!=Ag_2S\downarrow+3S_2O_3^{2-}$$

再采用一定方法将 $Ag_2S$ 黑色沉淀还原成金属银。硫化沉淀法简单易行，银回收完全，适于小量使用，但提银残液含有过量硫化钠，定影液不能再生。将 $Ag_2S$ 沉淀还原成金属银常用以下几种方法。

1）硝酸溶解法

用硝酸将 $Ag_2S$ 溶解，产出 $AgNO_3$ 与单质硫，过滤，所得滤液（含 $AgNO_3$）中加入还原剂而得到金属银：

$$Ag_2S+4HNO_3=\!=\!=2AgNO_3+\frac{1}{2}S_2\downarrow+2H_2O+2NO_2\uparrow$$

$$2AgNO_3+Cu=\!=\!=2Ag+Cu(NO_3)_2$$

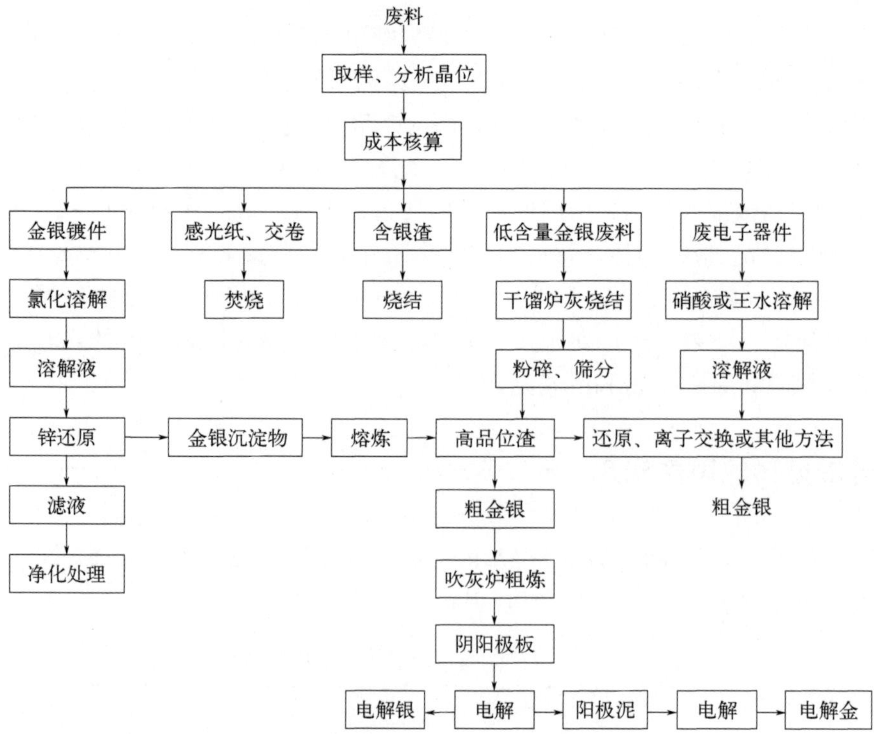


图 5-29 常用金银废料回收工艺流程

2）焙烧熔炼法

在反射炉中，将 $Ag_2S$ 于 700～800℃时进行氧化焙烧，使 $Ag_2S$ 转变成 $Ag_2O$。再将炉温升至 1000℃以上，使 $Ag_2O$ 分解成液体金属银：

$$2Ag_2S+3O_2 = 2Ag_2O+2SO_2\uparrow$$

$$2Ag_2O \xlongequal{高温} 4Ag+O_2\uparrow$$

3）铁屑纯碱熔炼法

$Ag_2S$ 与铁屑、碳酸钠预先进行配料拌和，其中铁屑为 30%，纯碱为 20%，然后于 1100℃时进行熔炼：

$$Ag_2S+Fe = 2Ag+FeS$$

$$2Ag_2S+2Na_2CO_3 \xlongequal{高温} 4Ag+2Na_2S+2CO_2\uparrow+O_2\uparrow$$

在生成金属银的同时，还生成钠冰铜（$Na_2S \cdot FeS$）。钠冰铜或 $Na_2S$、FeS 对银有较大的溶解能力，造成银的分散，降低了银的直收率。所以熔炼中应注意配料，创造条件，使铁氧化成氧化物。但若有 $Fe_3O_4$ 生成，同样要增大银的损失。若炉渣含银高，此炉渣应单独处理，用硼砂、硝石与 $Fe_3O_4$ 造渣，以回收其中的银。此外，熔炼温度不宜超过 1100℃，高温将增加硫化物对银的溶解能力。渣含银的多少，还可通过浇铸时，渣（或冰铜）与银的分离状况进行判断，冷却后若渣容易分离，银面又不留渣黏结物，说明渣含银少，反之则渣含银多。

4）铁置换法

在盐酸中，常温下用铁屑按下式反应将银置换出来：

$$Ag_2S+Fe = 2Ag+FeS$$

(2) 置换法

利用铁粉、锌粉、铝粉作还原剂，使定影液中的硫代硫酸银还原成金属银。这种方法效率高，简单易行，但定影液不易再生。

(3) 次氯酸盐法

次氯酸盐有分解银络合物的作用。当处理含 6g/L 银的定影液，用含 10%～15%的 NaOCl 和 1～1.5mol/L 的 NaOH 处理，可破坏定影液中的络合物，并析出 AgCl 沉淀。

(4) 连二亚硫酸钠（$Na_2S_2O_4$）法

该法对废定影液提银是一种简便、有效的方法。首先将溶液的 pH 值用冰醋酸和 NaOH 或氨水调整到接近中性，然后将固态或液态 $Na_2S_2O_4$ 添加到废定影液中，在强烈搅拌下加热到 60℃，即可达到提银的目的。需要注意的是溶液的 pH 值不能太小，否则 $Na_2S_2O_4$ 容易分解产生单质硫而污染所得金属银。当温度超过 60℃时，也发生同样现象。此法不仅工艺简单、效率高，而且定影液可再生使用。

(5) 硼氢化钠（$NaBH_4$）法

$NaBH_4$ 是一种很强的还原剂，在 pH＝6～7 的条件下，将 $NaBH_4$ 加入废定影液中，发生如下反应：

$$8Ag(S_2O_3)_2^{3-} + NaBH_4 + 2H_2O = NaBO_2 + 8H^+ + 16S_2O_3^{2-} + 8Ag\downarrow$$

该方法可取代传统的锌粉、铁粉置换法和硫化沉淀法，在处理小批量、低浓度的废液时更显示出其优点。

(6) 电解法

电解法回收含银废液和定影废液中的银，在技术和经济上均显示出许多优越性。各国进行过许多研究，改进并研制出许多形式的电解槽、电解装置或提银机。根据设备结构，电解法提银设备可分成两大类，即开槽搅拌式电解提银机和闭槽循环式电解提银机。国外在 20 世纪 40—50 年代，多采用开槽电解提银机。我国上海电影技术厂、北京电影洗印厂也采用此类技术。这种工艺出槽方便，但效率低、占地面积大，还有有害气体污染环境。因此，从 20 世纪 60 年代起，国外已淘汰了这种工艺，并已普遍采用密闭机械搅拌电解提银机提银。结合我国国内实际，制成的提银机采用石墨作阳极，不锈钢作阴极，溶液在机内采取密闭循环的工作方式。

电解的技术条件如表 5-13 所列。

**表 5-13　电解的技术条件**

| 项目 | 参数 |
| --- | --- |
| 槽电压 | 2～2.2V |
| 电流密度 | 175～193A/$m^2$ |
| 液温 | 20～35℃ |
| 循环速度 | 4.82m/s |
| 电解时间 | 含银 3～4g/L，需 3～4h；含银 5～6g/L 时，需 5～6h |
| 尾液含银 | 原液含银 2.5～9.3g/L；尾液含银 0.5～0.7g/L（当尾液不再生时，含银可降至 0.15g/L） |
| 电银品位 | 90%～93% |

### 5.6.2.2　从银电镀废液中回收银

电镀废液含银达 10～12g/L，总氰为 80～100g/L。处理这类废液时，不能在酸性条件下作业，以防止逸出氰化氢。回收后的尾液，氰浓度降至规定标准以下时才允许排放。

从含银电镀废液中提银与从含金电镀废液中提金一样，也有多种方法，如氯化沉淀法、锌粉置换法、活性炭吸附法等，但尾液需另行处理，有关方法可参考含金电镀废液的处理方法。电解法是一种可使提银尾液中的氰根破坏转化，可以正常排放的有效方法。

电解法可在敞口槽内作业，阴极用不锈钢板，阳极用石墨，通入直流电后，阴极析出银而阳极放出氧气。随着溶液中银离子减少，槽电压升至 3～5V，这时阳极除氢氧根离子放电外，还进行脱氰过程：

阳极反应为：

$$4OH^- - 4e = 2H_2O + O_2\uparrow$$

$$CN^- + 2OH^- - 2e = CNO^- + H_2O$$

$$CNO^- + 2H_2O = NH_4^+ + CO_3^{2-}$$

$$2CNO^- + 4OH^- - 6e = 2CO_2\uparrow + N_2\uparrow + 2H_2O$$

阴极反应为：

$$Ag^+ + e = Ag$$

$$2H^+ + 2e = H_2\uparrow$$

脱银尾液如果仍含有少量 $CN^-$，可加入少量硫酸亚铁，使之生成稳定的亚铁氰化物沉淀，这时尾液即可正常排放。

### 5.6.2.3 从含银废乳剂中回收银

含银废乳剂包括感光胶片厂涂布车间的废料、电气元件涂层的银浆、制镜厂使用的喷涂银浆等。感光胶片用的乳剂含有大量有机物，首先必须将其分离后才能进行银的回收，因此，其工艺流程较为复杂。而从电气元件和制镜的含银废乳剂中回收银则相对简单。从感光废乳剂中再生回收银的工艺大体上可分为两大类，即干法和湿法。这两种工艺各有优缺点。湿法工艺流程如图 5-30 所示。

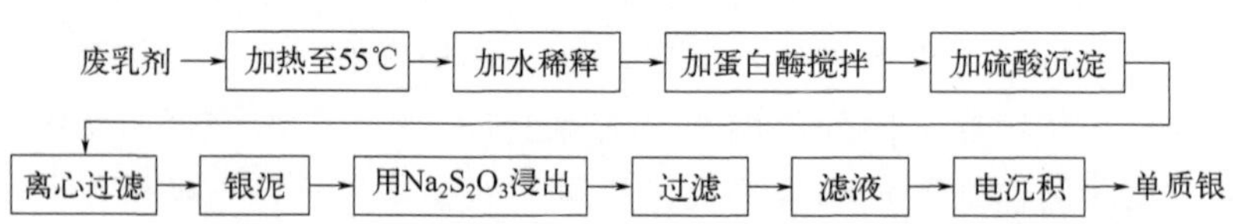


**图 5-30 王水溶液法从含铂废催化剂中回收银的工艺流程**

湿法工艺流程的银回收率较低、投资大、劳动生产率低、经济效果差。干法工艺流程主要包括脱水、干燥、焙烧、熔炼 4 个工序。在未加热前用浓硫酸处理乳剂，以脱除大量有机物再进行干燥，这样可以避免在焙烧时有机物的冒溢和大量臭气产生。它具有工艺流程短、技术简单、容易操作、不易造成银的损失以及银回收率高的特点。

对于电器涂料及制镜喷涂中的废银浆可采用简单的直接烘干、熔炼、电解获得纯银，或用硝酸将其中的银溶解，制取硝酸银再重复使用。

### 5.6.2.4 从感光胶片、相纸回收银

含银废胶片类包括：感光胶片的废品，打孔切边、试片之后的废片，在电影发行公司报废的电影片，电影制片厂在电影拍摄过程中的各种废片，医院 X 光片，工业、航空照相的各种报废底片及用过的民用照相复制等的废底片等。

从这些含银废胶片上再生回收银的工艺很多，主要有焚烧法、化学法、微生物法等。目前国内外都以焚烧法为主，化学法和微生物法则次之。

（1）焚烧法

把废片及废相纸等直接放在一个特别设计的焚烧炉内进行焚烧，然后收集残留在炉中的含银灰，再把灰中的银分离提取出来。该法具有方法简单、回收率较高的优点。其缺点是不能回收片基、烟气，从而会造成大气污染。

（2）化学法

化学法是许多方法的总称，它的要点是用酸、碱从胶片上把明胶层剥落下来，然后再采用不同方法进行提银。如澳大利亚的酸腐蚀法，即采用硝酸溶解，以食盐沉淀出 AgCl，再使 AgCl 溶解在定影液中，用连二亚硫酸钠还原。目前应用最广泛的是强碱腐蚀法，其工艺流程如图 5-31 所示。如美国提出的用 10%的苛性钠水溶液在 70～90℃下腐蚀胶片，可使片基上的卤化银及胶层洗脱，然后将所得脱膜溶液用传统的方法回收银。

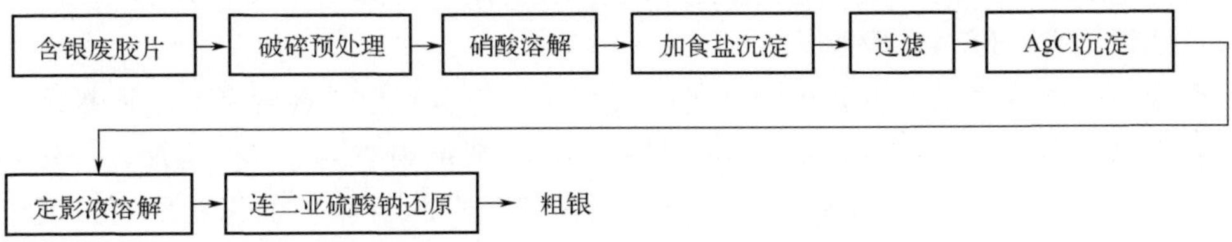


图 5-31 酸腐蚀法从含银废胶片中回收银的工艺流程

（3）微生物法

近年来，微生物法技术也可用来回收银件和胶片中的银，其核心是利用生物技术使乳剂、明胶脱落，分离银泥而回收白银。

#### 5.6.2.5 从镀银件、银镜片中回收银

（1）从镀银件中回收银

① 浓硫酸-硝酸溶解法　适用于基体为铜或铜合金的镀银件。作业条件为：溶剂浓硫酸 95%，硝酸或硝酸钠 5%；温度严格控制在 30～40℃以下；时间 5～10min。

装于带孔料筐中的镀银件退镀后快速取出漂洗，可保证基体溶解较少，从而能综合利用基体铜。溶剂多次使用失效后，取出溶液用置换法、氯化沉淀法回收其中的银。

② 双氧水乙二胺四乙酸（EDTA）法　基底为磷青铜的镀银件，溶剂可用 EDTA 和双氧水按一定比例配制（如每升溶剂中加入 35%双氧水 1～10g 和 EDTA 5～10g），可使镀银层在 5～10min 内与基体分离。

③ 四水合酒石酸钾钠溶液电解法　以四水合酒石酸钾钠溶液为电解液（如每升电解液中加入四水合酒石酸钾钠 37.4g，NaCN、NaOH、$Na_2CO_3$ 分别为 44.9g、14.9g 和 14.9g 所得的溶液），不锈钢作阴极，镀件作阳极，进行电解，几分钟后即可使厚度达 5μm 的镀层完全退去。

（2）从银镜碎片中回收银

一般保温瓶、银镜都镀有很薄的一层银，基体均为玻璃。由于这类物料数量多，综合回收玻璃经济意义大，所以得到广泛重视。从银镜碎片中回收银的工艺流程如图 5-32 所示。处理银镜可直接用稀硝酸溶解，硝酸浓度为 8%，清洗玻璃的洗液与使用数次的浸出液合并，用食盐沉淀银。氯化银沉淀与碳酸钾一道熔炼得粗银，粗银又用硝酸溶解，浓缩

结晶即可产出工业级的结晶硝酸银，返回作制银镜的原料。

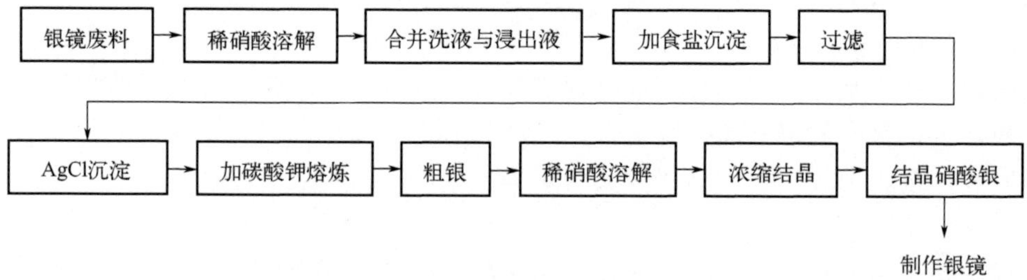


图 5-32 从银镜碎片中回收银的工艺流程

#### 5.6.2.6 从含银的废合金中回收银

含银废合金类废料种类繁多，分布广泛。从中回收银的工艺因合金成分性质的不同而有所不同。

（1）从银金合金废料中回收银

如果合金中的含银量大大高于含金量，可直接用来电解银，金则富集于阳极泥中。但是当合金中 Ag∶Au<3∶1 时，造液时银易钝化，不能被硝酸溶解，则应配入一定量的银熔融，形成 Ag∶Au 约为 3∶1 的银金合金，再从中回收银和金。在用硝酸造液时，银按以下反应溶解：

在浓硝酸作用下

$$Ag+2HNO_3 \longrightarrow AgNO_3+NO_2\uparrow+H_2O$$

在稀硝酸作用下

$$3Ag+4HNO_3 \longrightarrow 3AgNO_3+NO\uparrow+2H_2O$$

因此选用稀硝酸（一般为 1∶1）造液，既能防止产生棕红色 $NO_2$，又可减少溶剂硝酸的消耗。溶解后期适当加热，可促进银的溶解。

工艺流程如图 5-33 所示。

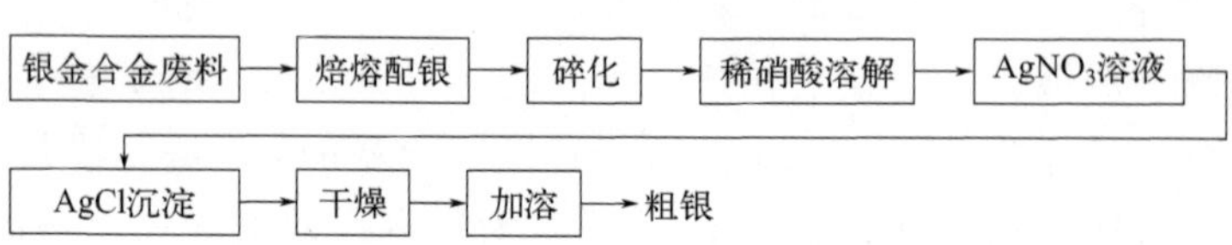


图 5-33 从银金合金废料中回收银的工艺流程

银金合金废料用稀硝酸溶解后所得金渣经过洗涤、干燥后，熔铸而得粗金。

氯化银加碳酸钠熔炼生产金属银的主要反应为：

$$2AgCl+Na_2CO_3 \longrightarrow Ag_2CO_3+2NaCl$$

$$Ag_2CO_3 \longrightarrow Ag_2O+CO_2\uparrow$$

$$2Ag_2O \longrightarrow 4Ag+O_2\uparrow$$

熔炼作业中，可加入适量硼砂和碎玻璃，以改善炉渣性质，降低渣含银。熔炼作业中，熔化温度不宜过高，时间不宜过长。为减少氯化银的挥发损失，产出的银可铸成阳极板作电解提银用，电银品位可达 98%。

（2）从银铜、银铜锌、银镉等合金中回收银银铜、银铜锌是焊料，前者含银量最高达95%，一般也有72%，银铜锌含银量仅50%，银镉是接点材料，含银量约85%。属于接点材料的还有银钨、银石墨、银镍等。这类合金废料中品位高达80%的都可铸成阳极直接电解，产品电银品位可达99.98%以上。含银72%的银铜也可直接进行电解，可产出达99.95%的电银，但电解液含铜量迅速增加，增加了电解液的净化量。采用交换树脂电极隔膜技术，处理银铜除可产出电银外，还可综合回收铜。对其他低银合金，可用稀硝酸浸出，盐酸（或 NaCl）沉银，用水合肼等还原剂还原回收其中的银。

## 5.6.3 含铂废料的再生利用

### 5.6.3.1 从含铂废液中回收铂

从含铂废液中回收铂的工艺很多，可以视溶液的性质及含铂的多少加以选择。一般常用的方法有还原法、萃取法、离子交换法、锌粉置换法以及活性炭吸附法等；其中锌粉置换法最常用。

将含铂废镀液（含少量 Au、Pt）调整溶液 pH=3，加入锌粉（或锌块），置换 Au、Pt 等，过滤后，将残渣用王水溶解，用 $FeSO_4$ 还原金。向含金的溶液中加入适量过氧化氢溶液，然后加固体 $NH_4Cl$ 盐或饱和 $NH_4Cl$ 溶液，直至继续加 $NH_4Cl$ 时无新的黄色沉淀形成。浓度为50g/L 的 $H_2PtCl_6$ 溶液，每升消耗固体 $NH_4Cl$ 约100g。过滤，将所得的黄色氯铂酸铵沉淀用10%的 $NH_4Cl$ 溶液洗涤数次，抽滤后放于坩埚中，在马弗炉内缓慢升温，先除去水分，然后在350～400℃下恒温一段时间，使铵盐分解。待炉内不冒白烟，升高温度，并控温在900℃下煅烧1h，冷后得到粗铂。也可用水合肼直接还原氯铂酸铵得到铂粉，将氯铂酸铵缓慢投入水合肼（1∶1）溶液中，并注意通风，排除生成的 $NH_3$。过滤、灼烧后得铂粉，母液补充水合肼可再用于氯铂酸铵的还原。

### 5.6.3.2 从银金电解废液中回收铂、钯

（1）从金银电解废液中回收钯

在银的电解精炼过程中，分散在银电解液中的少量钯以 $Pd(NO_3)_2$ 形态存在，可用黄药沉淀法回收。其工艺流程如图5-34所示。

在75～80℃条件下向含钯电解液中加入黄药（浓度为1%～5%），剧烈搅拌，得到黄原酸亚钯，其反应式为：

$$Pd(NO_3)_2+2C_2H_5OCSSNa = 2NaNO_3+(C_2H_5OCSS)_2Pd$$

沉钯后的溶液用铜置换回收银，余液用 $Na_2CO_3$ 中和回收铜，将中和液弃之。

黄原酸亚钯 $(C_2H_5OCSS)_2Pd$ 用王水溶解后除去氯化银。滤液加入 $HNO_3$ 氧化，再加氯化铵沉淀钯，得到氯钯酸氨 $Pd(NH_4)_2Cl_4$，用水溶解后，采用氨络合法提纯2～3次，水合肼还原，可制得99.8%海绵钯。此法设备简单，操作方便。钯的回收率>90%。

（2）从金电解废液中回收铂和钯

在金的电解精炼过程中，由于铂、钯电位比金负，所以铂、钯从阳极溶解后进入电解液中，生成氯铂酸和氯亚钯酸。当电解液使用到一定周期后，铂、钯的浓度逐渐增大，当

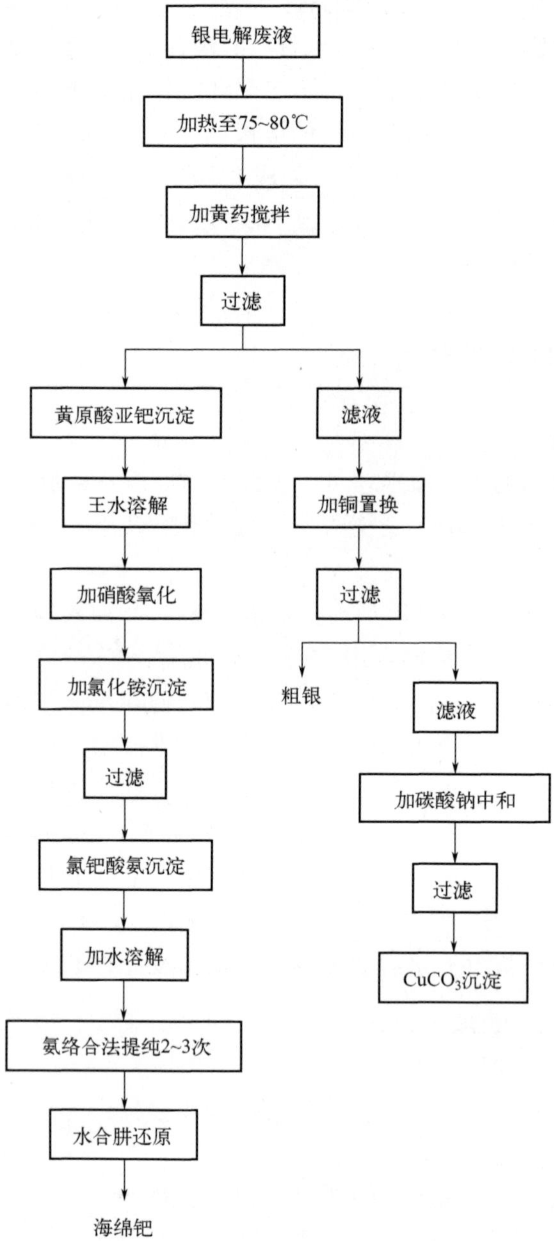


图 5-34　黄药沉淀法从银电解废液中回收钯的工艺流程

铂的含量超过 50～60g/L，钯含量超过 15g/L 时，便有可能在阴极上和金一起析出。因此，电解液必须进行处理，回收其中的铂、钯，由于电解液中含金高达 250～300g/L，所以在提取铂、钯前，必须先还原脱金。

1）还原脱金

电解液中，金以 $HAuCl_4$ 形态存在，铂与钯则分别以 $H_2PdCl_6$ 和 $H_2PdCl_5$ 形态存在，金的还原方法很多，如加 $SO_2$、$FeSO_4$ 等，反应如下：

$$AuCl_3 + 3FeSO_4 = Au\downarrow + Fe_2(SO_4)_3 + FeCl_3$$

金粉经洗涤数次后烘干，与金电解残极、二次银电解阳极泥（又称二次黑金粉）共熔重新铸阳极，供金电解使用。滤液和洗液合并处理，用于提取铂、钯。

2）铂、钯分离

将还原金后的溶液，在搅拌下加入固体工业氯化铵，使铂生成 $(NH_4)_2PtCl_6$ 沉淀与钯分离：

$$H_2PtCl_6 + 2NH_4Cl \xlongequal{} (NH_4)_2PtCl_6 \downarrow + 2HCl$$

$(NH_4)_2PtCl_6$ 用含 5% HCl 和 15% $NH_4Cl$ 洗涤后，放入马弗炉中煅烧成粗铂（含 Pt 95%），进一步精炼得纯铂。将氯化铵沉淀铂后的溶液，用金属锌块置换钯，至溶液呈浅绿色时为置换终点（或用 $SnCl_2$ 还原），过滤后得钯精矿。钯精矿用热水洗涤至无结晶，拣出残留锌屑，将滤液和洗液弃之。置换反应为：

$$H_2PdCl_4 + 2Zn \xlongequal{} Pd + 2ZnCl_2 + H_2 \uparrow$$

### 5.6.3.3 含铂废催化剂中回收铂

在石油工业中常常使用以氧化铝（$Al_2O_3$）、氧化硅、石墨等作载体的含铂催化剂，由于催化剂被可燃性气体等有机物所污染而失去作用，此时催化剂失效。从这种失效的催化剂中再生回收铂的工艺很多，常用的方法有以下几种。

（1）王水溶解法

王水将铂从氧化铝载体上溶解下来，经浓缩、赶硝、稀释、过滤，滤液用 Zn 粉或水合肼还原得粗铂，再用王水溶解，最后加氯化铵沉铂，加以回收。

工艺流程如图 5-35 所示。

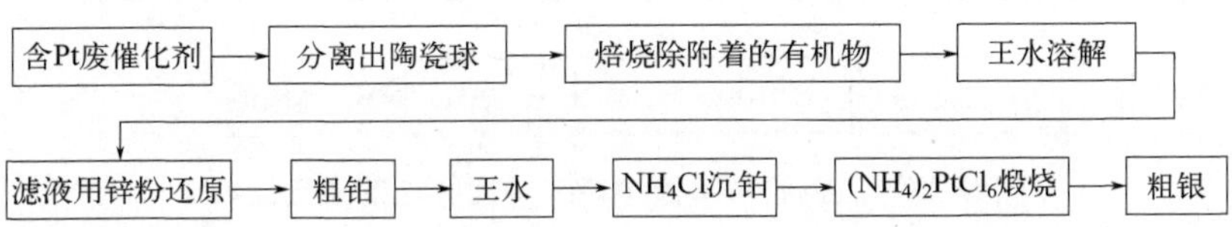


图 5-35 王水溶解法从含铂废催化剂中回收铂的工艺流程

（2）硫酸溶解法

含铂废催化剂，首先除去陶瓷球，再经焙烧除去有机物，用硫酸将氧化铝载体转入溶液中，或获得明矾。不溶渣用王水溶解浓缩，再经赶硝、氯化铵沉铂等过程回收铂。

（3）熔炼合金法

将含铂废催化剂与碳酸钠、铅等配料熔炼成合金，将熔炼的合金用王水溶解，使铂溶于王水，用氯化铵沉铂，使其与其他元素分离而得到铂。

### 5.6.3.4 从含铂废合金中回收铂

Pt-Rh 合金制成的催化网广泛应用于无机化学工业，如硝酸和合成氨工业都用 Pt-Rh 合金制成的催化网。这种催化网报废之后用于回收铂和铑。回收方法是先用王水溶解，再用 NaOH 溶液中和，过滤使铂与铑分离，从滤液中回收铂，从残渣中回收铑。

工艺流程如图 5-36 所示。

### 5.6.3.5 从镀铂、涂铂的废料中回收铂

从镀铂、涂铂的废料中回收铂，可以采用热膨胀法，其工艺流程如图 5-37 所示。利用基体金属与铂的热膨胀系数不同，在加热条件下，使铂层发生胀裂。将镀铂废件放在 750～950℃中，在氧化气氛中恒温 30min，在上述温度范围内铂不被氧化，而与铂层连接

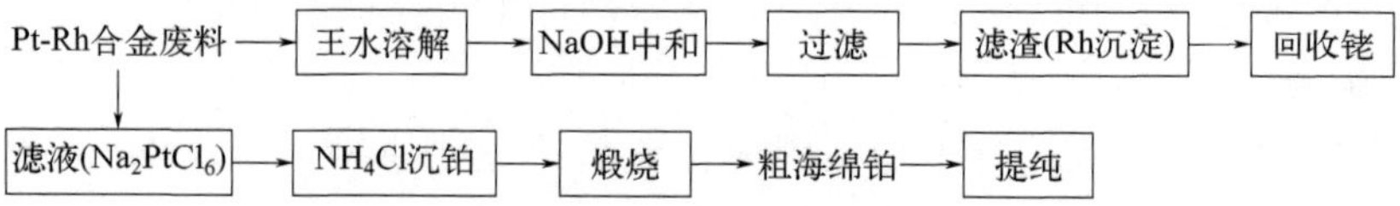


图 5-36 从 Pt-Rh 合金废料回收铂的工艺流程

的基体金属（如 Mo、W）的表面则被氧化，用 5%NaOH（$NaHCO_3$ 或 $NH_4OH$）溶液溶解结合层的基体金属氧化物。振荡后铂层即脱落，沉于碱液槽底，在 780～950℃下，将含铂的沉淀加热氧化，以升华基体金属（如 Mo、W），再经碱煮（或酸处理）含铂残渣，以进一步除去碱金属。经洗涤后，残渣再用王水溶解，过滤、赶硝、用水稀释调节 pH 值为 5～6，水解除杂，用 $NH_4Cl$ 沉铂，获得 $(NH_4)_2PtCl_6$，煅烧得纯海绵铂。

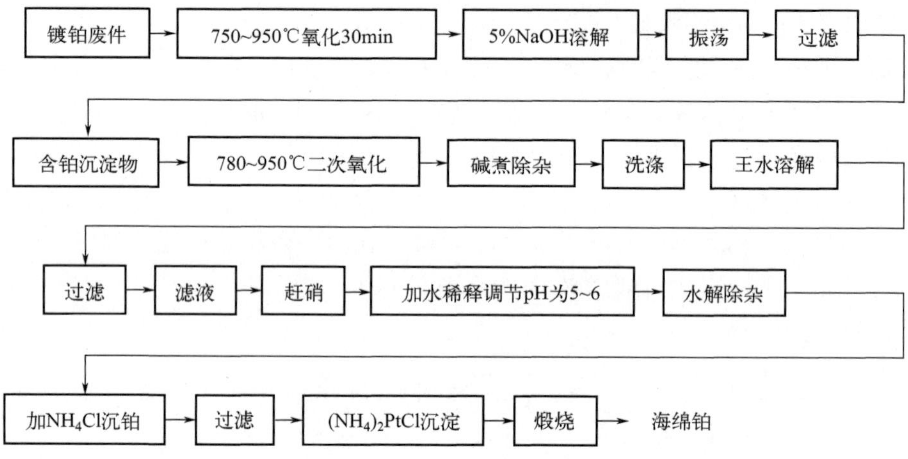


图 5-37 热膨胀法从镀铂废料中回收铂的工艺流程

### 5.6.3.6 从含铂、铑的耐火砖中回收铂、铑

玻璃纤维厂使用熔融炉熔炼玻璃原料时，由铂铑合金制成的铂金坩埚及其漏板在熔炼高温下，一部分铂铑合金被熔化，渗入炉壁的耐火砖缝隙中，当熔炼炉报废或检修时，这种含有铂、铑的耐火砖应很好地收集起来，将所含铂、铑加以回收。

我国各玻璃厂耐火砖含铂量差别很大，在 300～4500g/t 之间，而耐火砖成分比较稳定，其组成如下：$SiO_2$ 46.89%～54.05%，$Al_2O_3$ 39.03%～49.65%，$Fe_2O_3$ 2.64%～3.58%，CaO 0.05%～1.46%，MgO 0.92%～1.11%，Pt 353.5～380.0g/t，Rh 30～350g/t。

从耐火砖回收铂、铑的工艺流程和方法如下。

（1）火法熔炼-湿法分离流程

工艺流程见图 5-38。

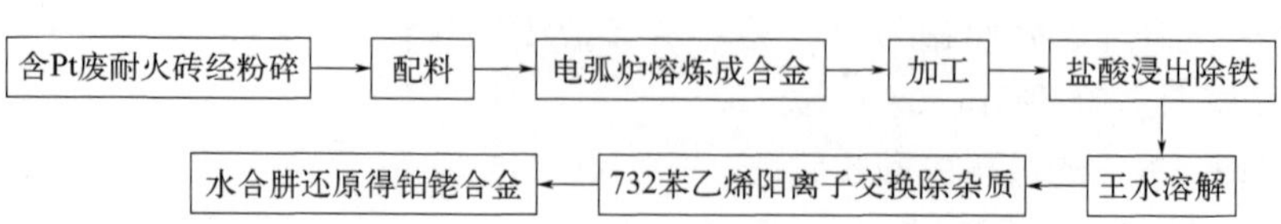


图 5-38 从含铂、铑的耐火砖中回收铂、铑的火法熔炼-湿法分离工艺流程

1）火法熔炼的要点

① 选择 $Fe_2O_3$ 作捕收剂，原料易得且价格低廉。

② $Fe_2O_3$ 在较低温度下，被 CO 还原成 FeO，最后还原成金属铁，反应式如下：

$$3Fe_2O_3+CO \xlongequal{} 2Fe_3O_4+CO_2+37.11J$$

$$Fe_3O_4+CO \xlongequal{} 3FeO+CO_2-37.99J$$

$$FeO+CO \xlongequal{} Fe+CO_2+81.59J$$

在 950℃以上的高温下，氧化铁能直接被碳还原：

$$2FeO+C \xlongequal{} 2Fe+CO_2$$

这样在电弧炉内加入焦粉完全能保证以上反应的顺利进行。

③ 在耐火砖中 $SiO_2$ 和 $Al_2O_3$ 各为 5%左右，熔点在 1550～1750℃之间，为了降低熔点和增加炉渣流动性，可加入适量石灰石、纯碱、萤石等熔剂。

炉料配比：耐火砖 100，石灰石 60，纯碱 15，萤石 20，$Fe_2O_3$ 按 Pt-Rh 含量的 10 倍加入，焦粉按理论量的 4 倍加入。熔炼时间 60～105min。铁合金中 Pt-Rh 的回收率为 99.31%～99.71%。

2）火法熔炼的操作过程

① 盐酸浸出除铁。将准备好的铁合金屑用水湿润，在室温下分批缓慢加入 100%盐酸，盐酸加入量按理论量的 90%加入。在常温下反应 10h，倾出溶液，再加 10%盐酸，加热煮沸，过滤，获得不溶铂铑精矿。

② 将所得铂铑精矿用王水溶解、赶硝、过滤。

③ 锌粉置换。调整 pH＝0.5～1.0，稀释至 Pt-Rh 量为 15g/L。加热至 70℃，搅拌下加入锌粉，进行置换，为了置换完全，当锌粉加至 pH＝4～5 后再用盐酸将 pH 值调至 0.5～1.0，然后再加锌粉至 pH＝4～5 再加入盐酸，将过剩的锌粉溶解除去。

④ 将置换产物用王水溶解、浓缩、加盐酸赶硝、过滤，加入 NaCl 使 $H_2PtCl_6$ 等转变成 $Na_2PtCl_6$ 便于离子交换。稀释，用 NaOH 调整 pH＝2.0 静置滤液，使之水解沉淀，抽滤，用 pH＝1 的水洗涤，滤液和洗液合并，稀释至 Pt-Rh 30g/L，进行离子交换。

⑤ 离子交换用 732 苯乙烯型强酸性树脂，全交换量 4～5mmol/g 干树脂，16～30 目占 90%以上。交换柱用有机玻璃做成。树脂处理：将树脂用去离子水浸泡，体积不再增加为止，用 2mol/L HCl（分析纯）洗至无铁离子为止，再用 6mol/L 分析纯 HCl 酸洗，滴两滴 KSCN 溶液入流出液中，10min 内无鲜明黄色为止，然后用去离子水洗到 pH＝4～5，再用 15%NaOH 溶液使树脂转为 Na 型，再用去离子水洗涤，使 pH＝2 左右。溶液交换：将上述调整好的 Pt-Rh 溶液在上述处理好的树脂上进行交换，使 $Ca^{2+}$、$Ni^{2+}$、$Fe^{2+}$ 等阳离子杂质交换在树脂上，而铂铑络合阳离子不被交换以达到提纯的目的，交换流速为 35m/min。

⑥ 水合肼还原。交换后的 Pt-Rh 溶液，升温到 60℃，按每克贵金属加入 1mL 50%水合肼还原，然后用 NaOH 调整 pH＝6～7，加热 0.5h，静置，待沉淀物下沉后，抽滤，用去离子水洗去铂铑沉淀物上的铵离子，将沉淀烘干，再经熔炼即得到铂铑合金。

（2）石灰石烧结法

将约 60 目的含铂耐火砖与约 60 目的石灰石粉混合装入钵内，在烧结窑中煅烧到（1300±20)℃，保温 16h，使耐火砖中的 $SiO_2$ 和 $Al_2O_3$ 转化成可溶于酸的硅酸二钙和三铝酸五钙，然后用盐酸将它们溶解，使其与铂铑分离，从而达到铂铑回收的目的。其工艺流程如图 5-39 所示。

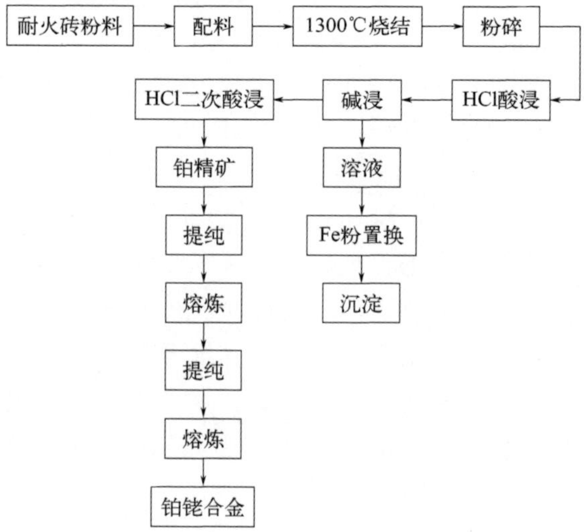


图 5-39　从含铂、铑的耐火砖中回收铂、铑的石灰石烧结法工艺流程

## 5.7　其他废旧金属再生利用的环境效益

废旧金属再生利用是破解资源环境约束、实现绿色发展的核心路径。在工业化与城市化进程中，除钢铁、铜和铝等大宗金属外，铅、锌、镍、镉等基础金属以及硒、铟、金、铂等稀贵金属的消耗量持续攀升。然而，原生矿产开发正面临资源枯竭与生态破坏的双重困境——全球 80%的易开采高品位金属矿床已濒临枯竭，采矿活动每年导致超过 10 万平方千米的自然生态系统退化。在此背景下，废旧金属再生利用从“辅助手段”跃升为“战略支柱”，其环境效益不仅体现在污染减排层面，更成为重构人类与自然共生关系的关键纽带。

### 5.7.1　其他废旧金属再生利用的节能减排效果

金属工业是全球碳排放的第三大来源，占人为温室气体排放总量的 7%～9%。其中，有色金属工业作为典型的高能耗领域，其能源消耗强度与可持续发展需求矛盾日益凸显。研究表明，我国有色金属工业能耗以年均 8.8%的速度持续增长，单位产品能耗较国际先进水平高出数倍，大量化石燃料消耗导致巨量温室气体排放。因此，废旧金属再生利用展现出显著的节能减排优势。例如：原生铅生产须经历采矿、选矿、烧结、熔炼等多道工序，每吨铅的能耗高达 6000～8000MJ，而再生铅通过废蓄电池直接熔炼精炼，能耗降至 2000～2500MJ，综合节能率达 65%以上；原生锌冶炼依赖高耗能的电解工艺，每吨锌需消耗 3800～4200kW·h，而再生锌通过热镀锌废料直接回收，能耗可压缩至原生工艺的

30%以下，若采用电炉烟尘回收技术处理镀锌钢板废料，每吨再生锌的碳排放量仅为原生锌的18%，并同步回收铁、铝等伴生金属的再生效益更为显著。此外，废旧镍氢电池的再生能耗较原生镍矿开采降低75%，且避免露天采矿造成的甲烷逸散；镉的再生通过真空蒸馏技术实现99.5%的回收率，其单位能耗仅为原生镉生产的12%，并且每吨再生镉可减少3.2t有毒粉尘排放；锌的二次资源加工能耗更是较原生锌冶炼降低了约70%。

另外，对于地壳中含量稀少且分布分散的稀散金属（如铼、硒、碲等），其原生提取往往面临能源消耗巨大、效率低下和环境污染严重的问题。例如，传统的火法冶炼从钼精矿或铜矿中提取铼，回收率通常仅约25%，并且在焙烧过程中产生大量二氧化硫（$SO_2$）造成严重污染。相比之下，从含铼高温合金废料、铼渣等二次资源中回收铼具有显著优势：不仅完全避免了原生工艺的$SO_2$排放，还能将铼的回收率大幅提升至93.1%以上，较原生工艺提高近3倍。硒和碲的回收同样高度依赖二次资源并带来可观的环境效益。目前，市场上约90%的硒和80%的碲来源于铜冶炼过程中的副产物——铜阳极泥，通过半湿法工艺可以从铜阳极泥中回收95%以上的硒以及70%以上的碲，从根本上避免了为获取低品位原生硒、碲矿而进行的单独开采活动，并在源头削减了矿石破碎、浮选、高温焙烧等高能耗、高污染的原生提取环节，有效减少了能源消耗和废渣排放。此外，金、银、铂等贵金属的原生开采与冶炼过程也会涉及复杂的矿石勘探、剥离、选矿、高温熔炼等操作步骤，而废电器、废催化剂等二次资源中贵金属的含量往往远高于当前可开采的原生矿石。因此，采用“废料直提”的回收工艺可以大幅缩短工艺流程，提高贵金属的回收利用率，例如：采用氧化还原法对金的回收率可达98%以上；直接酸浸法对银的回收率和产品纯度可达99%；液膜法对铂的回收率也超过99%。重要的是，这些高效、高选择性的回收技术，从根本上减少了化石燃料消耗，使得再生贵金属的能耗较原生生产实现了数量级的降低，为贵金属产业破解“高耗能、高成本”的发展困境提供了关键路径，同时显著减轻了环境压力。

### 5.7.2 废旧金属再生利用对污染物的控制

废旧金属，尤其是含有重金属和有毒物质的废旧电池（如铅蓄电池、镍镉电池），以及原生冶炼过程中产生大量污染物的贵金属，其不当处置对环境构成严峻挑战，而规范的再生利用则是控制污染物、减轻环境负荷的关键途径。废旧电池中富含铅、镍、镉、锌等重金属以及含酸或碱的电解液，这些有毒有害物质一旦泄露进入环境，将对土壤、水体造成持久性严重污染。例如：我国铅蓄电池年报废量已超过600万吨，废铅蓄电池中所含的铅及其化合物、废硫酸均属于危险废物，处置不当极易引发环境污染事件。现代再生铅企业通过采用先进的富氧底吹熔炼法、固相电解法等工艺，将铅的回收率显著提升至96%～98%，这不仅高效回收了资源，更通过封闭式处理、尾气净化与废酸回收等环节，大幅降低了铅尘、二氧化硫和含酸废液的排放风险，实现对有害物质的源头控制和安全处置。镍镉电池中的镍和镉具有显著的生物蓄积性，可通过食物链传递和环境迁移，对人体健康（如造成神经损伤、肾脏损害、骨骼病变甚至致癌风险）和生态环境（导致土壤重金属超标、水体富营养化及毒性）产生多重威胁，而规范化的回收与安全处理是切断这一污染链条的核心。例如：采用机械破碎、物理筛分（如磁选、涡电流分选）联合湿法回收

（如酸浸、溶剂萃取、电积）的组合工艺，能够实现镍的高效富集（回收率可达95%以上）和镉的安全分离回收（回收率超过96%）。这种工艺路线可以有效地将镍、镉离子锁定在可控的回收流程中，从而避免其进入自然环境后引发持久性的毒性风险。

在贵金属领域，原生开采和火法冶炼是重要的污染源，其产生的二氧化硫、含重金属粉尘等废气，以及含有高浓度重金属的尾矿、冶炼渣等固体废物，极易造成周边土壤和水体的长期污染。相比之下，从二次资源（如废电子电器、废催化剂）中回收贵金属，则能够从源头规避原生工艺冗长且污染密集的"矿石勘探—破碎—高温焙烧"技术链条。以电子废料中金银铂的回收为例，其再生过程通常无需经过原生冶炼所需的千度以上高温熔炼环节，这本身就显著减少了酸性气体（如 $SO_2$、$NO_x$）、含重金属烟尘以及大量炉渣的产生。更为重要的是，湿法提取工艺（如：溶剂萃取法精炼金、液膜法富集铂、直接酸浸-置换法回收银）的应用，凭借其高效的选择性和精准的分离能力，避免了火法冶炼中复杂的杂质反应与副产物生成。这不仅将银、铂等贵金属产品的纯度提升至99%以上，还同步大幅降低了回收过程中产生的废水、废气所含重金属离子（如铜、铅、砷等）的浓度，显著减轻了对环境的二次污染压力。特别值得注意的是，生物浸出技术近年来因其流程短、能耗低、设备简单和环境友好等优势，在贵金属二次资源（特别是低品位或复杂组分废料）回收领域受到广泛关注。该技术利用特定微生物（如嗜酸氧化亚铁硫杆菌）或其代谢产物在常温常压下选择性溶解贵金属，完全摒弃了传统氰化法、王水溶解法对剧毒氰化物、强腐蚀性混酸（硝酸/盐酸）的依赖，也无需高温、高压、强酸、强碱等苛刻条件，从根本上消除了剧毒化学品使用带来的高风险和高污染问题，为贵金属回收的清洁化提供了极具潜力的新路径。

### 5.7.3 废旧金属再生利用对生态系统的保护

有色金属工业的环境污染物主要赋存于矿石基体及伴生组分中，其开采活动对生态系统造成的破坏具有多维度性，主要包括：a. 露天采矿直接剥离地表植被和土壤层，导致山地荒漠化（如云南东川铜矿区）；b. 地下开采诱发地面沉降，造成农田塌陷（如贵州开阳磷矿周边）；c. 尾矿库长期堆存不仅占用大量土地（我国金属尾矿堆存量超200亿吨），其含有的重金属离子（如铅锌尾矿中的镉、砷）在雨水淋溶下持续污染地下水源，更存在溃坝风险。而再生金属在有色金属供应链中的占比，可直接规避原生矿石开采、破碎、选矿及火法熔炼等高污染环节，从而在源头上削减冶炼加工过程产生的废水（含重金属离子、酸性废液）、废气（$SO_2$、$NO_x$、重金属烟尘）和废渣（浸出渣、冶炼渣、尾矿）总量，并显著降低硫、砷、氟、汞、镉、铅等具有强迁移性和生物毒性的元素向环境释放的风险。废旧金属的再生利用，不仅是缓解生态压力的核心策略，也是优化行业污染本征结构的根本性决策。

在贵金属领域，原生金矿开采普遍采用氰化浸金工艺（每吨矿石耗氰0.5～1.5 kg），其剧毒浸出液一旦泄漏，将造成流域水生生物大规模死亡并破坏沿岸湿地生态系统，例如：2000年罗马尼亚巴亚马雷氰化物泄漏事故污染多瑙河支流。而再生金从电子废弃物、失效催化剂中回收，则完全规避了氰化物使用环节。以广东贵屿镇产业升级为例，采用封闭式硝酸溶解-电解工艺处理废电路板，在实现金回收率99%的同时，彻底消除了氰化物对韩江流域红树林栖息地的威胁，使鹭鸟等指示物种数量显著回升。对于铟、镓、锗等稀散金属，传统冶炼流程中约 90% 的铟流失于铅锌冶炼渣，75% 的镓赋存于铝土矿赤泥。这些富含稀散金属的废渣堆存不仅占用土地，其中的砷、铊等伴生毒物更会随渗滤液迁移，对环境造成严重污染。从这些废渣中回收这些稀散金属，不仅可以有效地高值化利用废弃资源，实现战略资源的循化利用，更避免了这些废渣对生态环境持续侵蚀[16]。

值得注意的是，在“十三五”期间，我国再生有色金属产业累计节能 1.44 亿吨标煤（相当于三峡电站 2.5 年发电量），节水 96 亿立方米（超过太湖蓄水量），减少固废 81.5 亿吨（可填满 130 个西湖），减排 $SO_2$ 250 万吨（占同期全国工业 $SO_2$ 减排量的 12%）。这些数据折射出深层次的生态保护逻辑：节能降碳缓解了全球变暖对极地、珊瑚礁等敏感生态系统的胁迫；节水实践降低了对长江、黄河等流域水生生态的取水压力（如避免水电开发导致的鱼类洄游通道阻断）；固废减量切断了重金属通过废渣淋溶污染土壤-地下水系统的途径（如云南个旧锡矿周边耕地因历史废渣堆存导致镉超标）；$SO_2$ 减排则直接减轻酸雨对森林（如四川峨眉山冷杉退化）和淡水湖泊（如千岛湖 pH 值下降趋势逆转）的酸化损伤。再生金属产业通过重构“开采-制造-废弃”的线性物质流，在资源循环中构建起生态缓冲屏障，为维系生物多样性、保障生态服务功能提供了关键技术路径。

## 参考文献


[1] 曹笑．有色金属资源循环论坛举行［N］．中国有色金属报，2015-06-20（002）．

[2] 陈春林．ISA 炉冶炼回收再生铅工艺探讨//第十六届中国科协年会——全国重有色金属冶金技术交流会论文集［C］．中国科学技术协会，云南省人民政府，2014：5.

[3] 张琳．中国再生铅产业格局生变［J］．资源再生，2008，02：8-15.

[4] 马永刚．国家出台《废电池污染防治技术政策》［J］．中国资源综合利用，2004，01：3-4.

[5] 本刊编辑部．两会聚焦再生资源回收利用共谋绿色发展新路径［J］．资源再生，2025，03：6-13.

[6] 张忠民．发达国家废旧铅酸蓄电池回收业现状［J］．世界有色金属，2008，11：80-81.

[7] 何蔼平，郭森魁，郭迅．再生铅生产［J］．上海有色金属，2003，01：39-42.

[8] 兰兴华．从再生资源中回收有色金属的进展［J］．世界有色金属，2003，09：61-65.

[9] 兰兴华．西方国家再生有色金属工业的发展［J］．有色金属再生与利用，2004，01：31-34.

[10] 夏丛，张志伟，杨珺婷，等．2024 年我国铅锌资源发展趋势及展望［J］．中国矿业，2025，34（04）：153-162.

[11] 肖松文，肖骁，刘建辉，等．二次锌资源回收利用现状及发展对策［J］．中国资源综合利用，2004，02：19-23.

[12] 王成彦，邱定蕃，江培海．东亚二次资源回收现状及对我国二次资源再生回收的启示［J］．中国资源综合利用，2002，02：41-43.

[13] 彭明明．电镀污泥中铜、镍回收工艺现状［J］．电镀与涂饰，2015，08：458-461.

[14] 梁刚，舒万良，蔡艳荣，等．从铜阳极泥中回收硒、碲新技术［J］．稀有金属，1997，04：15-17.

[15] 王敏．从废液中回收贵重金属铼［J］．上海有色金属，2002，04：169-170.

[16] 李俊，田庆华，李栋，等．从二次资源中回收锗的研究进展［J］．有色金属工程，2020，01：47-54.

第6章

# 超级冶炼厂、生命周期分析和工业生态园区

循环经济观念所引起的一系列新思想、新设计、新工艺和新产品等，使人类社会的生产、生活和生存环境发生了巨大变化。生态学、环境和资源回收（循环）已成为当今人们的时髦用语。然而，针对生态环境的保护需要采取严格措施，在世界范围内应有严格的能源和物质消耗限制。首先是发达国家，即 OECD 成员国应大力降低消耗，减少温室气体排放，逐步改善人类赖以生存的星球的生态环境[1]。

现在，人类在物质的生产和消费中，在选择所应用的物质中均已引入了生态平衡这个概念。决定物质的选择和应用通常是基于在生态平衡概念中对用途、价格和耐用性等的综合考虑。新的因素通常以金钱价值来表示，增加了对诸如土地的利用、能耗（石油、煤、天然气等）、空气污染、健康因素以及废料处置等方面的考虑。现代社会要面临许多额外的负担，如废料处置费用等。但是在生态平衡概念中，已越来越多地将注意力转向将这些费用囊括于产品成本或销售价格中。制造的每种产品以及最终处置的工艺对人类的健康和环境的影响已为购置者所关注。采用生命周期评价时，对每种产品应予以考虑。在生命周期评价中，仅考虑两个衡量因素——物质或产品的生产和应用的能耗以及可能回收的程度。

以铜为例，在常用的金属中铜是生产能耗最低的金属之一。显然，采用不同的工艺，生产能耗的绝对值也不相同（取决于矿石品位和其他因素），对于品位为 0.5%的矿石，20 世纪 70 年代报道的数据，铜为 30MW・h/t，而与之相比铝为 75MW・h/t，钢为 8MW・h/t。铜生产的能耗主要是消耗在矿石的采矿和选矿中，表 6-1 列出 2020 年铜生产能耗的分解，铜及其合金的加工还需 3～5MW・h/t 的能耗。

表 6-1　2020 铜生产能耗的分解

| 作业 | 能耗/(MW・h/t) | 比例/% | 作业 | 能耗/(MW・h/t) | 比例/% |
|---|---|---|---|---|---|
| 露天采矿 | 0.8～1.5 | 3～6 | 电解精炼 | 0.7～1.1 | 3～4 |
| 选矿 | 8.0～12.0 | 30～38 | 湿法冶炼 | 2.5～4.0 | 10～15 |
| 熔炼 | 4.0～6.5 | 15～25 | 再生铜 | 0.4～0.7 | 1～3 |

续表

| 作业 | 能耗/(MW·h/t) | 比例/% | 作业 | 能耗/(MW·h/t) | 比例/% |
|---|---|---|---|---|---|
| 吹炼 | 0.5～1.2 | 2～5 | 总计 | 17.5～28.8 | 100 |
| 烟气净化 | 1.0～1.8 | 4～7 | | | |

据 2020—2023 年行业报告，火法炼铜的粗铜生产的平均能耗为 11～15MW·h/t。再生铜的能耗取决于废杂铜的纯度。清洁的废铜仅需熔化，能耗为 0.4～0.7MW·h/t；需电解精炼的再生铜，生产能耗为 1.8～2.2MW·h/t，而需再冶炼的再生铜（复杂的火法和电解过程）能耗为 6.0～7.5MW·h/t。

对于许多应用领域，铜特别是铜合金，利用废铜要比原生精铜更有利，此时铜的生产能耗强度为所采用的废铜比例的函数。例如，在铜或黄铜汽车散热器的生产中，采用 40%的废铜生产的铜材，能耗强度为 20MW·h/t，而原生精铜为 30MW·h/t。

## 6.1 超级冶炼观念

关于金属应用的可回收程度，有研究者提出了一种观念，即金属的生产过程同时也是一种“人造资源”（包括金属及副产品）的过程。按照这一观念，设计了一种“超级冶炼方法”（super smelting method，SSM），其观念模式如图 6-1 所示。

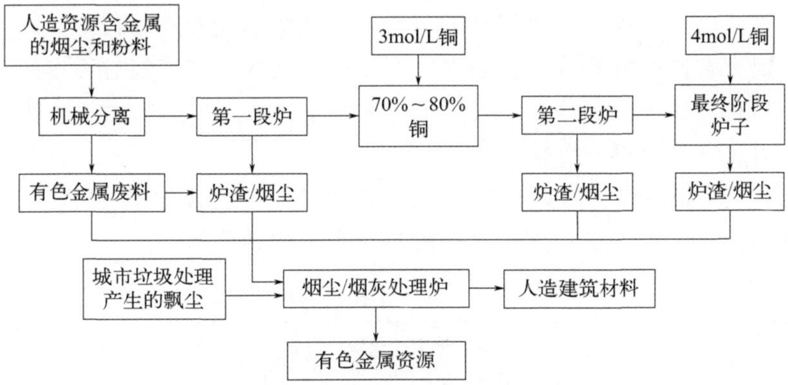


图 6-1 超级冶炼观念模式

对铝来说，金属废料似乎是很好的回收候选对象，因为原生铝的生产能耗很高。如果再生铝能达到原生铝的纯度，与原生铝的生产相比，将节能 90%以上。然而，要开发一种铝料生产纯铝的工艺很难。从热力学上来说，从铝中要除去亲硫（如铜）和亲铁（如铁）的元素是很难的。因此，大多数再生铝的纯度都不高，主要用作铸造器件和钢的脱氧剂。

鉴于这些问题，金属的生产方式应有所变化。人们需要更新观念，以回收生产金属及原生金属过程中产出的中间产品，在超级冶炼观念的基础上，提出了超级冶炼厂的模式（图 6-2）[1]。超级冶炼厂（super smelter）的基本概念是开发一种新工艺，以用来接收“人造资源”进行物质生产。以铜为例，生产工艺由铜的回收系统和烟尘处理系统两部分组成。如果已制定的条例鼓励回收和分离金属废料，再生铜的产量将进一步上升。当然，通常再生金属的质量要差一些。超级冶炼厂应离废金属原料地近些，以尽量降低收集和运输成本。再生铜的质量目标为纯度99.99%铜，可用于生产管、杆和线材。

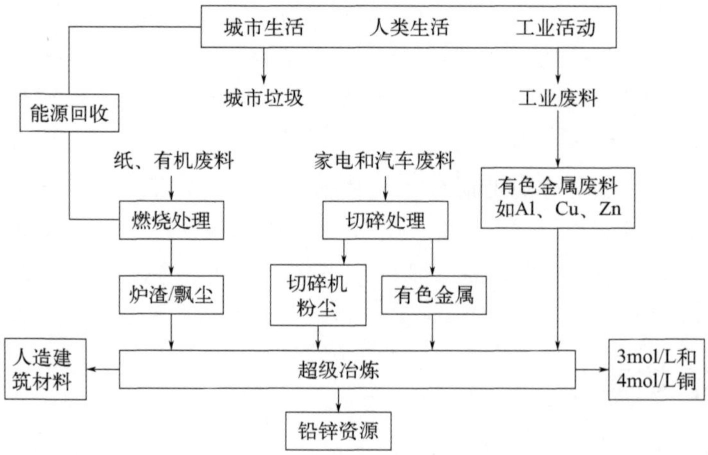


图 6-2 按照完全的超级冶炼观念进行有色金属废料的处理

现在，日本已经将这种超级冶炼厂作为一项未来工程进行立项研究。除回收铜外，超级冶炼厂可处理各种含金属废料。日本的城市垃圾通常用焚烧法处理，由于焚烧产生的烟尘密度很低，用该法处理这些烟尘越来越普遍，在这些烟尘处理过程中，最关键的是锌和铅的氯化物，因为它们很容易挥发，趋向于再度变成飞灰，在焚烧过程中废气可能产生的二噁英也是一种有害化合物，这些二噁英也进入烟尘中，严重污染大气。因此，目前这项工程也包括了对二噁英生成的分析。

表6-2列出了超级冶炼工程近期的各项研究课题。一期工程在1998年完成，二期工程建成工业试验厂。该项工程的财政费用由政府和工业界负担。

表 6-2 超级冶炼工程各项研究课题

| | |
|---|---|
| 铜 | (1) 铜废料处理的火法冶金物理化学（研究）；<br>(2) 低品位资源中铜的富集；<br>(3) 铜废料的高效冶炼技术；<br>(4) 从3mol/L到4mol/L铜的火法提取法研究 |
| 锌、铅 | (1) 从低品位原料中回收有色金属的热力学研究；<br>(2) 从低品位锌废料中回收锌；<br>(3) 从烟尘中回收金属和烟尘无害化处理 |
| 稀有金属 | (1) 从低品位混合稀有金属废料中回收金属；<br>(2) Ni-Cd和Ni-H电池回收技术；<br>(3) 从Ga-As半导体废料中回收技术 |
| 能源 | (1) 用液化天然气法（LNG）从有机废料中回收能源；<br>(2) 开发切碎机碎屑（shredder duster）热能的回收和二噁英的分解技术 |

# 6.2 经济-环境效益评估

## 6.2.1 经济效益评估

在全球资源环境约束趋紧与“双碳”目标双重驱动下，再生有色金属产业依托“城市矿产”开发战略，构建了“以废代矿-高效循环-价值再造”的经济范式。所谓“城市矿产”，系指工业化与城镇化进程中蕴藏于废旧机电、电子电器、交通工具等废弃物中的可循环金属资源，其资源富集度显著超越原生矿产：1t 金矿石仅含金 5～10g，而 1t 废旧手机的金含量可达 150g；原生铅矿平均品位不足 3%，而废铅蓄电池含铅量超 60%。这种资源禀赋优势通过闭环产业链转化为直接经济效益——典型 10 万吨级废铅蓄电池再生项目集成自动化破碎分选、富氧熔炼（铅回收率 98.2%）与精炼提纯（铅纯度 99.995%）技术链，配套 $1.6\times10^6$kVAh（1VAh＝3600J）新品蓄电池产能，达产后年销售收入突破 25 亿元，利税贡献达 5 亿元，较原生铅生产降低原料成本 40%。此外，自十八大以来，我国再生有色金属产业规模也实现了历史性的跃升。2012 年再生铜、铝、铅、锌总产量为 1039 万吨，其中再生铜 275 万吨、再生铝 480 万吨、再生铅 140 万吨、再生锌 144 万吨，至 2021 年总产量增至 1572 万吨，10 年累计产量达 1.3 亿吨，产业规模突破 5000 亿元。其增长动能，主要源于四大结构性变革：

① 产业融合深化　中铝、中信等央企将再生有色金属纳入战略规划，中国五矿国际再生铜铝贸易网络成熟；山东魏桥、江西铜业等原生企业跨界布局再生铝、再生铜，豫光金铅与天能电池等铅产业链上下游企业构建绿色供应链，形成“原生＋再生”深度协同格局。

② 资本赋能加速　金田铜业、顺博合金等企业登陆资本市场，立中集团在国内外同步推进再生铝产能建设，多家企业通过上市融资或并购重组拓展产业版图。

③ 集群发展成型　10 年间 20 个园区获批国家“城市矿产”示范基地，2021 年超 400 亿元产值的产业集聚区达 6 个以上；产业集中度显著提升，前 10 位再生铜企业、前 20 位再生铝企业、6 大再生铅企业产能分别占全国总产能的 30%、50%、42%，规模化优势持续释放[2]。

④ 技术创新持续释放降本增效潜力　再生铝领域推广双室熔炼炉与在线除气技术，使吨铝能耗降至 550kW·h（仅为原铝生产的 5%），山东魏桥通过保级利用废铝合金，年节约合金化成本 12 亿元。此外，稀贵金属回收技术的突破对于创造超额利润更具有极大的战略意义，例如：江西格林美从电子废弃物中提取的再生金纯度达 99.99%，加工成本较矿产金降低 62%；华友钴业开发失效催化剂铂族金属回收工艺，单套装置年创汇 1.2 亿美元。据中国有色金属工业协会测算，2021 年再生金属产业总节能率达 72%，相当于减少能源支出 1400 亿元，成为支撑制造业绿色转型的核心经济杠杆。重要的是，这种循环经济模式正在重塑全球资源格局，例如：浙江巨东股份在日本建立再生金属分拣中心，年回运铜铝原料 30 万吨，降低进口依赖度 12 个百分点；葛洲坝环嘉依托“一带一路”布局废钢回收网络，2022 年跨国供应链贡献营收 86 亿元。

总之，实践表明，“城市矿产”开发已超越传统资源补充概念，进化为驱动产业升级、保障资源安全、创造绿色财富的战略增长极。

### 6.2.2 环境效益评估

与生命周期评价的概念接近，Tomohiko Sakao 等[3] 提出了一个评价某项生产技术或工艺的新概念，即所谓的“环境效益评估”(environmental effect estimation)，其核心是引入了“总物资消耗”(total material requirement，TMR) 的评估。TMR 由以下方程式决定：

$$TMR = S(DMI) + S(IMI) + S(HMF)$$

式中 DMI——进入工业经济的直接物质收入(direct material input)；

IMI——间接物质收入(indirect material input)，DMI 与 IMI 的和是所谓的“物品物质流”(commodity material flow)；

HMF——隐性物质流(hidden material flow)，其对于 TMR 是一种不可缺少的概念，是推动或扰乱经济活力的物质量，它不包括在物品物质流中(例如，在采矿中它不包括剥离的岩石和损坏的植物)。

TMR 评估不能取代生命周期评价，但它是生命周期评价中最主要的部分。

图 6-3 为 TMR 应用的解说图，图中 $TMR_{mt}$、$TMR_{mf}$、$TMR_{us}$、$TMR_{dp}$、$TMR_{mc}$ 分别表示材料产生、加工制造、应用、废物处理和循环阶段所需的物质和能量的总物资消耗(TMR)。$r$ 为循环率，对于一个生命周期用 $TMR_{lc}$ 表示。可由下述方程式得出：

$$TMR_{lc} = TMR_{mt} + TMR_{mf} + TMR_{us} + TMR_{dp} + TMR_{mc}$$

例如，某项新技术的效益是由下述方程式来决定的。

$$新技术的效益 = TMR_{lc}(tr) + TMR_{lc}(nw)$$

式中，$TMR_{lc}(tr)$ 和 $TMR_{lc}(nw)$ 分别为采用的或未被采用的技术的 $TMR_{lc}$。

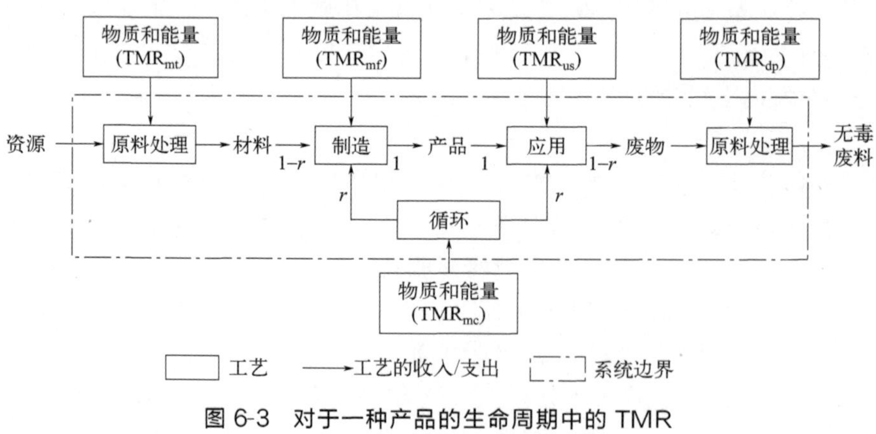


**图 6-3 对于一种产品的生命周期中的 TMR**

表 6-3 仅列出了一些物质采掘过程的总物资消耗值的估算实例，从表中可以看出铜的采矿总物资消耗值最大。

表 6-3 估算的 TMR 值

| 项目 | TMR 值 | 单位 | 项目 | TMR 值 | 单位 |
|---|---|---|---|---|---|
| 铁矿 | 5.1 | t/t | 石油 | 9.3 | t/t |
| 铜矿 | 300.0 | t/t | 电(日本) | 0.49 | kg/MJ |
| 木材 | 5.0 | t/t | 混合废料 | 15.0 | t/t |
| 煤 | 12.4 | t/t | | | |

# 6.3 金属及材料生态学概念中的冶金和回收

## 6.3.1 金属及材料生态学概念

关于现代消费中废品、建筑废物以及其他制造业商品废物等的回收，如果将整个回收系统看作是一个闭环，就可以使回收达到最佳化。作为一种控制理论的经典示例，它的方法论关系到经济、法规、自然、产品建筑设计、物理和化学分离手段等，这就是一种典型的工业生态学、可持续性科学的演示。

如图 6-4 所示，由工业生态学的象征说明连接起来的 3 个相互关联的环是：a. 金属、材料和产品系统的生命环；b. 技术和产品设计的生态环；c. 资源环。

图 6-4 简明地演示了现在人们普遍认识的工业生态学。图 6-4 中各环的交叉点（小球）是未来要研究的激活领域，这种研究必须从系统工程的前景来分析，要从社会的支柱行业，如金属和材料领域着手。这需要将机械回收、冶金过程、生产系统与产品建筑设计，以及经济、环境影响、金属和材料流向、自然和地下水的物流，乃至法规等多方面知识结合起来。研究的目的是为社会可持续发展提供技术解决办法，以及为可持续发展提供应建立的科学和工程基础的方向。

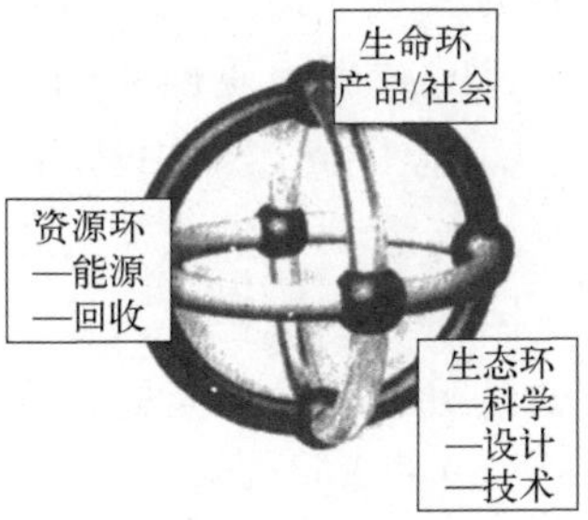


图 6-4 矿物金属工业生态学示意

工业生态学的基本原则是物资的循环利用——自然生态系统的本质。对于金属或别的材料，研究或制作在某一领域或全球应用的循环回路（环）及其效应，这就是生态学，对金属而言，就是金属生态学。环的机构包含复杂的技术关系、产品变革、产量、回收技术的开发、废料处理、相关的政策和法规、向环境的排放等因素。

## 6.3.2 动态回收系统模拟

迄今为止，关于废旧物资回收系统的基础理论研究还很少，M. A. Reuter 教授等[4]对废旧汽车的回收系统做了研究工作，制作了一个动态回收系统模型，计算了回收率。由于汽车机构成分随时间的变化及成分的多样性和复杂性，带来了回收的复杂性，这包括许多工艺的集成和能量、材料的物流状况，而且还应当遵循欧洲委员会法规所制定的回收目标，以提高汽车材料循环使用效率，而这当中经济是驱动力，要求对影响材料闭环的所有因素（动态、技术、产品设计、经济、法规等）以及它们的相互关系都要有透彻的了解。通过动态模拟来分析这些与时间有关的汽车的设计和回收的复杂关系，并使之最佳化。

### 6.3.3 金属动态系统模拟

为了研究电子产品所用材料的影响，研究了一个复杂的 Matlab® SimulinkTM 模型。例如，研究无铅焊料应用的作用，则需要大量的电子公司的情况，这就需要建立一个相互关联的动态系统模型。它包括：a. 所涉及的主要金属的生产系统；b. 建立静态和动态模型，通过相关的动态模型数据为生命周期分析提供环境评价结果；c. 相关金属工业的废料基本结构和生命终结产品的处理工艺；d. 法规在模型中产生的现在和将来的阻力和机遇；e. 从法规角度提出生命周期分析方法，以保证法规不会妨碍甚至损害工业生态体系的建立。

该模型可用于研究从普通的铅锡焊料转为无铅焊料的效果。假设以 2000 年为基础年，在 2000 年时全世界的无铅焊料是零，而使铅锡焊料全部变为锡锌铋（无铅）焊料，则每年用焊料生产的铅需求量将下降 98.5%，而用于焊料生产的锌需求量将上升 100.1%、锡上升 115.2%、铋上升 1190.6%。因此，焊料成分的改变对中间产品的供应和消费以及铋和锡的生产方法都有重要影响。由于铅的消费下降，铋的生产上升，使得目前过剩的铋中间产品迅速减少。铅生产的中间产品（克劳尔顿浮渣）和阳极泥是铋生产的主要原料。铋生产原料的减少，使得铋的生产者不得不寻求新的原料或代用品。在这种情况下（2000 年），从其他中间产品中获得的铋原料，与铅的中间产品相比仅占很少部分的铋，这就使人们产生疑虑，这些含铋的中间产品是否能满足从铅锡焊料过渡到无铅的 SnZnBi 焊料的需求。因此，必须寻求其他金属生产过程的含铋中间产品，例如锡生产的中间产品。这个例子就说明一个关联问题：要在焊料中用铋取代铅，而铅生产的中间产品却是铋生产的主要原料。在模型中，解决这个难题的方法是假定已找到了新的铋资源，使模型不会受铋资源缺乏的影响。

## 6.4 生命周期分析

### 6.4.1 概述

当前，人们常说的金属的循环（如铝、镁、铅、锌、镍和铜等）对“可持续发展”起正面作用的“三极”是指环境保护、经济发展和改善社会效益。

再生金属生产可明显降低能耗，例如再生铝较之矿原提取可节能 95%，镁和铅为 80%，锌为 75%，铜为 70%。

怎样评估环境的“可持续性”或循环的价值？一个办法是研究对自然环境的影响。例如，循环过程对地域植被、湿地和野生生物的影响。然而，这种研究相当费时而困难。因此，研究重点应放在与循环有关的活动能提供多大的可持续发展的前景。当然，要弄清循环活动对局部环境影响作用的大小（如酸雨和烟雾生成的作用）是困难的。同样，要弄清其对全球环境参数的影响，如对臭氧消耗和气候变化的影响，也是现今的科技水平所难以做到的。

为了评估环境的可持续性，一个边缘的方法是所谓的“生命周期调查分析评估法”(life cycle inventory assessment)。这些分析包括有关的全部资源的消耗和对自然环境排放物量化，金属产品的生产或回收，以及有关的金属产品的应用。如金属容器、用于航空和交通车辆中的金属部件等。生命周期调查（LCI）将对能源、水和资源消耗提供数量综合指标，也就是对某种产品从其“cradle”（摇篮、产生或起源地）到处理、回收乃至再循环有关的主要废料、水耗和空气污染等全部指标的量化[5]。

应当指出，废料的收集和再熔炼（对金属回收而言）对任何生命周期评估都是最基本的部分。在进行生命周期分析调查时，对每种重要的资源消耗和对环境的排放都要收集起来并量化。表 6-4 列出对 1000 个铝饮料罐的生产、消费和回收的典型综合分析结果。

表 6-4　1000 个铝饮料罐的生命周期分析结果

| | | |
|---|---|---|
| 能耗/MJ | 工艺能耗 | 3227 |
| | 运输能耗 | 410 |
| | 原料能耗 | 414 |
| 空气污染物/kg | 颗粒 | 0.45 |
| | $SO_x$ | 1.4 |
| | $NO_x$ | 1.0 |
| | CO | 1.1 |
| | $CO_2$ | 24.5 |
| | 有机物 | 0.64 |
| | 氟化物 | 0.01 |
| | 氯化物 | 0.02 |
| 水污染物/kg | 总固体 | 14.5 |
| | 油/油脂 | 0.0091 |
| | 氟化物 | 0.0001 |
| | 总铝 | 0.0014 |
| | 其他金属 | 0.015 |
| | 有机物 | 0.013 |
| | BOD | 0.22 |
| 固体废物/kg | 与工艺有关的 | 36.8 |

生命周期分析越来越多地被金属和其他的物质产品的消费者、管理人员和政府部门用来全面评价综合环境效应。例如，最近美国环保局评价综合城市固体废料管理办法中的相关费用和环境负荷时，采用了“原铝和再生铝、玻璃、纸张、塑料和铜铁产品的生产数据系统”。

### 6.4.2 废金属再生利用的生命周期分析

当有了一些能耗、废料生成、水和空气污染等的有关数据时，如何评估环境保护、环境可持续性和自然环境呢？

这就要尽量寻求在其生命周期内产生的污染轻而自然资源消耗少的产品。不同产品所造成的各种环境负荷有高有低，即便对“纸或塑料”来说解答这个问题也是很复杂的。较为有用的办法是列出生命周期清单，通过技术进步使污染和资源消耗得到最大减量化。图6-5表明，在铝的生产中耗水最多的是铸锭阶段。在铸锭阶段降低水的消耗对生命周期中水的消耗部分影响最大，这对缺水地区特别重要。

北美汽车生产者的一项研究表明，车辆运行超过 $2\times10^5$ km 以后，使用小汽车或轻型卡车产生的温室气体排放总量将大大超过原材料生产、组装、维修乃至报废时的总和（图6-6）。因此，降低汽车运行的燃料消耗具有重要的意义。

研究表明，再生金属的生产要比原生金属的生产大幅度节能。镁压铸件生产中循环镁的应用比例、节能情况如图6-7所示。

回收对镁的压铸部件生产、应用和回收有关的整个生命周期温室气体排放会带来好处，图6-8表明从原镁部件“一次生命周期”和从原部件回收的金属部件的后续生命周期中的等值 $CO_2$ 生命周期的排放量比较。

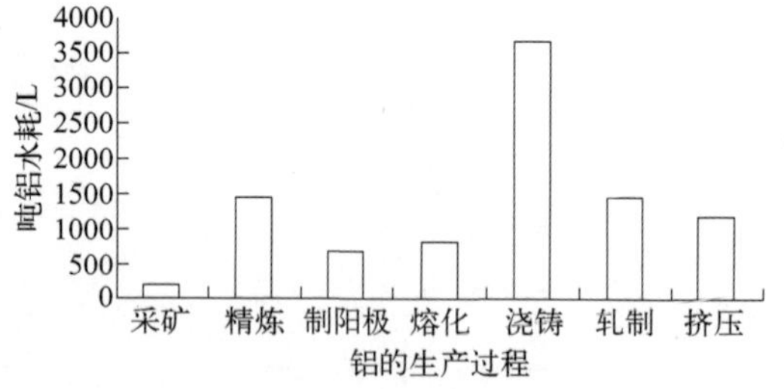


图 6-5 铝生产中的水耗

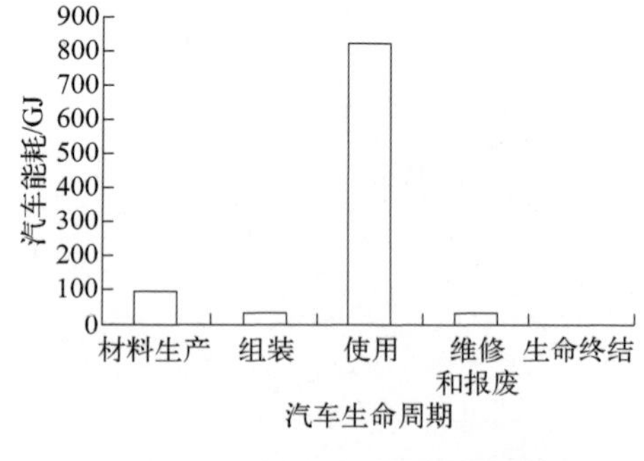


图 6-6 汽车生命周期中的能耗

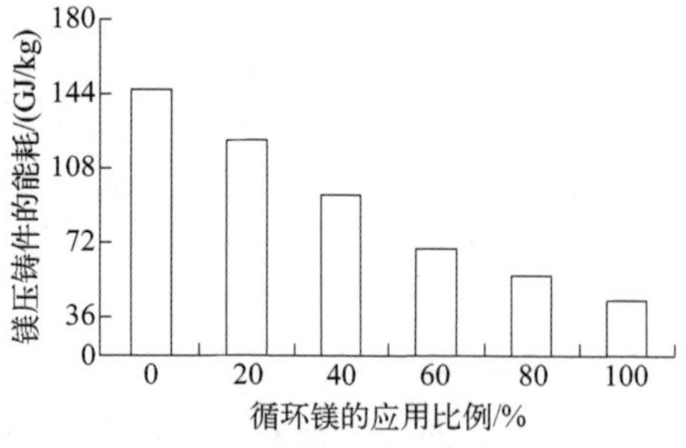


图 6-7 镁压铸件生产中循环镁的应用比例、节能情况

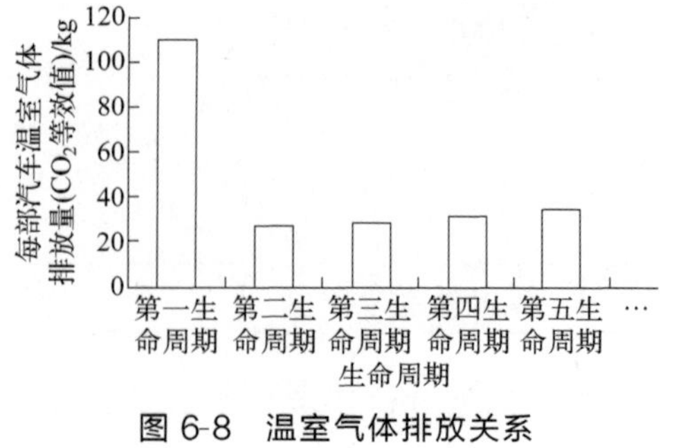


图 6-8 温室气体排放关系

### 6.4.3 废金属再生利用的价值

综上所述，除环境保护外，可持续发展还应考虑经济发展及社会影响和效果。金属产品具有耐久性、使用寿命长、经济效益和社会效益好的特点。例如，铝的回收具有较高的价值，有助于汽车经济的发展。城市回收废料的市场价格见图 6-9。

废料市场价格波动，金属的回收会对物资回收部门的主要收入来源产生影响。如上所述，还需要看支撑可持续发展的社会效益。例如，由于生活水平提高，使用制冷设施可为人们提供存放食物的场所和适宜的温度条件，从而对人们的健康有好处。

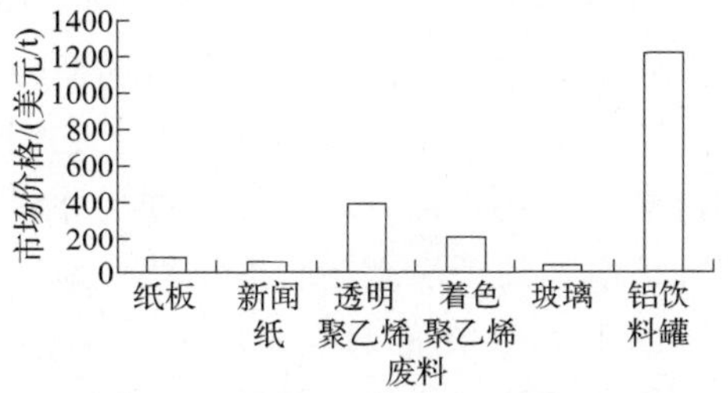

图 6-9 城市回收废料的市场价格

同样，收集和回收还有其他许多好处，如减少了垃圾的填埋量和废料的堆积量，改善了空气质量，也可提供一定的劳动就业机会。

此外，回收还可以减少甚至消除在产品寿命终结时可能出现的任何危险。这一点对金属的回收特别重要，这不但是因为其回收价值高，而且因为金属具有耐久性，若长期在自然环境中堆存，由于其难以降解，因此可能污染地下水。由此可见，回收才是保证未来金属资源的可持续性的关键。

### 6.4.4 管理和趋势

许多论据已说明资源回收和循环可保护地球的生态环境，但一些不适当的法规和条例却妨碍着金属的回收。

例如，被回收的金属或其他物资，欧洲的立法曾将其当作废料，是可丢弃的物质。这种错误的观念也导致在欧盟内部对再生资源和物资回收工作的限制。另一个类似的情况是，作为一个国际公约的巴塞尔公约（Basel Convention），禁止将有害物质转运到发展中国家处理，这也影响了一些可回收固体废料的回收。幸亏所制定的附件（Annex Ⅸ）明确传统的可回收物不包括在该公约内。尽管如此，某些物资（如绝缘的铜线）虽未列入 Annex Ⅸ清单上，但一些发达国家仍限制将其销售给发展中国家。

美国各州及有关部门鼓励金属回收，包括各种电子废料、包装材料、车辆部件、建筑物以及其他产品中的废金属。例如，某金属产品年市场增长率为 5%，理论上对于耐用产品来说，用过的废品率不可能超过 0.50（50%）。的确，应掌握金属产品的不同特点和市场动态。回收金属废料不仅在经济效益、环境效益和社会效益方面具有重要的意义，而且能增强金属资源的“可持续性”。

### 6.4.5 生命周期分析

生命周期分析（life cycle analysis，LCA）是评价产品或设备“从摇篮到坟墓”的环境特性的一种方法[5]，是从环境角度出发，对某一特定产品在其全部生命周期内的各种产物进行测定、分析，计算其能量和原材料消耗、废物排放以及其他一些重要的影响因素。

在 EN（欧洲标准）ISO 14040 ff. 中，对与生命周期有关的所有活量都进行了标定，并制定了一系列标准，这样做是为了保证各种基本假设，特别是在与其他研究和材料对比时的公正合理性。

LCA 的第一步是生命周期清单（life cycle inventory，LCI）分析，确定整个过程的物质和能量的收入和支出。在生命周期分析中，必须将一个工艺体系或生产过程的若干阶段归为某产品的生命周期范围，加上它们的关联要素，对每一工艺阶段都必须做物质和能量平衡衡算；然后再对环境影响进行环境效果评价（LCIA），其目的在于了解和评价某一产品系统潜在的环境影响和重要性；最后，LCA 可说明改进的可能性和方向。

LCI 是 LCA 的起点，LCI 分析包括对某一给定产品系统整个生命周期中收入和支出的汇集和列数。这种 LCI 主要指对从工业和管理部门获得的相关信息以及近期对现场的调查、各种已报道的可信的资料和数据进行汇集。

生命周期评价（life cycle assessment）是 LCA 的第二步，定义为对某一给定产品系统整个生命周期中收入和支出的汇集和环境影响的评价。

ISO 14040 ff. 标准中的生命周期分析（或评价）始于 20 世纪 70 年代初，最初是用于研究生产过程的能耗，后来又增加了排放物对环境的影响和原材料消耗的内容。生命周期分析被认为是一种对环境影响最全面的分析方法。欧洲毒物学和化学协会（SETAC）颁布了一个操作标准，已被普遍认可，它包括一系列指南和准则。现在，EN ISO 14040—14043 被视为生命周期评价标准，国际上也认可这些标准可作为生命周期评价准则，1997 年制定的标准被视为对环境问题及潜在的影响评估的框架文件。

生命周期评价主要是用于不同系统进行可操作性、可比性的环境影响评价，可包括两种相互竞争的产品或工艺的环境效益比较。

生命周期评价主要由下列 4 种活量（要素）组成。

① 目标定义（EN ISO 14040）：确定评估的基础和范围。

② 清单分析，LCI（EN ISO 14041）：建立一个工艺框架，在框架中标出从原料提取到废水处理等各个过程及相互的关联，包括物质和能量平衡（计算所有消耗量和排放量）。

③ 影响评价，LCIA（EN ISO 14042）：说明消耗物和排出物的环境影响，组合和衡量环境效益。

④ 改进的分析和说明（EN ISO 14043）：确定改进和提高的范围。

生命周期分析常用的 6 个标准范畴。

① 应用的能源和资源：一次能源（PE）。

② 气候变化：全球变暖趋势（GWP）。

③ 臭氧层的破坏：臭氧消耗趋势（ODO）。

④ 光催化氧化剂的生成：光催化氧化剂的生成趋势（POCP）。

⑤ 土地和水资源的酸化：酸化趋势（AP）。

⑥ 富营养化：富营养化趋势（EP）。

目前，关于金属的毒性影响的标准范畴还没有制定出来。

### 6.4.6 生命周期分析方法学

按照生命周期影响范畴，生产工艺包括金属生产的全过程及其影响范围。下面以铜镍生产作为金属生产生命周期分析实例，背景是澳大利亚。

生命周期分析方法学分为以下 4 个阶段：a. 目标的确定和锁定阶段，说明选定研究的目标和范围，确定有关的应用目的；b. 数据收集阶段，计算出进入和离开系统的物质和能源收支量；c. 影响分析阶段，对可能影响环境的因素进行分析；d. 改善措施评估阶段，确定可能的改善领域。

目标确定和锁定的重要问题之一是决定所需研究的对象（系统），这对生命周期分析来说是有意义的关键一步。尽量做到制定出能用于拟定边界的“判定准则”，尽管这些准则仍可有很大的随意性。这些准则一般是基于系统中组分对总能耗、总物质消耗和“环境关联”的影响大小（所占比例）。根据物质消耗判定的准则，可能是最常用的，不包含辅助原料，例如在单元作业中比例在 5%以下的辅料和整个物质系统中比例小于 1%的那些辅助原料。在生命周期分析中，还有一个常用的做法是略去设备制造和工厂建筑所需消耗的那些物质和能源，也因为这些消耗也是难以精确计算的。因此需要一种逐步逼近法，例如，煤的生产需消耗钢和电力，而电力的生产又需消耗煤和钢。在生命周期分析中，所包含的总消耗只涉及自然存在物质（资源）[6]。

引入生命周期分析中的数据的可获得性是一个重要问题。的确，数据收集阶段是生命周期分析最费时和费钱的阶段。来自真实工厂的测量值（这样的数据通常是保密的，没有公开的资料）很适合于生命周期分析应用。此外，由过程（工艺）模拟得出的物质和能量平衡也可作为生命周期分析的数据来源，这对于新的工艺设计是有特别意义的。

生命周期分析调查阶段最常出现的一个问题是，当有一种以上的有用产品时，收集到的调查数据采用分摊准则。简单的分摊方式可以根据物质（量）、体积、能量或经济数据来进行。最普通的做法是以物质基数为准。一种改进的方法是在共同产品中边界变量为分摊原则，即在共同产品物流中各种变量以过程工艺排放物的影响为准。

对调查结果按环境问题类型分类，要定量地分析出每种影响因素的比例。这里引入一种因素等效值的概念，这些因素表明某一物质与参照物相比对环境的影响到底起多大作用。通常考虑的某些环境影响包括：a. 全球变暖，确定 1kg $CO_2$ 的影响关系；b. 酸化，确定 1kg $SO_2$ 的影响关系；c. 光化氧化剂的生成，确定 1kg 乙烯的影响关系；d. 营养作用，确定 1kg 磷酸盐的影响关系；e. 资源消耗，确定对世界资源储量的影响关系。

每一种调查数乘以相应的特征化因子和获得的每种影响物的累计得分，这一阶段的结果可看作是该系统的环境概貌。全球变暖和酸化的累计得分可分别看作“全球变暖潜在物”和“酸化潜在物”[6]。每产出 1kg 金属的 GWP 和 AP 值可用来比较各种工艺情况，这里采用的特征化因子如表 6-5 所示。

表 6-5 几种物质的特征化因子

| 物质 | | 等效因素 |
|---|---|---|
| 全球变暖潜在物 | $CO_2$<br>$CH_4$<br>$N_2O$ | 1<br>1<br>310 |
| 酸化潜在物 | $SO_2$<br>$NO_2$<br>HCl<br>HF | 1<br>0.7<br>0.88<br>1.6 |

为了便于数据的储存、检索和与生命周期分析进行相关的处理，（澳）联邦科学与工业研究组织（Commonwealth Scientific and Industrial Research Organizations，CSIRO）矿物所开发了一种软件程序。该程序可使用户迅速地制定出某种工艺的生命周期分析工程清单，对每一工序都有单独的计算表。一个工序的排放物要引入下一工序的计算，直至最后一个工序，最终可计算出工艺的排放物总量。然后计算出该工艺的全球变暖趋势和酸化趋势，并得出各工序在整个工艺中的排放物比例。程序选择还包括燃料类型、发电效率、电力输送方式以及燃料的热值等。

## 6.5 生态工业园区

### 6.5.1 概述

实现循环经济，走可持续发展的道路[7]，关键问题是如何调整工业发展与自然环境的关系，并由此引申出工业生态学概念，其目的是重视人与自然协调共存。20 世纪 90 年代初，在一些国际学术论文和会议报告中开始出现了生态工业园这一概念。生态工业园是工业生态学的产物，为实现可持续发展提供了新思路。

### 6.5.2 工业生态学与生态工业园

#### 6.5.2.1 工业生态学概念

工业生态学的定义有几种，概括来说，可分为以下 3 种类型[8]。

①《工业生态学》杂志认为，工业生态学是从局部地区、区域和地球三个层次系统研究产品、工艺、产业部门和经济部门中的物质与能量的使用和流动，集中研究工业产品生命周期在环境压力方面的潜在作用。

② 美国跨部门工作组的报告认为，工业生态学这一术语把工业和生态学两个词结合成一个新的概念，它研究在工业、服务及使用部门中原料与能源流动对环境的影响，并说明了工业过程如何与生态系统中的天然过程发生相互作用。自然生态系统中物质和能量的使用及其循环的重建指出了可持续工业生态学的发展道路。工业生态学提供了一个研究技术、效率、资源供应、环境质量、有毒废弃物以及重复利用诸多方面相互关联的框架。

③ 工业生态学国际学会认为，工业生态学提供了一个强有力的多视角工具，通过它可审视工业和技术的影响及其在社会和经济中的相关变化。工业生态学是一个新兴学科，它研究产品在生产过程、工业部门和经济活动中的原料与能源在局部地区、区域和全球范围的使用与流动。它关注工业通过产品生命周期及与之相关的要素在减轻环境负荷方面的潜在作用。

#### 6.5.2.2 生态工业园

20 世纪 70 年代以来，丹麦卡伦堡工业共生体的出现及其所取得的进展，使工业生态学的提倡者和政府部门管理者看到了通过工业生态学实现可持续发展的希望[9]。对生态工业园的定义目前尚不统一，主要有以下 2 种观念。

① 生态工业园是一个市场共同体，园区内的企业相互合作，并有效地分享资源（信息、原料、水、能源、基础设施和自然环境等），从而使经济增长和环境质量得到改善，使市场和区域共同体发展所需资源得以合理配置。

② 生态工业园是一个计划好的原材料和能源交换的工业体系，它寻求能源、原材料使用以及废物的最小化，并建立可持续发展的经济、生态和社会的关系。

生态工业园的设立和示范目前尚处于初级阶段，但与传统工业园相比，生态工业园最根本的特征在于园区内企业间的相互作用以及企业与自然环境间的作用，生态工业园的主要描述包括系统内的合作、相互作用、效率、资源和环境[10]。它的吸引力是在为企业带来巨大经济效益的同时，也为自身和周边社区带来巨大的环境效益；从经济效益看，通过提高原材料和能源的使用效率、废物的再生利用而节约成本，并降低了园区内企业的总成本，提高了企业绩效和竞争能力；从环境效益看，生态工业园不仅大量减弱污染和废物源，还减少了对自然资源的需求。园区成员将通过污染防治、“能源层叠”“水层叠”、资源再生利用等创新性的清洁生产技术，减轻工业生产所造成的环境负担。

### 6.5.3 国内外情况

#### 6.5.3.1 中国建设生态工业园区初探

自从中国将建设循环经济定为三大基本国策之一，许多省（自治区）、市、地区的政府部门或负责人对建设“生态工业园区”的热情很高，声称正在着手制定建设生态工业园区规划或实施计划的不下几十处。说明中国在建设生态工业园区方面已进入初探阶段。这里以河南郑州上街区和陕西韩城龙门建设生态工业园规划为例。

上街区位于河南郑州市西部，是我国 20 世纪 60 年代初建成的最大铝产业基地。但作为以氧化铝生产为核心的资源开发型行业，长期以来大多生产初级加工产品，产品附加值低，对矿产资源形成较大压力，环境污染比较严重。龙门历来是韩城市的工业区，是以焦炭、钢铁为主的大型工业基地，由于生产工艺技术水平较低，每年有大量可以利用的资源白白浪费，还污染了环境。这种状况导致两个工业区难以发展。

在两地政府和相关部门、单位的支持下，制定了以循环经济为目标建设生态工业园区的发展规划。虽然两个工业区各有特点，但园区建设的指导思想和总体目标是一致的：依据循环经济的理念，在现有园区的企业中积极推进清洁生产，并通过园区产业的集约化发展，使当地的资源优势、行业优势和区位优势得到充分发挥，通过园区内各单元的副产品和废物交换、能量和废水的梯级利用以及基础设施的共享，最终使工业发展下的资源利用与地区资源的蕴藏及开发能力相匹配，污染物排放与环境承载能力相协调，实现资源利用的最大化和污染物排放的最小化。

上街区建设的目标是：以区域经济结构调整为切入点，经过十余年建设和资源配置的优化，围绕以氧化铝生产为核心，铝产品深加工等为主线，初步形成一批实力雄厚、优势突出的产业群和产品群，建成中原地区生态工业和循环经济示范城区。建设龙门生态工业园区的思路是：根据工业链的需要，积极吸收一批符合生态工业园发展模式的企业在园区落户，延伸现有的循环产业链条。经过十年的建设将龙门生态工业园建设成为以焦化、钢铁、电力和建材工业为主的工业生态示范园区。

目前，两个生态工业园区的建设规划已得到生态环境部和有关专家的认可。

#### 6.5.3.2 其他国家生态工业园区规划

丹麦卡隆堡是一个仅有 2 万居民的小城市，位于哥本哈根以东约 100km，工业共生体从 20 世纪 70 年代初在此逐步形成。当初，该市的几个重要企业试图在减少费用、废料管理和更有效地使用淡水等方面寻求变革，它们之间建立了紧密的协作关系[11]。20 世纪 80 年代以来，当地主管工业发展的部门意识到这些企业自发地创造了一种新的体系，于是给予了积极支持，将其称为“工业共生体”（industrial symbiosis）。

卡隆堡工业共生体的主体由以下 5 家企业和市政当局构成：a. Asnaes 电厂为燃煤电厂，1959 年投入使用，发电能力为 1500MW；b. Statoil 炼油厂为丹麦最大的炼油厂，年产量为（300～400）万吨；c. Gyproc 石膏板厂，生产石膏板材；d. Novo Nordisk 制药厂，是世界上最大的胰岛素和某些工业酶生产厂家之一；e. 地方农场，在本地有几百个农场，生产各种作物；f. 卡隆堡市政当局，为居民提供供暖服务。

在卡隆堡工业系统中，不同的企业按照互惠互利的原则，以贸易方式通过利用对方生产过程产生的废物或副产品而紧密地联系在一起，构成了工业共生体。图 6-10 为卡隆堡工业共生体的简图。

Asnaes 燃煤电厂是工业生态系统的中心，对热能进行了多级利用，它为制药厂提供所需的全部蒸汽，为炼油厂提供所需蒸汽的 40%；其生产的余热提供给养鱼场，养鱼场的淤泥作为肥料出售。1993 年电厂投资 115 万美元，安装了除尘脱硫设备，除尘的副产品是工业石膏，年产 8 万吨，全部出售给石膏厂，替代了该厂从西班牙石膏矿进口原料的 50%；粉煤灰供筑路和生产水泥用。Statoil 炼油厂向硫酸厂供应其副产品硫，并向本地温室供热水，炼油厂向石膏厂提供燃气，用于石膏板生产中的干燥，减少常见的热气的排空。1992 年建了一车间进行酸气脱硫生产稀硫酸，供给 50km 外的一家硫酸厂。炼油厂的脱硫气提供给电厂。来自 Asnaes 发电站的废热和蒸汽供 Novo Nordisk 制药厂利用，该厂将制药废渣经热处理杀死微生物后销售给附近 1000 多家农户，用作肥料。

卡隆堡工业共生体的环境效益和经济效益突出，见表 6-6。其环境效益为：减少了资源消耗，减少了温室气体的排放和对环境的污染，废料得以重新利用，其经济效益同样十分显著，20 年间总投资额估计为 6000 万美元，而由此产生的效益估计每年为 1000 万美元。投资平均折旧时间短于 5 年。

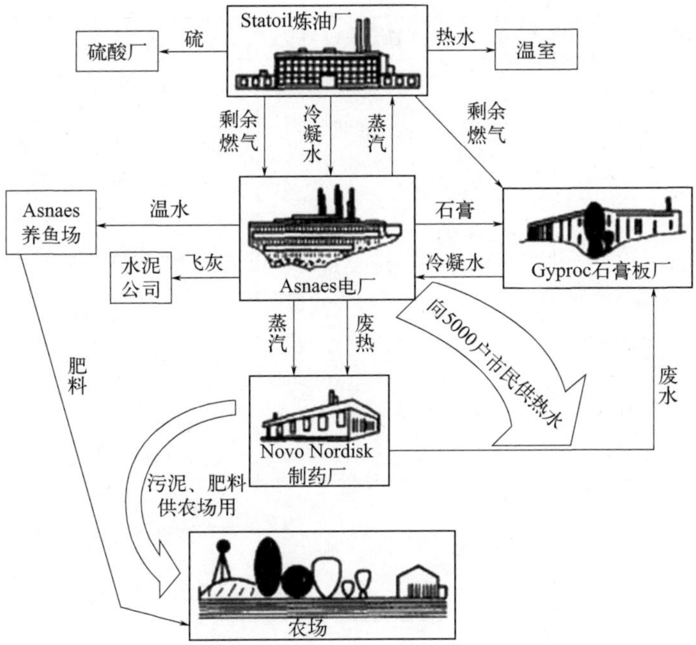


图 6-10　卡隆堡工业生态园

表 6-6　卡隆堡每年的环境效益和经济效益

| 减少的资源消耗量 | 减少的气体排放量/t | 废弃产品的重新利用量/t |
|---|---|---|
| 油　$1.9\times10^4$ t<br>煤　$3\times10^4$ t<br>水　$6\times10^5$ $m^3$ | $CO_2$　$1.2\times10^5$<br>$SO_2$　$3.7\times10^3$ | 飞灰　$1.35\times10^2$<br>硫　$2.8\times10^3$<br>石膏　$8\times10^4$<br>污泥中的氮　$8\times10^5$ |

20 世纪 90 年代中期，生态工业园的研究与实践在北美、欧洲一些发达国家非常活跃，尤其是美国，指定了四个示范区进行试验。1996 年，美国的生态工业园发展到十几个。截止到 2023 年，美国认证的生态工业园有 7 个，产业共生网络有 83 个，转型中传统工业园 41 个。

美国 7 个生态工业园所在的位置及特征见表 6-7。

表 6-7　2024 年美国认证生态工业园

| 工业生态园 | 位置 | 特征 |
|---|---|---|
| Kalundborg Symbiosis America | 克利夫兰，俄亥俄州 | 跨企业能源-水-废料闭环：<br>①发电厂余热供制药厂<br>②钢厂 $CO_2$ 捕获用于藻类养殖<br>③废硫酸再生产品酸 |
| By-Product Synergy Hub | 休斯敦，得克萨斯州 | 石化产业链共生：<br>① 炼油废硫→硫酸厂原料<br>② 塑料废料化学回收制氢<br>③ 废热驱动海水淡化 |

续表

| 工业生态园 | 位置 | 特征 |
|---|---|---|
| Reno Circular Park | 里诺，内华达州 | 锂电循环经济枢纽：<br>① 回收锂电池提取钴/锂<br>② 光伏供电覆盖 100%能源<br>③ 废水零排放（反渗透回收率 99%） |
| Pacific Bio-Refinery | 波特兰，俄勒冈州 | 生物质全利用：<br>① 林业废料→纤维素乙醇＋木质素<br>② 发酵残渣产沼气发电<br>③ 灰渣制生态水泥 |
| Detroit Mobility Eco-District | 底特律，密歇根州 | 新能源汽车产业链：<br>① 退役电池梯次利用储能<br>② 铝废料直熔供车身制造<br>③ 厂房屋顶光伏＋雨水收集系统 |
| Carolinas Textile Loop | 夏洛特，北卡罗来纳州 | 纺织废料再生：<br>① 废旧涤纶化学解聚→新纤维<br>② 染色废水膜分离回用<br>③ 污泥热解制活性炭 |
| Silicon Valley Eco-Tech Park | 圣何塞，加利福尼亚州 | 电子废料精炼：<br>① 芯片废料提取高纯硅/金<br>② AI 调度能源微电网<br>③ 区块链追溯材料流 |

1995 年以来，加拿大多伦多的 Portland 工业区一直在进行建设生态工业园的试验，目前在加拿大约有 40 个生态工业园开展了这项工作。表 6-8 列出了其中一些代表性的园区。

**表 6-8　加拿大的生态工业园**

| 园区所在地 | 骨干产业 |
|---|---|
| Vancouver，British Columbia | 火力发电、纸浆、包装工业等工业园 |
| Fort Saskatchewan， | 化学品、动力生产、苯乙烯、PVC、生物燃料 |
| Sault Ste Marie，Ontario | 动力生产、钢铁、纸浆、胶合板工业园 |
| Nanticoke，Ontario | 供热站、炼油厂、钢铁工业园 |
| Cornwall，Ontario | 能源、纸浆厂、化学品、食品、电子设备、塑料、混凝土构件 |
| Becancour，Quebec | 化学品（$H_2O_2$、HCl、$Cl_2$、NaOH、烷基苯）、镁、铝 |
| Montreal East，Quebec | 化学产品、空压机、石膏板、金属精炼、沥青 |
| Saint John，New Brunswick | 发电、纸浆、炼油、啤酒、制糖等工业园 |
| Point Tupper，Nova Scotia | 发电、纸浆、构件厂、炼油厂 |

## 6.5.4　规划与建设原则

生态工业园区的建设需以工业生态学理论为根基，通过全周期规划设计与系统性工程实施，实现生产高效化与环境可持续性的深度协同。其核心在于构建“产业共生-资源循环-空间优化”三位一体的发展范式，具体实践遵循六大原则：

① 空间协同原则　基于物质流与能量流代谢分析，统筹布局生产制造、研发创新、物流仓储及商贸服务功能模块，构建再生金属熔炼-深加工-资源回收的产业链网拓扑结构，通过主干廊道优化功能区空间关联度，最大化物质循环与能源传输效率。

② 生态优化原则　推行全生命周期绿色设计，实施清洁生产工艺与闭环供应链管理，建立企业间能源梯级利用和副产品交换网络，实现资源价值深度开发与污染排放强度削减的协同增效。

③ 弹性用地原则　采用动态用地指标体系和三维开发模式，通过垂直分层布局、功能复合叠加及地下空间开发策略，构建用地强度与产业效益联动调控机制，保障再生金属拆解、熔炼、精加工等工序的高效空间衔接。

④ 智慧支撑原则　集成智能化物流系统、多能源协同网络（电力/燃气/余热）、工业互联网平台及环境联控设施，重点部署废水深度回用、废气协同净化、固废资源化处置系统，强化园区代谢过程的技术赋能。

⑤ 人文生态原则　实施分区差异化环境管控，严格保障大气、水体、土壤环境介质质量达标；同步建设职业教育、科技孵化、文化展示等公共服务载体，通过生态景观重塑与产业文化传承，促进人力资本增值与环境质量提升的良性互动。

⑥ 区域融合原则　将园区规划深度融入区域国土空间规划体系，衔接环境承载力约束与生态修复目标，通过产业政策与环保标准的协同设计，引导再生金属产业集群布局与区域资源禀赋精准匹配，构建经济-社会-环境可持续发展范式。

### 6.5.5 发展趋势与未来展望

当前工业生态园区发展正经历系统性变革。

（1）在技术驱动层面

① 智能闭环系统加速进化　AI视觉识别与光谱分析技术推动废金属杂质分离精度突破（铜铝分选纯度≥99.2%）；氢基直接还原炼钢（较传统工艺降碳85%）及微波熔炼（降耗40%）等低碳冶金技术重塑再生流程；数字孪生平台实现物质流-能量流-信息流三网融合，使园区资源错配率控制在5%以内。

② 循环体系向多圈层代谢网络演进　企业微循环通过废水零排放系统达成重金属回收率≥99.5%；园区中循环构建余热-蒸汽-电力三级联供网络，能源自给率提升至≥65%；区域大循环依托城市矿产协同制造业，推动再生金属原料替代率突破≥40%。

（2）在政策机制层面

循环经济立法强制电子产品再生材料占比（2030年≥30%），绿证交易与污染责任保险等价值实现机制逐步完善。

此外，产业形态呈现模块化与去中心化特征：分布式再生处理站（服务半径≤10km，日处理50～200t）构成微型生态单元；区块链溯源平台确保再生金属数据上链率100%；服务型制造模式使“回收-再生-定制”全流程服务收入占比≥35%。

未来十五年发展路径清晰分层：

① 近期（2025—2030年）　突破稀贵金属生物浸出（回收率≥95%）与熔融盐电解脱杂技术，园区5G+工业互联网设备联网率≥90%，建成覆盖95%品类的再生金属碳排放因子库。

② 中期（2030—2035年）　建成跨园区绿氢管网（绿氢占比≥50%）与区域金属资源调度中心，实施再生原料增值税全免与原生资源税阶梯征收制度。

③ 远期（2035—2050年）　实现光伏直供电弧炉（绿电100%）与$CO_2$矿化封存，形成“城市矿山-生态园区-绿色制造”三维共生体，主导国际再生金属标准体系（中国标准占比≥60%）。

## 参考文献


[1] 邱定蕃，徐传华．有色金属资源循环利用［M］．北京：冶金工业出版社，2006.

[2] 邱熙然，张琳．辉煌十年有色志——再生金属篇［J］．资源再生，2022，10：16-21.

[3] Tomohiko Sakao，Satoshi Toyoda，Hiroshi Mizutani. Environmental Effect Estimation of a New Technology Using Total Material Requirement.［C］. Symposia of IUMRS-ICAM，2003.

[4] Reuter M A. Teaching metallurgy and recycling in an international MSc program in the context of metal and material ecology［C］. European Metallurgical Conference，2005.

[5] 王国梁．生命周期方法在环境影响评价中的应用［J］．中国科技投资，2014，(A03)：471.

[6] 易湘茜，潘剑宇，陈华，等．生命周期评价在农副产品和食品工业中的应用［J］．湖北农业科学，2013，(07)：1493-1498.

[7] 刘加林，贺桂和，王晓军，等．绿色转型视角下循环经济生态创新机理与实现路径研究［J］．荆楚学刊，2013，01：89-92.

[8] 许启政．建立生态循环产业体系 实现工业发展宏伟目标［N］．安康日报，2015-12-04（002）.

[9] 杨才伟．生态工业园区循环经济产业体系构建框架研究［J］．生物技术世界，2015，(09)：34-35.

[10] 孙晓梅，朱丽，崔兆杰．生态工业园发展状况评价指标体系的建立［J］．改革与战略，2010，03：109-113.

[11] 霍海宁．石油化学工业循环经济发展模式及评价指标体系应用研究［D］．天津：河北工业大学，2007.